图 C-01 沈阳万科春河里住宅 —— 装配整体式

图 C-02 上海住总 —— 剪力墙结构住宅 - 浦江保障房

图 C-03 悉尼歌剧院一带肋的曲面叠合板
组合的空间结构 —— 裙房外挂墙板

图 C-04 保温装饰一体化墙板

图 C-05 美国凤凰城图书馆 —— 全装配框架结构

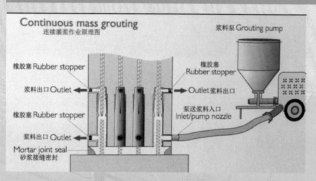

图 C-06 套筒连接原理

图 C-07 跨层柱

图 C-08 装配式混凝土低层住宅 —— 建工华创

图 C-09 PC构件图示一览表

类别	PC构件名称与图示			
1 楼板	 LB1 实心板	 LB2 空心板	 LB3 叠合板	 LB4 预应力空心板
	  LB5 预应力叠合肋板（出筋和不出筋）		 LB6 预应力双T板	 LB7 预应力倒槽形板
	 LB8 空间薄壁板	 LB9 非线性屋面板	 LB10 后张法预应力组合板	
2 剪力墙板	 J1 剪力墙外墙板	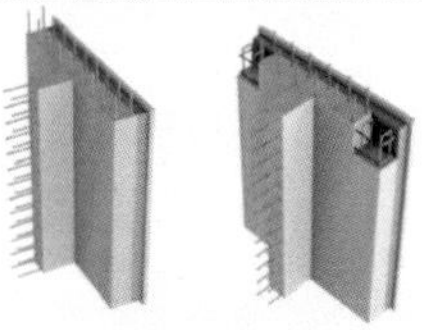 J2 T形剪力墙板	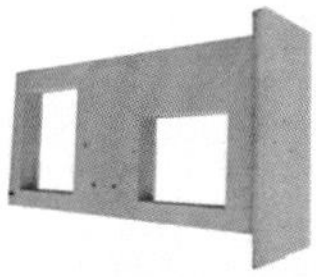 J3 L形剪力墙板	
	 J4 U形剪力墙板	 J5 L形外叶板	 J6 双面叠合剪力墙板	
	 J7 预制圆孔墙板	 J8 剪力墙内墙板	 J9 窗下轻体墙板	 J10 各剪力墙板夹芯保温板 或夹芯保温装饰一体化板
3 外挂墙板	 W1 整间外挂墙板（无窗、有窗、多窗）		 W2 横向外挂墙板	本类所示构件均可以做成保温一体化和保温装饰一体化构件，见剪力墙板栏最右栏。
	 W3 竖向外挂墙板（单层、跨层）		 W4 非线性墙板	W5 镂空墙板
4 框架墙板	 K1 暗柱暗梁墙板	 K2 暗梁墙板		本类所示构件均可以做成保温一体化和保温装饰一体化构件，见剪力墙板栏最右栏

图 C-09 PC构件图示一览表 （续）

类别	PC构件名称与图示				
5 梁	 L1 梁	 L2 T形梁	 L3 凸形梁	 L4 带挑耳梁	本类所示构件均可以做成保温一体化和保温装饰一体化构件，见剪力墙板栏最右栏。
	 L5 叠合梁	 L6 带翼缘梁	 L7 连梁	 L8 U形梁	
	 L9 叠合莲藕梁	 L10 工字形屋面梁		 L11 连筋式叠合梁	
6 柱	 Z1 方柱	 Z2 L形扁柱	 Z3 T形扁柱	 Z4 带翼缘柱	本类所示构件均可以做成保温一体化和保温装饰一体化构件，见剪力墙板栏最右栏。
	 Z5 带柱帽柱	 Z6 带柱头柱	 Z7 跨层圆柱	 Z8 跨层方柱	 Z9 圆柱
7 复合构件	 F1 莲藕梁	 F2 双莲藕梁			
	 F4 十字形梁+柱	 F5 T形柱梁	 F6 草字头形梁柱一体构件	F3 十字形莲藕梁	
8 其他构件	Q1 楼梯板（单跑、双跑）	 Q2 叠合阳台板	 Q3 无梁板柱帽	 Q4 杯形柱基础	
	 Q5 全预制阳台板	 Q6 空调板	 Q7 带围栏阳台板	 Q8 整体飘窗	
	 Q9 遮阳板	 Q10 室内曲面护栏板	 Q11 轻质内隔墙板	 Q12 挑檐板	 Q13 女儿墙板

装配式混凝土结构建筑实践与管理丛书

装配式混凝土建筑——结构设计与拆分设计 200 问

Precast Concrete Buildings——200 Q&As for Structural Design and Detailed Design

丛书主编　郭学明
本书主编　李青山
副 主 编　黄　营
参　　编　孙海宾　王炳洪

机械工业出版社
CHINA MACHINE PRESS

本书由装配式混凝土建筑结构设计经验丰富的作者团队编著。书中内容涵盖了装配式混凝土结构设计与拆分设计中常见和关键的200个问题及其解答，包括装配式建筑结构基本概念、结构设计原理、拆分设计原则、构件设计方法和设计质量管理等，同时，对国家标准和行业标准关于装配式建筑设计的要求进行了细化。书中收录了500多幅实例照片和图例，可以让读者更加直观地了解装配式混凝土设计过程与要点。

本书是装配式设计单位及地产开发企业管理与技术人员案头必备的工具书，也是工程管理部门、建设单位、监理企业相关人员的参考书，对于相应专业的高校师生也有很好的借鉴、参考和学习价值。

图书在版编目（CIP）数据

装配式混凝土建筑：结构设计与拆分设计200问/李青山主编. —北京：机械工业出版社，2018.1（2020.4重印）

（装配式混凝土结构建筑实践与管理丛书）

ISBN 978-7-111-58744-6

Ⅰ. ①装⋯ Ⅱ. ①李⋯ Ⅲ. ①装配式混凝土结构 – 建筑设计 – 问题解答 Ⅳ. ①TU37-44

中国版本图书馆 CIP 数据核字（2017）第 314025 号

机械工业出版社（北京市百万庄大街22号　邮政编码100037）
策划编辑：薛俊高　责任编辑：薛俊高
封面设计：马精明　责任校对：刘时光
责任印制：常天培
北京虎彩文化传播有限公司印刷
2020 年 4 月第 1 版第 3 次印刷
184mm×260mm · 23 印张 · 2 插页 · 608 千字
标准书号：ISBN 978-7-111-58744-6
定价：59.00元

凡购本书，如有缺页、倒页、脱页，由本社发行部调换

电话服务　　　　　　　　　　　网络服务
服务咨询热线：010-88361066　　机 工 官 网：www.cmpbook.com
读者购书热线：010-68326294　　机 工 官 博：weibo.com/cmp1952
　　　　　　　010-88379203　　金 书 网：www.golden-book.com
封底无防伪标均为盗版　　　　教育服务网：www.cmpedu.com

序

我国将用 10 年左右时间使装配式建筑占新建建筑的比例达到 30%，这将是世界装配式建筑发展史上前所未有的大事，它将呈现出前所未有的速度、前所未有的规模、前所未有的跨度和前所未有的难度。我国建筑行业面临着巨大的转型升级压力。由此，建筑行业管理、设计、制作、施工、监理各环节的管理与技术人员，亟须掌握装配式建筑的基本知识。同时，也需要持续培养大量的相关人才助力装配式建筑行业的发展。

"装配式混凝土结构建筑实践与管理丛书"共分 5 册，广泛、具体、深入、细致地阐述了装配式混凝土建筑从设计、制作、施工、监理到政府和甲方管理内容，利用大量的照片、图例和鲜活的工程案例，结合实际经验与教训（包括日本、美国、欧洲和大洋洲的经验），逐条解读了装配式混凝土建筑国家标准和行业标准。本丛书可作为装配式建筑管理、设计、制作、施工和监理人员的入门读物和工具用书。

我在从事装配式建筑技术引进和运作过程中，强烈意识到装配式建筑管理与技术同样重要，甚至更加重要。所以，本丛书专有一册谈政府、甲方和监理如何管理装配式建筑。因此，在这里我要特别向政府管理者、房地产商管理与技术人员和监理人员推荐此书。

本丛书每册均以解答 200 个具体问题的方式编写，方便读者直奔自己最感兴趣的问题，同时也便于适应互联网时代下读者碎片化阅读的特点。但我们在设置章和问题时，特别注意知识的系统性和逻辑关系，因此，在看似碎片化的信息下，每本书均有清晰完整的知识架构体系。

我认为，装配式建筑并没有多少高深的理论，它的实践性、经验性非常重要。基于我对经验的特别看重，在组织本丛书的作者团队时，把有没有实际经验作为第一要素。感谢机械工业出版社对我的理解与支持，让我组织起了一个未必是大牌、未必有名气、未必会写书但确实有经验的作者队伍。

《政府、甲方、监理管理 200 问》一书的主编赵树屹和副主编张岩是我国第一个被评为装配式建筑示范城市沈阳市政府现代建筑产业主管部门的一线管理人员；副主编胡旭是我国第一个推动装配式建筑发展的房地产企业一线经理，该册参编作者还有万科分公司技术高管、监理企业总监和构件制作企业高管。

《结构设计与拆分设计 200 问》一书的主编李青山是结构设计出身，从事装配式结构技术引进、研发、设计有 7 年之久，目前是三一重工装配式建筑高级研究员；副主编黄营从事结构设计 15 年之久，专门从事装配式结构设计 5 年，拆分设计过的装配式项目达上百万平方米。另外两位作者也是经验非常丰富的装配式结构研发、设计人员。

《构件工艺设计与制作 200 问》一书的主编李营在水泥预制构件企业从业 15 年，担任过质量主管和厂长，并专门去日本接受过装配式建筑培训，学习归来后担任装配式制作企业预制构件厂厂长、公司副总等。副主编叶汉河是上海城业管桩构件有限公司董事长，其公司多年向日本出口预制构件，也向上海万科等企业提供预制构件。本书其他参编者分别是预制构件企业的总经理、厂长和技术人员。

《施工安装 200 问》一书的主编杜常岭担任装配式建筑企业高管多年，曾去日本、欧洲、东南亚考察学习装配式技术，现为装配式混凝土专业施工企业辽宁精润公司的董事长。副主编王书奎现在是承担沈阳万科装配式建筑施工的赤峰宏基公司的总经理，另一位副主编李营是《构件工艺设计与制作 200 问》一书的主编，具体指挥过装配式建筑的施工。该书其他作者也有去日本专门接受施工培训、回国后担任装配式项目施工企业的高管，及装配式工程的项目经理。

《建筑设计与集成设计 200 问》一书的主编，我一直想请一位有经验的建筑师担纲。遗憾的是，建筑设计界大都把装配式建筑看成结构设计的分支，仅仅是拆分而已，介入很少，我没有找到合适的建筑师主编。于是，我把主编的重任压给了张晓娜女士。张女士是结构设计出身，近年来从事装配式建筑的研发与设计，做了很多工作，涉足领域较广，包括建筑设计。好在该书较多地介绍了国外特别是日本装配式建筑设计的做法，这方面我们收集的资料比较多，是长项。该书的其他作者也都是有实践经验的设计人员，包括 BIM 设计人员。

沈阳兆寰现代建筑构件有限公司董事长张玉波在本丛书的编著过程中作为丛书主编助理负责写作事务的后勤工作和各册书的校订发稿，付出了大量的心血和精力。

在编写这套丛书的过程中，各册书共 20 多位作者建立了一个微信群，有疑难问题在群里讨论，各册书的作者也互相请教。所以，虽然每册书署名的作者只有几位，但做出贡献的作者要多得多，可以说，每册书都是整个丛书创作团队集体智慧的结晶。

我们非常希望献给读者知识性强、信息量大、具体详细、可操作性强并有思想性的作品，作为丛书主编，这是我最大的关注点与控制点。近十年来我在考察很多国外装配式建筑中所获得的资料、拍摄的照片和一些思索也融入了这套书中，以与读者分享。但限于我们的经验和水平有限，离我们的目标还有差距，也会存在差错和不足，在此恳请并感谢读者给予批评指正。

丛书主编　郭学明

前言
FOREWORD

2016 年 2 月，《中共中央国务院关于进一步加强城市规划建设管理工作的若干意见》中提出："力争用 10 年左右时间，使装配式建筑占新建建筑的比例达到 30%"。由此，我国每年将建造几亿平方米的装配式建筑，这将是人类建筑史上，特别是装配式建筑史上史无前例的大事件，它将呈现出前所未有的速度、前所未有的规模、前所未有的跨度和前所未有的难度，我国建筑行业面临着巨大的转型升级压力。

装配式建筑发达国家是通过大量的理论研究、技术研发、工程实践和管理经验的逐步积累才发展起来的，大多经历了几十年的时间，才达到 30% 以上比例。我们要用 10 年时间走完其他国家半个多世纪的路，需要学的知识和需要做的工作非常多，专业技术人员、技术工人和管理者的需求将非常巨大。

参与本书编写的作者都是近年来从事装配式建筑设计和开发企业结构技术一线人员，有着多年从事装配式建筑结构工作经验。本书编者多数来自于沈阳市。沈阳市从 2009 年开始推动装配式建筑发展，并完成了从试点城市升级为示范城市的过程，作为地方政府做了很多开创性的工作。截至目前，沈阳市完成的装配式建筑已累计超过 1500 万 m²。作为本书主编，我非常有幸参与其中，并能够做一些具体工作，对日本装配式技术的中国化和中国装配式剪力墙结构技术的发展过程了解和体会；副主编黄营先生，沈阳兆寰现代建筑构件有限公司总工程师，从事结构设计 15 年之久，专门从事装配式结构设计 5 年，拆分设计过的装配式项目建筑面积达上百万平方米；参编者孙海宾先生，三一筑工科技有限公司主任结构工程师，负责结构设计及装配式建筑研发工作，10 年以上传统结构设计经验，5 年装配式建筑设计及研发经验，主持完成了万科、华润、恒大、龙湖、旭辉等多个装配式项目，参与完成了万达建筑产业化整体发展规划的制定。参编者王炳洪先生，上海联创建筑设计有限公司工业化建筑研究中心总工程师，高级工程师，2000 年毕业于哈尔滨工业大学建筑工程专业，从事结构设计 17 年之久，重点关注超限结构设计研究。2012 年起从事装配混凝土结构设计与研究工作，主持并参与完成了 200 多万 m² 的装配式建筑结构设计工作。

本书以装配式建筑国家标准、行业标准为基础，系统介绍了装配式建筑的基本知识、装配式建筑结构设计和拆分等技术。本书对在我国装配式建筑发展大浪潮下，"跃跃欲试"或已经开展工作的各地方政府以及投身其中的开发、设计等相关企业的结构技术和管理者具有很实用的参考价值。可作为装配式建筑结构设计技术人员和管理者的工具书。

本书共 15 章。

第 1 章主要介绍了装配式建筑的基本概念、等同原理和连接方式等内容。

第 2 章主要介绍了装配式建筑的设计内容，涵盖装配式建筑设计与传统现浇设计的不同、设计依据、拆分设计的原则和图样内容等。

第 3、4 章主要分别介绍了装配式建筑设计基本规定、材料和配件。

第 5 章主要介绍了楼盖设计，包括楼盖设计内容、种类和适用范围等。

第 6 章主要介绍了框架结构和其他的柱梁结构体系，对框架结构及其他柱梁结构体系类型、设计方法、设计标准和相应的构件设计进行了详细的论述。

第 7~9 章主要介绍了剪力墙结构、多层墙板结构和其他剪力墙结构的概念、特点、设计方法和构件设计。

第 10 章主要介绍了外挂墙板类型、设计方法和板缝构造等。

第 11~13 章主要介绍了非结构构件设计、低层装配式建筑设计和预埋件设计等内容。

第 14、15 章主要介绍了图样设计和设计质量管理方面的内容。

装配式混凝土结构建筑在国际建筑界也被称为 PC（Precast Concrete）建筑，预制混凝土构件被称为 PC 构件，为表述清晰，本书较多地用 PC 建筑指代装配式混凝土结构建筑。

丛书主编郭学明先生不仅指导作者团队搭建本书框架，还对全书进行了两轮详细审核，提出了诸多修改意见，是本册书主要思想的重要来源之一。我是本书第 1 章、第 6 章、第 10 章、第 12 章和第 13 章的编写者。作为主编，做了牵头及协调工作，并参与了其他章节的核稿工作。副主编黄营编写了第 5 章、第 7 章、第 8 章、第 9 章、第 11 章和第 14 章；孙海宾先生编写了第 2 章、第 3 章和第 4 章（51~54 问）；王炳洪先生编写了第 4 章（45~50 问）和第 15 章。

除本书编写人员外，还要感谢以下人员给予本书的大力支持和帮助：感谢沈阳兆寰现代建筑产业园有限公司董事郭学明先生、总经理许德民先生对我的指导和支持，使我在沈阳装配式大潮中得到锻炼与成长。感谢梁晓艳女士，她是石家庄山泰装饰工程有限公司总工程师，负责装配式建筑设计研发工作，完成卓达、天山、万达、恒大等多个项目，完成本书校对和部分表格、图片的编辑工作。感谢沈阳兆寰现代建筑构件有限公司董事长张玉波先生对本书成稿工作的支持。感谢中国建筑东北设计研究院有限公司的李振宇、岳恒先生为本书绘制结构体系三维图。另外感谢李营、叶贤博等诸君对本书的支持；感谢为本书提供资料的建工华创、三一筑工等装配式建筑企业，他们提供的资料也极大丰富了本书的内容。

装配式建筑在我国还处于起步阶段，许多课题还处于研究和探索阶段，参与本书的编撰者虽然有从事多年的装配式建筑相关工作经验，但难免在理论和实践方面存在不足之处，恳请广大读者批评指正。

主编　李青山

目录
CONTENTS

第1章 装配式混凝土结构基本概念

 1. 什么是装配式混凝土建筑？

（1）什么是装配式建筑

按常规理解，装配式建筑是指由预制部件通过可靠连接方式建造的建筑。按照这个理解，装配式建筑有两个主要特征：第一个特征是构成建筑的主要构件特别是结构构件是预制的；第二个特征是预制构件的连接方式必须可靠。按照国家标准《装配式混凝土建筑技术标准》（GB/T 51231—2016）（以下简称《装标》）的定义，装配式建筑是"结构系统、外围护系统、内装系统、设备与管线系统的主要部分采用预制部品部件集成的建筑。"这个定义强调装配式建筑是4个系统（而不仅仅是结构系统）的主要部分采用预制部品、部件集成。

（2）装配式建筑的分类

1）按结构材料分类。装配式建筑按结构材料分类，有装配式钢结构建筑、装配式混凝土结构建筑、装配式轻钢结构建筑、装配式木结构建筑和装配式复合材料建筑（钢结构、轻钢结构与混凝土结合的装配式建筑）等。以上几种装配式建筑都是现代建筑。古典装配式建筑按结构材料分类有装配式石材结构建筑和装配式木结构建筑。

2）按建筑高度分类。装配式建筑按高度分类，有低层装配式建筑、多层装配式建筑、高层装配式建筑和超高层装配式建筑。

3）按结构体系分类。装配式建筑按结构体系分类，有框架结构、框架-剪力墙结构、筒体结构、剪力墙结构、无梁板结构、空间薄壁结构、悬索结构、预制钢筋混凝土柱单层厂房结构等。

4）按预制率分类。装配式建筑按预制率分类，有超高预制率（70%以上）、高预制率（50% ~ 70%）、普通预制率（20% ~ 50%）、低预制率（5% ~ 20%）和局部使用预制构件（0% ~ 5%）几种类型。

（3）什么是装配式混凝土建筑

按照国家标准《装标》的定义，装配式混凝土建筑是指"建筑的结构系统由混凝土部件（预制构件）构成的装配式建筑。"

1）装配整体式混凝土结构。装配整体式混凝土结构的定义是："由预制混凝土构件通过可靠的方式进行连接并与现场后浇混凝土、水泥基灌浆料形成整体的装配式混凝土结构。"简言之，装配整体式混凝土结构的连接以"湿连接"为主要连接方式。装配整体式混凝土结构具有较好的整体性和抗震性。目前，大多数多层和全部高层装配式混凝土结构建筑是装配整体式，有抗震要求的低层装配式建筑也多是装配整体式结构。

2）全装配混凝土结构。全装配混凝土结构是指预制混凝土构件以干法连接（如螺栓连接、焊接等）形成混凝土结构。

国内许多预制钢筋混凝土柱单层厂房就属于全装配混凝土结构。国外一些低层建筑或非抗震地区的多层建筑常采用全装配混凝土结构。

（4）什么是 PC、PC 结构

PC 是指预制混凝土，是 Precast Concrete 的缩写。PC 结构是装配式混凝土结构的简称，本书为了表述方便也使用此简称。

2. 什么是等同原理？

（1）等同原理定义

PC 建筑结构设计的基本原理是等同原理。也就是说，通过采用可靠的连接技术和必要的结构与构造措施，使装配整体式混凝土结构与现浇混凝土结构的效能基本等同。

实现等同效能，结构构件的连接方式是最重要最根本的。但并不是仅仅连接方式可靠就高枕无忧了，必须对相关结构和构造做一些加强或调整，应用条件也会比现浇混凝土结构限制得更严。

（2）装配式建筑设计特点

按着现行装配式建筑行业标准和国家标准规定，装配式建筑的设计有以下特点：

1）装配式混凝土建筑的结构模型和计算与现浇结构相同，仅对个别参数微调整。

2）装配式建筑配筋与现浇相同，只是在连接或其他个别部位加强，比如柱子套筒区域钢筋加强。

3）钢筋连接部位不仅在每个构件同一截面内达到 100%，而且每一个楼层的钢筋连接都在同一高度。由此，装配式建筑竖向构件的连接设计要格外仔细，对制作和施工环节的要求要清晰、明确、具体。

4）装配式剪力墙水平缝受剪承载力计算与现浇相同。

5）在混凝土预制与现浇的结合面设置粗糙面、键槽等抗剪构造措施。

（3）等同原理的落实情况

等同原理不是一个严谨的科学原理，而是一个技术目标。目前，柱梁结构体系大体上实现了这个目标，而剪力墙结构体系还有距离。比如，建筑最大适用高度降低、边缘构件现浇等规定，表明在技术效果上（或者是放心程度上）尚未达到等同。

3. 什么结构体系适于做装配式？

（1）常用结构体系

一般而言，任何结构体系的钢筋混凝土建筑，框架结构、框架-剪力墙结构、简体结构、剪力墙结构、部分框支剪力墙结构、无梁板结构等，都可以做装配式。但是，有的结构体系更适宜一些，有的结构体系则勉强一些；有的结构体系技术与经验已经成熟，有的结构体系则正在摸索之中。下面我们分别讨论各种结构体系的装配式适应性。

1）框架结构。框架结构是由柱、梁为主要构件组成的承受竖向和水平作用的结构。框架结构是空间刚性连接的杆系结构（图 1-1）。目前框架结构的柱网尺寸可做到 12m，可形成较大的无柱空间，平面布置灵活，适合办公、商业、公寓和住宅。在我国，框架结构较多地用于办公楼和商业建筑，住宅用得比较少。日本多层和高层住宅大都是框架结构

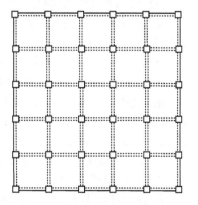

图 1-1　框架结构平面示意图

（日本高 60m 以上建筑算超高层）。笔者与日本设计师交流过，日本住宅为什么喜欢用框架结构和其他柱梁体系结构，而很少用剪力墙结构？日本设计师说主要基于以下考虑：

①他们比较信任柔性抗震，混凝土框架结构建筑经历了地震的考验。日本人把柱梁结构建筑叫作"拉面"结构，"拉面"的日语发音与汉语一样。

②框架结构布置灵活，户内布置可以改变。日本建筑寿命为 65 年、100 年和 100 年以上。高层和超高层建筑的寿命大都是 100 年和 100 年以上。框架结构可以使不同年代不同年龄段的居住者根据自己的需要和偏好方便地进行户内布置改变。关于柱子与梁凸入房屋空间对布置不利问题，从日本的实践看，一方面，目前框架结构很少有 6m 以下的小柱网，大都是大跨度柱网，柱子间距可达 12m。大柱网布置基本削弱了这个不利影响；另一方面，合理的户型设计也会削弱不利影响；还有，日本住宅都是精装修，上有吊顶、下有架空，室内布置比较多的收纳柜，自然而然地遮掩了柱梁凸出问题。

③框架结构管线布置比较方便。框架结构最主要的问题是高度受到限制，按照我国现行规范，现浇混凝土框架结构，无抗震设计最大建筑适用高度为 70m，有抗震设计根据设防烈度高度为 35 ~ 60m。PC 框架结构的适用高度与现浇结构基本一样。只有 8 度（0.3g）地震设防时高度为 30m，比现浇结构低 5m。国外多层和小高层 PC 建筑大都是框架结构。框架结构的 PC 技术比较成熟。

装配整体式框架结构的结构构件包括柱、梁、叠合梁、柱梁一体构件和叠合楼板等。还有外墙挂板、楼梯、阳台板、挑檐板、遮阳板等。多层和低层框架结构有柱板一体化构件，板边缘是暗柱。

装配整体式框架结构的连接主要采用套筒连接，楼板一般采用叠合楼板或预应力叠合楼板。框架 PC 建筑的外围护结构或采用 PC 外墙挂板，或直接用结构柱、梁与玻璃窗组成围护结构，或用带翼缘的结构柱、带翼缘的梁与玻璃窗组成围护结构；多层建筑外墙和高层建筑凹入式阳台的外墙，也用 ALC 墙板。

④框架结构柱梁属于细长构件，截面形式一般都是规则的矩形，构件的种类少，适合做装配式建筑。

⑤框架结构与剪力墙结构相比，混凝土用量少，主体结构自重轻，预制构件数量和结构连接点都少，做装配式不会增加成本，只会降低成本。

⑥框架结构侧向刚度低，日本高层和超高层建筑多为框架筒体结构，也采用框架-剪力墙结构。没有全剪力墙结构。

2）框架-剪力墙结构。框架-剪力墙结构是由柱、梁和剪力墙共同承受竖向和水平作用的结构。由于在结构框架中增加了剪力墙，弥补了框架结构侧向刚度不足的缺点；又由于只在局部设置剪力墙，不失框架结构空间布置灵活的优点（图 1-2）。

框架-剪力墙结构的建筑适用高度比框架结构大大提高了。A 级高层无抗震设计时最大适用高度为 150m，有抗震设计根据设防烈度最大适用高度为 80 ~ 130m。PC 框架-剪力墙结构，在框架部分为装配式、剪力墙部分为现浇的情况下，最大适用高度与现浇框-剪结构完全一样（9 度区除外）。框架-剪力墙结构适用于高层和超高层建筑。

装配整体式框架-剪力墙结构，《装配式混凝土结构技术规程》（JGJ 1—2014）（以下简称《装规》）要求剪力墙部分现浇。日本的框架-剪力墙结构，剪力墙部分也是现浇。

框架-剪力墙结构框架部分的装配整体式与框架结构装配整体式一样，构件类型、连接方式和外围护做法没有区别。

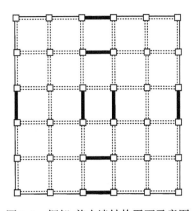

图 1-2　框架-剪力墙结构平面示意图

3) 筒体结构。

①定义。筒体结构是由竖向筒体为主组成的承受竖向和水平作用的建筑结构。筒体结构的筒体分剪力墙围成的薄壁筒和由密柱框架或壁式框架围成的框筒等。

筒体结构还包括框架核心筒结构和筒中筒结构等。框架核心筒结构为由核心筒与外围稀疏框架组成的筒体结构。筒中筒结构是由核心筒与外围框筒组成的筒体结构。筒体结构平面示意如图 1-3 所示。

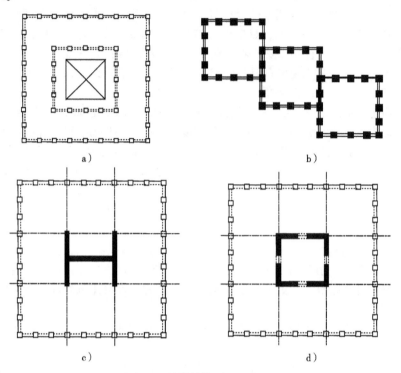

图 1-3　筒体结构平面示意图
a) 筒中筒　b) 连续筒体　c) H 形剪力墙核心筒　d) L 形剪力墙核心筒

筒体结构相当于固定于基础的封闭箱形悬臂构件，具有良好的抗弯抗扭性，比框架结构、框架-剪力墙结构和剪力墙结构具有更高的强度和刚度，可以建更高的建筑。

②规范规定。《高层建筑混凝土结构技术规程》（JGJ 3—2010）（以下简称《高规》）关于 A 级现浇筒体结构的适用高度规定，框架核心筒结构比框架-剪力墙结构和剪力墙结构高 10 ~ 20m（除 8 度 0.2g 和 9 度外），筒中筒结构，高出 20 ~ 50m。无抗震要求时，高度可达 200m，有抗震设防要求时为 100 ~ 180m。

《装规》对装配式筒体结构没有规定。

《装标》提出筒体结构也适合做装配式建筑，并且给出了筒体结构的适用高度。抗震设防烈度 6 度、7 度、8 度（0.2g）、8 度（0.3g）情况下最大建筑高度分别是 150m、130m、100m 和 90m。

辽宁省地方标准《装配式混凝土结构设计规程》（DB21/T 2572—2016）（以下简称《辽标》）中给出了装配整体式"框架-现浇核心筒结构"和"密柱框架筒结构"的最大适用高度：6 度抗震设防时为 150m；7 度抗震设防时为 130m；8 度抗震设防时为 100m。

③国外应用。装配整体式筒体结构在日本应用较多，超高层建筑都是筒体结构，最高达 208m。技术成熟，也经历了地震的考验。表 1-1 给出了几栋日本超高层装配整体式筒体结构建筑的示意图。

表 1-1　几栋日本超高层装配式混凝土筒体结构建筑立面与平面

序号	工程名称	功能	层数	高度/m	建筑面积/m²	户数	外　形	结构平面	结构体系类型	说　明
1	大阪北浜大厦	综合 住宅	地下 1、地上 54	208	79605	465			筒体-稀柱框架	
2	东京芝浦空中大厦	综合 住宅	地下 1、地上 48	169	85512	871	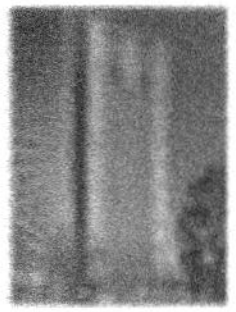	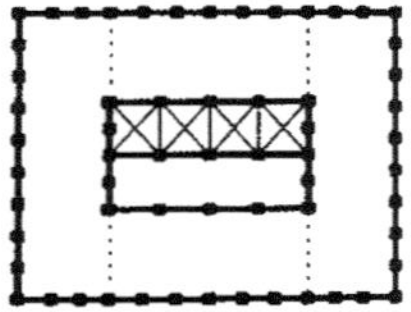	筒中筒结构	内外都是密柱框筒
3	东京练马区第一大厦	综合 住宅	地下 1、地上 43	108	31745	286	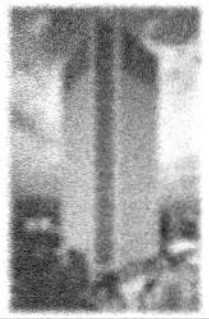	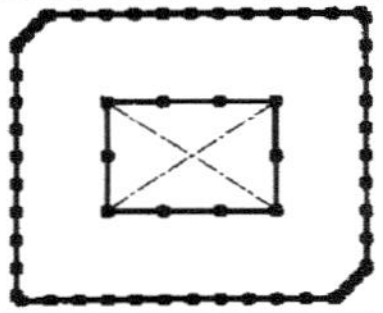	单筒结构	特殊的稀柱-剪力墙筒体结构。一个方向不对称的矩形平面,适合住宅的平面形状
4	东京中央区胜哄广场大厦	综合 住宅	地下 2、地上 41	155	56765	512			双 H 形剪力墙筒体-稀柱框结构	
5	东京港区虎之门大厦	综合 住宅	地下 1、地上 37	147	38800	266		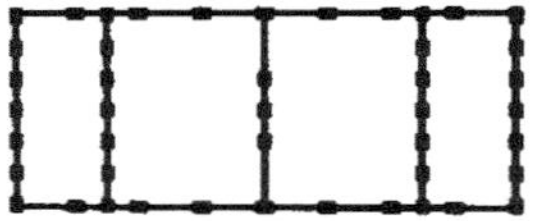	束筒结构	一个方向不对称的束筒结构
6	东京港区海角大厦	综合 住宅	地下 1、地上 48	155	139812	1095		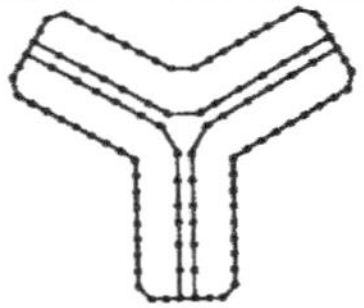	Y 字形密柱筒体结构	

注:此表根据日本鹿岛建设提供的资料整理,表中建筑都是由鹿岛建设施工。

④从以下几点可以看出筒体结构是装配式建筑的发展方向：

A. 节约用地，超高层建筑具有巨大的优势。日本最高的装配式建筑高 208m，筒体结构，容积率高达 12.58%。

B. 效率高，超高层建筑标准层多，设计、制作和施工便捷。

C. 成本低，构件标准化程度高，构件种类少，模具成本低，制作和施工成本低。

D. 空间大，使用灵活。

⑤筒体结构的主要问题是：

A. 其平面形状多是方形或接近方形，即"点式"建筑。

B. 用于住宅有朝向问题和自然通风问题。

这两个问题，日本的解决方案是：

朝向问题，在背阴面布置小户型公寓。

通风问题，设置微型强制通风系统等。

装配整体式筒体结构与框架结构一样，构件类型、连接方式和外围护做法等没有区别，如果有剪力墙核心筒，则采用现浇方式。

4）剪力墙结构。

①定义。剪力墙结构是由剪力墙组成的承受竖向和水平作用的结构。剪力墙与楼盖一起组成空间体系。

剪力墙结构没有梁柱凸入室内空间的问题，但墙体的分布使空间受到限制，无法做成大空间，适宜住宅和旅馆等隔墙较多的建筑（图1-4）。

现浇剪力墙结构建筑的高度，无抗震设计时最大适用高度为150m。有抗震设计时根据设防烈度最大适用高度为80~140m。与现浇框架-剪力墙结构基本一样，仅6度设防时比框架-剪力墙结构高了10m。装配整体式剪力墙结构最大适用高度比现浇结构低了10~20m。

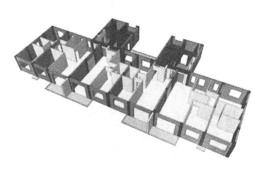

图1-4 剪力墙结构示意图
（选自辽宁省装配式标准化设计图）

②国外应用。剪力墙结构装配式建筑在国外非常少，高层建筑几乎没有，没有可供借鉴的装配式理论与经验。

③优势。国内多层和高层剪力墙结构住宅很多。目前装配式结构建筑大都是剪力墙结构。就装配式而言，比较现浇混凝土有以下优势：

A. 构件在工厂制作，比现场浇筑质量要好很多。

B. 外墙板可以实现结构保温一体化，防火性能提高，也省去了外墙保温作业环节与工期。

C. 石材反打或者瓷砖反打，节省了干挂石材工艺的龙骨费用，也省去了外装修环节和工期；瓷砖的粘接力大大加强，降低了脱落概率。

D. 各个环节协调得好，计划合理，调度得当，可以缩短主体结构施工以外的内外装修工期。

E. 无需满堂红外架，施工现场整洁干净。

剪力墙结构还有一个优势是可以将预制构件拆分成以板式构件为主，以适于流水线制作工艺。但按照剪力墙的结构特点和国家标准、行业标准的规定，墙板3边出筋，1边是套筒或浆锚孔，制作麻烦，上了流水线也无法实现自动化。

④现存问题。

A. 剪力墙结构混凝土量大，竖向构件连接面积大，钢筋连接节点多，连接点局部加强的构造钢筋也增加较多，连接作业量大。

B. 边缘构件处水平现浇带、双向叠合板间现浇带、叠合板现浇等后浇混凝土比较多，工地虽然总的来说比现浇施工方式减少了混凝土现浇量，但作业环节增加，也比较麻烦。

C. 剪力墙板和叠合楼板的侧边都出筋，制作环节不仅无法实现自动化，手工作业也非常麻烦，耗费工时多。

D. 剪力墙竖向连接虽然采用套筒灌浆或浆锚搭接方式，但剪力墙之间都有水平现浇带（也应当有），一般在现浇带浇筑第二天，混凝土强度还很低的时候，就开始安装上一层墙板，每一层都是如此。这可能存在结构安全的隐患。如果等现浇带达到一定强度再开始安装上层构件，装配式工期将比现浇混凝土工期成倍增加，塔式起重机租金和工地窝工也会造成很大的损失。

以上问题致使剪力墙结构装配式建筑效率低，工期难以压缩，结构成本增加较多。而这些问题多是剪力墙结构自身特性带来的，不是短期内可以解决的。

笔者认为，设计人员在进行装配式建筑设计时，首先应当改变"住宅只能做剪力墙结构"的心理定式，通过综合的、定量的分析对比，选择安全可靠、合理经济的结构体系。

5）无梁板结构。

①定义。无梁板结构是由柱、柱帽和楼板组成的承受竖向与水平作用的结构。无梁板结构由于没有梁，空间通畅，适用于多层公共建筑和厂房、仓库等。我国20世纪80年代前就有装配整体式无梁板结构建筑的成功实践。

②结构。装配整体式无梁板结构示意图如图1-5所示。

A. 先安装预制杯形基础。

B. 柱子通长预制，也就是说5层楼高的建筑，柱子就做成5层楼高，柱子由于是整根的，就不存在结构连接点，将柱子立起即可。

C. 在柱帽位置下方插入承托柱帽的型钢横档，柱子在该位置有预留孔。

D. 像插糖葫芦一样，将柱帽从柱子顶部插入。柱帽中心是方孔。落在型钢横档上。

E. 将预制柱帽从柱子顶部套入柱子，下移到型钢横档处。

F. 安装叠合楼板预制板。

G. 绑扎钢筋，浇筑叠合楼板后浇筑混凝土，形成整体楼板。

H. 继续安装上一层的横档、柱帽、叠合板，浇筑混凝土直到屋顶。

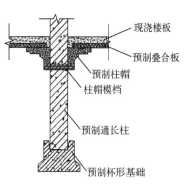

图1-5 装配式无梁板结构示意图

6）单层钢筋混凝土柱厂房。

①定义。单层钢筋混凝土柱厂房是由钢筋混凝土柱、轨道梁、钢屋架（或预应力混凝土屋架）组成的承受竖向和水平作用的结构。

②应用。单层钢筋混凝土柱厂房在中国工厂中应用较多，大多为全装配结构，干法连接。装配式单层钢筋混凝土柱厂房预制结构构件包括柱、轨道梁、屋架（双T板）、外墙板等，有的工程还包括预制杯形基础，如图1-6所示。

7）空间薄壁结构。装配式工艺不仅可以实现工业化生产，以标准化构件装配建筑，还可以

图 1-6　单层厂房

建造现浇工艺难以实现的造型复杂的建筑。著名的悉尼歌剧院双曲面屋面，就是由于现浇工艺无法施工，在拖了很长工期之后，想出了用预制的叠合曲面肋板装配的办法，建造出了现代建筑史上杰出的建筑艺术作品，如图 1-7 所示。

　　8）悬索结构。悬索结构在大型公共建筑中也有较多，属于装配式建筑干式连接。华盛顿杜勒斯机场候机楼就是悬索-PC 屋面板结构，如图 1-8 所示。

图 1-7　悉尼歌剧院

图 1-8　华盛顿杜勒斯机场候机楼悬索结构装配式屋盖

（2）用于装配的混凝土结构体系

装配式混凝土建筑结构在多种结构体系上的应用见表 1-2。

表 1-2　应用过装配式混凝土建筑的结构体系

序号	名称	定　义	平面示意图	立体示意图	说　明
1	框架结构	是由柱、梁为主要构件组成的承受竖向和水平作用的结构	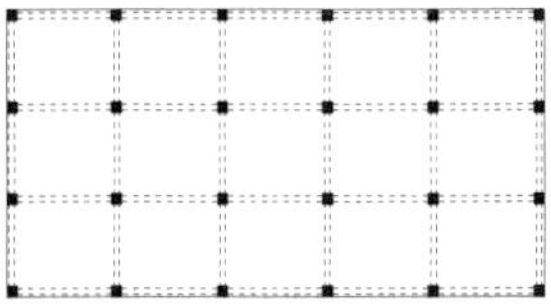	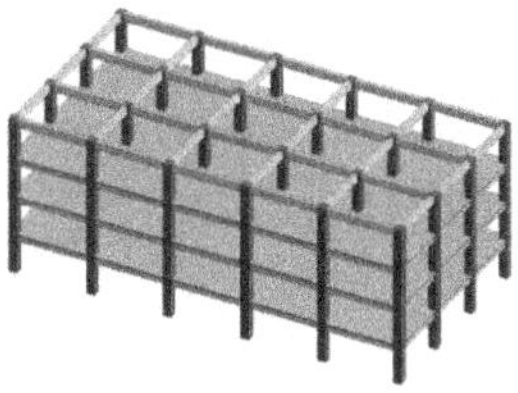	适用于多层和小高层装配式建筑，是应用非常广泛的结构
2	框架-剪力墙结构	是由柱、梁和剪力墙共同承受竖向和水平作用的结构	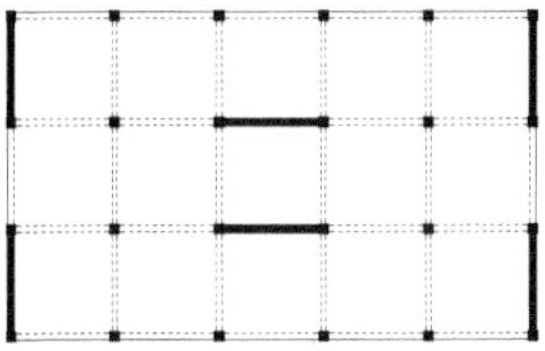	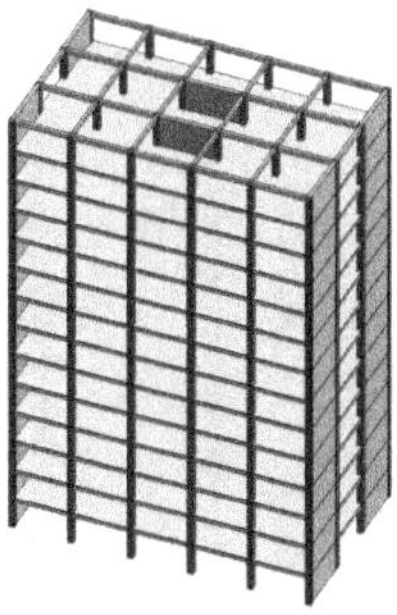	适用于高层装配式建筑，其中剪力墙部分一般为现浇。在国外应用较多
3	剪力墙结构	是由剪力墙组成的承受竖向和水平作用的结构，剪力墙与楼盖一起组成空间体系	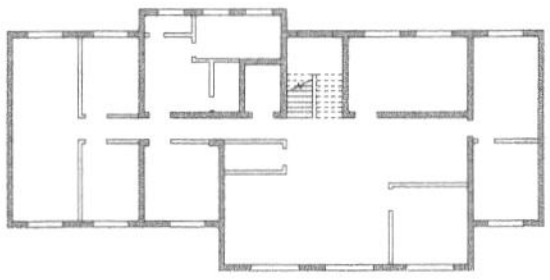	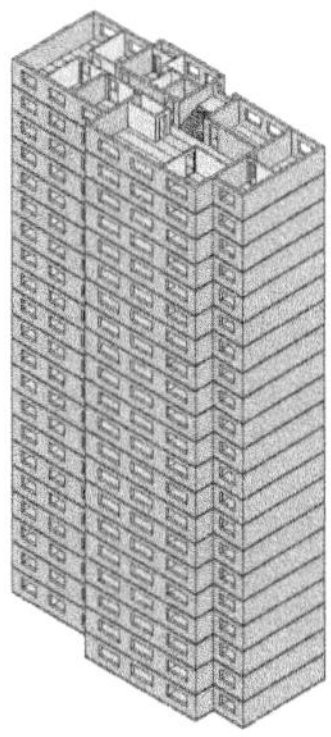	适用于多层和高层装配式建筑，在国内应用较多，国外高层建筑应用较少
4	框支剪力墙结构	是剪力墙因建筑要求不能落地，直接落在下层框架梁上，再由框架梁将荷载传至框架柱上的结构体系	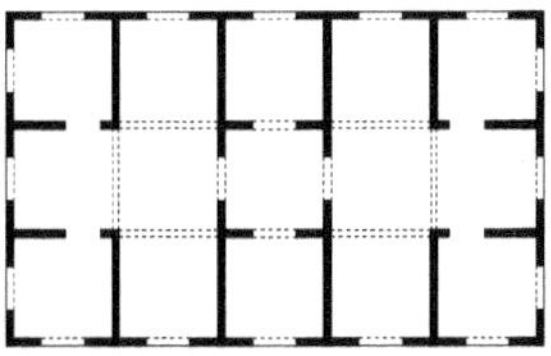		可用于底部商业（大空间）上部住宅的建筑，不是很适合的结构体系

（续）

序号	名称	定 义	平面示意图	立体示意图	说 明
5	墙板结构	由墙板和楼板组成承重体系的结构。有剪力墙结构和暗柱暗梁的框架板结构	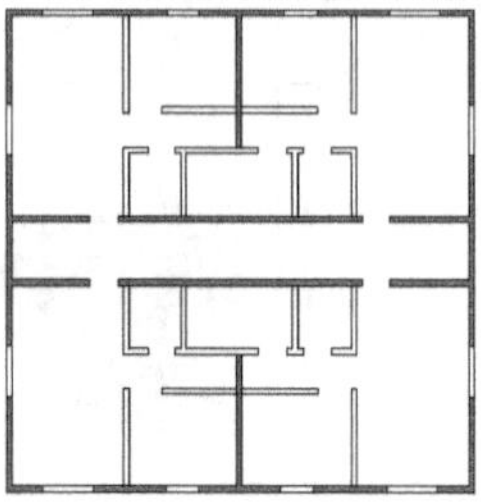	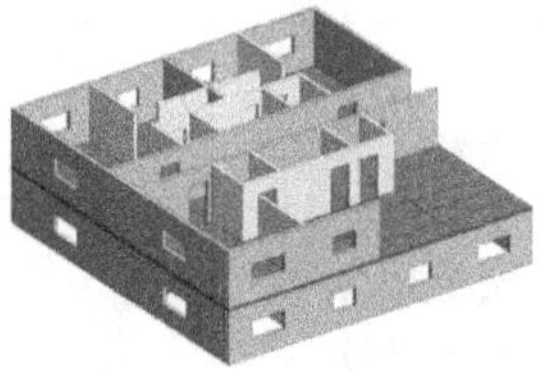	适用于低层、多层住宅装配式建筑
6	筒体结构（密柱单筒）	由密柱框架形成的空间封闭式的筒体		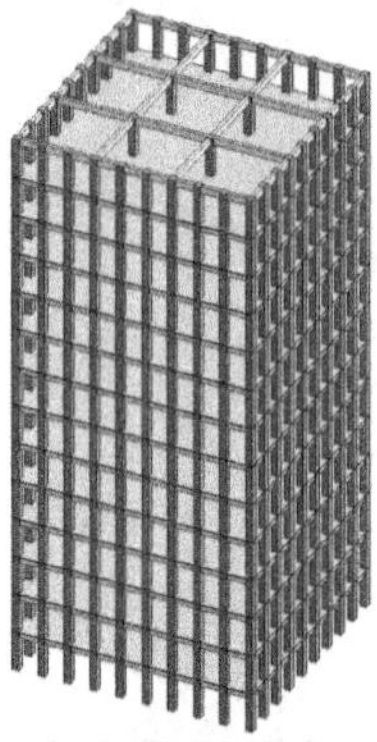	适用于高层和超高层装配式建筑，在国外应用较多
7	筒体结构（密柱双筒）	内外筒均由密柱框筒组成的结构	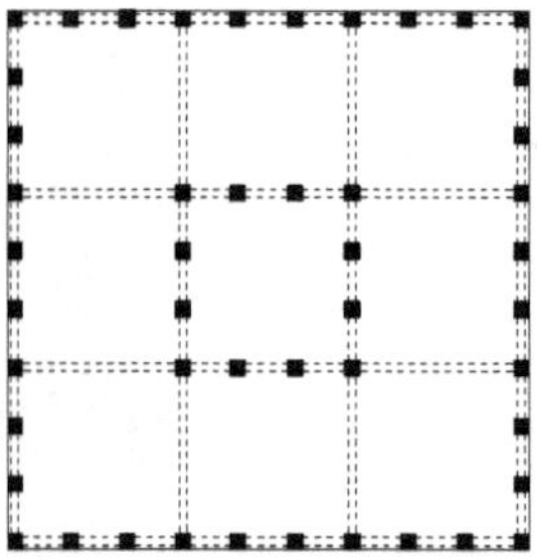	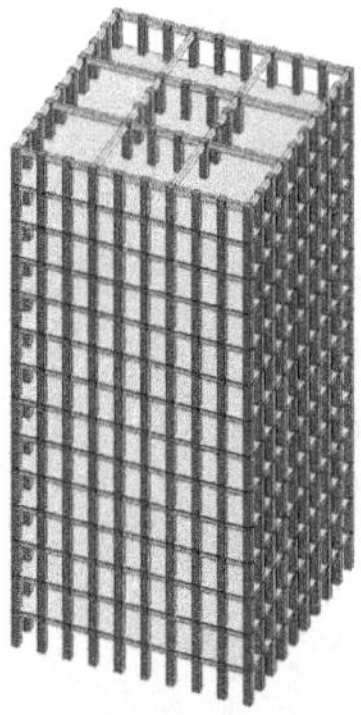	适用于高层和超高层装配式建筑，在国外应用较多
8	筒体结构（密柱+剪力墙核心筒）	外筒为密柱框筒，内筒为剪力墙组成的结构	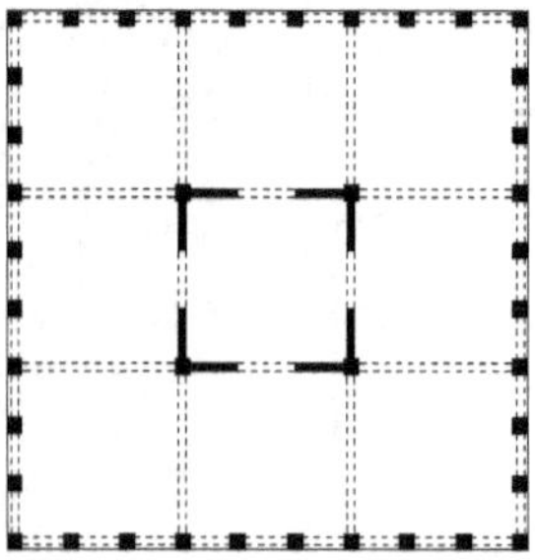	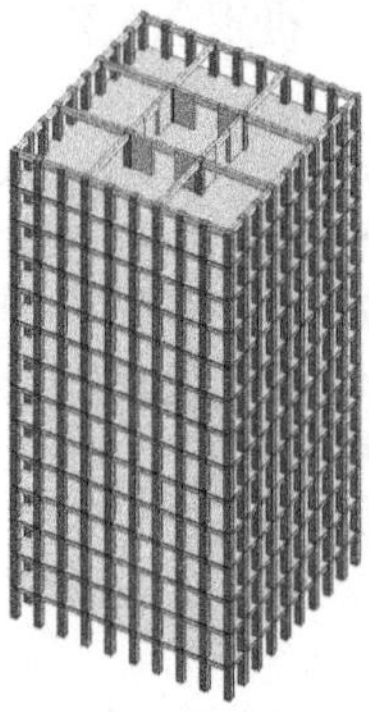	适用于高层和超高层装配式建筑，在国外应用较多

（续）

序号	名称	定　义	平面示意图	立体示意图	说　明
9	筒体结构（束筒结构）	由若干个筒体并列连接为整体的结构	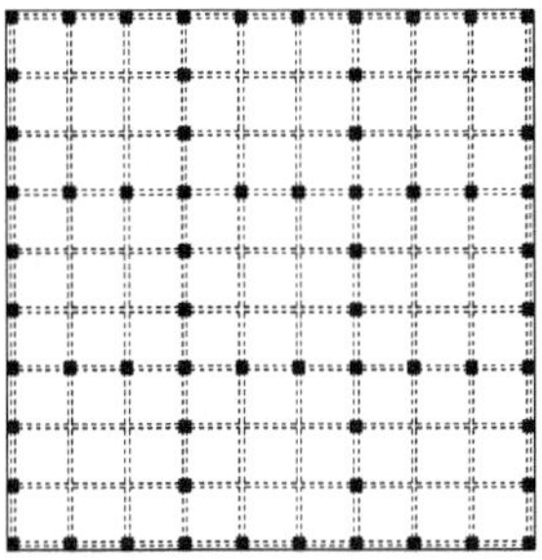	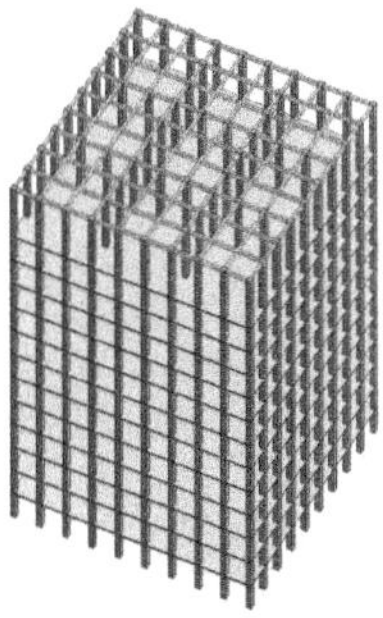	适用于高层和超高层装配式建筑，在国外有应用
10	筒体结构（稀柱＋剪力墙核心筒）	外围为稀柱框筒，内筒为剪力墙组成的结构	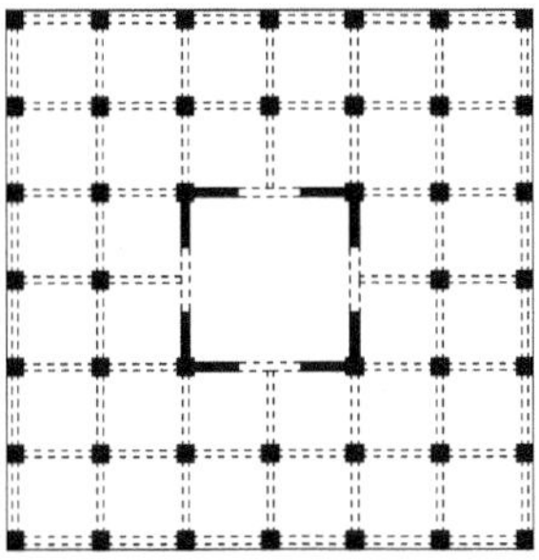	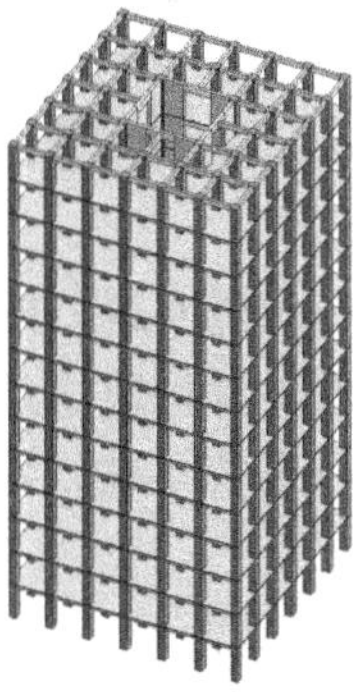	适用于高层和超高层装配式建筑，在国外有应用
11	无梁板结构	是由柱、柱帽和楼板组成的承受竖向与水平作用的结构	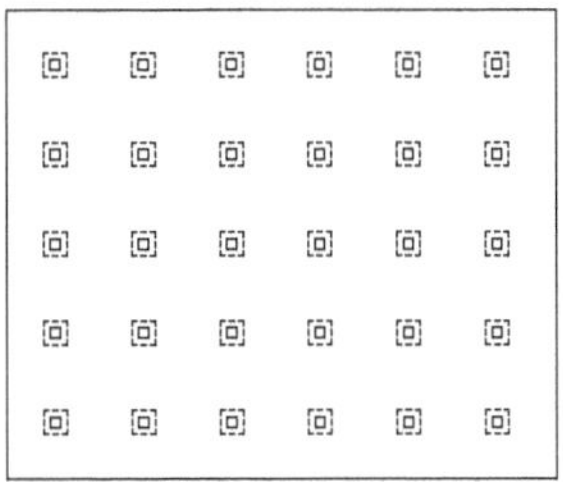	 	适用于商场、停车场、图书馆等大空间装配式建筑
12	单层厂房结构	是由钢筋混凝土柱、轨道梁、预应力混凝土屋架或钢结构屋架组成承受竖向和水平作用的结构	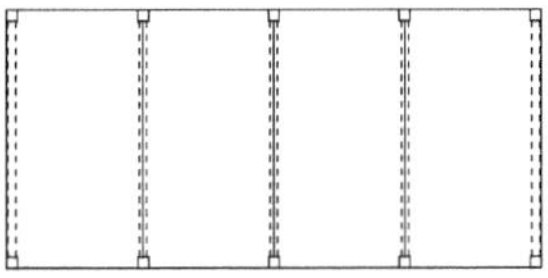	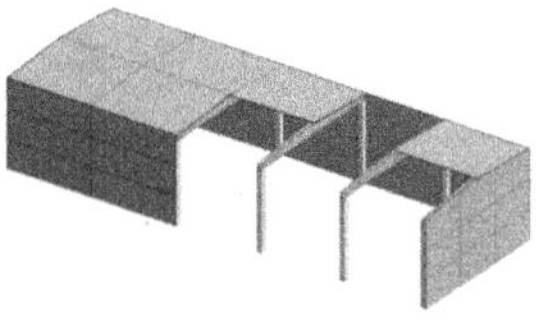	适用于工业厂房装配式建筑

（续）

序号	名称	定义	平面示意图	立体示意图	说 明
13	空间薄壁结构	是由曲面薄壳组成的承受竖向与水平作用的结构	—		适用于大型公共建筑
14	悬索结构	是由金属悬索和预制混凝土屋面板组成的屋盖体系	—		适用于大型公共装配式建筑、机场、体育场等

4. 装配式混凝土建筑受到哪些条件限制？

尽管从理论上讲，现浇混凝土结构都可以搞装配式，实际上还是有约束限制条件的。环境条件不允许、技术条件不具备或增加成本太多，都可能使装配式不可行。所以，一个建筑是不是搞装配式，哪些部分搞装配式，必须先进行必要性和可行性研究，对限制条件进行定量分析。

（1）环境条件

1）抗震设防烈度。抗震设防烈度 9 度地区，在我国，搞装配式建筑目前没有规范支持。

2）构件工厂与工地的距离。如果工程所在地附近没有 PC 工厂，工地现场又没有条件建立临时工厂，或建立临时工厂代价太大，该工程就不具备装配式条件。根据沈阳地区的统计，当运距在 0～200km 范围内时，PC 构件的运费占 PC 构件价格的比例见表 1-3。

表 1-3　运费占 PC 构件价格的比例

序　号	构件类型	运 距			
		0～20km	20～50km	50～100km	100～200km
1	叠合板	4%～5.5%	5.5%～7%	7%～11%	11%～16.5%
2	墙板	2%～3.5%	3.5%～4.5%	4.5%～7%	7%～11%
3	柱梁	2%～3.5%	3.5%～4.5%	4.5%～7%	7%～11%
4	转角板、飘窗	4%～5.5%	5.5%～7%	7%～11%	11%～16.5%

构件运输的尺寸与重量限制情况见表 1-4。

表 1-4　装配式建筑部品部件运输限制

情　况	限制项目	限　制　值	部品部件最大尺寸与重量		
			普通车	低底盘车	加长车
正常情况	高度	4m	2.8m	3m	3m
	宽度	2.5m	2.5m	2.5m	2.5m
	长度	13m	9.6m	13m	17.5m
	重量	40t	8t	25t	30t

（续）

情　况	限制项目	限　制　值	部品部件最大尺寸与重量		
			普通车	低底盘车	加长车
特殊审批情况	高度	4.5m	3.2m	3.5m	3.5m
	宽度	3.75m	3.75m	3.75m	3.75m
	长度	28m	9.6m	13m	28m
	重量	100t	8t	46t	100t

注：本表高度从地面算起；本表未考虑桥梁、隧洞、人行天桥、道路转弯半径等条件对运输的限值。

3）道路。如果预制工厂到工地的道路无法通过大型构件运输车辆；或道路过窄、大型车辆无法转弯调头；或途中有限重桥、限高天桥、限高隧洞等，会对能否搞装配式或装配式构件的重量与尺寸形成限制。

4）PC工厂生产条件。PC工厂的生产条件，如起重能力、固定或移动模台所能生产的最大构件尺寸等，是PC构件拆分的限制条件。

5）施工企业安装能力和设备条件。项目所在地所能找到的装配式施工企业的经验和设备条件特别是塔式起重机等设备条件是节点设计与构件拆分的限制条件。

（2）技术条件

1）高度限制。现行行业标准规定，有些PC建筑的最大适用高度比现浇混凝土结构要低一些。如剪力墙PC结构就比现浇剪力墙结构低10~20m。

2）形体限制。装配式建筑不适宜形体复杂的建筑。不规则的建筑会有各种非标准构件，且在地震作用下内力分布比较复杂，不适宜采用装配式。

3）立面造型限制。建筑立面造型复杂，或里出外进，或造型不规则，可能会导致以下情况：

①模具成本很高。

②复杂造型不易脱模。

③连接和安装节点比较复杂。

所以，立面造型复杂的建筑搞装配式要审慎。

4）外探较大的悬挑构件。建筑立面有较多的外探较大的悬挑构件，与主体结构的连接比较麻烦，不宜搞装配式。

（3）成本约束

1）结构体系的经济性。有的结构体系做装配式可以降低成本，至少是持平，如柱梁体系结构；有的结构体系或因经验不足，或因技术不成熟，或因规范保守而增加成本，如剪力墙结构。剪力墙结构装配式相对于现浇混凝土结构成本高，也与剪力墙结构体系在现浇方面较为成熟，有较大优势有关。

2）模具。模具是PC建筑成本大项，模具周转次数少会大幅度增加成本。一栋多层建筑，一套模具周转次数只有几次，不宜搞装配式建筑。如果多栋一样的多层建筑，模具周转次数提高了，成本就会降下来。高层和超高层建筑就模具成本而言比较适合做装配式建筑。

5. 装配式混凝土建筑有几种结构连接方式？适用范围如何？

（1）装配式混凝土结构连接方式概述

连接是各种类型的装配式建筑——钢筋混凝土结构、钢结构、木结构和混合结构装配式建筑最关键的环节，也是最核心的技术。

装配式混凝土结构的连接方式分为两类：湿连接和干连接。

湿连接是混凝土或水泥基浆料与钢筋结合形成的连接，如套筒灌浆、后浇混凝土等，适用于装配整体式混凝土结构的连接；干连接主要借助于金属连接，如螺栓连接、焊接等，适用于全装配式混凝土结构的连接和装配整体式混凝土结构中的外挂墙板等非主体结构构件的连接。

湿连接的核心是钢筋连接，包括套筒灌浆、浆锚搭接、机械套筒连接、注胶套筒连接、绑扎连接、焊接、锚环钢筋连接、钢索钢筋连接、后张法预应力连接等。湿连接还包括预制构件与现浇接触界面的构造处理，如键槽和粗糙面；以及其他方式的辅助连接，如型钢螺栓连接。

干连接用得最多的方式是螺栓连接、焊接和搭接。

为了使读者对装配式混凝土结构连接方式有一个清晰的全面了解，这里给出了装配式混凝土结构连接方式一览，如图1-9所示。

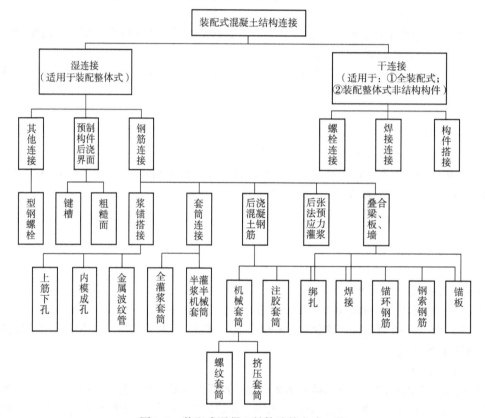

图1-9 装配式混凝土结构连接方式一览

(2) 装配式混凝土结构连接方式适用范围

各种结构连接方式适用的构件与结构体系见表1-5。这里需要强调的是，套筒灌浆连接方式是竖向构件最主要的连接方式。

表1-5 装配式结构连接方式及适用范围

类 别	序号	连接方式	可连接的构件	适用范围	备 注
湿连接	灌浆	1	套筒连接	柱、墙	各种结构体系高层建筑	日本最新技术也用于梁

（续）

类　别	序号	连接方式	可连接的构件	适用范围	备　注
湿连接	2	浆锚搭接	柱、墙	房屋高度小于三层或12m的框架结构，二、三级抗震的剪力墙结构（非加强区）	—
	3	金属波纹管	柱、墙		—
后浇混凝土钢筋连接	4	螺纹套筒	梁、楼板	各种结构体系高层建筑	—
	5	挤压套筒	梁、楼板	各种结构体系高层建筑	—
	6	注胶套筒	梁、楼板	各种结构体系高层建筑	—
	7	环形钢筋	墙板水平连接	各种结构体系高层建筑	—
	8	绑扎	梁、楼板、阳台板、挑檐板、楼梯板固定端	各种结构体系高层建筑	—
	9	直钢筋无绑扎	双面叠合板剪力墙、圆孔剪力墙	剪力墙体结构体系高层建筑	—
	10	焊接	梁、楼板、阳台板、挑檐板、楼梯板固定端	各种结构体系高层建筑	—
后浇混凝土其他连接	11	锚环钢筋连接	墙板水平连接	各种结构体系高层建筑	—
	12	钢索连接	墙板水平连接	多层框架结构和低层板式结构	—
	13	型钢螺栓	柱	框架结构体系高层建筑	—
叠合构件后浇筑混凝土连接	14	钢筋折弯锚固	叠合梁、叠合板、叠合阳台等	各种结构体系高层建筑	—
	15	锚板	叠合梁	各种结构体系高层建筑	—
预制混凝土与后浇混凝土连接截面	16	粗糙面	各种接触后浇筑混凝土的预制构件	各种结构体系高层建筑	—
	17	键槽	柱、梁等	各种结构体系高层建筑	—
干连接	18	螺栓连接	楼梯、墙板、梁、柱	楼梯适用各种结构体系高层建筑。主体结构构件适用框架结构或组装墙板结构低层建筑	—
	19	构件焊接	楼梯、墙板、梁、柱	楼梯适用各种结构体系高层建筑。主体结构构件适用框架结构或组装墙板结构低层建筑	—

（3）主要连接方式图示

1）套筒灌浆连接方式，如图1-10所示。

2）金属波纹管浆锚搭接方式，如图1-11所示。

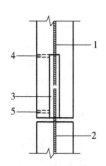

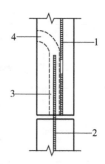

图 1-10　钢筋灌浆套筒连接示意

1—连接钢筋　2—插筋　3—套筒　4—出浆孔　5—注浆孔

图 1-11　波纹管浆锚搭接示意

1—连接钢筋　2—插筋　3—波纹管　4—管孔

3）环形箍筋浆锚搭接，如图 1-12 所示。

4）机械连接，如图 1-13 所示。

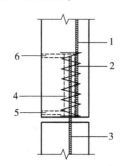

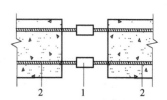

图 1-12　环形箍筋浆锚搭接示意

1—连接钢筋　2—箍筋　3—插筋　4—空腔　5—注浆孔　6—出浆孔

图 1-13　钢筋机械连接示意

1—机械连接接头　2—钢筋

5）钢筋搭接连接，如图 1-14 所示。

6）钢筋焊接连接，如图 1-15 所示。

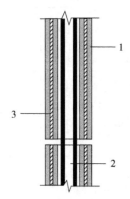

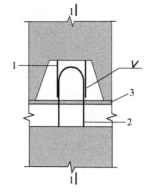

图 1-14　钢筋搭接连接

（双面叠合剪力墙或圆孔剪力墙板）

1—叠合板剪力墙或圆孔板剪力墙

2—搭接插筋　3—墙板钢筋

图 1-15　钢筋焊接连接

1—上层剪力墙连接钢筋　2—下层剪力墙连接钢筋

3—坐浆层

7）钢筋预焊钢板连接，如图 1-16 所示。

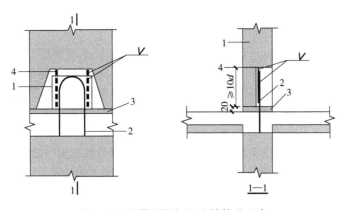

图 1-16　钢筋预焊钢板连接构造示意

1—预焊钢板　2—下层剪力墙连接钢筋　3—坐浆层　4—上层剪力墙连接钢筋

8）钢筋套环绑扎搭接，如图 1-17 所示。

9）锚环钢筋连接，如图 1-18 所示。

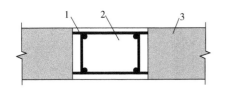

图 1-17　钢筋套环绑扎连接

1—环筋　2—现浇区　3—墙体

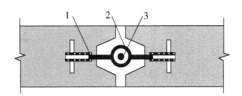

图 1-18　锚环连接

1—预埋件　2—套环　3—插筋

10）钢索钢筋连接，如图 1-19 所示。

11）螺栓连接，如图 1-20 所示。

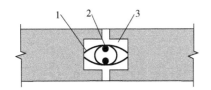

图 1-19　钢索钢筋连接

1—环筋　2—插筋　3—灌浆区

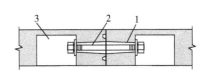

图 1-20　螺栓连接示意

1—螺栓孔　2—螺栓　3—安装孔

 6. 什么是钢筋套筒灌浆连接？有什么优点缺点？适用范围如何？

（1）什么是套筒灌浆连接

套筒灌浆连接是装配整体式结构最主要最成熟的连接方式，美国人 1970 年发明套筒灌浆技术，至今已经有 40 多年的历史。套筒灌浆连接技术发明初期就在美国夏威夷一座 38 层建筑中应用，而后在欧美亚洲得到广泛应用，目前在日本应用最多，用于很多超高层建筑，最高建筑 200 多米高。日本的套筒灌浆连接的 PC 建筑经历过多次地震的考验。

套筒灌浆连接的工作原理是：将需要连接的带肋钢筋插入金属套筒内"对接"，在套筒内注入高强早强且有微膨胀特性的灌浆料，灌浆料在套筒筒壁与钢筋之间形成较大的正向应力，在钢筋带肋的粗糙表面产生较大的摩擦力，由此得以传递钢筋的轴向力，如图 1-21 ～图 1-24 所示。

我们以现场柱子连接为例介绍套筒灌浆的工作原理。

下面柱子（现浇和预制都可以）伸出钢筋（图 1-23），上面预制柱与下面柱伸出钢筋对应的位置埋置了套筒，预制柱子的钢筋插入到套筒上部一半位置，套筒下部一半空间预留给下面柱子的钢筋插入。预制柱子套筒对准下面柱子伸出钢筋安装，使下面柱子钢筋插入套筒，与预制柱子的钢筋形成对接（图 1-21）。然后通过套筒灌浆口注入灌浆料，使套筒内注满灌浆料。

套筒连接是对现行混凝土结构规范的"越线"，全部钢筋都在同一截面连接，这违背了规范关于钢筋接头同一截面不大于 50% 的规定。但由于这种连接方式经过了试验和工程实践的验证，特别是超高层建筑经历过地震的考验，证明是可靠的连接方式。

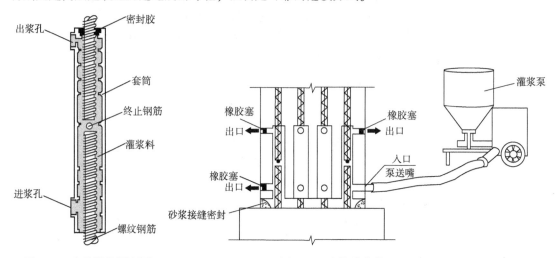

图 1-21　套筒灌浆原理图　　　　图 1-22　套筒灌浆作业原理图

图 1-23　下面柱子伸出钢筋

图 1-24　上面柱子对应下面柱子钢筋位置是套筒

（2）套筒灌浆连接的优点

1）套筒灌浆连接安全可靠，已经应用了 40 多年，是装配整体式混凝土建筑构件竖向连接最主要的方式。

2）操作简单。

3）适用范围广。

（3）套筒灌浆连接的缺点

1）成本高。

2）适合大直径钢筋。

3）套筒直径大，钢筋密集时排布有难度。

4）精度要求略高。

(4) 套筒灌浆连接的适用范围

适用于各种结构体系的多层、高层、超高层装配式建筑，特别适合高层、超高层建筑。具体连接构件包括：预制柱与现浇混凝土、预制柱与预制柱、剪力墙与现浇混凝土、上下剪力墙之间、预制柱与预制梁、预制梁与预制梁的连接等。

7. 什么是浆锚搭接？有什么优点缺点？适用范围如何？

(1) 什么是浆锚搭接？

1）浆锚搭接定义。《装规》2.1.11 给出浆锚搭接连接是指在预制混凝土构件中预留孔道，在孔道中插入需搭接的钢筋，并灌注水泥基灌浆料而实现的钢筋连接方式。

2）浆锚搭接工作原理。把要连接的带肋钢筋插入预制构件的预留孔道里，预留孔道内壁是螺旋形的。钢筋插入孔道后，在孔道内注入高强早强且有微膨胀特性的灌浆料，锚固住插入的钢筋。在孔道旁边，是预埋在构件中的受力钢筋，插入孔道的钢筋与之"搭接"。这种情况属于有距离搭接。传力路径是连接钢筋把力传递给受约束的高强灌浆料，然后受约束的高强灌浆料又把力传递给另一根与其搭接的钢筋。

3）浆锚搭接类型。

①螺旋钢筋浆锚搭接。螺旋钢筋浆锚搭接特点是内模成孔，如图 1-25 与图 1-26 所示。

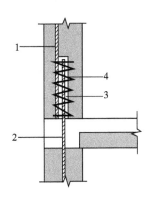

图 1-25　钢筋螺旋箍筋浆锚搭接连接示意
1—上墙板钢筋　2—下部墙体钢筋　3—插筋孔　4—螺旋箍筋

图 1-26　螺旋箍筋浆锚搭接制作实例

②金属波纹浆锚搭接连接。金属波纹浆锚搭接连接的特点是波纹预埋成孔，如图 1-27 与图 1-28 所示。

(2) 浆锚搭接的优点

1）浆锚搭接成本低。

2）插筋孔直径大，制作精度要求比套筒灌浆连接低。

3）钢筋排布比套筒灌浆连接难度降低。

(3) 浆锚搭接缺点

1）浆锚搭接连接应用范围比套筒灌浆连接应用范围窄，国外把浆锚搭接连接用于高层和超高层装配式建筑构件竖向连接的成熟经验少。

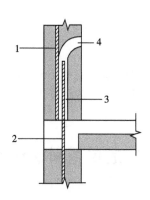

图 1-27　钢筋波纹管浆锚搭接连接示意
1—上墙板钢筋　2—下部墙体钢筋
3—波纹管　4—注浆孔

图 1-28　钢筋波纹管浆锚搭接制作实例

2）浆锚搭接连接钢筋搭接长度是套筒灌浆连接钢筋连接长度的一倍左右，导致现场构件注浆量大、注浆作业时间长。

以上两点是波纹管浆锚搭接与螺旋箍筋浆锚搭接的共同缺点；螺旋箍筋浆锚搭接另一个缺点是螺旋箍筋浆锚搭接内模成孔质量难以保证，脱模时，孔壁容易遭到破坏。鉴于此，国家标准《装标》规定：采用波纹管以外的成孔方式时，需要进行试验验证。

（4）浆锚搭接连接的适用范围

1）《装规》第 7.1.2 条规定，在装配整体式框架结构中，预制柱的纵向钢筋连接应符合下列规定，当房屋高度不大于 12m 或层数不超过 3 层时，可采用套筒灌浆、浆锚搭接、焊接等连接方式；当房屋高度大于 12m 或层数超过 3 层时，宜采用套筒灌浆连接。

2）《装规》第 8.3.5 第 3 条规定"一级抗震等级剪力墙以及二、三级抗震等级底部加强部位，剪力墙的边缘构件竖向钢筋宜采用套筒灌浆连接。"

第一、在第 8.3.5 条的条文说明中，对浆锚搭接的使用有限制性意见：浆锚搭接"在对结构抗震性能比较重要且钢筋直径较大的剪力墙边缘构件中不宜采用。"

第二、对于一级抗震等级的全部剪力墙，行业标准推荐的是套筒灌浆；而不建议采用浆锚搭接。

第三、对于二级抗震剪力墙和三级抗震剪力墙的底部加强部位，行业标准也是推荐套筒灌浆，不建议采用浆锚搭接；但对底部以上部位非边缘构件部位，用浆锚搭接没有限制性的说法。

也就是说，6 度地区三级抗震等级，小于等于 70m 高的建筑，底部加强部位剪力墙和底部以上部位边缘构件，不推荐浆锚搭接，其他部位可以。

7 度地区三级抗震等级，25～70m 高的建筑，底部加强部位剪力墙和底部以上部位边缘构件，不推荐浆锚搭接，其他部位可以。

7 度地区二级抗震等级，小于等于 70m 高的建筑，底部加强部位剪力墙和底部以上部位边缘构件剪力墙不推荐浆锚搭接，其他部位可以用。

 8. 什么是干法连接？有什么优点缺点？适用范围如何？

（1）干法连接

采用螺栓、焊接等没有湿作业的连接方式称为干法连接。干法连接在装配式混凝土建筑发展过程中应用得非常普遍。早期装配式混凝土建筑以低层和多层为主，在抗震性能要求不高的地区，干法连接施工快、造价低，比现浇混凝土建筑有很大的优势。

图 1-29 是著名建筑师贝聿铭 50 多年前设计的普林斯顿大学研究生宿舍，板式结构，预制墙板和楼板都是螺栓连接。

在欧洲、美洲、澳大利亚，干法连接的全装配式混凝土多层建筑随处可见。本书彩插 C-05 是美国凤凰城图书馆，全装配式建筑。主体结构柱子用螺栓连接。美国很多停车场建筑采用干法连接。图 1-30 是拉斯维加斯奥特莱斯停车楼，用干法连接的装配式建筑。

图 1-29　贝聿铭设计的普林斯顿大学
研究生宿舍——螺栓连接的板式结构

图 1-30　美国拉斯维加斯奥特莱斯停车场

图 1-31 是欧洲螺栓连接的装配式框架结构建筑，图 1-32 是螺栓连接示意图。

图 1-31　螺栓连接的框架结构

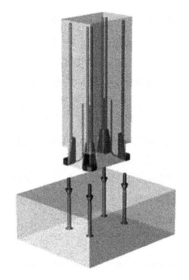

图 1-32　螺栓连接柱子示意图

（2）干法连接的优点

1）螺栓连接构件一般不伸出钢筋，便于自动化生产线或组合式立模工艺生产。

2）便于构件运输。

3）安装无须钢筋绑扎、混凝土浇筑等现场湿作业，非常简便，施工速度快。

4）不受温度限制，零度以下温度可以施工。

5）最大的优势是成本低。

（3）干法连接的缺点

1）适用范围窄，多适用于非抗震或低抗震设防的多层建筑。

2）结构整体性差，不如装配整体式建筑抗震性能好。

3）国内应用较少，工程经验、理论研究和规范支持不足。

（4）适用范围

1）干法连接在国内目前没有成熟的技术和规范支持，发展速度较慢，工程应用较少。但干法连接建筑构件制作容易、运输方便、安装效率高和成本低的优势已经被业界所认知。新农村房屋建设、特色小镇开发和旅游景区建筑对干法连接结构体系有较大的需求。所以，干法连接结构体系很有发展前景。

2）国内一些企业正在学习和借鉴国外干法连接的技术和经验。开发干法连接结构体系。如远大住工、三一筑工、建工华创等公司都在研发干法连接结构体系。图1-33是建工华创公司研发的以螺栓连接为主的装配式混凝土低层建筑。

图 1-33 建工华创螺栓连接住宅

（5）几个关键技术的思考

1）螺栓连接的性质。螺栓连接根据螺栓的数量和排布方式以形成铰接连接、半刚性连接甚至刚性连接。比如单排螺栓连接的墙板结构在平面内可以认为是刚性连接，但是在平面外则是铰接连接；双排螺栓连接的墙板可以看成是半刚性连接或刚性连接。两个螺栓连接的柱子认为是铰接连接，四个螺栓布置在柱子的四角，则可以认为是半刚性连接或者刚性连接。所以螺栓连接本身是没固定的属性的，通过螺栓排布组合方式来体现出不同的属性。合理巧妙的设计不但能够满足建筑结构的连接需求，而且能设计并建造出连接性能卓越的建筑。

2）干法连接整体性措施。螺栓连接整体性比装配整体式整体性差，设计过程中要注重通过一些结构或构造的措施来加强结构的整体性。比如通过后张预应力钢筋增加预制楼板、墙体的整体性。通过全预制楼板预埋角钢，然后用铁板焊接的方式来加强楼板的整体性。

3）计算简图如何确定。不同的连接形式有不同的计算简图。以螺栓连接为例，笔者认为，螺栓连接的墙板结构计算模型是假定在抗震设防烈度情况下，不考虑墙板之间的连接（保守思维），使墙板单独承受水平和竖向荷载；当受到高于抗震设防烈度的地震作用时，则认为螺栓是连接的，计算的原则是螺栓可以屈服，但是不能断裂。以此有效保护螺栓连接房屋的整体性，防止倒塌，达到大震不倒的设计理念。

 9. 什么是后浇混凝土连接？有什么优点缺点？适用范围如何？

（1）后浇混凝土连接

后浇混凝土连接是湿法连接的一种连接方式。需要连接的预制构件就位后，连接的钢筋埋件等连接完毕后，现浇混凝土，形成连接。

（2）后浇混凝土连接的优点

1）结构连接性能安全、稳定。

2）连接要求精度低、制作和安装简单。

（3）后浇混凝土连接的缺点

1）构件侧面出筋导致构件制作的效率大幅度降低、成本大幅度增高。

2）安装现场钢筋绑扎、模板支护等工作量大，施工效率低，尤其是装配式剪力墙结构后浇混凝土量巨大，大幅度增加的现场后浇作业量，严重削弱了装配式建筑的优势。

3）结合面处理不当容易出现裂缝。

因此，后浇混凝土量也是装配式建筑的一个重要指标。图 1-34 是鹿岛新办公楼，梁柱零后浇混凝土用量装配式框架结构。

（4）后浇混凝土的应用范围

后浇混凝土连接是装配整体式混凝土结构的一种非常重要的连接方式。到目前为止，世界上所有的装配整体式混凝土结构建筑都有后浇混凝土。日本预制率最高的 PC 建筑鹿岛新办公楼，所有柱梁连接节点都是套筒灌浆连接，基本没有后浇混凝土，但楼板依然是叠合楼板，有后浇混凝土。后浇混凝土的应用部位及后浇区钢筋的连接方式见 38 问。

图 1-34　梁柱零后浇混凝土用量装配式
框架结构——鹿岛新办公楼

10. 什么是锚环钢筋连接？什么是钢索连接？有什么优点缺点？适用范围如何？

（1）水平锚环钢筋连接的概念

水平锚环钢筋连接是指在需要进行连接的墙板一端预留凹槽，凹槽内伸出锚环钢筋。在与之相连的另一块墙板一端留凹槽，在凹槽内部同样伸锚环钢筋。连接时，把两块墙板对接，两个凹槽相对，缝隙用密封条密封。锚环钢筋交错，形成公共空间，在公共空间内插入钢筋，灌浆形成连接，如图 1-35 所示。

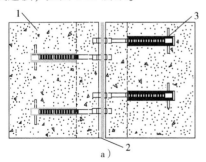
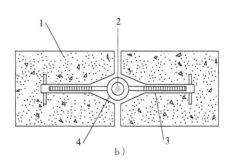

图 1-35　墙板的锚环钢筋连接节点

a）锚环钢筋连接立面图　b）锚环钢筋连接断面图

1—预制墙板　2—钢筋　3—带螺纹的预埋件　4—连接环

（2）锚环钢筋连接的优点

1）构件一般不伸出钢筋，便于自动化生产线或组合式立模工艺生产。

2）构件侧面不伸出钢筋，便于构件运输。

3）安装无须连接暗柱等钢筋绑扎，施工速度快。

4）成本低。

（3）锚环钢筋连接的缺点

1）因为设置槽口，灌浆量大，灌浆的成本略高。

2）墙板端部预留锚环和槽口，制作难度大。

（4）适用范围

适用于多层新农村建设、特色小镇开发和景区活动房的设计和开发。

（5）钢索连接

钢索连接起源于德国，国内引进并且进一步研究和开发。一侧墙体预埋钢索环（图1-36），与另一侧墙体的预埋钢索环相交叉，在交叉区域插入钢筋形成钢筋连接（图1-37）。并且两侧墙体在连接部位共同形成空腔，在空腔中注入浆料实现连接。

图1-36　钢索连接件

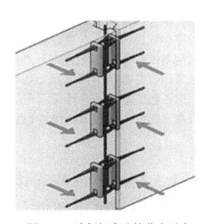

图1-37　墙板钢索连接节点示意

（6）钢丝绳套连接的优点

1）构件一般不伸出钢筋，便于自动化生产线或组合式立模工艺生产；灌浆无需模板，快速便捷。

2）构件侧面不伸出钢筋，便于构件运输。

3）预留钢索环属于柔性部件，不存在阻挡，现场拼装速度快。

4）成本低。

（7）钢丝绳套连接的缺点

1）结构整体性不如装配整体式建筑。

2）制作槽口容易破损。

3）适用范围。由于节点的承载能力低，此节点适用于多层建筑。目前工程实践中用于三层及以下建筑。

 11. 什么是柔性连接？有什么优点缺点？适用范围如何？

（1）柔性连接

柔性连接在国外又称为活动支座，在装配式建筑上主要是指外挂墙板与主体结构的连接。

柔性是指结构主体发生变形时，结构变形经过连接传到外挂墙板上的过程中能够得到终止或者有效削弱，从而保护外挂墙板，避免因变形而破坏。所以柔性连接也可以成为削弱变形的连接。

（2）柔性连接的优点

有效避免外挂墙板等构件因不能适应连接结构主体变形而破坏。柔性连接是外挂墙板设计必须选用的设计方法。

（3）柔性连接的缺点

1）需要设计、制作和施工几个环节同时协作才能达到结构设计的柔性连接。

2）连接件需要做好防腐处理。

（4）柔性连接的适用范围

1）楼梯的滑动支座连接。楼梯与主体结构楼梯梁连接属于柔性连接。通过楼梯与支座之间相对滑动，来减弱主体结构对楼梯的水平作用。楼梯滑动支座连接节点如图1-38所示。

2）外墙挂板与主体结构的连接属于柔性连接。连接的特点是外挂墙板受到水平力作用（如风荷载、地震作用）时，外挂墙板变形量通过连接件的调节能够与结构主体变形相互协调，减弱结构主体变形对外挂墙板的影响。主体对外挂墙板的作用也变得柔缓。关于具体连接构造见第10章。

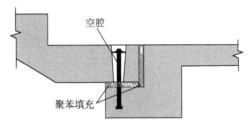

图1-38　楼梯滑动（柔性）支座

12. 装配式混凝土技术发达国家大都采用什么结构体系？

发达国家和地区大都采用的结构体系见表1-6。

表1-6　发达国家和地区主要采用结构体系表

国　　家	主要结构体系
美国	以多层柱梁结构为主，也有框架剪力墙和框架核心筒结构
欧洲	以叠合板剪力墙结构和框架结构为主
日本	以框架结构和框架核心筒结构为主
澳大利亚	以框架结构为主，也有混凝土与型钢的组合框架结构
新加坡	以框架结构为主

13. 剪力墙结构体系搞装配式存在哪些问题和难点？

现浇剪力墙结构在国内经过数十年的发展，技术比较成熟，施工效率较高，是我国目前住宅用得最普遍的结构形式。在此基础上大规模推行装配式建筑，需要技术上的支持和经验积累。装配式建筑有适宜的结构体系与构造方法。剪力墙结构体系搞装配式，目前还存在一些问题和难点。

（1）对后浇混凝土依赖较重

由此导致后浇混凝土区域较多，工厂制作、现场钢筋连接、后浇筑混凝土模板、后浇筑混凝土作业环节增多。

（2）剪力墙横向出筋多且复杂

由此无法实现构件自动化生产，施工时很难达到设计要求（图1-39）。

图1-39　后浇边缘构件区现场

（3）钢筋连接点多

剪力墙纵向钢筋太多，导致连接孔多，墙体构件制作精度要求高，但是也经常出现制作精度达不到要求的情况，导致现场安装时有些钢筋与预留孔不对位，难以安装。使用套筒灌浆较贵。浆锚搭接技术上可靠度还不放心，一些部位不宜采用。连接节点的加密箍筋较多。

（4）剪力墙灌浆连接面积大

灌浆料用量大，且灌浆作业时间长，延迟灌浆现象非常普遍。有安全隐患。

（5）叠合板楼板伸出钢筋

单向板两端伸出钢筋，双向板四边都伸出钢筋。世界各国叠合板都没有这样做的。无法实现自动化生产，运输、安装麻烦。

（6）水平现浇带存在隐患

上下剪力墙之间的现浇混凝土圈梁一般在浇筑次日强度很小时开始安装上层墙板。此时，墙板是被垫块支撑的，大多工地无法做到随即灌浆，灌浆分仓作业需要凝固增强时间（框架结构柱的灌浆不需要分仓）。如此，存在重大安全隐患和结构隐患。

（7）夹心保温板的安全隐患

有的设计人员对拉结件选用随意、布置和锚固没有给出详细设计，或制作方自行做主，制作采取外叶板、内叶板一次性完成工艺，非常容易导致锚固不牢（已经有厂家在夹心保温板脱模时出现外叶板脱落的情况），这是非常严重的安全隐患。

第 2 章　PC 结构设计内容

 14. 装配式结构与现浇结构在结构设计上有哪些不同？

虽然装配式混凝土建筑强调等同原理，即装配式混凝土建筑与现浇混凝土建筑结构设计原则上一样，只是通过个别系数的调整和采取一些构造措施，使装配式混凝土结构达到与现浇混凝土结构等同的效果，而不需要另起炉灶建立设计体系。实际上装配式混凝土建筑结构设计也是基于现浇混凝土结构设计展开的。但两者的结构设计还是有较多不同，设计范围扩大，工作量增加了很多，图样表达方式也发生了较大变化，下面具体讨论。

当同一层内既有预制又有现浇抗侧力构件时，在地震设计状况下，让现浇构件多承担一些地震作用。这与现浇结构同层构件均匀承担地震作用不一样。

楼盖的结构分析、计算简图和构造设计因拆分方式不同（单向板、双向板），可能与现浇楼盖有区别。

装配式结构用 PKPM 等软件进行计算时，周期折减系数、梁刚度增大扭矩折减系数等与现浇混凝土结构设计有所差别。

一些结构体系装配式混凝土建筑比现浇混凝土建筑的适用高度降低 10 ~ 20m。

装配式建筑比现浇建筑增加了三项设计——拆分设计、预制构件设计和连接节点设计。其中连接节点设计是装配式结构设计的重点。

装配式建筑结构须根据工程所在地构件制作、运输和安装的约束条件（重量、规格限制等）进行构件拆分。

预制构件须进行制作、堆放、运输和吊装环节的荷载分析与结构计算。

建筑、装修、水电气各专业所需要的预埋件、预留孔洞和预埋物等，制作、安装环节需要的各种预埋件、吊点、预埋物等，都需要无一遗漏地汇集到构件制作图中。

装配式结构有结构、围护、保温、装饰等多功能集成构件。由此，结构图须表达其他专业的内容。例如，夹心保温板的构件图不仅有结构内容，还要有保温层、窗框、装饰面层、避雷引下线等内容。

结构图的表达方式与图样类别有较大变化，增加了拆分（装配）图、连接节点图、预制构件图等。

装配式建筑结构设计工作量增加约 20% ~ 30%。

 15. PC 结构设计的依据与原则是什么？

PC 建筑设计首先应当依据国家标准、行业标准和项目所在地的地方标准。

由于中国装配式处于起步阶段，有关标准比较审慎，覆盖范围有限（如对筒体结构就没有覆盖），一些规定也不够具体明确，远不能适应大规模开展装配式建筑的需求，许多创新的设计也不可能从规范中找到相应的规定。所以，PC 建筑设计还需要借鉴国外成熟的经验，进行试验以及请专家论证等。

PC 建筑设计特别需要设计、制作和施工环节的互动和设计各专业间的衔接。

(1) 设计依据

PC 建筑设计除了执行混凝土结构建筑有关标准外，还应当执行关于装配式混凝土建筑的现行行业标准《装规》。

北京、上海、辽宁、黑龙江、广东深圳、江苏、四川、安徽、湖南、重庆、山东、湖北等地都制定了关于装配式混凝土结构的地方标准。

(2) 借鉴先进经验

欧洲、北美、日本、新加坡、中国台湾、中国香港等国家和地区有多年 PC 建筑经验。尤其是日本，许多超高层 PC 建筑经历了多次地震的考验。对于国外成熟的经验，特别是许多细节，宜采取借鉴方式，但应配合相应的试验和专家论证。

(3) 试验原则

PC 建筑在中国刚刚兴起，经验不多。国外 PC 建筑的经验主要是框架、框-剪和筒体结构，高层剪力墙结构的经验很少；装配式建筑的一些配件和配套材料目前国内也处于开发阶段。由此，试验尤为重要。设计在采用新技术选用新材料时，涉及结构连接等关键环节，应基于试验获得可靠数据。

例如夹心保温板内外叶墙板的拉结件，既有强度、刚度要求，又要减少热桥，还要防火和耐久，这些都需要试验验证。有的国产拉结件采用与塑料筋一样的玻璃纤维增强树脂制成，但塑料筋用的不是耐碱玻璃纤维，埋置在水泥基材料中耐久性得不到保障，目前国外只用于临时工程，将其用于混凝土夹心板中是不安全的。

(4) 专家论证

当设计超出国家标准、行业标准或地方标准的规定时，例如建筑高度超过最大适用高度限制，必须进行专家审查。

在采用规范没有规定的结构技术和重要材料时，也应进行专家论证。在建筑结构和重要的使用功能方面，审慎是非常必要的。

(5) 设计、制作、施工的沟通互动

PC 建筑设计人员应当与 PC 工厂和施工安装单位的技术人员进行沟通互动，了解制作和施工环节对设计的要求和约束条件。

例如，PC 构件有一些制作和施工需要的预埋件，包括脱模、翻转、安装、临时支撑、调节安装高度、后浇筑模板固定、安全护栏固定等预埋件，这些预埋件设置在什么位置合适，如何锚固，会不会与钢筋、套筒、箍筋太近影响混凝土浇筑，会不会因位置不当导致构件出现裂缝，如何防止预埋件应力集中产生裂缝等，设计师只有与制作厂家和施工单位技术人员互动才能给出安全可靠的设计。

(6) 各专业衔接集成

PC 建筑设计需要各个专业密切配合与衔接。比如拆分设计，建筑师要考虑建筑立面的艺术效果，结构设计师要考虑结构的合理性和可行性，为此需要建筑师与结构工程师互动。再比如，PC 建筑围护结构应尽可能实现建筑、结构、保温、装饰一体化，内部装饰也应当集成化，为此，需要建筑师、结构设计师和装饰设计师密切合作。再比如，防雷引下线需要埋设在预制构件中，需要建筑、结构和防雷设计师衔接。总之，水、暖、电、通、设备、装饰各个专业对预制构件的要求都要通过建筑师和结构设计师汇总集成。

(7) 一张（组）图原则

PC 建筑多了构件制作图环节，与目前工程图样的表达习惯有很大的不同。

PC 构件制作图应当表达所有专业所有环节对构件的要求，包括外形、尺寸、配筋、结构连接、各专业预埋件、预埋物和孔洞、制作施工环节的预埋件等，都清清楚楚地表达在一张或一组图上，不用制作和施工技术人员自己去查找各专业图样，也不能让工厂人员自己去标准图集上找大样图。

一张（组）图原则不仅会给工厂技术人员带来便利，最主要的是会避免或减少出错、遗漏和各专业的"撞车"。

16. PC 结构设计的主要内容是什么？方案设计、施工图设计、拆分设计和构件制作图设计阶段分别有哪些设计内容？

必须强调：PC 建筑的结构设计绝不是按现浇混凝土结构设计完后，进行延伸与深化；绝不仅仅是结构拆分与预制构件设计；也绝不能任由拆分设计机构或 PC 构件厂家自行其是。

PC 建筑的结构设计虽然不是另起炉灶自成体系，基本上也须按照现浇混凝土结构进行设计计算，以现行国家和行业标准《混凝土结构设计规范》（GB 50010—2010）（以下简称《混规》）、《高规》和《建筑抗震设计规范》（GB 50011—2010）（以下简称《抗规》）等结构设计标准为基本依据，但装配式混凝土结构有自身的结构特点，国家标准《装标》和行业标准《装规》有一些不同于现浇混凝土结构的规定，这些特点和规定，必须从结构设计一开始就贯彻落实，并贯穿整个结构设计过程，而不是"事后"延伸或深化设计所能解决的。

（1）PC 设计的主要内容

PC 结构设计主要包括：

1）根据建筑功能需要、项目环境条件、装配式国家标准、行业标准或地方标准的规定和装配式结构的特点，选定适宜的结构体系，即确定该建筑是框架结构、框-剪结构、筒体结构还是剪力墙结构。

2）根据已经选定的结构体系，确定建筑最大适用高度和最大高宽比。

3）根据建筑功能需要、项目约束条件（如政府对装配率、预制率的刚性要求）、装配式国家标准、行业标准或地方标准的规定和所选定的结构体系的特点，确定装配式范围，哪一层哪一部位哪些构件需要预制。

4）在进行结构分析、荷载与作用组合和结构计算时，根据装配式国家标准、行业标准或地方标准的要求，将不同于现浇混凝土结构的有关规定，如抗震的有关规定、附加的承载力计算、有关系数的调整等，输入计算过程或程序，体现到结构设计的结果上。

5）进行结构拆分设计，选定可靠的结构连接方式，进行连接节点和后浇混凝土区的结构构造设计，设计结构构件装配图。

6）对需要进行局部加强的部位进行结构构造设计。

7）与建筑专业确定哪些部件实行一体化，对一体化构件进行结构设计。

8）进行独立预制构件设计，如楼梯板、阳台板、遮阳板等构件。

9）进行拆分后的预制构件结构设计，将建筑、装饰、水暖电等专业需要在预制构件中埋设的管线、预埋件、预埋物、预留沟槽，连接需要的粗糙面和键槽要求，制作、施工环节需要的预埋件等，都无一遗漏地汇集到构件制作图中。

10）当建筑、结构、保温、装饰一体化时，在结构图上表达其他专业的内容。例如，夹心保温板的结构图不仅有结构内容，还要有保温层、窗框、装饰面层、避雷引下线等内容。

11）对预制构件制作、脱模、翻转、存放、运输、吊装、临时支撑等各个环节进行结构复核，设计相关的构造等。

(2) 方案设计阶段结构设计内容

在方案设计阶段,结构设计师需根据 PC 结构的特点和有关规范的规定确定方案。方案设计阶段关于装配式的设计内容包括:

1) 在确定建筑风格、造型、质感时分析判断装配式的影响和实现可能性。例如, PC 建筑不适宜造型复杂且没有规律性的立面;无法提供连续的无缝建筑表皮。

2) 在确定建筑高度时考虑装配式的影响。

3) 在确定形体时考虑装配式的影响。

4) 一些地方政府在土地招拍挂时设定了预制率的刚性要求,建筑师和结构设计师在方案设计时须考虑实现这些要求的做法。

(3) 施工图设计

施工图设计阶段,结构设计关于装配式的内容包括:

1) 与建筑师确定预制范围,哪一层、哪个部分预制。

2) 因装配式而附加或变化的作用与作用分析。

3) 对构件接缝处水平抗剪能力进行计算。

4) 因装配式所需要进行的结构加强或改变。

5) 因装配式所需要进行的构造设计。

6) 依据等同原则和规范确定拆分原则。

7) 确定连接方式,进行连接节点设计,选定连接材料。

8) 对夹心保温构件进行拉结节点布置、外叶板结构设计和拉结件结构计算,选择拉结件。

9) 对预制构件承载力和变形进行验算。

10) 将建筑和其他专业对预制构件的要求集成到构件制作图中。

(4) 结构拆分设计

1) 拆分原则。装配整体式结构拆分是设计的关键环节。拆分基于多方面因素:建筑功能性和艺术性、结构合理性、制作运输安装环节的可行性和便利性等。拆分不仅是技术工作,也包含对约束条件的调查和经济分析。拆分应当由建筑、结构、预算、工厂、运输和安装各个环节技术人员协作完成。

建筑外立面构件拆分以建筑艺术和建筑功能需求为主,同时满足结构、制作、运输、施工条件和成本因素。建筑外立面以外部位结构的拆分,主要从结构的合理性、实现的可能性和成本因素考虑。

拆分工作包括:

①确定现浇与预制的范围、边界。

②确定结构构件在哪个部位拆分。

③确定后浇区与预制构件之间的关系,包括相关预制构件的关系。例如,确定楼盖为叠合板,由于叠合板钢筋需要伸到支座中锚固,支座梁相应地也必须有叠合层。

④确定构件之间的拆分位置,如柱、梁、墙、板构件的分缝处。

2) 从结构角度考虑拆分。从结构合理性考虑,拆分原则如下:

①结构拆分应考虑结构的合理性。如四边支承的叠合楼板,板块拆分的方向(板缝)应垂直于长边。

②构件接缝选在应力小的部位。

③高层建筑柱梁结构体系套筒连接节点应避开塑性铰位置。具体地说,柱、梁结构一层柱脚、最高层柱顶、梁端部和受拉边柱,这些部位不应做套筒连接。日本鹿岛的装配式设计规程特别强调这一点。我国现行行业标准规定装配式建筑一层宜现浇,顶层楼盖现浇,如此已经避

免了柱的塑性铰位置有装配式连接节点。避开梁端塑性铰位置，梁的连接节点不应设在距离梁端 h 范围内（h 为梁高），如图 2-1 所示。

④尽可能统一和减少构件规格。

⑤应当与相邻的相关构件拆分协调一致。如叠合板的拆分与支座梁的拆分需要协调一致。

3）制作、运输、安装条件对拆分的限制。从安装效率和便利性考虑，构件越大越好，但必须考虑工厂起重机能力、模台或生产线尺寸、运输限高限宽限重约束、道路路况限制、施工现场起重机能力限制等。

①重量限制。

A. 工厂起重机起重能力（工厂航吊一般为 12～24t）。

B. 施工塔式起重机起重能力（施工塔式起重机一般为 10t 以内）。

C. 运输车辆限重一般为 20～30t。

此外，还需要了解工厂到现场的道路、桥梁的限重要求等。

数量不多的大吨位 PC 构件可以考虑大型轮式起重机，但轮式起重机的起吊高度受到限制。

表 2-1 给出了工厂及工地常用起重设备对构件质量限制。

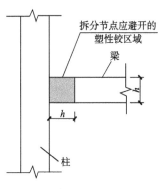

图 2-1　结构梁连接点避开
塑性铰位置

表 2-1　工厂及工地常用起重设备对构件质量限制

环节	设备	型　　号	可吊构件重量	可吊构件范围	说　　明
工厂	桥式起重机	5t	4.2t（max）	柱、梁、剪力墙内墙板（长度 3m 以内）、外挂墙板、叠合板、楼梯、阳台板、遮阳板等	要考虑吊装架及脱模吸附力
		10t	9t（max）	双层柱、夹心剪力墙板（长度 4m 以内）、较大的外挂墙板	要考虑吊装架及脱模吸附力
		16t	15t（max）	夹心剪力墙板（4～6m）、特殊的柱、梁、双莲藕梁、十字莲藕梁、双 T 板	要考虑吊装架及脱模吸附力
		20t	19t（max）	夹心剪力墙板（6m 以上）、超大预制板、双 T 板	要考虑吊装架及脱模吸附力
工地	塔式起重机	QTZ80（5613）	1.3～8t（max）	柱、梁、剪力墙内墙（长度 3m 以内）、夹心剪力墙板（长度 3m 以内）、外挂墙板、叠合板、楼梯、阳台板、遮阳板	可吊重量与吊臂工作幅度有关，8t 工作幅度是在 3m 处；1.3t 工作幅度是在 56m 处
		QTZ315（S315K16）	3.2～16t（max）	双层柱、夹心剪力墙板（长度 3～6m）、较大的外挂墙板、特殊的柱、梁、双莲藕梁、十字莲藕梁	可吊重量与吊臂工作幅度有关，16t 工作幅度是在 3.1m 处；3.2t 工作幅度是在 70m 处

（续）

环节	设备	型　号	可吊构件重量	可吊构件范围	说　明
工地	塔式起重机	QTZ560（S560K25）	7.25~25t（max）	夹心剪力墙板（6m以上）、超大预制板、双T板	可吊重量与吊臂工作幅度有关，25t工作幅度是在3.9m处；9.5t工作幅度是在60m处

注：本表数据可作为设计大多数构件时参考，如果有个别构件大于此表重量，工厂可以临时用大吨位轮式起重机；对于工地，当吊装高度在轮式起重机高度限值内时，也可以考虑轮式起重机。塔式起重机以本系列中最大臂长型号作为参考，制作该表，以塔式起重机实际布置为准。本表剪力墙板以住宅为例。

②尺寸限制。

A. 运输对尺寸的限制。表1-4给出了运输对装配式建筑部品部件尺寸的限制。

除了车辆限制外，还需要调查道路转弯半径、途中隧道或过道电线通信线路的限高等。

B. 工厂模台尺寸对尺寸的限制。表2-2给出了工厂模台尺寸对PC构件的尺寸限制。

表2-2　工厂模台尺寸对PC构件尺寸限制

工　艺	限制项目	常规模台尺寸	构件最大尺寸	说　明
		PC工厂模台对PC构件最大尺寸的限制		
固定模台	长度	12m	11.5m	主要考虑生产框架体系的梁，也有14m长的但比较少
	宽度	4m	3.7m	更宽的模台要求订制更大尺寸的钢板，不易实现，费用高
	允许高度	—	没有限制	如立式浇筑的柱子可以做到4m高，窄高型的模具要特别考虑模具的稳定性，并进行倾覆力矩的验算
流水线	长度	9m	8.5m	模台越长，流水作业节拍越慢
	宽度	3.5m	3.2m	模台越宽，厂房跨度越大
	允许高度	0.4m	0.4m	受养护窑层高的限制

注：本表数据可作为设计大多数构件时的参考，如果有个别构件大于此表的最大尺寸，可以采用独立模具或其他模具制作。但构件规格还要受吊装能力、运输规定的限制。

③形状限制。一维线性构件和二维平面构件比较容易制作和运输，三维立体构件制作和运输都会麻烦一些。

（5）构件制作图

1）PC制作图设计内容。PC构件制作图设计内容包括：

①各专业设计汇集。PC构件设计须汇集建筑、结构、装饰、水电暖、设备等各个专业和制作、堆放、运输、安装各个环节对预制构件的全部要求，在构件制作图上无遗漏地表示出来。

②制作、堆放、运输、安装环节的结构与构造设计。与现浇混凝土结构不同，装配式结构预制构件需要对构件制作环节的脱模、翻转、堆放，运输环节的装卸、支承，安装环节的吊装、定位、临时支承等，进行荷载分析和承载力与变形的验算。还需要设计吊点、支承点位置，进行吊点结构与构造设计。这部分工作需要对原有结构设计计算过程了解，必须由结构设计师进行或在结构设计师的指导下进行。

现行行业标准《装规》要求：对制作、运输和堆放、安装等短暂设计状况下的预制构件验算，应符合现行国家标准《混凝土结构工程施工规范》GB 50666 的有关规定。制作施工环节结构与构造设计内容包括：

　　A. 脱模吊点位置设计、结构计算与设计。

　　B. 翻转吊点位置设计、结构计算与设计。

　　C. 吊运验算及吊点设计。

　　D. 堆放支承点位置设计及验算。

　　E. 易开裂敞口构件运输拉杆设计。

　　F. 运输支撑点位置设计。

　　G. 安装定位装置设计。

　　H. 安装临时支撑设计等。

　　③设计调整。在构件制作图设计过程中，可能会发现一些问题，需要对原设计进行调整，例如：

　　A. 预埋件、埋设物设计位置与钢筋"打架"，距离过近，影响混凝土浇筑和振捣时，需要对设计进行调整。或移动预埋件位置，或调整钢筋间距。

　　B. 造型设计有无法脱模或不易脱模的地方。

　　C. 构件拆分导致无法安装或安装困难的设计。

　　D. 后浇区空间过小导致施工不便。

　　E. 当钢筋保护层厚度大于 50mm 时，需要采取加钢筋网片等防裂措施。

　　F. 当预埋螺母或螺栓附近没有钢筋时，须在预埋件附近增加钢丝网或玻纤网防止裂缝。

　　G. 对于跨度较大的楼板或梁，确定制作时是否需要做成反拱。

　　2)"一图通"原则。所谓"一图通"，就是对每种构件提供该构件完整齐全的图样，让工厂技术人员从不同图样去寻找汇集构件信息，不仅不方便，最主要的是容易出错。

　　例如，一个构件在结构体系中的位置从平面拆分图中可以查到，但按照"一图通"原则，就应当不怕麻烦再把该构件在平面中的位置画出示意图"放"在构件图中。

　　"一图通"原则对设计者而言当然不只是鼠标单击一下"复制"图样数量会增加那么简单。但对制作工厂而言，却会带来极大的方便，也会避免遗漏和错误。PC 构件一旦有遗漏和错误，到现场安装时才发现，就无法补救了，会造成很大的损失。

　　之所以强调"一图通"，还因为 PC 工厂不是施工企业，许多工厂技术人员对混凝土在行，对制作工艺精通，但不熟悉施工图，容易遗漏。

　　把所有设计要求都反映到构件制作图上，并尽可能实行一图通，是保证不出错误的关键原则。汇集过程也是复核设计的过程，会发现"不说话"和"撞车"现象。

　　每种构件的设计，任何细微差别都应当表示出来。一类构件一个编号。

 17. 什么是预制率？预制范围与预制率的大致对应关系是什么？

　　1) 预制率是指建筑标准层特定部位采用预制构件混凝土体积占标准层全部混凝土体积的百分比。

　　预制率 =（标准层预制混凝土构件混凝土总体积）÷（标准层全部混凝土总体积）×100%

　　2) 标准层预制构件混凝土总体积 = 主体和外围护结构预制混凝土构件总体积。

　　3) 高层剪力墙结构预制范围与预制率大致对应关系见表 2-3。

表 2-3 装配式混凝土建筑预制率参考表

结构体系	建筑高度	预制率	预制部位								说　明
			外墙	内墙	楼板	梁	柱	楼梯板	阳台板	空调板、其他构件	
框架结构	多层	30%~60%	◎		◎	◎	◎	◎	◎	◎	多层建筑为6层及6层以下建筑，由于规范规定首层柱、顶层楼板需要现浇，多层建筑预制率较低
		20%~40%	◎			◎	◎	◎			
		10%~25%				◎	◎	◎			
	高层	50%~80%	◎		◎	◎	◎	◎	◎	◎	按照《高规》的规定，框架结构在6度抗震设防地区最高建60m，7度设防地区为50m，8度抗震设防地区为40m和30m
		40%~70%	◎			◎	◎	◎			
		30%~60%				◎	◎	◎			
剪力墙结构	多层	40%以上	◎	◎	◎			◎	◎	◎	多层建筑为6层及6层以下建筑，由于规范规定低层剪力墙、顶层楼板需要现浇，多层建筑预制率较低
		20%~40%	◎					◎	◎	◎	
		10%~25%	◎					◎	◎	◎	
		5%~10%			◎			◎	◎	◎	
		小于5%						◎	◎	◎	
	高层	50%以上	◎	◎	◎			◎	◎	◎	按照《高规》的规定，剪力墙结构在6度抗震设防地区最高建130m，7度设防地区为110m，8度抗震设防地区为90m和70m
		30%~50%	◎	◎				◎	◎	◎	
		20%~30%	◎					◎	◎	◎	
		5%~15%			◎			◎	◎	◎	
		小于5%						◎	◎	◎	

18. 为什么方案设计阶段应与PC构件制作、安装企业交流？交流什么？

装配式方案设计是将结构分解为若干个独立的构件，通过可靠的连接方式，将各构件连接起来同时满足结构受力及工厂加工的要求。构件设计需要考虑构件类型、模具类型、施工工艺、运输能力和吊装的能力。所以在装配式方案设计阶段，设计人员需与PC构件制作、安装企业进行交流，具体交流内容如下：

（1）与PC构件制作企业交流

1）了解构件厂对PC构件生产规格的要求。

2）了解对构件的重量要求。

3）了解对构件的形体要求。

4）了解对构件的运输要求。

（2）与安装企业交流

1）了解节点的设置是否能够方便施工，是否节约人工及模具。

2）了解施工现场的起重吊装能力。

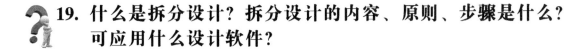

19. 什么是拆分设计？拆分设计的内容、原则、步骤是什么？可应用什么设计软件？

(1) 什么是拆分设计

装配整体式结构拆分是设计的关键环节。拆分基于多方面因素：建筑功能性和艺术性、结构合理性、制作运输安装环节的可行性和便利性等。拆分不仅是技术工作，也包含对约束条件的调查和经济分析。拆分应当由建筑、结构、预算、工厂、运输和安装各个环节技术人员协作完成。

建筑外立面构件拆分以建筑艺术和建筑功能需求为主，同时满足结构、制作、运输、施工条件和成本因素。建筑外立面以外部位结构的拆分，主要从结构的合理性、实现的可能性和成本因素考虑。

(2) 拆分设计的内容

分为总体拆分设计、连接节点设计和构件设计。

1）总体拆分设计。

①确定现浇与预制的范围、边界。

②确定结构构件在哪个部位拆分。

③确定后浇区与预制构件之间的关系，包括相关预制构件的关系。例如，确定楼盖为叠合板，由于叠合板钢筋需要伸到支座中锚固，支座梁相应地也必须有叠合层。

④确定构件之间的拆分位置，如柱、梁、墙、板构件的分缝处。

2）节点设计。节点设计是指预制构件与预制构件、预制构件与现浇混凝土之间的连接。最主要的内容是确定连接方式和连接构造设计。

3）构件设计。构件设计是将预制构件的钢筋进行精细化排布，设备埋件进行准确定位、吊点进行脱模承载力和吊装承载力验算，使每个构件均能够满足生产、运输、安装和使用的要求。

拆分设计时：

①进行构件尺寸的设计，因为构件尺寸不仅影响节点连接方式，还影响构件制作的难易程度及运输、吊装设备的型号。

②构件尺寸确定后，需要设计每个构件的模板图，在模板图中明确标出粗糙面、模板台面、脱模预埋件、吊装预埋件和支撑预埋件的位置。

③模板图完成后需要将各构件的钢筋按照规范及计算结果进行排布，准确定位。

④检查各预埋件与钢筋之间的碰撞情况，并进行微调。

⑤统计各预制构件的材料用量并形成材料统计表。

(3) 拆分设计的原则

拆分设计应遵循以下原则：

1）符合国家标准《装标》和行业标准《装规》的要求。

2）确保结构安全。

3）有利于建筑功能的实现。

4）符合环境条件和制作、施工条件，便于实现。

5）经济合理。

（4）拆分设计的步骤

拆分设计步骤如图2-2所示。

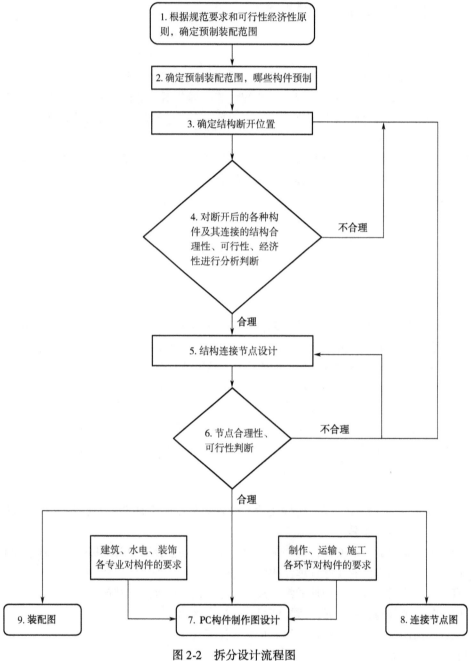

图 2-2　拆分设计流程图

（5）拆分设计软件

目前，拆分设计可利用的软件有：盈建科、PKPM、Takla、All Plan 等软件。

 20. 拆分图样应包括哪些内容？

构件拆分图纸包括：设计总说明、拆分平面图、连接节点详图、构件模板图、配筋图、夹心保温构件拉结件、非结构专业的内容、产品信息标识等。

（1）设计总说明

1）依据规范，按照建筑和结构设计要求和制作、运输、施工的条件，结合制作、施工的便利性和成本因素，进行结构拆分设计。

2）设计拆分后的连接方式、连接节点、出筋长度、钢筋的锚固和搭接方案等，确定连接件材质和质量要求。

3）进行拆分后的构件设计，包括形状、尺寸、允许误差等。

4）对构件进行编号。构件有任何不同，编号都要有区别，每一类构件有唯一的编号。例如构件只有预埋件位置不同，其他所有地方都一样，也要在编号中区分，可以用横杠加序号的方法。

5）设计预制混凝土构件制作和施工安装阶段需要的脱模、翻转、吊运、安装、定位等吊点和临时支撑体系等，确定吊点和支撑位置，进行强度、裂缝和变形验算，设计预埋件及其锚固方式。

6）设计预制构件存放、运输的支撑点位置，提出存放要求。

7）材料要求。

8）与构件一体化制作的部品要求（如门窗框）。

9）混凝土强度等级，当同样构件混凝土强度等级不一样时，如底层柱子和上部柱子混凝土强度等级不一样，除在说明中说明外，还应在构件图中注明。

10）当构件不同部位混凝土强度等级不一样时，如柱梁一体构件中柱与梁的混凝土强度等级不一样，除在总说明中说明外，还应在构件图中注明。

11）夹心保温构件内外叶墙板混凝土强度等级不一样时，应当在构件图中说明。

12）须给出构件安装时必须达到的强度等级。

13）当采用套筒灌浆连接方式时：须确定套筒类型、规格、材质，提出力学物理性能要求；提出选用与套筒适配的灌浆料的要求。

14）当采用金属波纹管成孔浆锚搭接连接方式时，给出金属波纹管的材质要求。

15）当采用内模成孔肩摩毂击连接方式时，给出试验验证的要求。

16）提出选用与浆锚搭接适配的灌浆料的要求。

17）当后浇区钢筋采用机械套筒连接时：选择机械套筒类型，提出技术要求。

18）给出表面构件特别是清水混凝土构件钢筋间隔件的材质要求，不能用金属间隔件。

19）对于钢筋伸入支座锚固长度不够的构件，确定机械锚固类型，给出材质要求。

20）给出预埋螺母、预埋螺栓、预埋吊点等预埋件的材质和规格要求。

21）给出预留孔洞金属衬管的材质要求。

22）确定拉结件类型，给出材质要求和试验验证要求。

23）给出夹心保温构件保温材料的要求。

24）如果设计有粘在预制构件上的橡胶条，给出材质要求。

25）对反打石材、瓷砖提出材质要求。

26）对反打石材的隔离剂、不锈钢挂钩提出材质和物理力学性能要求。

27）电器埋设管线等材料；防雷引下线材料要求等。

28）给出构件拆模需要达到的强度。

29）给出构件安装需要达到的强度。

30）给出构件质量检查、堆放和运输支承点位置与方式。

31）给出构件安装后临时支承的位置、方式，给出临时支撑可以拆除的条件或时间要求。

（2）拆分平面图

1）楼板拆分图给出一个楼层楼板的拆分布置，并标识楼板。

2）凡是布置不一样或楼板拆分不一样的楼层都应当给出该楼层楼板布置图。

3）平面面积较大的建筑，除整体楼板拆分图外，还可以分成几个区域给出区域楼板拆分图。

（3）连接节点详图

包括楼板连接详图；墙体连接详图；后浇区连接节点平面、配筋，后浇区连接节点剖面图；套筒连接或浆锚搭接详图。

（4）构件模板图

1）构件外形、尺寸、允许误差。

2）构件混凝土量与构件重量。

3）使用、制作、施工所有阶段需要的预埋螺母、螺栓、吊点等预埋件位置、详图；给出预埋件编号和预埋件表。

4）预留孔眼位置、构造详图与衬管要求。

5）粗糙面部位与要求。

6）键槽部位与详图。

7）墙板轻质材料填充构造等。

（5）配筋图

1）除常规配筋图、钢筋表外，还须给出配筋图。

2）套筒或浆锚孔位置、详图、箍筋加密详图。

3）包括钢筋、套筒、浆锚螺旋约束钢筋、波纹管浆锚孔箍筋的保护层要求。

4）出筋位置、长度及允许误差。

5）预埋件、预留孔及其加固钢筋。

6）钢筋加密区的高度。

7）套筒部位箍筋加工详图，依据套筒半径给出箍筋内侧半径。

8）后浇区机械套筒与伸出钢筋详图。

9）构件中需要锚固的钢筋的锚固详图。

（6）夹心保温构件拉结件

1）拉结件布置。

2）拉结件埋设详图。

3）拉结件锚固要求。

（7）非结构专业的内容

与PC构件有关的建筑、水电暖设备等专业的要求必须一并在PC构件中给出，包括（不限于）：

1）门窗安装构造。

2）夹心保温构件的保温层构造与细部要求。

3）防水构造。

4）防火构造要求。

5）防雷引下线埋设构造。

6）装饰一体化构造要求，如石材、瓷砖反打构造图。

7）外装幕墙构造。

8）机电设备预埋管线、箱槽、预埋件等。

（8）产品信息标识

为了方便构件识别和质量可追溯，避免出错，PC 构件应标识基本信息。日本许多 PC 构件工厂采用埋设信息芯片用扫描仪读取信息的方法。国内一些地方政府也要求 PC 构件必须埋设芯片。产品信息应包括以下内容：构件名称、编号、型号、安装位置、设计强度、生产日期和质检员等。

 21. 装配式建筑有多少种预制构件？

为了对装配式混凝土结构的预制构件有一个总体的了解，我们将各种 PC 预制构件列了一个表，共 50 多种，包括拆分后构件和独立构件，详见表 2-4，这些构件的图片参见本书彩插 C09 PC 构件图示一览表。

表 2-4　常用 PC 构件分类总表

类别	编号	名称	应用范围									说明
			混凝土装配整体式				混凝土全装配式				钢结构	
			框架结构	剪力墙结构	框剪结构	筒体结构	框架结构	薄壳结构	悬索结构	单柱厂房结构	无梁板结构	
楼板	LB1	实心板	◎	◎	◎	◎	◎					◎	
	LB2	空心板	◎	◎	◎	◎						◎	
	LB3	叠合板	◎	◎	◎	◎						◎	半预制半现浇
	LB4	预应力空心板	◎	◎	◎	◎	◎	◎	◎		◎	◎	
	LB5	预应力叠合肋板	◎	◎	◎	◎						◎	半预制半现浇
	LB6	预应力双 T 板		◎						◎			
	LB7	预应力倒槽形板								◎			
	LB8	空间薄壁板						◎					
	LB9	非线性屋面板						◎					
	LB10	后张法预应力组合板					◎					◎	
剪力墙板	J1	剪力墙外墙板		◎									
	J2	T 形剪力墙板		◎									
	J3	L 形剪力墙板		◎									
	J4	U 形剪力墙板		◎									
	J5	L 形外叶板		◎									（PCF 板）
	J6	双面叠合剪力墙板		◎									
	J7	预制圆孔墙板		◎									
	J8	剪力墙内墙板		◎	◎								
	J9	窗下轻体墙板	◎	◎	◎	◎	◎						
	J10	各种剪力墙夹芯保温一体化板		◎									（三明治墙板）

（续）

类别	编号	名称	应用范围									钢结构	说明
			混凝土装配整体式				混凝土全装配式						
			框架结构	剪力墙结构	框剪结构	筒体结构	框架结构	薄壳结构	悬索结构	单柱厂房结构	无梁板结构		
外挂墙板	W1	整间外挂墙板	◎	◎	◎	◎	◎					◎	分有窗、无窗或多窗
	W2	横向外挂墙板	◎	◎	◎	◎	◎					◎	
	W3	竖向外挂墙板	◎	◎	◎	◎	◎					◎	有单层、跨层
	W4	非线性外挂墙板	◎	◎	◎	◎	◎					◎	
	W5	镂空外挂墙板	◎	◎	◎	◎	◎					◎	
框架墙板	K1	暗柱暗梁墙板	◎	◎	◎								所有板可以做成装饰保温一体化墙板
	K2	暗梁墙板		◎									
梁	L1	梁	◎		◎	◎	◎						
	L2	T形梁	◎				◎			◎			
	L3	凸梁	◎				◎			◎			
	L4	带挑耳梁	◎				◎			◎			
	L5	叠合梁	◎	◎	◎	◎							
	L6	带翼缘梁	◎				◎			◎			
	L7	连梁	◎	◎	◎	◎							
	L8	叠合连藕梁	◎		◎	◎							
	L9	U形梁	◎		◎	◎				◎			
	L10	工字形屋面梁								◎	◎		
	L11	连筋式叠合梁	◎		◎	◎							
柱	Z1	方柱	◎		◎	◎							
	Z2	L形扁柱	◎	◎	◎	◎	◎						
	Z3	T形扁柱	◎	◎	◎	◎	◎						
	Z4	带翼缘柱	◎	◎	◎	◎	◎						
	Z5	跨层方柱	◎		◎	◎				◎			
	Z6	跨层圆柱								◎			
	Z7	带柱帽柱	◎							◎			
	Z8	带柱头柱	◎					◎	◎				
	Z9	圆柱						◎	◎				
复合构件	F1	连藕梁	◎		◎	◎							
	F2	双连藕梁	◎		◎	◎							
	F3	十字形连藕梁	◎		◎	◎							
	F4	十字形梁＋柱	◎		◎	◎							

（续）

类别	编号	名称	应用范围									钢结构	说明
			混凝土装配整体式				混凝土全装配式						
			框架结构	剪力墙结构	框剪结构	筒体结构	框架结构	薄壳结构	悬索结构	单柱厂房结构	无梁板结构		
复合构件	F5	T形柱梁	◎		◎	◎							
	F6	草字头形梁柱一体构件	◎		◎	◎			◎				
其他构件	Q1	楼梯板	◎	◎	◎	◎	◎	◎	◎	◎	◎	◎	单跑、双跑
	Q2	叠合阳台板	◎	◎	◎	◎						◎	
	Q3	无梁板柱帽								◎			
	Q4	杯形基础							◎	◎	◎		
	Q5	全预制阳台板	◎	◎	◎	◎	◎					◎	
	Q6	空调板	◎	◎	◎	◎							
	Q7	带围栏阳台板	◎	◎	◎	◎							
	Q8	整体飘窗		◎									
	Q9	遮阳板	◎	◎	◎	◎							
	Q10	室内曲面护栏板	◎	◎	◎	◎	◎	◎	◎	◎	◎	◎	
	Q11	轻质内隔墙板	◎	◎	◎	◎	◎				◎	◎	
	Q12	挑檐板	◎	◎	◎	◎							
	Q13	女儿墙板	◎	◎	◎	◎							
	Q13-1	女儿墙压顶板	◎	◎	◎	◎							

22. 结构设计师在设计协同中须做哪些工作？

协同设计是指为了完成某一设计目标，由两个或两个以上设计主体，通过一定的信息交换和相互协同机制，分别以不同的设计任务共同完成这一设计目标。

在整个协同设计平台上，PC 结构工程师需根据各专业条件制定合理的结构方案，可分为如下几个方面：

（1）建筑设计协同

对于建筑工程，PC 结构设计师需配合建筑师，使预制构件满足其防火及保温的要求。比如：三明治夹心外墙（图 2-3）。

（2）装饰设计协同

对于装饰工程，结构设计师需要给出布置、固定及悬挂方案：

1）顶棚吊顶或局部吊顶的吊杆预埋件布置。

2）墙体架空层龙骨固定方式，如果需要预埋件，考虑预埋件布置。

3）收纳柜如何固定，吊柜（图 2-4）悬挂预埋件布置。

4）整体厨房（图 2-5）选型，平面与空间布置。

5）窗帘盒或窗帘杆固定等。

图2-3 预制混凝土夹心剪力墙板（三明治）

图2-4 起居室吊柜

（3）水暖电设计协同

由于PC建筑很多结构构件是预制的，水暖电各个专业对结构有诸如"穿过""埋设"或"固定于其上"的要求，这些要求都必须准确地在结构和构件图上表达出来。PC建筑除了叠合板后浇层可能需要埋置电源线、电信线外，其他结构部位和电气、通信以外的管线都不能在施工现场进行"埋设"作业，不能砸墙凿洞，不能随意打膨胀螺栓。其实，现浇混凝土结构建筑也不应当砸墙凿洞或随意打膨胀螺栓，只是多年来设计不到位、不精确和房主自己搞装修，养成了恶习。这个恶习会带来安全隐患，在PC建筑中必须杜绝。

图2-5 整体式厨房

在PC建筑设计中，水暖电各专业须根据设计规范进行设计，与结构、构件设计协同互动，将各专业与装配式有关的要求和节点构造，准确定量地表达在结构和构件图上，具体事项包括但不限于以下几点：

①竖向管线穿过楼板。

②横向管线穿过结构梁、墙。

③有吊顶时固定管线和设备的楼板预埋件。

④无吊顶时叠合楼板后浇混凝土层管线埋设。

⑤梁柱结构体系墙体管线敷设与设备固定。

⑥剪力墙结构墙体管线敷设与设备固定。

⑦有架空层时地面管线敷设。

⑧无架空层时地面管线敷设。

⑨整体浴室。

⑩整体厨房。

⑪防雷设置。

⑫其他。

1）竖向管线穿过楼板。需穿过楼板的竖向管线包括电气干线、电信（网线、电话线、有线电视线、可视门铃线）干线、自来水给水、中水给水、热水给水、雨水立管、消防立管、排水、暖气、燃气、通风管道、烟气管道等。《装规》规定："竖向管线宜集中布置，并应满足维修更换的要求。"一般设置管道井。

竖向管线穿过楼板，需在预制楼板上预留孔洞，圆孔壁宜衬套管，如图 2-6 所示。

竖向管线穿过楼板的孔洞位置、直径、防水防火隔声的封堵构造设计等，PC 建筑与现浇混凝土结构建筑基本没有区别，需要注意的就是其准确的位置、直径、套管材质、误差要求等，必须经建筑师、结构工程师同意，判断位置的合理性，对结构安全和预制楼板的制作是否有不利影响，是否与预制楼板的受力钢筋或桁架筋"撞车"，如有"撞车"，须进行调整。所有的设计要求必须落到拆分后的构件制作图中。需提醒的是：

①叠合楼板预制时埋设的套管应考虑混凝土后浇层厚度和按规范要求高出地面的高度，如图 2-7 所示。

图 2-6　预制楼板预留竖向管线孔洞

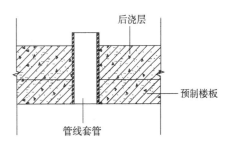

图 2-7　预制楼板埋设套管高度示意图

②设计防火防水隔声封堵构造时，如果有需要设置在叠合楼板预制层的预埋件，应落到预制叠合楼板的构件图中。

2) 横向管线穿过结构梁、墙。可能穿过结构梁、墙的横向管线包括电源线、电信线、给水、暖气、燃气、通风管道、空调管线等。横向管线穿过结构梁或结构墙体，需要在梁或墙体上预留洞孔或套管，如图 2-8 所示。

图 2-8　结构梁预留横向干线孔洞

横向管线穿过结构梁、墙体的孔洞位置、直径、防水防火隔声的封堵构造设计等，与竖向管线要求一样。

3) 有吊顶时固定管线和设备的楼板预埋件。装配式混凝土结构建筑顶棚宜有吊顶，如此，所有管线都不用埋设在叠合板后浇筑混凝土层中。

顶棚有吊顶，需在预制楼板中埋设预埋件，以固定吊顶与楼板之间敷设的管线和设备，吊顶本身也需要预埋件。

特别指出，国内目前许多工程在顶棚敷设管线时，不是在预制楼板中埋设预埋件，而是在现场打金属膨胀螺栓或塑料胀栓，打孔随意性强，有时候打到钢筋再换地方，裸露钢筋也不处理，或者把保护层打裂，最严重的是把钢筋打断，非常不安全。

敷设在吊顶上的管线可能包括电源线、电信线、暖气管线、中央空调管道、通风管道、给水管线、燃气管线等，还有空调设备、排气扇、吸油烟机、灯具、风扇的固定预埋件，如图2-9所示。设计协同中，各专业需提供固定管线和设备的预埋件位置、重量以及设备尺寸等，由建筑师统一布置，结构设计师设计预埋件或内埋式螺栓的具体位置，避开钢筋；确定规格和埋置构造等，所有设计须落在拆分后的预制楼板图上。

固定电源线等可采用内埋式塑料螺母，如果悬挂较重设备，宜用内埋式金属螺母或钢板预埋件。自动化程度高的楼板生产线，内埋螺母可由机器人定位、划线和安放。

图2-9　预制叠合板内埋式塑料螺母

关于内埋式金属螺母，设计宜提出要求：使用前进行实际使用荷载的拉拔试验。

4）无吊顶时叠合楼板后浇混凝土层管线埋设。给水、排水、暖气、空调、通风、燃气的管线不可以埋置在预制构件或叠合板后浇筑混凝土层中，只有电源线和弱电管线可以埋设于结构混凝土中。

在顶棚不吊顶的情况下，电源线需埋设在叠合楼板后浇混凝土层中，叠合楼板预制板中须埋设灯具接线盒和安装预埋件。为此可能需要增加楼板厚度20mm。

5）梁柱结构体系墙体管线敷设与设备固定。梁柱体系是指框架结构、框剪结构和密柱筒体结构。

①外围护结构墙板不应埋设管线和固定管线、设备的预埋件，如果外墙所在墙面需要设置电源、电视插座或埋设其他管线，应当设置架空层。

②如果需要在梁、柱上固定管线或设备，应当在构件预制时埋入内埋式螺母或预埋件，不要安装后在梁、柱上打膨胀螺栓。内埋式螺母或预埋件的位置和构造应设计在拆分后的构件制作图上。

6）剪力墙结构墙体管线敷设与设备固定。

①剪力墙结构外墙不应埋设管线和固定管线、设备的预埋件，如果外墙所在墙面需要设置电源、电视插座或埋设其他管线，应与框架结构外围护结构墙体一样，设置架空层。

②剪力墙内墙如果有架空层，管线敷设在架空层内。

③剪力墙内墙如果没有架空层，又需要埋设电源线、电信线、插座或配电箱等，设计中须注意以下各点：

A. 电源线、照明开关、电源插座、电话线、网线、有线电视线、可视门铃线及其插座和接线盒，可埋设在剪力墙体内，在构件预制时埋设，或预留沟槽，不得在现场剔凿沟槽。

B. 剪力墙埋设管线和埋设物必须避开套筒、浆锚连接孔等连接区域，高于连接区域100mm以上，如图2-10所示。

C. 管线和埋设物应避开钢筋。

D. 管线和埋设物的位置、高度、管线在墙体断面中的位置、允许误差等，应设计到预制构件制作图上。

④如果需要在剪力墙或连梁上固定管线或设备，应当在构件预制时埋入内埋式螺母或预埋件，不要安装后在墙体或连梁上打膨胀螺栓。内埋式螺母或预埋件的位置和构造应设计在拆分后的构件制作图上。

⑤剪力墙结构建筑的非剪力墙内隔墙宜采用可方便敷设管线的架空墙或空心墙板。

⑥电气以外的其他管线不能埋设在混凝土中，墙体没有架空层的情况下，必须敷设在墙体上的管线应明管敷设，靠装修解决。

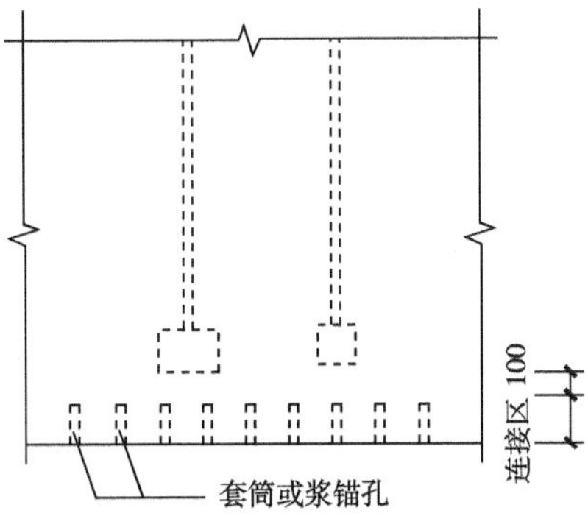

7）防雷设置。

图 2-10　剪力墙埋设管线和埋设物的高度

①防雷引下线。PC 结构受力钢筋的连接，无论是套筒连接还是浆锚连接，都不能确保连接的连续性，因此不能用钢筋作防雷引下线，应埋设镀锌扁钢带做防雷引下线。镀锌扁钢带尺寸不小于 25mm × 4mm，在埋置防雷引下线的柱子或墙板的构件制作图中给出详细的位置和探出接头长度，引下线在现场焊接连成一体。焊接点要进行防锈蚀处理。美国规范是涂刷富锌防锈漆。

日本装配式建筑采用在柱子中预埋直径 10～15mm 的铜线做防雷引下线，接头为专用接头，如图 2-11 所示。

②阳台金属护栏防雷。阳台金属护栏应当与防雷引下线连接，如此，预制阳台应当预埋 25mm × 4mm 镀锌钢带，一端与金属护栏焊接，如图 2-12 所示；另一端与其他 PC 构件的引下线系统连接。

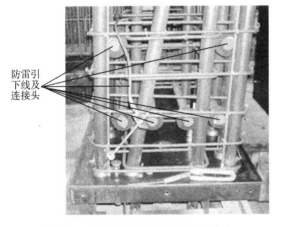

图 2-11　日本防雷引下铜线及连接头

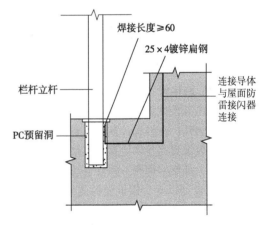

图 2-12　阳台防雷构造（选自标准图集 15G368-1）

③铝合金窗和金属百叶防雷。距离地面高度 4.5m 以上外墙铝合金窗、金属百叶窗，特别是飘窗铝合金窗的金属窗框和百叶应当与防雷引下线连接，如此，预制墙板或飘窗应当预埋 25mm × 4mm 镀锌钢带，一端与铝合金窗、金属百叶窗焊接，如图 2-13 所示；另一端与其他 PC 构件的引下线系统连接。

④阳台自设窗户或窗户外金属防盗网。有的房主自己把阳台用铝合金窗封闭，或安装金属防盗网，这是防雷的空白地带。设计者应给出解决办法。或明确禁止，或预埋避雷引下线。

8）其他。

①分体式空调，空调设计位置外墙应当预埋空调凝水器管通过的套管。

②当不采用整体卫浴时，卫生间顶棚或墙壁应考虑电源、给水、热水、中水和排水的管线

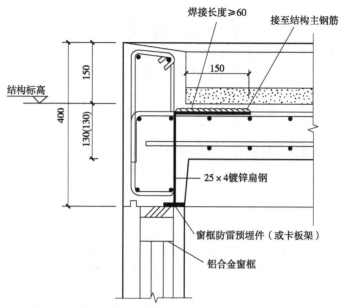

图 2-13 铝合金窗防雷构造（选自标准图集 15G368-1）

固定和排气扇、淋浴器、灯具、镜子等设施固定的预埋件。如果需要预埋在预制构件中，须落实到构件图上。

③当不采用整体厨房时，厨房顶棚或墙壁应考虑给水、排水、燃气管线固定和吸油烟机、排烟道固定的预埋件，如果需要预埋在预制构件中，须落实到构件图上。

23. PC 结构设计如何接口设计软件？如何建模？设计时应注意哪些参数？

（1）PC 结构设计接口设计软件及建模

目前国内装配式设计已经可以与现行软件进行对接，部分构件可以直接利用软件来设计。以盈建科软件为例，在结构计算时，装配式设计与传统设计一样，按照传统设计模式进行建模、荷载输入、参数设置和整体计算。在整体计算完成后，软件有专门的选项可以进行装配式构件设计，当构件指定为预制构件时，软件自动按照装配式技术规程规定的参数进行计算、配筋、验算。

装配式设计以叠合楼板设计为例，设计界面如图 2-14 ～ 图 2-16 所示。同时，软件还可以直接输出计算书，如图 2-17 所示。

图 2-14 参数设置

图 2-15 预制板布置

（2）设计时应注意的参数

1）建筑高度：是否能满足装配式相关规范对于最高限值的要求。

2）混凝土强度等级：是否符合 PC 构件的设计要求。

3）抗震等级：是否满足装配式规范的要求。

4）现浇墙肢，其水平地震作用弯矩、剪力增大系数：是否为 1.1，对于同一层内既有现浇墙肢也有预制墙肢的装配整体式剪力墙结构，现浇墙肢，其水平地震作用弯矩、剪力增大系数不小于 1.1，如图 2-18 所示。

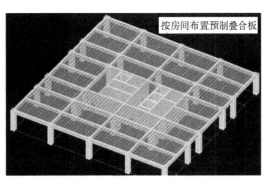

图 2-16　叠合楼板计算

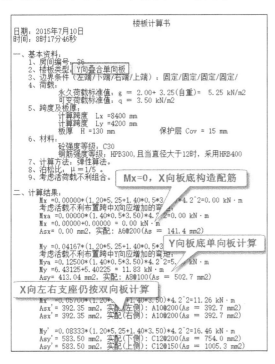

图 2-17　叠合楼板计算书

图 2-18　现浇墙肢内力增大系数

第3章 结构设计基本规定

 24. 装配式混凝土建筑适用高度是如何规定的?

建筑物最大适用高度由结构规范规定,与结构形式、地震设防烈度、建筑是 A 级高度还是 B 级高度等因素有关。

(1) 框架、框-剪、剪力墙结构适用高度

现行行业标准《高规》和《装标》《装规》分别规定了现浇混凝土结构和装配式混凝土结构的最大适用高度,两者比较如下:

1) 框架结构,装配式与现浇一样。

2) 框架-现浇剪力墙结构,装配式与现浇一样。

3) 结构中竖向构件全部现浇,仅楼盖采用叠合梁、板时,装配式与现浇一样。

4) 剪力墙结构,装配式比现浇降低 10 ~ 30m。

5) 框架-核心筒结构与现浇一样。

《装规》、《高规》及《装标》关于装配式混凝土结构建筑与现浇混凝土结构建筑最大适用高度的比较见表3-1。

表3-1　装配整体式混凝土结构与混凝土结构最大适用高度比较　　(单位:m)

结构体系	非抗震设计		抗震设防烈度											
			6 度			7 度			8 度 (0.2g)			8 度 (0.3g)		
	高规	装规	高规	装规	装标	高规	装规	装标	高规	装规	装标	高规	装规	装标
框架	70	70	60	60	60	50	50	50	40	40	40	35	30	30
框架-剪力墙	150	150	130	130	130	120	120	120	100	100	100	80	80	80
剪力墙	150	140 (130)	140	130 (120)	130 (120)	120	110 (100)	110 (100)	100	90 (80)	90 (80)	80	70 (60)	70 (60)
框支剪力墙	130	120 (110)	120	110 (100)	110 (100)	100	90 (80)	90 (80)	80	70 (60)	70 (60)	50	40 (30)	40 (30)
框架-核心筒	160		150		150	130		130	100		100	90		90
筒中筒	200		180			150			120			100		
板柱-剪力墙	110		80			70			55			40		

注:1. 表中,框架-剪力墙结构剪力墙部分全部现浇。

　　2. 装配整体式剪力墙结构和装配整体式框支剪力墙结构,在规定的水平力作用下,当预制剪力墙结构底部承担的总剪力大于该层总剪力的50%时,其最大适用高度应适当降低;当预制剪力墙构件底部承担的总剪力大于该层总剪力80%时,最大适用高度应取表中括号内的数值。

(2) 预应力框架结构适用高度

现行行业标准《预制预应力混凝土装配整体式框架结构技术规程》(JGJ 224—2010)第

3.1.1 条对预应力混凝土装配整体式框架结构的适用高度的规定见表 3-2。在抗震设防时，比非预应力结构适用高度要低些。

表 3-2　预制预应力混凝土装配整体式结构适用的最大高度　（单位：m）

结 构 类 型		非抗震设计	抗震设防烈度	
			6 度	7 度
装配式框架结构	采用预制柱	70	50	45
	采用现浇柱	70	55	50
装配式框架-剪力墙结构	采用现浇柱、墙	140	120	110

（3）辽宁省地方标准关于适用高度的规定

《辽标》第 6.1.1 条"装配整体式结构房屋的最大适用高度"见表 3-3。

表 3-3　辽宁省地方标准关于装配式建筑适用高度的规定　（单位：m）

结 构 类 型		抗震设防烈度		
		6 度	7 度	8 度（0.2g）
装配整体式框架结构		60	50	40
装配整体式框架-现浇剪力墙结构		130	120	100
装配整体式框架-现浇核心筒结构		150	130	100
装配整体式密柱框架结构				
装配整体式框架-钢支撑结构		80	70	55
剪力墙结构	装配整体式剪力墙结构	120	100	80
	叠合板式剪力墙结构	60	60	40
	装配整体式框撑剪力墙结构	60	60	50

（4）日本 PC 建筑实际高度

大阪北浜公寓是日本最高的钢筋混凝土结构住宅，高 208m，PC 建筑，稀柱-剪力墙核心筒结构，剪力墙核心筒现浇。这座建筑是世界最高的 PC 建筑，见本书彩插 C06。

在日本，150m 以上超高层 PC 建筑比较多。这些超高层 PC 建筑在地震多发地带经受了地震的考验。

25. 装配式混凝土建筑高宽比是如何规定的？

（1）框架结构、框-剪结构、剪力墙结构的高宽比

《装标》《装规》与《高规》分别规定了装配式混凝土结构建筑与现浇混凝土结构建筑的高宽比，两者比较如下：

1）框架结构装配式与现浇一样。

2）框架-剪力墙结构和剪力墙结构，在非抗震设计情况下，装配式比现浇要小；在抗震设计情况下，装配式与现浇一样。

（2）关于简体结构高宽比的规定

《装标》和辽宁省地方标准《辽标》对框架-核心筒结构抗震设计的高宽比有规定，与《高规》规定的混凝土结构一样。

(3) 高宽比比较表

《装标》《高规》《装规》和辽宁省地方标准关于高宽比的规定见表3-4。

表3-4　装配整体式混凝土结构与混凝土结构高宽比比较

结构体系	非抗震设计		抗震设防烈度							
			6度、7度				8度			
	高规	装规	高规	装规	装标	辽宁地方标准装配式结构	高规	装规	装标	辽宁地方标准装配式结构
框架结构	5	5	4	4	4	4	3	3	3	3
框架-剪力墙	7	6	6	6	6	6	5	5	5	5
剪力墙	7	6	6	6	6	6	5	5	5	5
框架-核心筒	8	7		7	7	7		6	6	6
筒中筒	8		8			7	7			6
板柱-剪力墙	6		5				4			
框架-钢支撑						4				3
叠合板式剪力墙						5				4
框撑剪力墙						6				5

注：框架-剪力墙结构装配式是指框架部分、剪力墙全部采用现浇。

26. 装配式混凝土建筑抗震等级与抗震设计是如何规定的？

(1) 设防范围

《装规》适用于民用建筑非抗震设计和6度到8度设防烈度的装配式混凝土结构。9度设防烈度需要专门论证抗震设计。

(2) 丙类建筑抗震等级

《装规》第6.1.3的强制性条款规定："装配整体式结构构件的抗震设计，应根据设防类别、烈度、结构类型和房屋高度采用不同的抗震等级，并应符合相应的计算和构造设计要求。丙类装配整体式结构的抗震等级应按表3-5确定。"此表与《抗规》比较，框架结构、框架-现浇剪力墙结构，装配式与现浇一样，但有以下几点不同：

1) 对剪力墙结构装配式要求更严，装配式的划分高度比现浇低10m，从80m降到70m。

2) 部分框支剪力墙结构的划分高度，装配式比现浇低10m，由80m降到70m。

3) 没有给出筒体结构和板柱-剪力墙的抗震等级。

表3-5　丙类装配整体式结构的抗震等级

结构类型		抗震设防烈度					
		6度		7度		8度	
	高度/m	≤24	>24	≤24	>24	≤24	>24
装配整体式框架结构	框架	四	三	三	二	二	一
	大跨度框架	三		二		一	

（续）

结构类型		抗震设防烈度							
		6度		7度			8度		
装配整体式框架-现浇剪力墙结构	高度/m	≤60	>60	≤24	>24且≤60	>60	≤24	>24且≤60	>60
	框架	四	三	四	三	二	三	二	一
	剪力墙	三	三	三	三	二	二	二	一
装配整体式剪力墙结构	高度/m	≤70	>70	≤24	>24且≤70	>70	≤24	>24且≤70	>70
	剪力墙	四	三	四	三	二	三	二	一
装配整体式部分框支剪力墙结构	高度/m	≤70	>70	≤24	>24且≤70	>70	≤24	>24且≤70	
	现浇框支框架	二	二	二	二	一	二	一	
	底部加强部位剪力墙	三	二	三	二	一	三	二	
	其他区域剪力墙	四	三	四	三	二	四	二	

注：大跨度框架指跨度不小于18m的框架。

《装标》第5.1.4条规定："装配整体式结构构件的抗震设计，应根据设防类别、烈度、结构类型和房屋高度采用不同的抗震等级，并应符合相应的计算和构造措施要求。丙类装配整体式结构的抗震等级应按表3-6确定。"

表3-6 丙类装配整体式结构的抗震等级

结构类型		抗震设防烈度							
		6度		7度			8度		
装配整体式框架结构	高度/m	≤24	>24	≤24	>24		≤24	>24	
	框架	四	三	三	二		二	一	
	大跨度框架	三		二			一		
装配整体式框架-现浇剪力墙结构	高度/m	≤60	>60	≤24	>24且≤60	>60	≤24	>24且≤60	>60
	框架	四	三	四	三	二	三	二	一
	剪力墙	三	三	三	三	二	二	二	一
装配整体式框架-现浇核心筒结构	框架	三		二			一		
	核心筒	二		二			一		
装配整体式剪力墙结构	高度/m	≤70	>70	≤24	>24且≤70	>70	≤24	>24且≤70	>70
	剪力墙	四	三	四	三	二	三	二	一
装配整体式部分框支剪力墙结构	高度/m	≤70	>70	≤24	>24且≤70	>70	≤24	>24且≤70	
	现浇框支框架	二	二	二	二	一	二	一	
	底部加强部位剪力墙	三	二	三	二	一	三	二	
	其他区域剪力墙	四	三	四	三	二	四	二	

注：1. 大跨度框架指跨度不小于18m的框架。
2. 高度不超过60m的装配整体式框架-现浇核心筒结构按装配整体式框架-现浇剪力墙的要求设计时，应按表中装配整体式框架-现浇剪力墙结构的规定确定其抗震等级。

《辽标》关于抗震等级的规定，给出了筒体结构和板柱-剪力墙的抗震等级，与《抗规》规定的现浇混凝土结构一样。

丙类建筑是指一般的工业与民用建筑。

（3）乙类建筑

乙类建筑是指地震时使用功能不能中断或需尽快恢复的建筑。

《装规》第6.1.4条规定："乙类装配整体式结构应按本地区抗震设防烈度提高一度的要求加强其抗震措施；当本地区抗震设防烈度为8度且抗震等级为一级时，应采取比一级更高的抗震措施；当建筑场地为Ⅰ类时，仍可按本地区抗震设防烈度的要求采取抗震构造措施。"此条与《抗规》和《高规》关于现浇混凝土结构的规定一样。

（4）甲类建筑

甲类建筑是指特大建筑工程和地震时不能发生严重次生灾害的建筑。《装规》不适用甲类建筑。

（5）《装规》未覆盖的情况

《装规》第6.1.7条规定："抗震设计的高层装配整体式结构，当其房屋高度、规则性、结构类型等超过本规程的规定或抗震设防标准有特殊要求时，可按现行行业标准《高规》的有关规定进行结构抗震性能设计。"

（6）抗震调整系数 γ_{RE}

《装规》第6.1.11条规定："抗震设计时，构件及节点的承载力抗震调整系数 γ_{RE} 应按表3-7采用；当仅考虑竖向地震作用组合时，承载力抗震调整系数 γ_{RE} 应取1.0。预埋件锚筋截面计算的承载力抗震调整系数 γ_{RE} 应取1.0。"

表3-7　构件及节点承载力抗震调整系数 γ_{RE}

结构构件类别	正截面承载力计算					斜截面承载力计算	受冲切承载力计算、接缝受剪承载力计算
	受弯构件	偏心受压柱		偏心受拉构件	剪力墙	各类构件及框架节点	
		轴压比小于0.15	轴压比不小于0.15				
γ_{RE}	0.75	0.75	0.8	0.85	0.85	0.85	0.85

（7）地震作用下的弯矩与剪力的放大

《装规》第6.3.1条中有如下规定："当同一层内既有预制又有现浇抗侧力构件时，地震设计状况下宜对现浇抗侧力构件在地震作用下的弯矩和剪力进行适当放大。"

《装标》第5.7.2条中有如下规定："对于同一层内既有现浇墙肢也有预制墙肢的装配整体式剪力墙结构，现浇墙肢水平地震作用弯矩、剪力宜乘以不小于1.1的增大系数。"

整体思路：各结构体系既有竖向现浇构件又有竖向预制构件的装配式整体结构，现浇构件的水平地震作用弯矩、剪力放大10%左右。

抗震等级与《抗规》《高规》基本一致。其中剪力墙结构，7度抗震时，高度介于24～70m之间时为三级抗震，高度大于70m时为二级抗震，但《抗规》《高规》规定高度介于24～80m之间时为三级抗震，高度大于80m为二级抗震，设计时需要注意。一般24层左右的建筑容易出现此问题。

（8）日本鹿岛公司的有关规定

1）竖向地震作用标准值。日本鹿岛公司PC墙板设计规范中，竖向地震取水平地震作用标准值的0.5倍（中国和欧洲是0.65倍）。日本是大地震较多的国家，对我们有参考价值。

2）层间位移。

①在进行承载能力计算时。

A. 钢结构建筑取 1/75 ~ 1/100。

B. 混凝土结构建筑取 1/100 ~ 1/150。

②在进行正常使用连接节点应对措施设计时。

A. 钢结构建筑取 1/250 ~ 1/300。

B. 混凝土结构建筑取 1/300 ~ 1/350。

 27. 装配式混凝土建筑平面形状是如何规定的？

从抗震和成本两个方面考虑，PC 建筑平面形状以简单为好。里出外进过大的形状对抗震不利；平面形状复杂的建筑，预制构件种类多，会增加成本。

世界各国 PC 建筑的平面形状以矩形居多。

日本 PC 建筑主要是高层和超高层建筑，以方形和矩形为主，个别也有"Y"字形。方形的"点式"建筑最多。对超高层建筑而言，方形或接近方形是结构最合理的平面形状。行业标准《装规》关于装配式混凝土结构的平面形状的规定与《高规》关于混凝土结构平面布置的规定一样。建筑平面尺寸及凸出部位比例限值照搬了《高规》的规定，如图 3-1 所示。

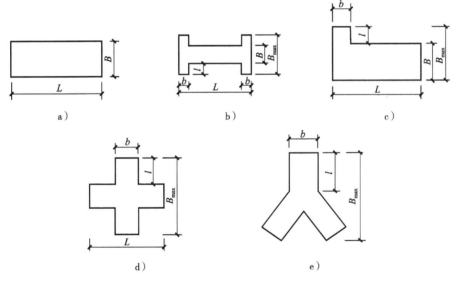

图 3-1 《高规》《装规》的建筑平面示意图和平面尺寸及凸出部位比例限值

《装规》6.1.5 条，装配式结构的平面布置宜符合下列规定：

1）平面形状宜简单、规则、对称，质量、刚度分布宜均匀；不应采用严重不规则的平面布置。

2）平面长度不宜过长，长宽比（L/B）宜按表 3-8 采用。

3）平面凸出部分的长度 L 不宜过大、宽度 B 不宜过小，l/B_{max}、l/b 宜按表 3-8 采用。

4）平面不宜采用角部重叠或细腰形平面布置。

表 3-8 平面尺寸及凸出部位比例限值

抗震设防烈度	L/B	l/B_{max}	l/b
6 度、7 度	6.0	0.35	2.0
8 度	5.0	0.30	1.5

28. 如何保证 PC 结构的整体性？哪些部位须现浇，有什么具体要求？

(1) 如何保证 PC 结构的整体性

装配式混凝土结构应采取措施增强结构的整体性，宜配置贯通水平、竖向构件的钢筋并与周边构件可靠锚固，并宜增强疏散通道、避难空间及结构关键传力部位的承载能力和变形性能。

不同结构体系形成整体性对构件的依赖程度不同，框架结构形成整体性主要靠框架梁。剪力墙结构的楼板是其形成整体性的主要因素。框架剪力墙结构的整体性既依赖于框架梁又对楼板有一定的要求。作为装配式建筑，其整体性的形成与传统现浇结构体系类似，所以装配式规范对各结构体系影响整体性的重要构件均做了规定。

(2) 装配式混凝土建筑须现浇的部位与要求

1) 《装规》第 6.1.8 条规定了高层装配整体式结构的现浇部位：

①宜设置地下室，地下室宜采用现浇混凝土。

②剪力墙结构底部加强部位的剪力墙宜采用现浇混凝土。

③框架结构首层柱采用现浇混凝土，顶层采用现浇楼盖结构。

2) 《装标》5.1.7 条，高层装配整体式结构应符合下列规定：

①当设置地下室时，宜采用现浇混凝土。

②剪力墙结构和部分框支剪力墙结构底部加强部位宜采用现浇混凝土。

③框架结构的首层柱宜采用现浇混凝土。

④当底部加强部位的剪力墙、框架结构的首层柱采用预制混凝土时，应采取可靠技术措施。

在利用计算软件进行整体结构计算时，在特殊构件定义选项里，每层每个构件的剪力和弯矩增大系数都可以进行调整。

以上规定主要考虑确保装配式建筑的抗震性能和整体性。实际上，由于建筑功能和结构的需要，建筑底部与标准层大都不一样，包括平面布置、结构断面和配筋等，做装配式既不方便也不合算。

3) 转换层的规定。带转换层的装配整体式结构，《装规》第 6.1.9 条规定如下：

①当采用部分框支剪力墙结构时，底部框支层不宜超过 2 层，且框支层及相邻上一层应采用现浇结构。

②部分框支剪力墙以外的结构中，转换梁、转换柱宜现浇。

4) 剪力墙结构屋顶层可采用预制剪力墙及叠合楼板，但考虑到结构整体性、构件种类、温度应力等因素，建议采用现浇构件。

5) 住宅标准层卫生间、电梯前室、公共交通走廊宜采用现浇结构。

6) 电梯井、楼梯间剪力墙宜采用现浇结构。

7) 折板楼梯宜采用现浇结构。

为了满足 PC 结构的整体性要求，各预制构件采用如下连接方式：

①竖向构件竖向连接方式：套筒连接、钢筋连接。

②竖向构件水平连接方式：钢筋连接。

③水平构件连接方式：梁和楼板均采用叠合连接。

目前，国内叠合楼板均采用出筋的方式与梁或剪力墙连接，构件在工厂制作时比较麻烦，不利于建筑工业化的发展。

国外叠合楼板与梁或剪力墙之间采用附加短筋的方式连接，其预制部分均不出筋，便于工厂构件制作。

 29. PC 结构竖向布置有什么规定？

关于装配式结构的竖向布置，《装规》第 6.1.6 条规定："装配式结构竖向布置应连续、均匀，应避免抗侧力结构的侧向刚度和承载力沿竖向突变，并应符合现行国家标准《抗规》的有关规定。"

特别不规则的建筑不适宜装配式结构，非标准构件多，在地震作用下内力分布复杂。

框支剪力墙结构竖向构件很难满足上述要求，所以对于框支剪力墙结构体系做单独介绍：

框支剪力墙的特点：

1）由于结构底部与上部结构的刚度产生突变，故在已发生的地震中，其破坏都较严重，抗震性能较差，故在设计中要特别注意，设计中要考虑两个关键问题：

①保证大空间有充分的刚度，防止竖向的刚度过于悬殊。

②加强转换层的刚度与承载力，保证转换层可以将上层剪力可靠地传递到落地墙上去。

2）落地剪力墙的布置和数量：

①底部大空间层应有落地剪力墙或落地筒体，落地纵横剪力墙最好成组布置，结合为落地筒。

②平面为长矩形，横向剪力墙的片数较多时，落地的横向剪力墙的数目与横向剪力墙数目之比，非抗震设计时不宜少于 30%；抗震设计时不宜少于 50%，对于一般平面，在非震区 γ 应尽量接近于 1，不应大于 3；在抗震设计时，γ 应尽量接近于 1，不应大于 2。为满足上述要求，可采取以下措施：

A. 与建筑协调，争取尽可能多的剪力墙落地，必要时也可在别的部位设置补偿剪力墙。

B. 加大落地剪力墙的厚度，尽量增大落地墙的截面面积。

C. 提高大空间层的混凝土强度等级。

3）落地剪力墙，尽量不要开洞，或开小洞，以免刚度削弱太大。洞口宜布置在剪力墙的中部。

4）转换层的设置，由剪力墙结构转换成框支剪力墙结构的大空间层时，其交接层即为转换层。

①转换层的结构形式：

A. 框架结构。不落地剪力墙用柱和梁形成框支梁来支承上面的剪力墙。

B. 板柱结构。用厚板及柱来支承上部剪力墙。

C. 空腹桁架结构。用空腹桁架及柱来支承上部剪力墙。

D. 箱形刚性结构。

②框支梁、框支柱的基本要求。

A. 框支梁的宽度不小于上部剪力墙厚度的 2 倍。

B. 框支梁上部相邻层的墙体非常重要，应力分布复杂，所以这层墙不宜设边门洞，不得在中柱上方开设门洞。

C. 框支柱要严格要求，轴压比要比普通柱小些。

框支柱与框支梁要加强连接。

柱宽宜与梁同宽或比梁宽每边大 50mm，且不小于 450mm；断面高度 h_c，不小于柱宽，不小于梁跨的 1/12，柱净高与柱截面高度之比大于或等于 4。

③转换层楼板的要求。

A. 板厚不得小于 180mm。

B. 楼板应双层双向配筋，并加强与剪力墙的锚固。

带转换层的装配整体式结构应符合下列规定：

A. 当采用部分框支剪力墙结构时，底部框支层不宜超过 2 层，且框支层及相邻上一层应采用现浇结构。

B. 部分框支剪力墙以外的结构中转换梁、转换柱宜现浇。

30. PC 构件与连接节点为什么采用极限状态设计方法设计？

装配式混凝土结构与现浇混凝土结构一样，都采用极限状态设计方法。

《装规》第 6.1.10 条规定："装配式结构构件及节点应进行承载能力极限状态及正常使用极限状态设计。"

《装规》第 6.3.2 条规定："装配整体式结构承载能力极限状态及正常使用极限状态的作用效应分析可采用弹性方法。"此条与《混规》的规定一样。

《装标》第 5.3.2 条规定："装配式混凝土结构进行抗震性能化设计时，结构在设防烈度地震及罕遇地震作用下的内力及变形分析，可根据结构受力状态采用弹性分析方法或弹塑性分析方法。"

(1) 极限状态设计方法

整个结构或结构的一部分超过某一特定状态就不能满足设计规定的某一功能要求，此特定状态为该功能的极限状态。

极限状态设计方法以概率理论为基础。

极限状态分为两类：承载能力极限状态和正常使用极限状态。

在进行强度、失稳等承载能力设计时，采用承载能力极限设计方法；在进行挠度等设计时，采用正常使用极限状态。

进行设计时，要根据所设计功能要求属于哪个状态来进行荷载选取、计算和组合。

(2) 承载能力极限状态

承载能力极限状态对应于结构和构件的安全性、可靠性和耐久性，超过此状态，结构和构件就不能继续承受荷载了。装配式结构和构件，包括连接件、预埋件、拉结件等。出现下列状态之一时，就认为超过了承载能力极限状态：

1）因超过材料强度而破坏；如构件断裂、出现严重的穿透性裂缝等。

2）因疲劳导致的强度破坏。

3）变形过度而不能继续使用。

4）丧失稳定。

5）变为机动体系。

(3) 正常使用极限状态

正常使用极限状态对应于构件的装饰性。超过此状态，构件尽管没有破坏，但超过了可以容忍的正常使用状态。出现下列状态之一时，被认为超过了正常使用极限状态：

1）出现影响正常使用的变形；如挠度超过了规定的限值。

2）局部破坏，如表面裂缝或局部裂缝等。

(4) 弹性方法

弹性方法是在结构分析时考虑结构处于弹性阶段而不是塑性、弹塑性阶段，采用结构力学和弹性力学的分析方法。

（5）弹塑性方法

弹塑性分析方法分为静力弹塑性分析法和弹塑性时程分析法。

静力弹塑性分析（PUSH-OVER ANALYSIS）方法也称为推覆法，具体方法如下：

1）建立结构的计算模型、构件的物理参数和恢复力模型等。

2）计算结构在竖向荷载作用下的内力。

3）建立侧向荷载作用下的荷载分布形式，将地震力等效为倒三角或与第一振型等效的水平荷载模式。在结构各层的质心处，沿高度施加以上形式的水平荷载。确定其大小的原则是：水平力产生的内力与前一步计算的内力叠加后，恰好使一个或一批杆件开裂或屈服。

4）对于开裂或屈服的杆件，对其刚度进行修改后，再增加一级荷载，又使得一个或一批杆件开裂或屈服。

5）不断重复步骤 3）、4），直至结构达到某一目标位移或发生破坏，将此时的结构变形和承载力与允许值比较，以此来判断是否满足"大震不倒"的要求。

弹塑性时程分析方法将结构作为弹塑性振动体系加以分析，直接按照地震波数据输入地面运动，通过积分运算，求得在地面加速随时间变化期间内，结构的内力和变形随时间变化的全过程，也称为弹塑性直接动力法。具体方法如下：

1）建立结构的几何模型并划分网格。

2）定义材料的本构关系，通过对各个构件指定相应的单元类型和材料类型确定结构的质量、刚度和阻尼矩阵。

3）输入适合本场地的地震波并定义模型的边界条件，开始计算。

4）计算完成后，对结果数据进行处理，对结构整体的可靠度做出评估。

在常用的商业有限元软件中，ABAQUS、ADINA、ANSYS、MSC. MARC 都内置了混凝土的本构模型，并提供了丰富的单元类型及相应的前后处理功能。在这些程序中一般都有专用的钢筋模型，可以建立组合式或整体式钢筋。以 ABAQUS 为例，它提供了混凝土弹塑性断裂和混凝土损伤模型以及钢筋单元。其中弹塑性断裂和损伤的混凝土模型非常适合于钢筋混凝土结构的动力弹塑性分析。它的主要优点有：

1）应用范围广泛，可以使用在梁单元、壳单元和实体单元等各种单元类型中，并与钢筋单元共同工作。

2）可以准确模拟混凝土结构在单调加载、循环加载和动力荷载下的响应，并且可以考虑应变速率的影响。

3）引入了损伤指标的概念，可以对混凝土的弹性刚度矩阵进行折减，可以模拟混凝土的刚度随着损伤增加而降低的特点。

4）将非关联硬化引入到了混凝土弹塑性本构模型中，可以更好地模拟混凝土的受压弹塑性行为，可以人为指定混凝土的拉伸强化曲线，从而更好地模拟开裂截面之间混凝土和钢筋共同作用的情况。

5）可以人为地控制裂缝闭合前后的行为，更好地模拟反复荷载作用下混凝土的反应。

对于钢材等材料的屈服和强化，ABAQUS 提供了各种屈服准则、流动法则和强化准则，并可以考虑加载时的应变速率等问题。

在 ABAQUS 的后处理模块中，可以给出整个模型在地震作用下每个时刻的结构变形形态、应力等相关数据，可以查看结构所有混凝土单元的损伤、混凝土中分布的钢筋应力等，了解结构的破坏情况，也可以根据结构的总侧移量和层间位移等控制指标对结构进行整体的判定分析。

根据《装标》5.3.2 条文说明：装配式混凝土结构进行弹塑性分析时，构件及节点均可能进入塑性状态。构件的模拟与现浇混凝土结构相同，而节点及接缝的全过程非线性行为的模拟是否准确，是决定分析结果是否准确的关键因素。试验结果证明，受力全过程能够实现等同现浇的湿式连接节点，可按照连续的混凝土结构模拟，忽略接缝的影响。

31. PC结构作用与作用组合计算是如何规定的？

1）PC建筑主体结构使用阶段的作用和作用组合计算，与现浇混凝土结构一样，没有特殊规定。只是在同一层既有现浇构件，又有预制构件的情况下，需将现浇构件的地震剪力、弯矩均乘以1.1的放大系数。

2）外挂墙板按围护结构进行设计。在进行结构设计计算时，不考虑分担主体结构所承受的荷载和作用，只考虑直接施加于外墙上的荷载与作用。

竖直外挂墙板承受的作用包括自重、风荷载、地震作用和温度作用。

建筑表皮是非线性曲面时，可能会有仰斜的墙板，其荷载应当参照屋面板考虑，还有雪荷载、施工维修时的集中荷载等。

3）PC建筑与现浇建筑不同之处是混凝土构件在工厂预制，预制构件在脱模、吊装等环节所承受的荷载是现浇混凝土结构所没有的，《装规》11.3.6条，给出了脱模、吊装荷载的计算规定，PC构件脱模时混凝土抗压强度不应低于15N/mm²。这个规定是基本要求。PC构件的脱模强度与构件重量和吊点布置有关。需根据计算确定。如两点起吊的大跨度高梁，脱模时混凝土抗压强度需要更高一些。

脱模强度一方面是要求工厂脱模时混凝土必须达到的强度；一方面是验算脱模时构件承载力的混凝土强度值。

特别需要提醒的是，夹心保温构件外叶板在脱模或翻转时所承受的荷载作用可能比使用期间更不利，拉结件锚固设计应当按脱模强度计算。

预制构件进行脱模验算时，等效静力荷载标准值应取构件自重标准值乘以动力系数与脱模吸附力之和，且不宜小于构件自重标准值的1.5倍。动力系数与脱模吸附力应符合下列规定：

①动力系数不宜小于1.2。

②脱模吸附力应根据构件和模具的实际状况取用，且不宜小于1.5kN/m²。

32. 如何进行装配式混凝土建筑的结构分析？

（1）结构分析方法

《装规》第6.3.1条规定：装配整体式结构可采用与现浇混凝土结构相同的方法进行结构分析。

（2）楼层层间最大位移与层高之比

《装规》第6.3.3条给出了按弹性方法计算的风荷载或多遇地震标准值作用下的楼层层间最大位移与层高 h 之比的限值，见表3-9。

表3-9　楼层层间最大位移与层高 h 之比的限值

结构类型	限值
装配整体式框架结构	1/550
装配整体式框架-现浇剪力墙结构	1/800
装配整体式剪力墙结构、装配整体式部分框支剪力墙结构	1/1000
多层装配式剪力墙结构	1/1200

《装标》第 5.3.4 条给出了在风荷载或多遇地震作用下，结构楼层内最大的弹性层间位移应符合下列规定：

$$\Delta u_e \leqslant [\theta_e] h \tag{3-1}$$

式中 　Δu_e——楼层内最大弹性层间位移；

　　　$[\theta_e]$——弹性层间位移角限值，应按表 3-10 采用；

　　　h——层高。

表 3-10　弹性层间位移角限值

结 构 类 型	限　值
装配整体式框架结构	1/550
装配整体式框架-现浇剪力墙结构	1/800
装配整体式剪力墙结构、装配整体式部分框支剪力墙结构	1/1000

罕遇地震作用下，结构薄弱层（部位）弹塑性层间位移应符合下式规定：

$$\Delta u_p \leqslant [\theta_p] h \tag{3-2}$$

式中 　Δu_p——弹塑性层间位移；

　　　$[\theta_p]$——弹塑性层间位移角限值，应按表 3-11 采用；

　　　h——层高。

表 3-11　弹塑性层间位移角限值

结 构 类 型	限　值
装配整体式框架结构	1/50
装配整体式框架-现浇剪力墙、装配整体式框架-现浇核心筒	1/100
装配整体式剪力墙结构、装配整体式部分框支剪力墙结构	1/120

（3）楼盖刚度

《装规》第 6.3.4 条规定：在结构内力与位移计算时，对现浇楼盖和叠合楼盖，均可假定楼盖在其自身平面内为无限刚性；楼面梁的刚度可计入翼缘作用予以增大；梁刚度增大系数可根据翼缘情况近似取为 1.3。

（4）填充墙刚度影响

在整体计算时，考虑砌体填充墙对结构刚度的影响，结构的计算自振周期折减系数按下列取值：框架结构 0.6 ~ 0.7、框剪结构 0.7 ~ 0.8、框架-核心筒 0.8 ~ 0.9、剪力墙结构 0.8 ~ 1.0；其他结构体系或采用其他非承重墙体时，可根据工程情况确定周期折减系数。

《装标》第 5.3.1 条规定，装配式混凝土结构弹性分析模型中，节点和接缝的模拟应符合下列规定：

1）当预制构件之间采用后浇带连接且接缝构造及承载力满足本规范中的相应要求时，可按现浇混凝土结构进行模拟。

2）对于本规范中未包含的连接节点及接缝形式，应按照实际情况模拟。

《装标》第 5.3.2 条规定，进行抗震性能化设计时，结构在设防烈度地震及罕遇地震作用下的内力及变形分析，可根据结构受力状态采用弹性分析方法或弹塑性分析方法。弹塑性分析时，宜根据节点和接缝在受力全过程中的特性进行节点和接缝的模拟。材料的非线性行为可根据现行国家标准《混规》确定，节点和接缝的非线性行为可根据试验研究确定。

《装标》第 5.3.3 条规定，内力和变形计算时，应计入填充墙对结构刚度的影响。当采用轻质墙板填充墙时，可采用周期折减的方法考虑其对结构刚度的影响；对于框架结构，周期折减系数可取 0.7 ~ 0.9；对于剪力墙结构，周期折减系数可取 0.8 ~ 1.0。

装配式混凝土建筑地震作用下构件的弯矩与剪力放大系数见本章第 26 问。

33. 接缝承载力应如何计算？

《装规》第 7.2.2 ~ 7.2.3 条规定：

1）装配整体式结构混凝土叠合梁竖向接缝的受剪承载力设计值分为持久设计状况和地震设计状况，其计算方式详见第 6 章 80 问。

2）装配整体式结构在地震设计状况下，预制柱底水平接缝的受剪承载力设计值按第 6 章 82 问计算。

《装标》第 5.7.8 条规定：

3）装配整体式结构在地震设计状况下，预制墙底部水平接缝的受剪承载力设计值需满足如下条件（式3-3）：

$$V_{uE} \leqslant 0.6 f_y A_{sd} + 0.8N \tag{3-3}$$

式中　V_{uE}——水平接缝受剪承载力；

f_y——垂直穿过水平结合面的钢筋或螺杆抗拉强度设计值；

A_{sd}——垂直穿过水平结合面的抗剪钢筋或螺杆面积；

N——与剪力设计值 V 相应的垂直于水平结合面的轴向设计值，压力时取正，拉力时取负；当大于 $0.6 f_c bh_0$ 时，取为 $0.6 f_c bh_0$。

4）接缝的受剪承载力应符合下列规定：

①持久设计状况：

$$\gamma_0 V_{jd} \leqslant V_u \tag{3-4 [《装规》式(6.5.1-1)]}$$

②地震设计状况：

$$V_{jdE} \leqslant V_{uE}/\gamma_{RE} \tag{3-5 [《装规》式(6.5.1-2)]}$$

在梁、柱端部箍筋加密区及剪力墙底部加强部位尚应符合下式要求：

$$\eta_j V_{mua} \leqslant V_{uE} \tag{3-6 [《装规》式(6.5.1-3)]}$$

式中　γ_0——结构重要性系数，安全等级为一级时不应小于 1.1，安全等级为二级时不应小于 1.0；

γ_{RE}——抗震调整系数，见表 3-7；

V_{jd}——持久设计状况下接缝剪力设计值；

V_{jdE}——地震设计状况下接缝剪力设计值；

V_u——持久设计状况下梁端、柱端、剪力墙底部接缝受剪承载力设计值；

V_{uE}——地震设计状况下梁端、柱端、剪力墙底部接缝受剪承载力设计值；

V_{mua}——被连接构件端部按实配钢筋面积计算的斜截面受剪承载力设计值；

η_j——接缝受剪承载力增大系数，抗震等级为一、二级取 1.2，抗震等级为三、四级取 1.1。

34. 预制构件连接和预制构件接长连接有哪些规定？

《装规》6.5.2 规定：装配整体式结构中，节点及接缝处的纵向钢筋连接宜根据接头受力、施工工艺等要求选用机械连接、套筒灌浆连接、浆锚搭接连接、焊接连接、绑扎搭接连接等连接方式，并应符合国家现行有关标准的规定。

《装规》关于纵向钢筋采用套筒灌浆连接时的规定见本章36问第2）条③中的A、B。

《装规》关于钢筋采用浆锚搭接连接时的规定见本章37问第（1）条。

《装规》6.5.5规定：预制构件与后浇混凝土、灌浆料、坐浆材料的结合面应设置粗糙面、键槽，并应符合下列规定：

1）预制板与后浇混凝土叠合层之间的结合面应设置粗糙面。

2）预制梁与后浇混凝土叠合层之间的结合面应设置粗糙面；预制梁端面应设置键槽（图3-2）且宜设置粗糙面。键槽的深度 t 不宜小于30mm，宽度 w 不宜小于深度的3倍且不宜大于深度的10倍；键槽可贯通截面，当不贯通时槽口距离截面边缘不宜小于50mm；键槽间距宜等于键槽宽度；键槽端部斜面倾角不宜大于30°。

3）预制剪力墙的顶部和底部与后浇混凝土的结合面应设置粗糙面；侧面与后浇混凝土的结合面应设置粗糙面，也可设置键槽；键槽深度 t 不宜小于20mm，宽度 w 不宜小于深度的3倍且不宜大于深度的10倍，键槽间距宜等于键槽宽度，键槽端部斜面倾角不宜大于30°。

4）预制柱的底部应设置键槽且宜设置粗糙面，键槽应均匀布置，键槽深度不宜小于30mm，键槽端部斜面倾角不宜大于30°。柱顶应设置粗糙面。

5）粗糙面的面积不宜小于结合面的80%，预制板的粗糙面凹凸深度不应小于4mm，预制梁端、预制柱端、预制墙端的粗糙面凹凸深度不应小于6mm。

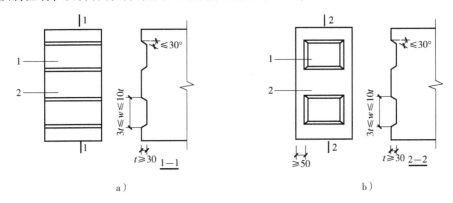

图3-2　梁端键槽构造示意

a）键槽贯通截面　b）键槽不贯通截面

1—键槽　2—梁端面

《装规》规定：预制构件与现浇混凝土之间也可采用钢筋直接连接，具体要求见本章40问。

《装规》6.5.7规定：应对连接件、焊缝、螺栓或铆钉等紧固件在不同设计状况下的承载力进行验算，并应符合现行国家标准《钢结构设计规范》GB 50017和《钢结构焊接规范》GB 50661等的规定。

《装规》6.5.8规定：预制楼梯与支承构件之间宜采用简支连接。采用简支连接时，应符合下列规定：

1）预制楼梯宜一端设置固定铰，另一端设置滑动铰，其转动及滑动变形能力应满足结构层间位移的要求，且预制楼梯端部在支承构件上的最小搁置长度应符合表3-12的规定。

表3-12　预制楼梯在支承构件上的最小搁置长度

抗震设防烈度	6度	7度	8度
最小搁置长度/mm	75	75	100

2）预制楼梯设置滑动铰的端部应采取防止滑落的构造措施。

《装标》5.4.3条，预制构件的拼接应符合下列规定：

1）预制构件拼接部位的混凝土强度等级不应低于预制构件的混凝土强度等级。

2）预制构件的拼接位置宜设置在受力较小的部位。

3）预制构件的拼接应考虑温度作用和混凝土收缩徐变的不利影响，宜适当增加构造钢筋。

《装标》关于装配整体式混凝土结构中节点及接缝处的纵向钢筋连接要求见本章35问第1）条①。

《装标》关于纵向钢筋采用挤压套筒连接时的规定见本章35问第1）条②。

 35. 如何选择结构连接方式？须注意什么？

(1)《装标》第5.4.4条规定

装配整体式结构中，节点及接缝处的纵向钢筋连接宜根据接头受力、施工工艺等要求选用机械连接、套筒灌浆连接、浆锚搭接连接、焊接连接、绑扎搭接连接等连接方式，并应符合国家现行有关标准的规定。

直径大于20mm的钢筋不宜采用浆锚搭接连接，直接承受动力荷载的构件纵向钢筋不应采用浆锚搭接连接。

当采用套筒灌浆连接时，应符合现行行业标准《钢筋套筒灌浆连接应用技术规程》（JGJ 355—2015）的规定。

当采用机械连接时，应符合现行行业标准《钢筋机械连接技术规程》（JGJ 107—2016）的规定。

当采用焊接连接时，应符合现行行业标准《钢筋焊接及验收规程》（JGJ 18—2012）的规定。

(2)《装标》第5.4.5条规定

纵向钢筋采用挤压套筒连接时，应符合下列规定：

1）连接框架柱、框架梁、剪力墙边缘构件纵向钢筋的挤压套筒接头应满足Ⅰ级接头的要求；连接剪力墙竖向分布钢筋、楼板分布钢筋的挤压套筒应满足Ⅰ级接头抗拉强度的要求。

2）被连接的预制构件之间应预留后浇段，后浇段的高度或长度应根据挤压套筒接头安装工艺确定，应采取措施保证后浇段的混凝土浇筑密实。

3）预制柱底、预制剪力墙底宜设置支腿，支腿应能承受不小于2倍被支承预制构件的自重。

(3)《装规》对套筒灌浆连接的规定及设计要点见本章第36问。

(4)《装规》对浆锚搭接的规定及设计要点见本章第37问。

(5) 焊接连接

焊接连接方式是在预制混凝土构件中预埋钢板，构件之间如钢结构一样用焊接方式连接。与螺栓连接一样，焊接方式在装配整体式混凝土结构中，仅用于非结构构件的连接。在全装配结构中，可用于结构构件的连接。

焊接连接在混凝土结构建筑中用得比较少。有的预制楼梯固定结点采用焊接连接方式。单层装配式混凝土结构厂房的吊车梁和屋顶预制混凝土桁架与柱子连接也会用到焊接方式。用于钢结构建筑的PC构件也可能采用焊接方式。

焊接连接结点设计需要进行预埋件锚固设计和焊缝设计，须符合现行国家标准《混规》中关于预埋件及连接件的规定、《钢结构设计规范》（GB 50017—2003）和《钢结构焊接规范》（GB 50661—2011）的有关规定。

 36. 纵向钢筋采用套筒灌浆连接有哪些规定？如何设计？

套筒灌浆连接是装配整体式混凝土结构最主要的竖向构件连接方式，广泛用于高层、超高层建筑。

1）《装标》关于套筒灌浆连接的规定见本章第35问第1）条①。

2）《装规》关于套筒灌浆连接的规定

① 4.2.1 条规定：钢筋套筒灌浆连接接头采用的套筒应符合现行行业标准《钢筋连接用灌浆套筒》JG/T 398 的规定。

② 4.2.2 条规定：钢筋套筒灌浆连接接头采用的灌浆料应符合现行行业标准《钢筋连接用套筒灌浆料》JG/T 408 的规定。

③ 6.5.3 条关于套筒灌浆连接的规定：

A. 接头应满足行业标准《钢筋机械连接技术规程》JGJ 107—2010 中 I 级接头的性能要求，并应符合国家现行有关标准的规定。

B. 预制剪力墙中钢筋接头处套筒外侧钢筋的混凝土保护层厚度不应小于 15mm，预制柱中钢筋接头处套筒外侧箍筋的混凝土保护层厚度不应小于 20mm。

C. 套筒之间的净距不应小于 25mm。

④预制结构构件采用钢筋套筒灌浆连接时，应在构件生产前进行钢筋套筒灌浆连接接头的抗拉强度试验，每种规格的连接接头试件数量不应少于 3 个（这一条是强制性规定）。

⑤当预制构件中钢筋的混凝土保护层厚度大于 50mm 时，宜对钢筋的混凝土保护层采取有效的构造措施（如铺设钢筋网片等）。

另外，《辽标》关于套筒灌浆连接钢筋直径规定不应小于 12mm，不宜大于 40mm。

3）设计要点。套筒灌浆连接的承载力等同于钢筋或高一些，即使破坏，也是在套筒连接之外的钢筋破坏，而不是套筒区域破坏，这样的等同效果是套筒和灌浆料厂家的试验所证明的。所以，结构设计对套筒灌浆节点不需要进行结构计算，主要是选择合适的套筒灌浆材料，设计中需要注意的要点是：

①应符合《装规》和现行行业标准《钢筋套筒灌浆连接应用技术规程》（JGJ 355—2015）的规定。

②采用套筒灌浆连接时，钢筋应当是带肋钢筋，不能用光圆钢筋。

③选择可靠的灌浆套筒和灌浆料，应选择匹配的产品。

④结构设计师应按规范规定提出套筒和灌浆料选用要求，并应在设计图中予以强调，在构件生产前须进行钢筋套筒灌浆连接接头的抗拉强度试验，每种规格的连接接头试件数量不应少于 3 个。

⑤须了解套筒直径、长度、钢筋插入长度等数据，据此做出构件保护层、伸出钢筋长度等细部设计。

《钢筋套筒灌浆连接应用技术规程》（JGJ 355—2015）规定，灌浆套筒连接端用于钢筋锚固的深度不宜小于 8 倍钢筋直径。如采用小于 8 倍直径的产品，应做型式检验，将检验报告作为应用依据。

⑥由于套筒外径大于所对应的钢筋直径，由此：

套筒区箍筋尺寸与非套筒区箍筋尺寸不一样，且箍筋间距加密。

两个区域保护层厚度不一样；在结构计算时，应当注意由于套筒引起的受力钢筋保护层厚度的增大，或者说 h_0 的减小。

对于按照现浇进行结构设计，之后才决定做装配式的工程，以套筒箍筋保护层作为控制因素，或断面尺寸不变，受力钢筋"内移"，由此会减小 h_0；或断面尺寸扩大，由此会改变构件刚度；结构设计必须进行复核计算，做出选择。

套筒连接的灌浆不仅仅是要保证套筒内灌满，还要灌满构件接缝。构件接缝一般为20mm高。规范要求预制柱底部须设置键槽，键槽深度不小于30mm，如此键槽处缝高达50mm。构件接缝灌浆时需封堵，避免漏浆或灌浆不密实。

外立面构件或为了不影响外表面装饰效果或因夹心保温层不允许而无法接出灌浆孔和出浆孔，可用灌浆孔导管引向构件的其他面。

37. 纵向钢筋采用浆锚搭接有哪些规定？如何设计？

(1)《装规》关于浆锚搭接的规定

1)《装规》第6.5.4条规定：纵向钢筋采用浆锚搭接连接时，对预留成孔工艺、孔道形状和长度、构造要求、灌浆料和被连接钢筋，应进行力学性能以及适用性的试验验证。直径大于20mm的钢筋不宜采用浆锚搭接连接，直接承受动力荷载构件的纵向钢筋不应采用浆锚搭接连接。

这里，试验验证的概念，是指需要验证的项目须经过相关部门组织的专家论证或鉴定后方可使用。

2)《装规》第7.1.2条规定：在装配整体式框架结构中，预制柱的纵向钢筋连接应符合下列规定：

①当房屋不大于12m或层数不超过3层时，可采用套筒灌浆、浆锚搭接、焊接等连接方式。
②当房屋高度大于12m或层数超过3层时，宜采用套筒灌浆连接。

也就是说，在框架结构多层建筑中，《装规》不推荐浆锚搭接方式。

3)《装规》4.2.3条中规定，钢筋浆锚搭接连接接头应采用水泥基灌浆料，灌浆料的性能应满足第4章表4-17的要求。

(2)设计要点

浆锚搭接节点设计与套筒灌浆连接一样，结构设计对节点不需要进行结构计算，主要是选择合适的浆锚搭接方式，设计中需要注意的要点是：

1)应符合《装规》和当地地方标准的规定。
2)钢筋应是带肋钢筋，不能用光圆钢筋。
3)按规范规定提出灌浆料选用要求。
4)根据浆锚连接的技术要求确定钢筋搭接长度、孔道长度。
浆锚搭接钢筋伸入浆锚孔道的长度见第7章125问。
5)要保证螺旋筋保护层，由此受力筋的保护层增大。在结构计算时，应注意受力钢筋保护层厚度的增大或 h_0 的减小。对于按照现浇进行结构设计，之后才决定做装配式的工程，以螺旋筋保护层作为控制因素，或断面尺寸不变，受力钢筋"内移"，由此会减小 h_0；或断面尺寸扩大，由此会改变构件刚度；结构设计必须进行复核计算，做出选择。

6)浆锚连接的灌浆不仅仅是要保证孔道内灌满，还要灌满构件接缝。构件接缝一般为20mm高。规范要求预制柱底部须设置键槽，键槽深度不小于30mm，如此键槽处缝高达50mm。构件接缝灌浆时需封堵，避免漏浆或灌浆不密实。当采用嵌入式封堵条时，应避免嵌入过多影响受力钢筋的保护层厚度。

7）外立面构件因装饰效果或因保温层不允许而无法接出灌浆孔，可用灌浆孔导管引向其他面。

灌浆料具体参数详见第4章内容。

 38. 哪些部位PC构件须用后浇混凝土连接？钢筋如何连接？

后浇混凝土是指预制构件安装后在预制构件连接区或叠合层现场浇筑的混凝土。在装配式建筑中，基础、首层、裙楼、顶层等部位的现浇混凝土，就叫现浇混凝土；连接和叠合部位的现浇混凝土叫"后浇混凝土"。

后浇混凝土是装配整体式混凝土结构的非常重要的连接方式。到目前为止，世界上所有的装配整体式混凝土结构建筑，都会有后浇混凝土。日本预制率最高的PC建筑鹿岛新办公楼，所有柱梁连接节点都是套筒灌浆连接，都没有后浇混凝土，但楼板依然是叠合楼板，依然有后浇混凝土。

后浇混凝土的应用范围包括：柱子连接，柱、梁连接，梁连接，剪力墙边缘构件，剪力墙横向连接，叠合板式剪力墙空心层浇筑，圆孔板式剪力墙圆孔内浇筑，叠合楼板，叠合梁，其他叠合构件（阳台板、挑檐板）等，详见表3-13。

表3-13 装配整体式混凝土结构后浇混凝土部位一览

序号	连接部位	示 意 图	用于结构体系	钢筋连接方式
1	柱子连接	预制柱　后浇混凝土　预制柱　叠合梁	框架结构	机械套筒、注胶套筒
2	柱、梁连接	灰浆　后浇混凝土　PCa梁　PCa梁　开口销　梁下端筋	框架结构、筒体结构	机械套筒、注胶套筒、绑扎、焊接、锚板

（续）

序号	连接部位	示 意 图	用于结构体系	钢筋连接方式
3	梁连接	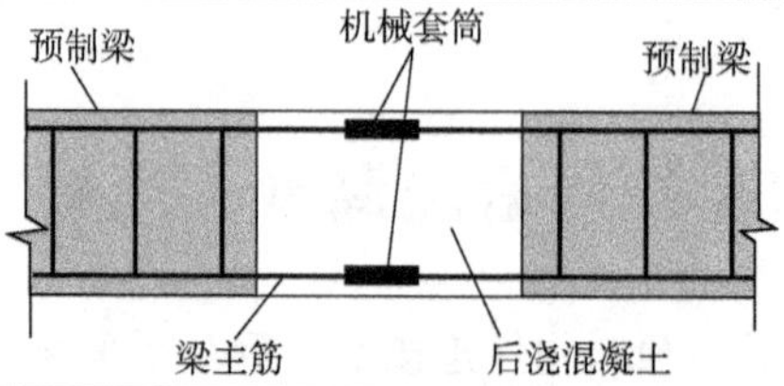 预制梁　机械套筒　预制梁　梁主筋　后浇混凝土	框架结构、筒体结构	机械套筒、注胶套筒
4	叠合梁现浇部分	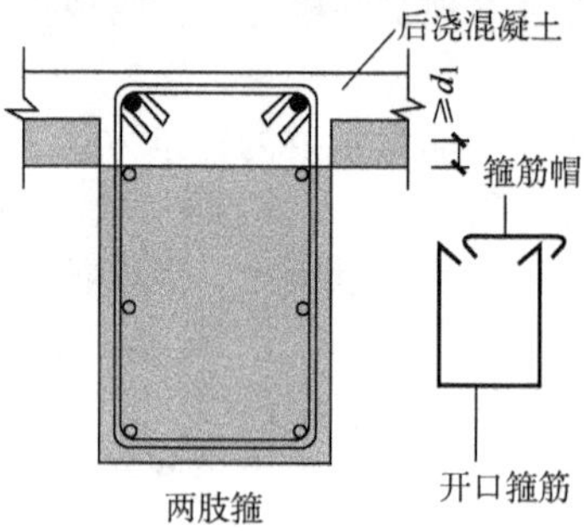 后浇混凝土　$l_p \geqslant$　箍筋帽　开口箍筋　两肢箍	框架结构、筒体结构	机械套筒、注胶套筒、绑扎、焊接
5	叠合板现浇部分	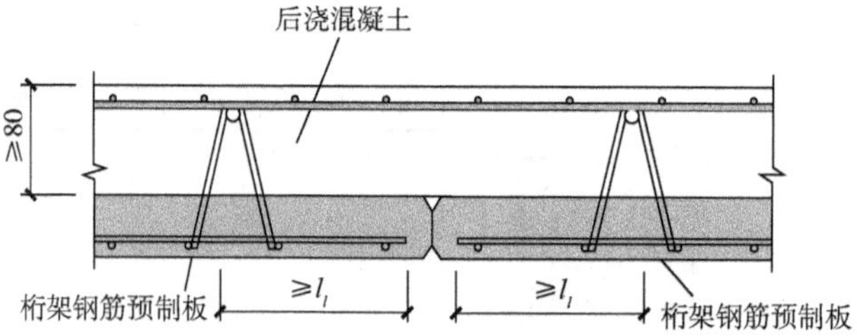 后浇混凝土　$\geqslant 80$　桁架钢筋预制板　$\geqslant l_l$　$\geqslant l_l$　桁架钢筋预制板	框架结构、筒体结构	绑扎、焊接
6	叠合梁连接	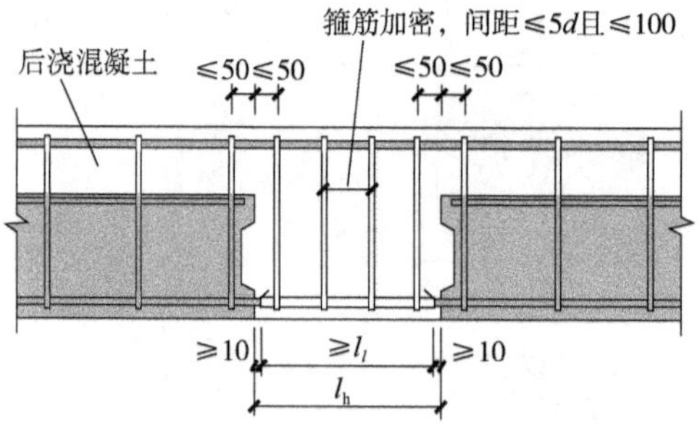 箍筋加密，间距$\leqslant 5d$且$\leqslant 100$　后浇混凝土　$\leqslant 50$ $\leqslant 50$　$\leqslant 50$ $\leqslant 50$　$\geqslant 10$　$\geqslant l_l$　$\geqslant 10$　l_h	框架结构、筒体结构	机械套筒、注胶套筒、绑扎、焊接
7	叠合梁、叠合板连接	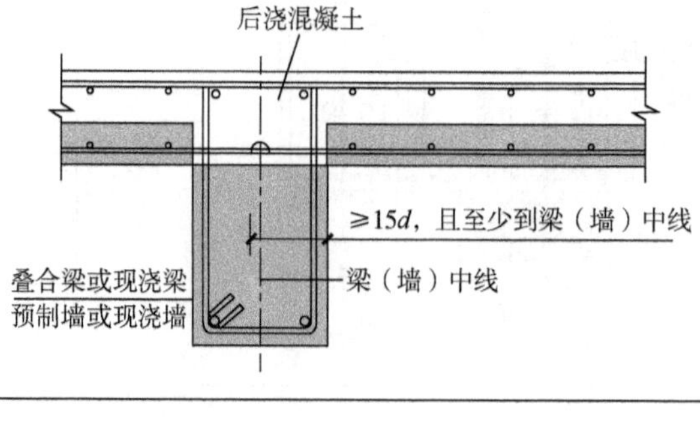 后浇混凝土　$\geqslant 15d$，且至少到梁（墙）中线　梁（墙）中线　叠合梁或现浇梁　预制墙或现浇墙	框架结构、筒体结构	绑扎、焊接、锚板

（续）

序号	连接部位	示 意 图	用于结构体系	钢筋连接方式
8	上下剪力墙板之间的现浇带	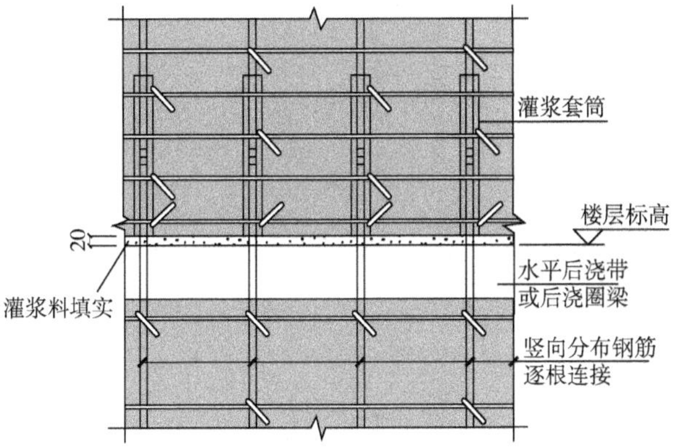	剪力墙结构	绑扎、焊接
9	纵横剪力墙板T型连接处	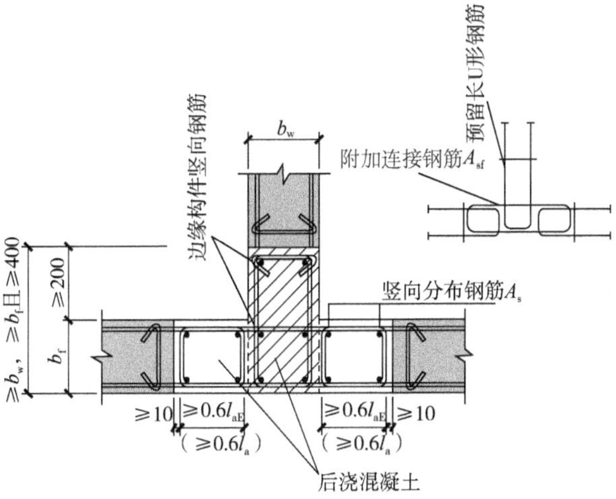	剪力墙结构	绑扎、焊接
10	纵横剪力墙板转角连接处	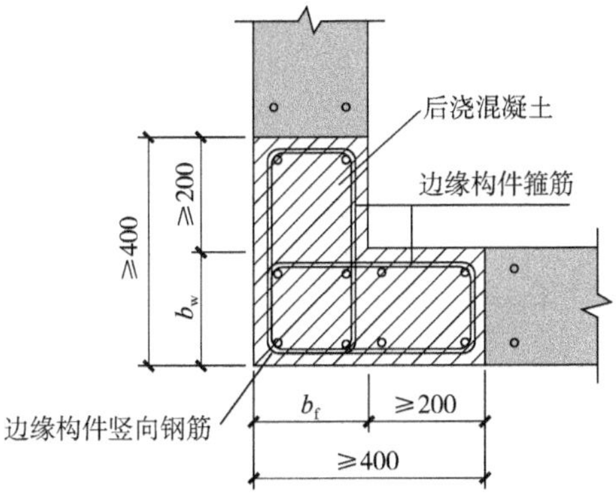	剪力墙结构	绑扎、焊接

序号	连接部位	示 意 图	用于结构体系	钢筋连接方式
11	剪力墙板水平连接	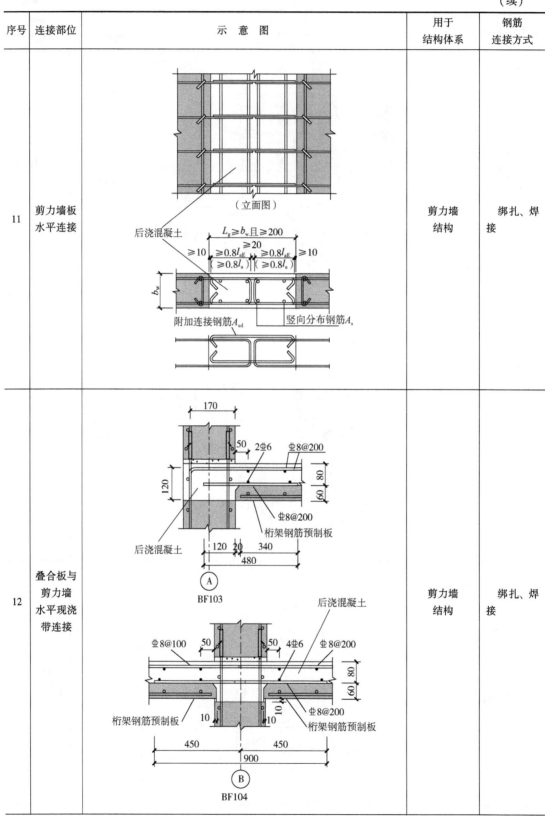	剪力墙结构	绑扎、焊接
12	叠合板与剪力墙水平现浇带连接		剪力墙结构	绑扎、焊接

（续）

序号	连接部位	示意图	用于结构体系	钢筋连接方式
13	连梁与剪力墙板连接		剪力墙结构	绑扎、焊接
14	叠合连梁与叠合板连接		剪力墙结构	绑扎、焊接
15	楼梯板刚性支座		框架结构、简体结构、剪力墙结构	绑扎、焊接、锚固板
16	叠合悬挑构件现浇部分及其与支座的连接（叠合阳台板、叠合挑檐板等）		框架结构、简体结构、剪力墙结构	绑扎、焊接

（续）

序号	连接部位	示 意 图	用于结构体系	钢筋连接方式
17	整体飘窗与剪力墙之间的连接	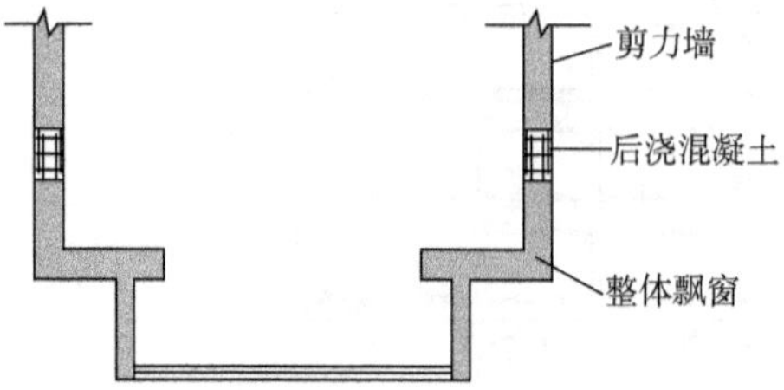 剪力墙 后浇混凝土 整体飘窗	剪力墙结构	绑扎、焊接
18	双面叠合剪力墙板后浇混凝土	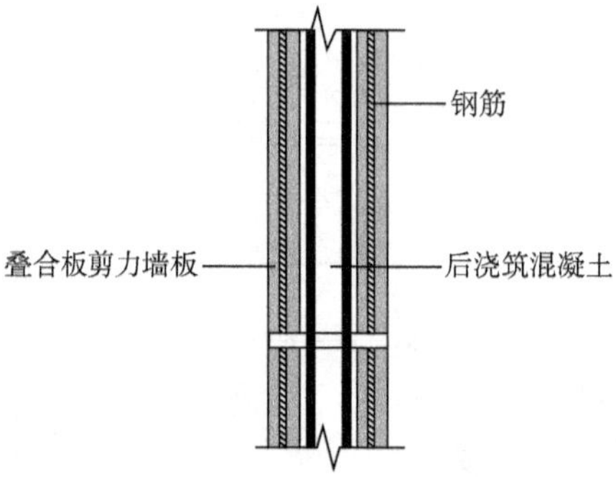 钢筋 叠合板剪力墙板 后浇筑混凝土	剪力墙结构	绑扎
19	圆孔剪力墙板后浇混凝土	 孔内后浇混凝土	剪力墙结构	绑扎
20	型钢剪力墙板后浇混凝土	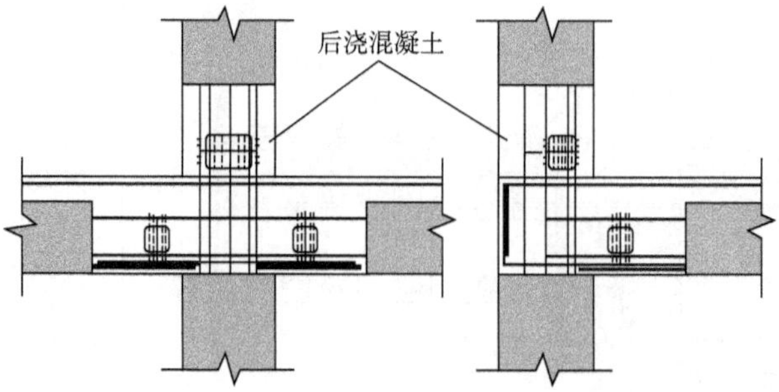 后浇混凝土	剪力墙结构	绑扎、焊接

（续）

序号	连接部位	示意图	用于结构体系	钢筋连接方式
21	梁板一体化墙板水平连接		框架结构	环形筋和环形钢索插入竖向钢筋

39. PC 构件的哪些面须做成粗糙面和键槽？

1）粗糙面和键槽的作用。预制混凝土构件与后浇混凝土的接触面须做成粗糙面或键槽面，以提高抗剪能力。试验表明，不计钢筋作用的平面、粗糙面和键槽面混凝土抗剪能力的比例关系是 1：1.6：3，也就是说，粗糙面抗剪能力是平面的 1.6 倍，键槽面是平面的 3 倍。所以，预制构件与后浇混凝土接触面或做成粗糙面，或做成键槽面，或两者兼有。

2）《装规》关于粗糙面与键槽的规定见本章第 34 问。

40. PC 构件纵向钢筋在后浇混凝土中如何锚固？如何确保受力钢筋伸入支座的锚固长度？

关于预制构件受力钢筋在后浇混凝土区的锚固，《装规》第 6.5.6 条规定：预制构件纵向钢筋宜在后浇混凝土内直线锚固；当直线锚固长度不足时，可采用弯折、机械锚固方式，并应符合现行国家标准《混规》和《钢筋锚固板应用技术规程》JGJ 256 的规定。

预埋件、预埋螺栓的受拉直锚筋和弯折锚筋按照受拉钢筋的锚固长度计算。

1）基本锚固长度按下式计算：

$$l_{ab} = \alpha \frac{f_y}{f_t} d \qquad (3\text{-}7)\,[《混规》式(8.3.1\text{-}1)]$$

式中　l_{ab}——受拉钢筋的基本锚固长度；

　　　f_y——钢筋抗拉强度设计值；

　　　f_t——混凝土轴心抗拉强度设计值，当混凝土强度等级高于 C60 时，按 C60 取值；

　　　d——钢筋直径；

　　　α——锚固钢筋外形系数，光圆钢筋取 0.16，带肋钢筋取 0.14。

注：光圆钢筋末端应做 180°弯钩。

2）受拉钢筋锚固长度按式（3-8）计算且不应小于 200mm。

$$l_a = \zeta_a l_{ab} \qquad (3\text{-}8)[《混规》式(8.3.1\text{-}3)]$$

式中　l_a——受拉钢筋的锚固长度；

　　　ζ_a——锚固长度修整系数。锚筋保护层厚度为 $3d$ 时，取 0.8；为 $5d$ 时取 0.7，中间可按内插取值，但不能小于 0.6。d 为钢筋直径。

41. 连接件、焊缝、螺栓、铆钉等紧固件如何验算？

装配整体式结构中，连接件、焊缝、螺栓、铆钉等紧固件起着连接装配构件与构件的作用，每一个紧固件均需满足：

1）正截面承载力的要求。

2）受剪承载力要求。

42. 如何进行金属件验算？

《装规》规定：金属件应具有规定的承载力、变形和耐久性能，并经过试验验证。

对各预制构件之间的金属连接件，其承载力应按照第 3 章 41 问进行验算。

对于预制构件安装吊点、脱模吊点金属件，其承载力应该满足如下要求：

1）在构件的自重标准值作用下，当在一个构件上设有 4 个吊点时，应按 3 个吊点进行计算。预制构件在翻转、运输、吊运、安装等短暂设计状况下的施工验算，应将构件自重标准值乘以动力系数后作为等效静力荷载标准值。构件运输、吊运时，动力系数宜取 1.5；构件翻转及安装过程中就位、临时固定时，动力系数可取 1.2。

2）预制构件进行脱模验算时，等效静力荷载标准值应取构件自重标准值乘以动力系数后与脱模吸附力之和，且不宜小于构件自重标准值的 1.5 倍。动力系数与脱模吸附力应符合下列规定：

①动力系数不宜小于 1.2。

②脱模吸附力应根据构件和模具的实际状况取用，且不宜小于 1.5kN/m^2。

预埋在预制构件内部的金属件，其承载力应分别按上述要求的荷载进行验算。

43. 外露金属如何处理？

《装规》第 6.4.5 条规定："预制构件中外露预埋件凹入构件表面的深度不宜小于 10mm。"

《装规》第 6.1.13 条规定："预埋件和连接件等外露金属件应按不同环境类别进行封闭或防腐、防锈、防火处理，并应符合耐久性要求。"

关于此条，宜区分长期使用的预埋件、连接件和制作施工期间临时用的预埋件。施工期间临时用的预埋件和连接件可不做防锈蚀处理。

44. PC 构件保护层设计是如何规定的？

（1）最小保护层

最小保护层规定：柱、梁、剪力墙为 30mm，楼板、屋顶、非剪力墙墙板为 20mm。

（2）设计保护层

最小保护层是必须确保的保护层，并不是设计保护层。设计保护层要加上制作施工可能的误差。

1）对于现场浇筑混凝土，保护层增加 10mm。

2）对于预制构件，因为在工厂质量可以控制得好一些，保护层增加 5mm。

3）对于有钢筋伸入后浇混凝土区的预制构件，其保护层应当按照现浇混凝土增加 10mm。

（3）套筒保护层

有套筒连接的钢筋，保护层从套筒外皮或箍筋计算。

《装规》规定：预制柱中钢筋接头处套筒外侧箍筋的混凝土保护层厚度不应小于 20mm，预制剪力墙中钢筋接头处套筒外侧钢筋的混凝土保护层厚度不应小于 15mm。

第4章 结构材料与配件

 45. PC 结构材料应符合什么规定？这些规定的要点是什么？

装配式混凝土结构中使用的材料大多与现浇混凝土结构一样，也有部分 PC 结构专用材料，对于 PC 结构材料应符合什么规定，规定的要点是什么，下面具体讨论。

（1）规范规定

《装规》《装标》对装配式混凝土结构材料有如下规定：

1）混凝土、钢筋、钢材和连接材料的性能。对于混凝土、钢筋、钢材和连接材料的性能要求，《装标》与《装规》的要求是一样的，应符合现行国家标准《混规》和《钢结构设计规范》GB 50017 的有关规定（《装规》4.1.1 条，《装标》5.2.1 条）。

2）预制混凝土强度等级。预制混凝土强度等级比现浇混凝土强度等级起点提高了一个等级要求。预制构件混凝土强度等级不宜低于 C30；预应力混凝土预制构件的混凝土强度等级不应低于 C30，不宜低于 C40；现浇混凝土的强度等级不应低于 C25（《装规》4.1.2 条）。

3）钢筋的选用要求。普通钢筋采用套筒灌浆连接和浆锚搭接连接时，钢筋应采用热轧带肋钢筋，钢筋的选用应符合现行国家标准《混规》的规定（《装规》4.1.3 条）。

4）钢筋套筒灌浆连接。钢筋套筒灌浆连接是装配式混凝土结构中预制结构构件连接的主要连接形式，是经过国外大量工程实践检验，比较可靠的一种连接形式，采用的套筒应符合《钢筋连接用灌浆套筒》JG/T 398 的规定，采用的灌浆料应符合《钢筋连接用套筒灌浆料》JG/T 408 的规定（《装规》4.2.1 条、4.2.2 条）。

5）夹心保温外墙内外叶墙板的拉结件。金属及非金属材料拉结件均应满足承载力、变形能力、耐久性要求，并应经过试验验证，拉结件还应满足节能设计要求（《装规》4.2.7 条）。

6）钢筋浆锚搭接连接的镀锌金属波纹管。浆锚搭接连接是一种间接搭接，被搭接的钢筋离开一定距离，通过钢筋之间浆料握裹作用传力的连接方式。国外澳大利亚浆锚搭接研究使用比较多，但澳大利亚没有抗震设计要求。近年国内有大学、研究机构和企业做了大量研究试验，有了一定的技术基础，在国内装配整体式结构建筑中也有应用。浆锚搭接方式最大的优势是成本低于套筒灌浆连接方式。《装规》对浆锚搭接方式给予了审慎的认可，毕竟，浆锚搭接不像套筒灌浆连接方式那样有几十年的工程实践经验并经历过多次地震的考验。用于钢筋浆锚搭接连接的镀锌金属波纹管应符合现行行业标准《预应力混凝土用金属波纹管》JG 225 的有关规定。镀锌金属波纹管的钢带厚度不宜小于 0.3mm，波纹高度不应小于 2.5mm（《装标》5.2.2 条、5.7.5 条）。

7）挤压套筒机械连接。挤压套筒连接是通过钢筋与套筒的机械咬合作用形成剪力进行轴向力传递的连接方式，用于钢筋机械连接的挤压套筒，其原材料及实测力学性能应符合现行行业标准《钢筋机械连接用套筒》JG/T 163 的有关规定（《装标》5.2.3 条）。

8）预制构件的吊环。预制构件的吊环应采用未经冷加工的 HPB300 级钢筋制作。吊装用内埋式螺母或吊杆的材料应符合国家现行相关标准的规定（《装规》4.1.5 条、5.4.5 条）。

9）钢筋锚固板。装配式混凝土结构中，钢筋的锚固方式推荐采用锚固板锚固。钢筋锚固板的材料应符合现行行业标准《钢筋锚固板应用技术规程》JGJ 256 的规定（《装规》4.2.4 条）。

10）受力预埋件的锚板及锚筋。受力预埋件的锚板及锚筋材料应符合现行国家标准《混规》的有关规定。专用预埋件及连接材料应符合国家现行有关标准的规定（《装规》4.2.5条）。

11）连接用焊接材料，螺栓、锚栓和铆钉等紧固件的材料。连接用焊接材料，螺栓、锚栓和铆钉等紧固件的材料应符合国家现行标准《钢结构设计规范》GB 50017、《钢结构焊接规范》GB 50661和《钢筋焊接及验收规程》JGJ 18等的规定（《装规》4.2.6条）。

（2）要点说明

装配式混凝土结构的材料合理选用非常重要，下面对一些要点进行说明：

1）采用钢筋套筒灌浆连接时，应在构件生产前对灌浆套筒连接接头做抗拉强度试验，每种规格试件数量不应少于3个，这是《装规》11.1.4条提出的强制性要求，也应在设计说明文件中明确提出试验要求。在灌浆套筒选用上尤其应注意连接筋与套筒内壁间净距控制，套筒灌浆段内径与连接筋的直径差值应符合规范最小差值要求，避免浆料与连接筋握裹不充分的情况出现。

2）夹心保温外墙的外叶墙板的质量大，拉结件失效带来外叶板脱落会酿成重大的质量事故，拉结件在设计、生产、安装等各个环节都应该引起足够的重视，规范设计与施工作业。《装规》4.2.7条对拉结件的承载力、变形能力、耐久性等提出了试验验证的要求，我们在设计文件中也应对拉结件试验验证提出明确的设计要求，从设计源头上保障拉结件的性能。

3）《装规》6.5.4条规定，采用浆锚搭接连接时，对预留孔成孔工艺、孔道形状和长度、构造要求、灌浆料和被连接钢筋，应进行力学性能以及适用性的试验验证；《装标》5.7.5条对预制剪力墙浆锚搭接连接的预留灌浆孔道的构造、试验验证以及相关范围的构造加强措施提出了具体的规定；对于直接承受动力荷载构件的纵向钢筋不应采用浆锚搭接连接，直径大于20mm的连接筋不宜采用浆锚搭接连接，对于浆锚搭接连接适用范围有更严格的规定。灌浆套筒连接接头已经有比较成熟的经验，《装规》对其连接接头都提出了强制性试验验证要求，笔者认为，对于可靠性还不是特别清楚、应用经验还比较缺乏的浆锚搭接连接也应该提出更严格的强制性的试验验证要求。

4）装配式混凝土结构的材料宜采用高强混凝土，强度等级比现浇钢筋混凝土结构起点高了一个等级。采用高强混凝土也是国外高层、超高层装配式混凝土结构普遍做法，高强混凝土与高强钢筋、大直径钢筋匹配使用，可以减少钢筋配置，减少钢筋连接接头，方便施工，降低成本。采用高强混凝土和工厂生产，可以获得更好的结构构件品质，对于提高结构耐久性，延长结构寿命都是非常有利的，也是一种绿色节能的体现。

5）当采用套筒灌浆连接和浆锚搭接连接时，连接筋与孔洞内壁净距有限，需要浆料与钢筋间提供足够的摩擦力，因此钢筋应采用热轧带肋钢筋，钢筋上的肋可以使钢筋与灌浆料之间产生足够的摩擦力，有效地传递应力，从而形成可靠的连接接头。

6）吊装用内埋式螺母、吊杆、吊钉等应根据相应的产品标准和应用技术规程选用，其材料应符合国家现行相关标准的规定。如果采用钢筋吊环，应采用未经冷加工的HPB300级钢筋制作。根据国内外的工程经验，为了节约材料、方便施工、吊装可靠的目的，并避免外漏金属件的锈蚀，预制构件的吊装方式宜优先采用内埋式螺母、内埋式吊杆或预留吊装孔。内埋式吊具已有专门技术和配套产品，可根据具体情况选用。

7）挤压套筒连接应满足结构钢筋机械连接一级接头标准，挤压套筒连接适用于热轧带肋钢筋的连接，采用该种接头时，要考虑施工机具连接操作空间的要求，从挤压套筒厂家了解到，压接钳连接一般需要100mm（含挤压套筒）左右的操作空间。

46. PC结构使用哪些专用材料？使用现浇混凝土常规材料有哪些特别的要求？如何合理选用PC结构接缝用密封胶材料？

（1）PC结构专用材料

1）灌浆套筒（见第47问）。

2）套筒灌浆料（见第48问）。

3）夹心保温拉结件（见第51问）。

4）浆锚孔金属波纹管（见第49问）。

5）浆锚搭接灌浆料（见第48问）。

6）机械套筒与注胶套筒（现浇结构也用，见第50问）。

7）钢筋锚固板（现浇结构也用，见第54问）。

（2）PC结构中常规材料有哪些特别的要求

现浇混凝土结构中使用的常规材料（如混凝土、钢筋等），在PC结构中使用时，会有一些特殊要求，比如混凝土强度等级起点提高一级等（具体见第52问），钢筋的要求见第53问，吊环、螺栓、螺母等的要求参见第54问。

（3）PC结构接缝用密封胶材料的合理选用

装配式建筑由于存在强风地震引起的层间位移、热胀冷缩引起的伸缩位移、干燥收缩引起的干缩位移和地基沉降引起的沉降位移等，对密封胶的受力要求非常高，所以密封胶必须具备良好的位移能力、弹性回复率、压缩率。在外挂PC墙板、PCF板、预制夹心保温外叶板的拼缝间密封胶的使用尤其应结合结构的变形需要进行合理选用，所选密封胶应能适应结构的变形要求，不会因为密封胶压缩率不足导致PC构件间产生挤压破坏。

1）规范规定。

①外墙板接缝密封胶与混凝土应具有相容性，以及规定的抗剪切和伸缩变形能力，防霉、防水、防火、耐候等性能；硅酮、聚氨酯、聚硫建筑密封胶应分别符合国家现行标准《硅酮建筑密封胶》GB/T 14683、《聚氨酯建筑密封胶》JC/T 482、《聚硫建筑密封胶》JC/T 483的规定（《装规》4.3.1）。

②外墙板接缝宜采用材料防水和构造防水相结合的做法（《装规》5.3.4）。

2）与混凝土的粘结性要求。混凝土属于碱性材料，普通密封胶很难粘结，且混凝土表面疏松多孔，导致有效粘结面积减小，所以要求密封胶与混凝土有足够强的粘结力；此外，在南方多雨的地区，还可能出现混凝土的反碱现象，会对密封胶的粘结界面造成严重破坏。所以，混凝土的粘结性是选择装配式建筑用胶要考虑的第一要素。单组分改性硅烷密封胶和聚氨酯密封胶对混凝土的粘结性较好，双组分改性硅烷密封胶必须使用配套底涂液才能形成粘结，而传统硅酮胶对混凝土的粘结性较差。

3）抗变形能力要求。目前，国内的装配式建筑接缝宽度一般设计为20mm，而接缝处的变形主要来自于PC构件的热胀冷缩，因此可根据接缝宽度来计算选择合适位移级别的密封胶。根据广州安泰胶提供的资料如下，供读者参考。

普通PC外墙板缝隙宽度计算的简化公式：

$$W > \delta/\varepsilon \times 100\% + |W_e|$$

式中　W——设计接缝宽度（国内标准宽度一般取20mm）；

　　　δ——构件温差变形量（mm），$\delta = L\alpha \cdot \Delta T$；

　　　L——构件的长度（形变方向）；

　　　α——混凝土线膨胀系数，常规取10×10^{-6}m/℃；

　　　ΔT——混凝土界面的极限温差，一般取值为80℃；

　　　ε——密封胶位移量（%）；

　　　$|W_e|$——接缝施工误差（一般取5mm）。

计算示例：当混凝土构件板块长度为$L = 3000$mm时，密封胶位移量$\varepsilon > L\alpha \cdot \Delta T/(W - |W_e|) = 3000 \times 10 \times 10^{-6} \times 80/(20 - 5) = 16\%$。按照《混凝土建筑接缝用密封胶》（JC/T

881—2001）标准的规定，密封胶的位移级别可分为 7.5 级、12.5 级、20 级和 25 级，故装配式建筑接缝处的密封胶至少选择 20 级及以上级别。此外，还需注意密封胶的次级别，分为低模量和高模量两种。低模量密封胶胶体较为柔软，内聚力较小，可以更好地适应变形而不易出现破坏，故装配式建筑接缝用密封胶的位移级别应为 20LM 和 25LM。

当建筑接缝因地震或材料干燥收缩出现永久变形时，会对密封胶产生持续性的应力，而改性硅烷密封胶既具有优异的弹性，又具有应力缓和能力，在受到永久变形时，可最大限度地释放预应力，保证密封胶不被破坏。

4）接缝密封胶如何选用。密封胶应严格按照规范要求选用，需要强调的是：

①密封胶必须是适于混凝土的。

②密封胶除了密封性能好、耐久性好外，还应当有较好的弹性和高压缩率。

③配套使用止水橡胶条时，止水橡胶条必须是空心的，除了密封性能好、耐久性好外，还应当有较好的弹性和高压缩率。

5）MS 胶简介。日本装配式建筑预制外墙板接缝常用的密封材料是 MS 密封胶，MS 胶是以"MS Polymer"为原料生产出来的胶黏剂的统称。"MS Polymer"是一种液态状的树脂，在 1972 年由日本 KANEKA 发明，MS 建筑密封胶性能符合各项国内标准，详见表 4-1。

①对混凝土表面以及金属都有着良好的粘接性。

②可以长期保持材料性能不受影响。

③在低温条件下有着非常优越的操作施工性。

④能够长期维持弹性（橡胶的自身性能）。

⑤发挥对环境稳定的固化性能。

⑥耐污染性好。

⑦MS 密封胶对地震以及部件带来的活动所造成的位移能够长期保持其追随性（应力缓和等）。

表 4-1　MS 建筑密封胶性能

项目		技术指标（25LM）	典型值
下垂度（N 型）/mm	垂直	≤3	0
	水平	≤3	0
弹性回复率（%）		≥80	91
拉伸模量/MPa	23℃	≤0.4	0.23
	-20℃	≤0.6	0.26
定伸粘接性		无破坏	合格
浸水后定伸粘接性		无破坏	合格
热压、冷压后粘接性		无破坏	合格
质量损失（%）		≤10	3.5

47. 如何选用灌浆套筒？

钢筋套筒灌浆连接技术是《装规》推荐的主要的接头连接方式，是形成各种装配整体式混凝土结构的重要基础。钢筋套筒灌浆连接在发达国家积累了很多成熟的经验，日本 200 多米的超高层装配式建筑北浜大厦采用的就是钢筋套筒灌浆连接，经历过地震的考验，是可靠的连接方式。

（1）规范规定

1）灌浆套筒的材料要求。钢筋套筒灌浆连接采用的套筒应符合《钢筋连接用灌浆套筒》JG/T 398 的规定（《装规》4.2.1 条）。

2）套筒灌浆连接对连接筋的要求。连接钢筋应采用现行国家标准《钢筋混凝土用钢　第2部分：热轧带肋钢筋》（GB 1499.2—2007）及《钢筋混凝土用余热处理钢筋》（GB 13014—2013）要求的带肋钢筋。连接钢筋直径不宜小于 12mm，且不宜大于 40mm。

3）灌浆套筒灌浆端最小内径要求。灌浆套筒灌浆段最小内径与连接钢筋公称直径的差值不宜小于表 4-2 规定的数值。

表 4-2　灌浆套筒灌浆段最小内径尺寸要求

钢筋直径/mm	套筒灌浆段最小内径与连接钢筋公称直径差最小值/mm
12 ~ 25	10
28 ~ 40	15

4）灌浆套筒的连接筋锚固深度。《钢筋套筒灌浆连接应用技术规程》（JGJ 355—2015）规定，灌浆连接端用于钢筋锚固的深度不宜小于 8 倍钢筋直径。

5）接头性能要求。

①套筒灌浆连接接头应满足强度和变形性能要求。

②钢筋套筒灌浆连接接头的抗拉强度不应小于连接钢筋抗拉强度标准值，且破坏时应断于接头外钢筋［这一条是强制性条文，《钢筋套筒灌浆连接应用技术规程》（JGJ 355—2015）中的 3.2.2 条］。

③钢筋套筒灌浆连接接头的屈服强度不应小于连接钢筋屈服强度标准值。

④套筒灌浆连接接头应能经受规定的高应力和大变形反复拉压循环检验，且在经历拉压循环后，其抗拉强度仍应符合第②条的规定。

⑤套筒灌浆连接接头单向拉伸、高应力反复拉压、大变形反复拉压试验加载过程中，当接头拉力达到连接钢筋抗拉荷载标准值的 1.15 倍而未发生破坏时，应判为抗拉强度合格，可停止试验。

⑥套筒灌浆连接接头的变形性能应符合表 4-3 的规定。当频遇荷载组合下，构件中的钢筋应力高于钢筋屈服强度标准值 f_{yk} 的 0.6 倍时，设计单位可对单位拉伸残余变形的加载峰值 u_0 提出调整要求。

表 4-3　套筒灌浆连接接头的变形性能

项　　目		工作性能要求
对中单向拉伸	残余变形/mm	$u_0 \leq 0.10$（$d \leq 32$） $u_0 \leq 0.14$（$d > 32$）
	最大力下总伸长率（%）	$A_{sgt} \geq 6.0$
高应力反复拉压	残余变形/mm	$u_{20} \leq 0.3$
大变形反复拉压	残余变形/mm	$u_4 \leq 0.3$ 且 $u_8 \leq 0.6$

注：u_0 为接头试件加载到 $0.6f_{yk}$ 并卸载后在规定标距内的残余变形；A_{sgt} 为接头试件的最大力下伸长率；u_{20} 为接头试件按规定加载制度经高应力反复拉压 20 次后的残余变形；u_4 为接头试件按规定加载制度经大变形反复拉压 4 次后的残余变形；u_8 为接头试件按规定加载制度经大变形反复拉压 8 次后的残余变形。

（2）设计要点说明

1）在地震情况下全截面受拉的构件不宜全部采用钢筋套筒连接（《装规》7.1.3 条）。

2）应采用与连接筋牌号、直径配套的灌浆套筒。连接筋的强度等级不应大于套筒规定的连接筋强度等级；工程中连接筋规格和套筒规格要匹配使用，不允许套筒规格小于连接筋规格，但允许套筒规格比连接筋规格大一级使用 [《钢筋套筒灌浆连接应用技术规程》（JGJ 355—2015）的 4.0.5 条]。

3）灌浆套筒灌浆端钢筋锚固深度，应满足灌浆套筒的参数要求，不应小于 $8d$。当采用大一级的套筒进行连接时，应按套筒规格计算锚固长度，如采用 20mm 规格的套筒连接 18mm 的连接筋，应按 $8 \times 20mm$ 进行锚固长度计算 [《钢筋套筒灌浆连接应用技术规程》（JGJ 355—2015）的 4.0.5 条]。

4）钢筋、灌浆套筒的布置需考虑可靠灌浆的施工作业条件，将灌浆口、出浆口朝着方便灌浆作业和观察检查的方向。截面尺寸较大的 PC 构件，应在底部设置键槽抗剪，键槽应充分考虑设置排气孔，以确保灌浆作业密实 [《钢筋套筒灌浆连接应用技术规程》（JGJ 355—2015 的 4.0.5 条]。

（3）灌浆套筒构造

灌浆套筒构造包括筒壁、剪力槽、灌浆口、排浆口、钢筋定位销。行业标准《钢筋连接用灌浆套筒》（JG/T 398—2012）给出了灌浆套筒的构造图，如图 4-1 所示。

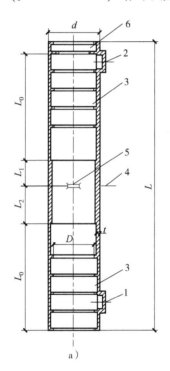
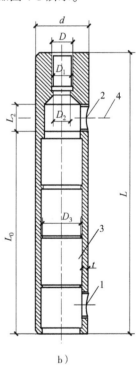

a）

b）

图 4-1　灌浆套筒构造图

a）全灌浆套筒　b）半灌浆套筒

说明：1—灌浆孔　2—排浆孔　3—剪力槽　4—强度验算用截面　5—钢筋限位挡块　6—安装密封垫的结构

尺寸：L—灌浆套筒总长　L_0—锚固长度　L_1—预制端预留钢筋安装调整长度　L_2—现场装配端预留钢筋安装调整长度

t—灌浆套筒壁厚　d—灌浆套筒外径　D—内螺纹的公称直径　D_1—内螺纹的基本小径

D_2—半灌浆套筒螺纹端与灌浆端连接处的通孔直径　D_3—灌浆套筒锚固段环形突起部分的内径

注：D_3 不包括灌浆孔、排浆孔外侧因导向、定位等其他目的而设置的比锚固段环形突起内径偏小的尺寸。D_3 可以为非等截面。

（4）灌浆套筒材质

灌浆套筒材质有碳素结构钢、合金结构钢和球墨铸铁。碳素结构钢和合金结构钢套筒采用机械加工工艺制造；球墨铸铁套筒采用铸造工艺制造。中国目前应用的套筒既有机械加工制作的碳素结构钢或合金结构钢套筒，也有铸造工艺制作的球墨铸铁套筒。日本用的灌浆套筒材质为球墨铸铁，大都由中国工厂制造。

《钢筋连接用灌浆套筒》（JG/T 398—2012）给出了球墨铸铁和各类钢灌浆套筒的材料性能，见表4-4、表4-5。

表4-4　球墨铸铁灌浆套筒的材料性能

项　　目	性　能　指　标
抗拉强度 σ_b/MPa	≥550
断后伸长率 σ_s（%）	≥5
球化率（%）	≥85
硬度/HBW	180~250

表4-5　各类钢灌浆套筒的材料性能

项　　目	性　能　指　标
屈服强度 σ_s/MPa	≥355
抗拉强度 σ_b/MPa	≥600
断后伸长率 δ_s（%）	≥16

（5）灌浆套筒尺寸偏差要求

《钢筋连接用灌浆套筒》（JG/T 398—2012）给出灌浆套筒的尺寸偏差见表4-6。

表4-6　灌浆套筒尺寸偏差

序号	项　　目	灌浆套筒尺寸偏差					
		铸造灌浆套筒			机械加工灌浆套筒		
1	钢筋直径/mm	12~20	22~32	36~40	12~20	22~32	36~40
2	外径允许偏差/mm	±0.8	±1.0	±1.5	±0.6	±0.8	±0.8
3	壁厚允许偏差/mm	±0.8	±1.0	±1.2	±0.5	±0.6	±0.8
4	长度允许偏差/mm	±0.01L			±2.0		
5	锚固段环形突起部分的内径允许偏差/mm	±1.5			±1.0		
6	锚固段环形突起部分的内径最小尺寸与钢筋公称直径差值/mm	≥10			≥10		
7	直螺纹精度	—			GB/T 197—2003 中 6H 级		

（6）结构设计需要的灌浆套筒尺寸

在 PC 构件结构设计时，需要知道对应各种直径的钢筋的灌浆套筒的外径，以确定受力钢筋在构件断面中的位置，计算和配筋等；还需要知道套筒的总长度和钢筋的插入长度，以确定下部构件的伸出钢筋长度和上部构件受力钢筋的长度。半灌浆套筒异径连接时要注意钢筋之间级差的控制，确保套筒灌浆段最小内径与连接钢筋直径差最小值满足《钢筋连接用灌浆套筒》（JG/T 398—2012）的规定。

目前国内灌浆套筒生产厂家主要有北京建茂（合金结构钢）、上海住总（球墨铸铁）、深圳市现代营造（球墨铸铁）、深圳盈创（球墨铸铁）、建研科技股份有限公司（合金结构钢）、中建机械（无缝钢管加工）、上海利物宝（球墨铸铁全灌浆套筒）等。

表4-7、表4-8和表4-9给出了北京思达建茂公司半灌浆套筒和全灌浆套筒与钢筋对应尺寸。

表 4-7 北京思达建茂 JM 钢筋半灌浆连接套筒主要技术参数

套筒型号	螺纹端连接钢筋直径 d_1/mm	灌浆端连接钢筋直径 d_2/mm	套筒外径 d/mm	套筒长度 L/mm	灌浆端钢筋插入口孔径 D_3/mm	灌浆孔位置 a/mm	出浆孔位置 b/mm	灌浆端连接钢筋插入深度 L_1/mm	内螺纹公称直径 D/mm	内螺纹螺距 P/mm	内螺纹牙型角度	内螺纹孔深度 L_2/mm	螺纹端与灌浆端通孔直径 D_2/mm
GT12	φ12	φ12, φ10	φ32	140	φ23±0.2	30	104	96_0^{+15}	M12.5	2.0	75°	19	≤φ8.8
GT14	φ14	φ14, φ12	φ34	156	φ25±0.2	30	119	112_0^{+15}	M14.5	2.0	60°	20	≤φ10.5
GT16	φ16	φ16, φ14	φ38	174	φ28.5±0.2	30	134	128_0^{+15}	M16.5	2.0	60°	22	≤φ12.5
GT18	φ18	φ18, φ16	φ40	193	φ30.5±0.2	30	151	144_0^{+15}	M18.7	2.5	60°	25.5	≤φ15
GT20	φ20	φ20, φ18	φ42	211	φ32.5±0.2	30	166	160_0^{+15}	M20.7	2.5	60°	28	≤φ17
GT22	φ22	φ22, φ20	φ45	230	φ35±0.2	30	181	176_0^{+15}	M22.7	2.5	60°	30.5	≤φ19
GT25	φ25	φ25, φ22	φ50	256	φ38.5±0.2	30	205	200_0^{+15}	M25.7	2.5	60°	33	≤φ22
CT28	φ28	φ28, φ25	φ56	292	φ43±0.2	30	234	224_0^{+20}	M28.9	3.0	60°	38.5	≤φ23
CT32	φ32	φ32, φ28	φ63	330	φ48±0.2	30	266	256_0^{+20}	M32.7	3.0	60°	44	≤φ26
CT36	φ36	φ36, φ32	φ73	387	φ53±0.2	30	316	306_0^{+20}	M36.5	3.0	60°	51.5	≤φ30
CT40	φ40	φ40, φ36	φ80	426	φ58±0.2	30	350	340_0^{+20}	M40.2	3.0	60°	56	≤φ34

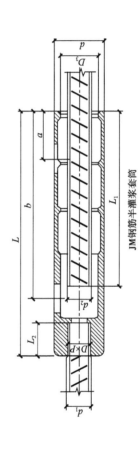

JM 钢筋半灌浆套筒

注: 1. 本表为标准套筒的尺寸参数;套筒材料:优质碳素结构钢或合金结构钢,抗拉强度≥600MPa,屈服强度≥355MPa,断后伸长率≥16%。

2. 竖向连接异径钢筋的套筒:

(1) 灌浆端连接钢筋直径小时,采用本表中螺纹连接端直径的标准套筒,灌浆端连接钢筋的插入深度为该标准套筒规定的深度 L_1 值;

(2) 灌浆端连接钢筋直径大时,采用变径套筒,套筒参数见表 4-8。

表4-8　北京思达建茂 JM 异径钢筋半灌浆连接套筒主要技术参数

套筒型号	螺纹端连接钢筋直径 d_1/mm	灌浆端连接钢筋直径 d_2/mm	套筒外径 d/mm	套筒长度 L/mm	灌浆端钢筋插入口孔径 D_3/mm	灌浆孔位置 a/mm	出浆孔位置 b/mm	灌浆端连接钢筋插入深度 L_1/mm	内螺纹公称直径 D/mm	内螺纹螺距 P/mm	内螺纹牙型角度	内螺纹孔深度 L_2/mm	螺纹端与灌浆端连通孔直径 D_2/mm
GT14/12	φ12	φ14	φ34	156	φ25±0.2	30	119	112^{+15}_{0}	M12.5	2.0	75°	19	≤φ8.8
GT16/14	φ14	φ16	φ38	174	φ28.5±0.2	30	134	128^{+15}_{0}	M14.5	2.0	60°	20	≤φ10.5
GT18/16	φ16	φ18	φ40	193	φ30.5±0.2	30	151	144^{+15}_{0}	M16.5	2.0	60°	22	≤φ12.5
GT20/18	φ18	φ20	φ42	211	φ32.5±0.2	30	166	160^{+15}_{0}	M18.7	2.5	60°	25.5	≤φ15
GT22/20	φ20	φ22	φ45	230	φ35±0.2	30	181	176^{+15}_{0}	M20.7	2.5	60°	28	≤φ17
GT25/22	φ22	φ25	φ50	256	φ38.5±0.2	30	205	200^{+15}_{0}	M22.7	2.5	60°	30.5	≤φ19
GT28/25	φ25	φ28	φ56	292	φ43±0.2	30	234	224^{+20}_{0}	M25.7	2.5	60°	33	≤φ22
GT32/28	φ28	φ32	φ63	330	φ48±0.2	30	266	250^{+20}_{0}	M28.9	3.0	60°	38.5	≤φ23
GT36/32	φ32	φ36	φ73	387	φ53±0.2	30	316	306^{+20}_{0}	M32.7	3.0	60°	44	≤φ26
GT40/36	φ36	φ40	φ80	426	φ58±0.2	30	350	340^{+20}_{0}	M36.5	3.0	60°	51.5	≤φ30

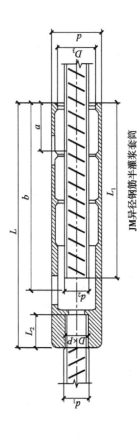

JM异径钢筋灌浆套筒

注：1. 本表为竖向连接异径钢筋时，灌浆端连接钢筋直径大，且连接钢筋直径相差一级的变径套筒参数；套筒材料：同表4-7；套筒型号标识：灌浆连接端的钢筋直径在前，螺纹连接端的钢筋直径在后，直径数字之间用/分开，例如：灌浆连接钢筋为20mm，螺纹连接钢筋为25mm，则型号标识为 GT 25/20。

2. 对于灌浆端连接钢筋直径大，且钢筋直径超过一级的变径套筒，套筒参数按以下原则设计：套筒外径、长度及螺纹连接端各参数均与灌浆连接端连接钢筋的标准套筒相同，套筒螺纹连接端的内螺纹参数与连接小直径钢筋的相应标准套筒的内螺纹参数相同。

表4-9　北京思达建茂 JM 钢筋全灌浆连接套筒主要技术参数

套筒型号	连接钢筋直径 d_1/mm	可连接其他规格钢筋直径 d/mm	套筒外径 d/mm	套筒长度 L/mm	灌浆端口孔径 D/mm	钢筋插入最小深度 L_1/mm
CT16H	$\phi16$	$\phi12$，$\phi14$	$\phi38$	256	$\phi28.5 \pm 0.2$	$113 \sim 128$
CT20H	$\phi20$	$\phi18$，$\phi16$	$\phi42$	320	$\phi32.5 \pm 0.2$	$145 \sim 160$
CT22H	$\phi22$	$\phi20$，$\phi18$	$\phi45$	350	$\phi35 \pm 0.2$	$160 \sim 175$
CT25H	$\phi25$	$\phi22$，$\phi20$	$\phi50$	400	$\phi38.5 \pm 0.2$	$185 \sim 200$
CT32H	$\phi32$	$\phi28$，$\phi25$	$\phi63$	510	$\phi48 \pm 0.2$	$240 \sim 255$

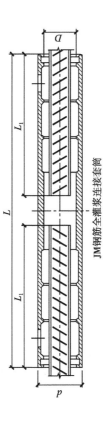

JM钢筋全灌浆连接套筒

注：1. 套筒材料：优质碳素结构钢或合金结构钢，机械性能：抗拉强度≥600MPa，屈服强度≥355MPa，断后伸长率≥16%。
　　2. 套筒两端装有橡胶密封环，灌浆孔、出浆孔在套筒两端部。

图 4-2 和表 4-10 给出了深圳市现代营造科技有限公司半灌浆套筒与连接钢筋对应尺寸。

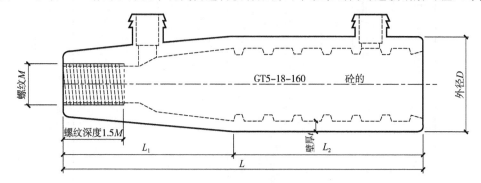

图 4-2　半灌浆套筒尺寸示意图

表 4-10　半灌浆套筒尺寸

规 格 型 号	尺寸参数/mm						筒壁参数/mm		适用钢筋规格/mm
	L	L_1	L_2	D	M	D_0	壁厚 t	凸起 h	400MPa
GT4-12-130	130	49	81	36	12	22	4	3	12
GT4-14-140	140	59	81	38	14	24	4	3	14
GT4-16-150	150	54	96	40	16	26	4	3	16
GT4-18-160	160	64	96	42	18	28	4	3	18
GT4-20-190	190	64	126	44	20	30	4	3	20
GT4-22-195	195	69	126	48	22	32	5	3	22
GT4-25-215	215	74	141	51	25	35	5	3	25
GT4-28-250	250	79	171	54	28	38	5	3	28
GT4-32-270	270	84	186	60	32	42	6	3	32
GT4-36-310	310	94	216	66	36	46	7	3	36
GT4-40-330	330	99	231	72	40	50	8	3	40
螺纹长为 1.5 倍直径	灌浆孔突出套筒 10mm						内壁凸起环数多于 6 环		

注：所有灌浆套筒均采用 QT550-5 或 QT600-3 材质制造，延伸率分别为 5%、3%。适用于 400MPa、500MPa 级别的钢筋纵向连接，若产品设计优化后尺寸可能变化，请详询我司技术工程师（本表摘自深圳市现代营造科技有限公司《"砼的"牌球墨铸铁灌浆套筒尺寸参数表》）。

图 4-3 和表 4-11、表 4-12 给出了上海利物宝建筑科技有限公司全灌浆套筒与连接钢筋对应尺寸。

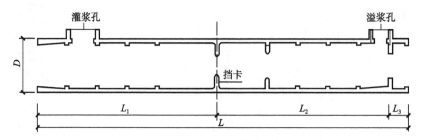

图 4-3　利物宝全灌浆套筒示意图

表 4-11　利物宝全灌浆套筒规格及主要尺寸一览表

型　　号	连接钢筋公称直径/mm	主要尺寸/mm				
		L_1	L_2	L_3	L	D
GTZQ4 12	12	120	110	20	250	44
GTZQ4 14	14	135	125	20	280	46
GTZQ4 16	16	150	140	20	310	48
GTZQ4 18	18	170	160	20	350	50
GTZQ4 20	20	180	170	20	370	52
GTZQ4 22	22	200	190	20	410	54
GTZQ4 25	25	220	210	20	450	58
GTZQ4 28	28	250	235	20	505	62
GTZQ4 32	32	280	270	20	570	66
GTZQ4 36	36	310	300	20	630	74
GTZQ4 40	40	345	335	20	700	82

表 4-12　连接钢筋进入 LWB 全灌浆套筒深度一览

套筒型号	预制端（溢浆孔端）钢筋进入套筒长度/mm	安装端（灌浆孔端）钢筋进入套筒长度/mm	套筒内钢筋有效锚固长度/mm
GTZQ4 12	$L_4 = 116$（+10）	$L_5 = 96$（+20）	$\geq 8d = 96$
GTZQ4 14	$L_4 = 132$（+10）	$L_5 = 112$（+20）	$\geq 8d = 112$
GTZQ4 16	$L_4 = 148$（+10）	$L_5 = 128$（+20）	$\geq 8d = 128$
GTZQ4 18	$L_4 = 164$（+10）	$L_5 = 144$（+20）	$\geq 8d = 144$
GTZQ4 20	$L_4 = 180$（+10）	$L_5 = 160$（+20）	$\geq 8d = 160$
GTZQ4 22	$L_4 = 196$（+10）	$L_5 = 176$（+20）	$\geq 8d = 176$
GTZQ4 25	$L_4 = 220$（+10）	$L_5 = 200$（+20）	$\geq 8d = 200$
GTZQ4 28	$L_4 = 244$（+10）	$L_5 = 224$（+20）	$\geq 8d = 224$
GTZQ4 32	$L_4 = 276$（+10）	$L_5 = 256$（+20）	$\geq 8d = 256$
GTZQ4 36	$L_4 = 308$（+10）	$L_5 = 288$（+20）	$\geq 8d = 288$
GTZQ4 40	$L_4 = 340$（+10）	$L_5 = 320$（+20）	$\geq 8d = 320$

注：1. 连接钢筋进入套筒两端的设计长度分别不得小于表中 L_4 和 L_5 所示长度，以确保钢筋在套筒内的有效锚固长度不小于 $8d$（d 为连接钢筋直径）。

2. L_4 和 L_5 长度加上括号内长度为钢筋能够插入套筒的最大长度，预留连接钢筋进入套筒的长度不能大于该值。

3. 安装端预制构件连接钢筋的预留长度应包括表中长度 L_5 加上坐浆层（现浇层）的设计厚度。

图 4-4 和表 4-13 给出了日本灌浆套筒与连接钢筋对应尺寸。

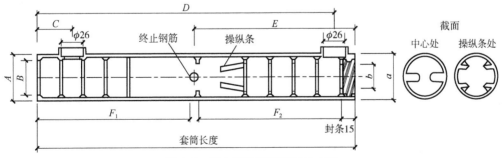

图 4-4　日本灌浆套筒细部尺寸图

表 4-13　日本灌浆套筒与连接钢筋对应尺寸

套筒型号	钢筋直径 (JIS)	套筒长度	套筒直径/mm				入口位置 (C) /mm	出口位置 (D) /mm	限位挡 (E) /mm	钢筋锚固/mm		耗浆量/ (个/袋 (25kg))
			外径 (A)	内径						宽头 (F₁)	窄头 (F₂)	
				宽头 (B)	窄头 (b)							
5UX (SA)	D16	245	45	32	22	47	218	115	90~120	105~115	48
6UX (SA)	D19* (D16)	285	49	36	25		258	135	110~140	125~135	34
7UX (SA)	D22* (D16~D19)	325	53	40	29		298	155	130~160	145~155	26
8UX (SA)	D25* (D19~D22)	370	58	44	31		343	175	150~185	165~175	20
9UX (SA)	D29* (D22~D25)	415	63	48	35		388	200	175~205	190~200	16
10UX (SA)	D32* (D25~D29)	455	66	51	39		428	220	195~225	210~220	14
11UX (SA)	D35* (D29~D32)	495	71	55	44		468	240	215~245	230~240	12
12UX (SA)	D38* (D32~D35)	535	77	59	47		508	260	235~265	250~260	10
13/14UX (SA)	D41* (D35~D38)	620	82	62	51		593	300	275~310	290~300	7
5-NX	D16	225	45	32	22	47	198	105	80~110	95~105	51
6-NX	D19* (D16)	255	49	36	26		228	120	95~125	110~120	40
7-NX	D22* (D16~D19)	285	58	44	29		258	135	110~140	125~135	24

注：* ( ) 指的是拼接接头。

（7）如何选择半灌浆套筒和全灌浆套筒

全灌浆套筒（whole grout sleeve）是两端均采用灌浆连接的灌浆套筒，半灌浆套筒（grout sleeve with mechanical splicing end）是一端采用套筒灌浆连接，另一端采用机械连接方式连接的灌浆套筒。

预制剪力墙构件、预制框架柱等竖向结构构件的纵筋连接，可以选用半灌浆套筒连接，也可以选择全灌浆套筒连接。相同直径规格的全灌浆套筒与半灌浆套筒相比，以 GT20 与 CT20H 为例，全灌浆套筒的灌浆料使用量要多 65% 左右。

水平预制梁的梁梁连接如果采用套筒灌浆连接，应采用全灌浆套筒连接才能满足连接要求。套筒先套在一根钢筋上，与另一钢筋对接就位后，套筒移到两根连接筋中间，且两端伸入均达到锚固长度所需的标记位置后进行灌浆连接。水平预制梁的梁梁连接在设计时，在现浇连接区应留有足够的套筒滑移空间，至少确保套筒能够滑移到与一侧的出筋长度齐平，安装时才不会碰撞。施工安装时应控制两根连接筋的轴线偏差不大于 5mm。

 48. 如何选用灌浆料？

PC 结构里面主要用到的灌浆料有钢筋套筒灌浆连接接头采用的灌浆料、浆锚搭接连接接头采用的灌浆料、坐浆料三种，均为水泥基灌浆材料，应符合现行国家标准《水泥基灌浆材料应用技术规范》（GB/T 50448—2015）的有关规定。

（1）钢筋套筒灌浆连接接头采用的灌浆料

1）钢筋套筒灌浆连接接头采用的灌浆料应符合现行行业标准《钢筋连接用套筒灌浆料》JG/T 408 的规定（《装规》4.2.2 条）。

2）灌浆料性能及试验方法应符合现行行业标准《钢筋连接用套筒灌浆料》（JG/T 408—2013）的有关规定，并应符合下列规定：

①灌浆料抗压强度应符合表 4-14 的要求，且不应低于接头设计要求的灌浆料抗压强度；灌浆料抗压强度试件应按 40mm×40mm×160mm 尺寸制作，其加水量应按灌浆料产品说明书确定，试件应按标准方法制作、养护。

表 4-14　灌浆料抗压强度要求

时间（龄期）	抗压强度/（N/mm^2）
1d	≥35
3d	≥60
28d	≥85

②灌浆料竖向膨胀率应符合表 4-15 的要求。

表 4-15　灌浆料竖向膨胀率要求

项　　目	竖向膨胀率（%）
3h	≥0.02
24h 与 3h 差值	0.02～0.50

③灌浆料拌合物的工作性能应符合表 4-16 的要求，泌水率试验方法应符合现行国家标准《普通混凝土拌合物性能试验方法标准》（GB/T 50080—2016）的规定。

表 4-16　灌浆料拌合物的工作性能要求

项　目		工作性能要求
流动度/mm	初始	≥300
	30min	≥260
泌水率（%）		0

3）要点说明。

①钢筋连接用套筒灌浆料以水泥为基本材料，并配以细骨料、外加剂及其他材料混合成干混料，按照规定比例加水搅拌后，具有流动性好、早强、高强及硬化后微膨胀的特点。

②套筒及灌浆料的适配性应通过钢筋连接接头形式检验确定，其检验方法应符合现行行业标准《钢筋套筒灌浆连接应用技术规程》（JGJ 355—2015）的规定。

③套筒灌浆料应当与套筒配套选用；应按照产品设计说明所要求的用水量进行配置；按照产品说明进行搅拌；灌浆料使用温度不宜低于5℃，低于0℃时不得施工；当环境温度高于30℃时，应采取降低灌浆料拌合物温度的措施。

4）加强灌浆质量控制的措施。

①施工单位应当对灌浆施工的操作人员组织开展职业技能培训和考核，取得合格证后，方可进行灌浆作业。

②灌浆施工前，应按照规定对进场钢筋进行接头工艺检验；施工过程中，当更换钢筋生产企业，或同生产企业生产的钢筋外形尺寸与已完成检验的钢筋有较大差异时，应该再次进行工艺检验。

③钢筋套筒灌浆前，应在现场模拟构件连接接头的灌浆方式，每种规格钢筋应制作不少于3个套筒灌浆连接接头，进行灌注质量以及接头抗拉强度的检验；经检验合格后，方可进行灌浆作业。

④预制构件钢筋连接用的灌浆料，其品种、规格、性能等应符合现行标准和设计要求，灌浆料应按规定进行备案，现场见证取样，送具有相应资质的质量检测单位进行检测。

⑤灌浆施工时，环境温度应符合灌浆料产品使用说明书要求；环境温度低于5℃时不宜施工，低于0℃时不得施工；当环境温度高于30℃时，应采取降低灌浆料拌合物温度的措施。

⑥灌浆操作全过程应有专职检验人员负责旁站监督并及时形成施工质量检查记录；实际灌入量应当符合规范和设计要求，并做好施工记录，灌浆全过程应按照规定留存影像资料。

⑦工程实体的钢筋灌浆套筒连接质量检测，应当符合有关的技术标准、规范等有关规定。

(2) 浆锚搭接连接接头采用的灌浆料

浆锚搭接灌浆料为水泥基灌浆料，其性能应满足表4-17的要求。

表 4-17　钢筋浆锚搭接灌浆料的性能要求

项　目		性能指标	试验方法标准
泌水率（%）		0	《普通混凝土拌合物性能试验方法标准》（GB/T 50080—2016）
流动度/mm	初始值	≥200	《水泥基灌浆材料应用技术规范》（GB/T 50448—2015）
	30min 保留值	≥150	
竖向膨胀率（%）	3h	≥0.02	《水泥基灌浆材料应用技术规范》（GB/T 50448—2015）
	24h与3h的膨胀率之差	0.02～0.5	

（续）

项　目		性 能 指 标	试验方法标准
抗压强度/MPa	1d	≥35	《水泥基灌浆材料应用技术规范》
	3d	≥55	（GB/T 50448—2015）
	28d	≥80	
最大氯离子含量（%）		0.06	《混凝土外加剂匀质性试验方法》 （GB/T 8077—2012）

　　浆锚搭接所用的灌浆料的强度要求低于套筒灌浆连接的灌浆料。因为浆锚搭接由金属波纹管或螺旋筋形成的约束力低于金属套筒的约束力，灌浆料强度高了属于过剩功能。

　　浆锚搭接连接在我国尚无统一的技术标准，目前针对该项技术的研究尚存在需要进一步完善的方面。因此《装规》《装标》虽允许使用，但给出了较严格的规定，在工程设计使用上，我们也应该审慎对待。

（3）坐浆料

　　在预制墙板底部拼缝位置，常用坐浆料进行分仓；多层预制剪力墙底部采用坐浆料时，其厚度不宜大于20mm。坐浆料也应有良好的流动性、早强、无收缩、微膨胀等性能，应符合现行国家标准《水泥基灌浆材料应用技术规范》（GB/T 50448—2015）的有关规定。采用坐浆料分仓或作为灌浆层封堵料时，不应降低结合面的承载力设计要求，考虑到二次结合面带来的削弱因素，坐浆料的强度等级应高于预制构件的强度等级；预制构件坐浆料结合面应按构件类型粗糙面所规定的要求进行粗糙面的处理。

　　工程上常用的坐浆料的性能指标见表4-18，供参考。

表4-18　坐浆料性能指标

项　目		性 能 指 标	试验方法标准
泌水率（%）		0	《普通混凝土拌合物性能试验方法标准》 （GB/T 50080—2016）
流动度/mm	初始值	≥290	《水泥基灌浆材料应用技术规范》
	30min 保留值	≥260	（GB/T 50448—2015）
竖向膨胀率（%）	3h	0.1 ~ 3.5	《水泥基灌浆材料应用技术规范》
	24h 与 3h 的膨胀率之差	0.02 ~ 0.5	（GB/T 50448—2015）
抗压强度/MPa	1d	≥20	《水泥基灌浆材料应用技术规范》
	3d	≥40	（GB/T 50448—2015）
	28d	≥60	
最大氯离子含量（%）		≤0.1	《混凝土外加剂匀质性试验方法》 （GB/T 8077—2012）

49. 如何选用金属波纹管？如何选用注浆孔内模？

　　金属波纹管可以用在受力结构构件的浆锚搭接连接上，也可以当作非受力填充墙PC构件限位连接筋的预成孔模具使用（不能脱出）。可以脱出重复使用的内置注浆内模目前在上海应用比较普遍，主要用在非受力填充墙PC构件限位筋的连接上。

（1）金属波纹管

　　浆锚孔波纹管是浆锚搭接连接方式用的材料，预理于PC构件中，形成浆锚孔内壁，如图

4-5所示。直径大于20mm的钢筋连接不宜采用金属波纹管浆锚搭接连接，直接承受动力荷载的构件纵向钢筋连接不应采用金属波纹管浆锚搭接连接。

1)《装标》第5.2.2条，对镀锌金属波纹管提出如下要求：

①用于钢筋浆锚搭接连接的镀锌金属波纹管应符合现行行业标准《预应力混凝土用金属波纹管》JG 225 的有关规定。

②镀锌金属波纹管的钢带厚度不宜小于0.3mm，波纹高度不应小于2.5mm。

图4-5　浆锚孔波纹管

2)上海市工程建设规范《装配整体式混凝土居住建筑设计规程》（DG/TJ 08—2071—2016）第4.2.9条，对金属波纹管提出如下要求：

钢筋金属波纹管浆锚搭接连接采用的金属波纹管应符合现行行业标准《预应力混凝土用金属波纹管》JG 225 的有关规定。金属波纹管宜采用软钢带制作，性能应符合现行国家标准《碳素结构钢冷轧钢带》GB 716 的规定；当采用镀锌钢带时，其双面镀锌层重量不宜小于 $60g/m^2$，性能应符合国家标准《连续热镀锌钢板及钢带》GB/T 2518 的规定。

3)辽宁省地方标准《辽标》第4.2.4条，对浆锚孔纹管提出如下要求：

"钢筋浆锚搭接连接中，当采用预埋金属波纹管时，金属波纹管性能除应符合现行行业标准《预应力混凝土用金属波纹管》JG 225 的规定外，尚应符合下列规定：

①宜采用软钢带制作，性能应符合现行国家标准《碳素结构钢冷轧钢带》GB 716 的规定；当采用镀锌钢带时，其双面镀锌层重量不宜小于 $60g/m^2$，性能应符合国家标准《连续热镀锌钢板及钢带》GB/T 2518 的规定。

②金属波纹管的波纹高度不应小于3mm，壁厚不宜小于0.4mm。

4)江苏省地方标准《预制装配整体式剪力墙结构体系技术规程》（DGJ32/TJ 125—2011）第3.4.1条，对金属波纹浆锚管提出如下要求：

①用于预制墙板主要竖向受力钢筋浆锚连接的金属波纹浆锚管应采用镀锌钢带卷制而成的单波或双波金属波纹管，其尺寸和性能应符合《预应力混凝土用金属波纹管》JG 225 的规定。金属波纹管应有产品合格证和出厂检验报告。

②金属波纹管的波纹高度不应小于3mm。

（2）注浆孔内模

在非受力填充墙PC构件限位筋的连接上，需要在PC构件限位连接筋处预置注浆孔，为了增强混凝土与灌浆料之间的摩擦力，需要在注浆孔内壁形成粗糙面，注浆螺纹孔内壁粗糙面可以埋入金属波纹管形成（不脱出），也可以采用内置式模具（图4-6）来成孔，这种内置模具要能形成螺纹粗糙面，还要考虑脱模方便，成孔质量高。内置式模具相比于金属波纹管的优势有两点：第一是模具能够重复循

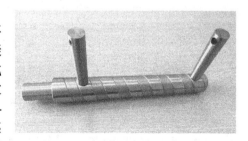

图4-6　内置式螺纹不通孔模具

环使用，经济成本占优；第二是形成的内孔壁界面直接是混凝土界面，不需要考虑材料的耐久性问题，另外要注意的是内置式模具应在混凝土初凝时脱模。无论是金属波纹管成孔，还是内置式模具成孔，都应对成孔工艺、孔道形状、孔道内壁的粗糙度或花纹深度以及间距等形成的连接接头进行力学性能以及适用性试验验证。由上海蕉城提供的注浆孔内模构造图如图4-7所示，脱模顺序如图4-8所示，在模台上固定如图4-9所示。

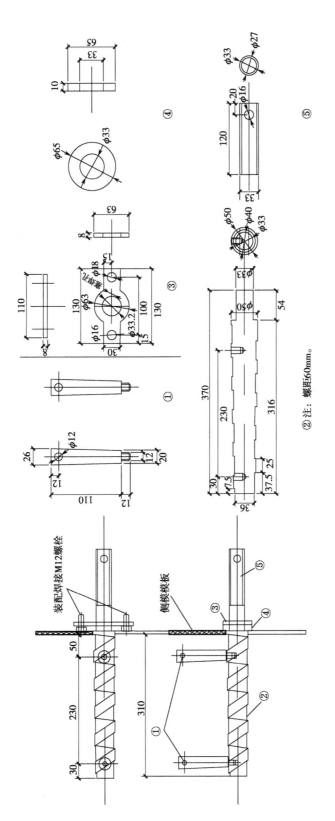

第4章　结构材料与配件

图4-7　内置式螺纹不通孔模具构造图

91

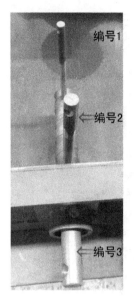
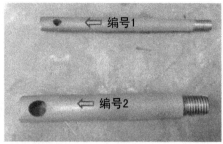
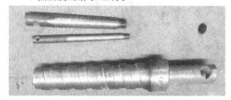

图 4-8　螺旋式脱模顺序

50. 如何选用机械套筒？

　　机械连接套筒与钢筋连接方式包括螺纹连接和挤压连接。在 PC 结构里，螺纹连接一般用于预制构件与现浇混凝土结构之间的纵向钢筋连接，与现浇混凝土结构中直螺纹钢筋接头的要求相同，应符合《钢筋机械连接技术规程》（JGJ 107—2016）的规定；预制构件之间的连接主要是挤压连接，下面主要介绍机械挤压套筒连接。

　　PC 构件之间连接节点后浇筑混凝土区域的纵向钢筋连接会用到挤压套筒，如图 4-10 所示。挤压套筒连接是通过钢筋与套筒咬合作用将一根钢筋的力传递到另一根钢筋，适用于热轧带肋钢筋的连接。对于两个 PC 构件之间进行机械套筒挤压连接困难之处主要是生产和安装精度控制，钢筋对位要准确，预制构件之间后浇段应留有足够的施工操作空间，从挤压套筒厂家了解到，常用直径连接筋的挤压连接，压接钳连接操作空间一般需要 100mm（含挤压套筒）左右。

图 4-9　注浆孔内模在模台上固定

图 4-10　后浇区受力钢筋连接

（1）规范规定

　　常用挤压套筒可分为标准型和异径型 2 种（图 4-11），挤压套筒连接在装配式构件里，具有连接可靠、施工方便、便于质量检查的优点，纵筋采用挤压套筒连接时，应符合如下规定：

1）用于钢筋机械连接的挤压套筒，其原材料及实测力学性能应符合现行行业标准《钢筋机械连接用套筒》JG/T 163 的有关规定（《装标》5.2.3）。

2）连接框架柱、框架梁、剪力墙边缘构件纵向钢筋的挤压套筒接头应满足 I 级接头的要求，连接剪力墙竖向分布筋、楼板分布筋的挤压套筒接头应满足 I 级接头抗拉强度的要求（《装标》5.4.5）。

3）被连接的预制构件之间应预留后浇段，后浇段的高度或长度根据挤压套筒结构安装工艺确定，应采取措施保证后浇段的混凝土浇筑密实（《装标》5.4.5）。

4）预制柱底、预制剪力墙底宜设置支腿，支腿应能承受不小于 2 倍被支承预制构件的自重（《装标》5.4.5）。

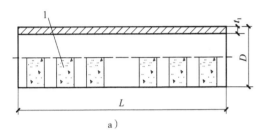 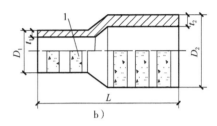

图 4-11　挤压套筒示意图
a）挤压标准型套筒　b）挤压异径型套筒
1—挤压标识

（2）连接接头形式（按连接筋最大直径分）

套筒挤压钢筋接头，按照连接钢筋的最大直径可分为两种形式：

1）连接钢筋的最大直径≥18mm 时，适用于预制柱、预制墙板、预制梁等构件类型的纵向钢筋连接；应符合行业标准《钢筋机械连接技术规程》（JGJ 107—2016）的规定。

2）连接钢筋最大直径≤16mm 时，可以采用套筒搭接挤压方式，适用于叠合楼板、预制墙板等构件类型的钢筋连接；该连接方式尚无国家或行业技术标准，中国工程建设标准化协会（CECS）标准正在编制中。

（3）连接接头形式（按挤压方向分）

1）径向挤压机械连接套筒：《钢筋机械连接技术规程》（JGJ 107—2016）主要规定的是径向挤压套筒的连接形式。连接套筒先套在一根钢筋上，与另一钢筋对接就位后，套筒移到两根钢筋中间，用压接钳沿径向挤压套筒，使得套筒和连接筋之间形成咬合力将两根钢筋进行连接（图 4-12），机械连接径向挤压套筒在混凝土结构工程中应用较为普遍。

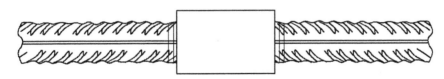

图 4-12　机械连接套筒示意图

2）轴向挤压机械锥套锁紧连接：轴向挤压锥套锁紧钢筋连接也是一种挤压式连接，轴向挤压连接尚无相应的国家或行业的技术标准。轴向挤压锥套锁紧接头所连接钢筋，必须符合《钢筋混凝土用钢　第 2 部分：热轧带肋钢筋》（GB 1499.2—2007）的规定。根据"建研科技—森林金属"提供的资料，单根钢筋连接示意如图 4-13 所示，供参考。

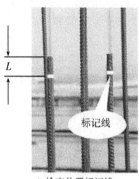

1. 检查位置标记线　　　2. 锥套和锁片装入一侧　　　3. 插入另一侧钢筋

4. 锥套锁片居中就位　　　5. 挤压连接　　　6. 连接完成检验

图 4-13　锥套锁紧单根钢筋连接示意

　　锥套锁紧接头工艺检验的时间、项目、数量及检验要求应符合现行行业标准《钢筋机械连接技术规程》（JGJ 107—2016）的规定。

 ## 51. 如何选用夹心墙板拉结件？如何进行试验验证？

　　1）拉结件是涉及建筑安全和正常使用的连接件，须具备以下性能：

①在内叶板和外叶板中锚固牢固，在荷载作用下不能被拉出。

②有足够的强度，在荷载作用下不能被拉断剪断。

③有足够的刚度，在荷载作用下不能变形过大，导致外叶板位移。

④导热系数尽可能小，减少热桥。

⑤具有耐久性。

⑥具有防锈蚀性。

⑦具有防火性能。

⑧埋设方便。

拉结件有非金属和金属两类。

　　2）非金属拉结件。非金属拉结件由高强玻璃纤维和树脂制成，导热系数低，应用方便。

　　①Thermomass 拉结件。Thermomass 拉结件在美国应用较多。美国 Thermomass 公司的产品较为著名，国内南京斯贝尔公司也有类似的产品。Thermomass 拉结件分为 MS 和 MC 型两种。MS 型有效嵌入混凝土中 38mm；MC 型有效嵌入混凝土 51mm。Thermomass 拉结件的物理力学性能见表 4-19，在混凝土中的承载力见表 4-20。

表 4-19　Thermomass 拉结件的物理力学性能

物 理 指 标	实 际 参 数
平均转动惯量	243mm^4
拉伸强度	800MPa
拉伸弹性模量	40000MPa
弯曲强度	844MPa
弯曲弹性模量	30000MPa
剪切强度	57.6MPa

表 4-20　Thermomass 拉结件的混凝土中的承载力

型　号	锚固长度	混凝土换算强度	允许剪切力 V_t	允许锚固抗拉力 P_t
MS	38mm	C40	462N	2706N
		C30	323N	1894N
MC	51mm	C40	677N	3146N
		C30	502N	2567N

注：1. 单只拉结件允许剪切力和允许锚固抗拉力已经包括了安全系数 4.0，内外叶墙的混凝土强度均不宜低于 C30，否则允许承载力应按照混凝土强度折减。

2. 设计时应进行验算，单只拉结件的剪切荷载 V_s 不允许超过 V_t，拉力荷载 P_s 不允许超过 P_t，当同时承受拉力和剪力时，要求（V_s/V_t）+（P_s/P_t）≤1。

②Thermomass 南京斯贝尔 FRP 墙体连接。南京斯贝尔 FRP 墙体拉结件（图 4-14）简介：FRP 拉结件由 FRP 连接板（杆）和 ABS 定位套环组成。其中，FRP 连接板（杆）为拉结件的主要受力部分，采用高性能玻璃纤维（GFRP）无捻粗纱和特种树脂经拉挤工艺成型，并经后期切割形成设计所需的形状；ABS 定位套环主要用于拉结件施工定位，其长度一般与保温层厚度相同，采用热塑工艺成型。

Ⅰ型

Ⅱ型

Ⅲ型

图 4-14　南京斯贝尔公司的 FRP 拉结件

FRP 材料最突出的优点在于它有很高的比强度（极限强度/相对密度），即通常所说的轻质高强，其材料力学性能及物理力学性能见表 4-21 和表 4-22。FRP 的比强度是钢材的 20～50 倍。另外，FRP 还有良好的耐腐蚀性、良好的隔热性能和优良的抗疲劳性能。

表 4-21　南京斯贝尔公司的 FRP 拉结件材料力学性能指标

FRP 材性指标	实 际 参 数
拉伸强度≥700MPa	≥845MPa
拉伸模量≥42GPa	≥47.4GPa
剪切强度≥30MPa	≥41.8MPa

表 4-22　南京斯贝尔公司的 FRP 拉结件物理力学性能指标

拉结件类型	拔出承载力/kN	剪切承载力/kN
Ⅰ型	≥8.96	≥9.06
Ⅱ型	≥12.24	≥5.28
Ⅲ型	≥9.52	≥2.30

3）金属拉结件。欧洲夹心保温板较多使用金属拉结件，德国"哈芬"公司的产品，材质是不锈钢，包括不锈钢杆、不锈钢板和不锈钢圆筒。

哈芬的金属拉结件在力学性能、耐久性和确保安全性方面有优势，但导热系数比较高，埋置麻烦，价格也比较贵。

4）拉结件选用注意事项。

①技术成熟的拉结件厂家会向使用者提供拉结件抗拉强度、抗剪强度、弹性模量、导热系数、耐久性、防火性等力学物理性能指标，并提供布置原则、锚固方法、力学和热工计算资料等。

②拉结件成本较高，特别是进口拉结件。为了降低成本，一些 PC 工厂自制或采购价格便宜的拉结件，有的工厂用钢筋做拉结件；还有的工厂用煨成扭"Z"字形的塑料筋做拉结件。对此，提出以下注意事项：

A. 鉴于拉结件在建筑安全和正常使用中的重要性，宜向专业厂家选购拉结件。

B. 拉结件在混凝土中的锚固方式应当有充分可靠的试验结果支持；外叶板厚度较薄，一般只有 60mm 厚，最薄的板只有 50mm，对锚固的不利影响要充分考虑。

C. 拉结件位于保温层温度变化区，也是水蒸气结露区，用钢筋做拉结件时，表面涂刷防锈漆的防锈蚀方式耐久性不可靠；镀锌方式要保证 50 年，必须保证一定的镀层厚度。应根据当地的环境条件计算，且不应小于 70μm。

D. 塑料筋做的拉结件，应当进行耐碱性能试验和模拟气候条件的耐久性试验。塑料筋一般用普通玻纤制作，而不是耐碱玻纤。普通玻纤在混凝土中的耐久性得不到保证，所以，塑料筋目前只在临时项目使用。对此，拉结件使用者应当注意。

E. 夹心保温外墙内叶板与外叶板之间的拉结件宜采用纤维增强塑料（FRP）拉结件或不锈钢拉结件。

a. 当采用增强纤维拉结件（FRP）时，其材料力学性能指标应符合表 4-23 的要求，其耐久性应符合国家现行标准《纤维增强复合材料建设工程应用技术规范》（GB 50608—2010）的有关规定。

表 4-23　纤维增强复合材料力学性能指标

项　　目	技术要求	试验方法
拉伸强度	≥700MPa	《纤维增强塑料拉伸性能试验方法》（GB/T 1447—2005）
弹性模量	≥42GPa	《纤维增强塑料拉伸性能试验方法》（GB/T 1447—2005）
抗剪强度	≥30MPa	《纤维增强塑料　短梁法测定层间剪切强度》（JC/T 773—2010）

b. 当采用不锈钢拉结件时，其材料力学性能应符合表 4-24 的要求。

表 4-24　不锈钢拉结件材料力学性能

项　　目	技术要求	试验方法
屈服强度	≥380MPa	《金属材料　拉伸试验　第 1 部分：室温试验方法》（GB/T 228.1—2010）
拉伸强度	≥500MPa	《金属材料　拉伸试验　第 1 部分：室温试验方法》（GB/T 228.1—2010）
弹性模量	≥190GPa	《金属材料　拉伸试验　第 1 部分：室温试验方法》（GB/T 228.1—2010）
抗剪强度	≥300MPa	《金属材料　线材和铆钉剪切试验方法》（GB/T 6400—2007）

5）拉结件检验。拉结件需具有专门资质的第三方厂家进行相关材料力学性能的检验。

52. PC 构件和后浇混凝土强度等级有什么规定？

（1）普通混凝土

PC 建筑往往采用比现浇建筑强度等级高一些的混凝土和钢筋。

中国行业标准《装规》要求"预制构件的混凝土强度等级不宜低于 C30；预应力混凝土预制构件的强度等级不宜低于 C40，且不应低于 C30；现浇混凝土的强度等级不应低于 C25"。PC 建筑混凝土强度等级的起点比现浇混凝土建筑高了一个等级。日本目前 PC 建筑混凝土的强度等级最高已经用到 C100 以上，最高用到 C150。

混凝土强度等级高一些，对套筒在混凝土中的锚固有利；高强度等级混凝土与高强钢筋的应用可以减少钢筋数量，避免钢筋配置过密、套筒间距过小影响混凝土浇筑，这对柱梁结构体系建筑比较重要；高强度等级混凝土和钢筋对提高整个建筑的结构质量和耐久性有利。需要说明和强调的是：

1）预制构件结合部位和叠合梁板的后浇筑混凝土，强度等级应当与预制构件的强度等级一样。

2）不同强度等级结构件组合成一个构件时，如梁与柱结合的梁柱一体构件，柱与板结合的柱板一体构件，混凝土的强度等级应当按结构件设计的各自的强度等级制作。比如，一个梁柱结合的莲藕梁，梁的混凝土强度等级是 C30，柱的混凝土强度等级是 C50，就应当分别对梁、柱浇筑 C30 和 C50 混凝土。

3）混凝土的力学性能指标和耐久性要求应符合现行国家标准《混规》的规定。

4）PC 构件混凝土配合比不宜照搬当地商品混凝土配合比。因为商品混凝土配合比考虑配送运输时间，往往延缓了初凝时间，PC 构件在工厂制作，搅拌站就在车间旁，混凝土不需要缓凝。

5）工地后浇混凝土用商品混凝土，强度等级和其他力学物理性能应符合设计要求。需考虑的一个因素是，剪力墙结构水平后浇带一般在浇筑次日强度很低时就安装上一层剪力墙板，且养护条件不好，使用早强混凝土是一个选项，在气温较低的时候尤其必要。

（2）轻质混凝土

轻质混凝土可以减轻构件重量和结构自重荷载。重量是 PC 拆分的制约因素。例如，开间较大或层高较高的墙板，常常由于太重，超出了工厂或工地起重能力而无法做成整间板，而采用轻质混凝土就可以做成整间板，轻质混凝土为 PC 建筑提供了便利性。

日本已经将轻质混凝土用于制作 PC 幕墙板，强度等级 C30 的轻质混凝土重力密度为 17kN/m³，比普通混凝土减轻质量 25%～30%。

轻质混凝土的"轻"主要靠用轻质骨料替代砂石实现。用于 PC 建筑的轻质混凝土的轻质骨料必须是憎水型的。目前国内已经有用憎水型陶粒配制的轻质混凝土，强度等级 C30 的轻质混凝土重力密度为 17kN/m³，可用于 PC 建筑中。

轻质混凝土有导热性能好的特点，用于外墙板或夹心保温板的外叶板，可以减薄保温层厚度。当保温层厚度较薄时，也可以用轻质混凝土取代 EPS 保温层，详见第 5 章。

轻质混凝土的力学物理性能应当符合有关混凝土国家标准的要求。

（3）装饰混凝土

装饰混凝土是指具有装饰功能的水泥基材料，包括清水混凝土、彩色混凝土、彩色砂浆。装饰混凝土用于 PC 建筑表皮，包括直接裸露的柱梁构件、剪力墙外墙板、PC 幕墙外挂墙板、夹心保温构件的外叶板等。

1）清水混凝土。清水混凝土其实就是原貌混凝土，表面不做任何饰面，忠实地反映模具的质感，模具光滑，它就光滑；模具是木质的，它就出现木纹质感；模具是粗糙的，它就粗糙。

清水混凝土与结构混凝土的配制原则上没有区别。但为实现建筑师对颜色均匀和质感柔和的要求，需选择色泽合意、质量稳定的水泥和合适的骨料，并进行相应的配合比设计、试验。

2）彩色混凝土和彩色砂浆。彩色混凝土和彩色砂浆一般用于 PC 构件表面装饰层，色彩靠颜料、彩色骨料和水泥实现，深颜色用普通水泥，浅颜色用白水泥。

彩色骨料包括彩色石子、花岗岩彩砂、石英砂、白云石砂等。

露出混凝土中彩色骨料的办法有3种：

①缓凝剂法。浇筑前在模具表面涂上缓凝剂，构件脱模后，表面尚未完全凝结，用水把表面水泥浆料冲去，露出骨料。

②酸洗法。表面为彩色混凝土的构件脱模后，用稀释的盐酸涂刷构件表面，将表面水泥石中和掉，露出骨料。

③喷砂法。表面为彩色混凝土的构件脱模后，用空气压力喷枪向表面喷打钢砂，打去表面水泥石，形成凸凹质感并露出骨料。

彩色混凝土和彩色砂浆配合比设计除需要保证颜色、质感、强度等建筑艺术功能要求和力学性能外，还应考虑与混凝土基层的结合性和变形协调，需要进行相应的试验。

 ## 53. PC 建筑钢筋选用有什么规定？为什么？

钢筋在装配式混凝土结构构件中除了结构设计配筋外，还可能用于制作浆锚连接的螺旋加强筋、构件脱模或安装用的吊环、预埋件或内埋式螺母的锚固"胡子筋"等。

1）行业标准《装规程》规定："普通钢筋采用套筒灌浆连接和浆锚搭接连接时，钢筋应采用热轧带肋钢筋。"

2）在装配式混凝土结构设计时，考虑到连接套筒、浆锚螺旋筋、钢筋连接和预埋件相对现浇结构"拥挤"，宜选用大直径高强度钢筋，以减少钢筋根数，避免间距过小对混凝土浇筑的不利影响。

3）钢筋的力学性能指标应符合现行国家标准《混规》的规定。

4）钢筋焊接网应符合现行行业标准《钢筋焊接网混凝土结构技术规程》（JGJ 114—2014）的规定。

5）在预应力 PC 构件中会用到预应力钢丝、钢绞线和预应力螺纹钢筋等，其中以预应力钢绞线最为常用。预应力钢绞线应符合《混规》中的相应的要求和指标。

6）当预制构件的吊环用钢筋制作时，按照行业标准《装规》的要求，"应采用未经冷加工的 HPB300 级钢筋制作"。

7）国家行业标准对钢筋强度等级没有要求，《辽标》中规定钢筋宜用 HPB300、HRB335、HRB400、HRB500、HRBF335、HRBF400、HRBF500 级热轧钢筋。预应力筋宜采用预应力钢丝、钢绞线和预应力钢筋。

8）PC 构件不能使用冷拔钢筋。当用冷拉办法调直钢筋时，必须控制冷拉率。光圆钢筋冷拉率小于 4%，带肋钢筋冷拉率小于 1%。

54. PC 构件用吊环、预埋螺栓螺母、预埋件钢材、钢筋锚固板、预埋件锚筋、焊接材料、螺栓、铆钉等材料有什么要求？

PC 建筑的辅助材料是指与预制构件有关的材料和配件，包括内埋式螺母、吊钉、内埋式螺栓、螺栓、密封胶、反打在构件表面的石材、瓷砖、表面漆料等。

（1）内埋式金属螺母

内埋式金属螺母在 PC 构件中应用较多，如吊顶悬挂、设备管线悬挂、安装临时支撑、吊装和翻转吊点、后浇区模具固定等。内埋式螺母预埋便利，避免了后锚固螺栓可能与受力钢筋"打架"或对保护层的破坏，也不会像内埋式螺栓那样探出混凝土表面容易挂碰。

内埋式螺母的材质为高强度的碳素结构钢或合金结构钢，锚固类型有螺纹型、丁字型、燕尾型和穿孔插入钢筋型。常用的内埋式螺母力学性能参数见表4-25。

表 4-25　常用内埋式螺母力学性能

品名（形状）	规格			螺栓（SS400）		螺母（SD295A）		混凝土抗拉强度/kN		适用螺母	备注
	型号	长度/mm	外径/mm	拉力/kN	剪力/kN	拉力/kN	剪力/kN	$F_c=12N$	$F_c=30N$		
Y型螺母 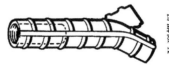	M10	75	D16	13.63	7.86	35.43	20.45	13.96	22.07	Y.O	
		100	D16	13.63	7.86	35.43	20.45	23.72	37.51	Y.O	
	M12	100	D19	19.81	11.43	59.65	34.43	24.34	38.48	Y.O	
		150	D19	19.81	11.43	59.65	34.43	51.84	81.97	Y.O	
	M16	100	D22	36.90	21.29	67.88	39.19	24.95	39.45	Y	特殊用途以外 不要使用
		150	D22	36.90	21.29	67.88	39.19	52.76	83.43	Y	
	M16	100	D25	36.90	21.29	103.16	59.55	25.56	40.42	Y.O	
		150	D25	36.90	21.29	103.16	59.55	53.69	84.88	Y.O	
		200	D25	36.90	21.29	103.16	59.55	92.03	145.52		
		250	D25	36.90	21.29	103.16	59.55	140.60	222.31		
	M20	100	D29	57.58	33.22	117.23	55.89	26.38	41.71	O	特殊用途以外 不要使用
		150	D29	57.58	33.22	117.23	55.89	54.91	86.82	Y.O	
		200	D29	57.58	33.22	117.23	55.89	93.67	148.10	O	
	M20	100	D32	57.58	33.22	162.01	93.53	27.00	42.68	O	
		150	D32	57.58	33.22	162.01	93.53	55.83	88.28	Y.O	
		200	D32	57.58	33.22	162.01	93.53	84.90	150.04		
		250	D32	57.58	33.22	162.01	93.53	144.18	227.97	Y.O	
		300	D32	57.58	33.22	162.01	93.53	203.70	322.07		
	M22	100	D35	71.21	41.09	192.81	111.31	27.61	43.65	O	
		150	D35	71.21	41.09	192.81	111.31	56.75	89.73	Y.O	
		200	D35	71.21	41.09	192.81	111.31	96.12	151.98	O	
		250	D35	71.21	41.09	192.81	111.31	145.72	230.40	Y.O	
		300	D35	71.21	41.09	192.81	111.31	205.54	324.98		

（续）

品名（形状）	规格			螺栓（SS400）		螺母（SD295A）		混凝土抗拉强度/kN		适用螺母	备注
	型号	长度/mm	外径/mm	拉力/kN	剪力/kN	拉力/kN	剪力/kN	$F_c=12N$	$F_c=30N$		
	M24	100	D38	82.96	47.87	232.17	134.03	28.22	44.62	O	
		150		82.96	47.87	232.17	134.03	57.67	91.19	Y.O	
		200		82.96	47.87	232.17	134.03	97.35	153.92		
		250		82.96	47.87	232.17	134.03	147.25	232.82		
		300		82.96	47.87	232.17	134.03	207.38	327.89		
	M27	100	D41	107.87	62.24	259.90	150.03	28.84	45.59	O	
		150		107.87	62.24	259.90	150.03	58.59	92.64	Y.O	
		200		107.87	62.24	259.90	150.03	98.58	155.86		
		250		107.87	62.24	259.90	150.03	148.78	235.25		
		300		107.87	62.24	259.90	150.03	209.22	330.80		
	M30	100	D51	131.84	76.07	432.47	249.66	30.88	48.83	O	
		150		131.84	76.07	432.47	249.66	61.66	97.50		
		200		131.84	76.07	432.47	249.66	102.67	162.33		
		250		131.84	76.07	432.47	249.66	153.90	243.33		
		300		131.84	76.07	432.47	249.66	215.35	340.51		
	M36	100	D51	192.00	110.79	356.95	206.06	30.88	48.83	O	
		150		192.00	110.79	356.95	206.06	61.66	97.50		
		200		192.00	110.79	356.95	206.06	102.67	162.33		
		250		192.00	110.79	356.95	206.06	153.90	243.33		
		300		192.00	110.79	356.95	206.06	215.35	340.51		

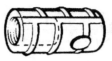

O 型螺母

混凝土抗拉强度值由日本建筑协会《各种合成构造设计指南》的计算公式 $P=\phi\sqrt{F_c}\pi l_e(l_e+d)$ 计算出来

（续）

品名（形状）	规格		螺栓		螺母		混凝土抗拉强度 F_c			备注
	型号	长度/mm	拉力/kN	剪力/kN	拉力/kN	剪力/kN	12N/mm²	30N/mm²	60N/mm²	
P型螺母	M6	30	4.72	2.71	26.46	15.20	2.65	4.19	5.92	考虑用 SS400 螺栓
	M8	30	8.60	4.94	22.58	12.97	2.65	4.19	5.92	
	M10	20	13.63	7.83	17.55	10.08	1.32	2.08	2.95	
		30					2.65	4.19	5.92	
	M12	40	19.81	11.38	30.43	17.48	4.41	6.98	9.87	
		80					15.54	24.57	34.75	
	M16	35	36.89	21.19	50.80	29.18	3.89	6.16	8.71	
		50					7.21	11.40	16.12	
		70					14.77	23.36	33.04	
	M20	100	57.57	33.07	108.52	62.34	25.95	41.03	58.03	
PT型螺母	M6	45	4.72	2.71	26.46	15.20	5.41	8.55	12.10	
	M8	45	8.60	4.94	22.58	12.97	5.41	8.55	12.10	
	M10	45	13.63	7.83	17.55	10.08	5.41	8.55	12.10	
	M12	64	19.81	11.38	30.43	17.48	10.30	16.29	23.04	
	M16	75	36.89	21.19	50.80	29.18	14.77	23.35	33.04	
		95					22.68	35.84	60.69	
PK型螺母	W3/8	35	11.53	6.62	19.64	11.28	3.46	5.48	7.75	
	W1/2	55	20.53	11.79	29.70	17.06	7.82	12.36	17.49	
	W5/8	80	33.81	19.42	53.88	30.95	16.59	26.24	37.11	
	M12	55	19.81	11.38	30.43	17.48	7.82	12.36	17.49	
	M16	80	36.89	21.19	50.80	29.18	16.59	26.24	37.11	

（续）

品名（形状）	规格 型号	长度/mm	螺栓 拉力/kN	螺栓 剪力/kN	螺母 拉力/kN	螺母 剪力/kN	混凝土抗拉强度 F_C 12N/mm²	30N/mm²	60N/mm²	备注
PQ型螺母	M10	40	13.63	7.83	17.55	10.08	4.38	6.93	9.81	考虑用 SS400螺栓
	M12	40	19.81	11.38	30.43	17.48	4.41	6.98	9.87	
		50					6.58	10.41	14.72	
	M16	45	36.89	21.19	50.80	29.18	6.00	9.49	13.42	
		60					9.93	15.70	22.20	
FCI型螺母	M10	43	11.89	6.84	—	—	5.28	8.35	11.81	
	M12	60	17.28	9.94	—	—	9.58	15.15	21.43	
	M16	65	32.18	18.52	—	—	12.53	19.81	28.02	
		75					16.00	25.31	35.79	
		85					19.89	31.45	44.48	
	M20	100	50.22	28.91	—	—	27.57	43.59	61.65	
	M24	120	72.36	41.65	—	—	39.38	62.26	88.05	
P-SUS型螺母	M6	30	4.12	2.37	19.70	11.37	2.57	4.07	5.75	考虑用 SUS304螺栓
	M8	30	7.50	4.31	16.81	9.70	2.57	4.07	5.75	
	M10	30	11.89	6.84	13.07	7.54	2.57	4.07	5.75	
		50					6.41	10.14	14.35	
	M12	40	17.28	9.94	22.66	13.07	4.31	6.83	9.65	
		50					6.46	10.22	14.74	
		60					15.36	24.29	34.35	
	M16	50	32.18	18.52	39.04	22.53	6.59	10.42	14.74	
		75					13.90	21.98	31.09	
		100					23.77	37.41	53.16	
	M20	100	50.22	28.91	75.99	43.74	23.66	37.41	52.91	

（2）内埋式吊钉

内埋式吊钉是专用于吊装的预埋件，吊钩卡具连接非常方便，被称作快速起吊系统，如图 4-15、图 4-16 所示。吊钉的主要参数见表 4-26。

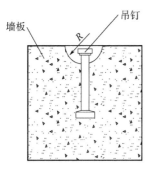

图 4-15　内埋式吊钉

图 4-16　内埋式吊钉与卡具

表 4-26　吊钉主要参数

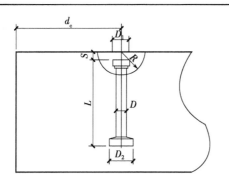

在起吊角度位于 0°～45°时，用于梁与墙板构件的吊钉承载能力举例

承载能力/t	D/mm	D_1/mm	D_2/mm	R/mm	吊钉顶面凹入混凝土梁深度 S/mm	吊钉到构件边最小距离 d_c/mm	构件最小厚度 /mm	最小锚固长度 /mm	混凝土抗压强度达到15MPa时，吊钉最大承受荷载/kN
1.3	10	19	25	30	10	250	100	120	13
2.5	14	26	35	37	11	350	120	170	25
4.0	18	36	45	47	15	675	160	210	40
5.0	20	36	50	47	15	765	180	240	50
7.5	24	47	60	59	15	946	240	300	75
10	28	47	70	59	15	1100	260	340	100
15	34	70	80	80	15	1250	280	400	150
20	39	70	98	80	15	1550	280	500	200
32	50	88	135	107	23	2150			

（3）内埋式塑料螺母

内埋式塑料螺母（图 4-17、图 4-18、图 4-19）较多用于叠合楼板底面，用于悬挂电线等质量不重的管线。日本应用塑料螺母较多，中国目前尚未见应用。

图4-17 预埋在叠合楼板底面的塑料螺栓　　　　图4-18 布置在转盘上的内埋式塑料螺栓

（4）螺栓与内埋式螺栓

PC建筑用到的螺栓包括楼梯和外挂墙板安装用的螺栓，宜选用高强度螺栓或不锈钢螺栓。高强度螺栓应符合现行行业标准《钢结构高强度螺栓连接技术规程》（JGJ 82—2011）的要求。

内埋式螺栓是预埋在混凝土中的螺栓，螺栓端部焊接锚固钢筋。焊接焊条应选用与螺栓和钢筋适配的焊条。

图4-19 塑料螺栓的正反面细节图

（5）吊环

预制构件的吊环应采用未经冷加工的HPB300级钢筋制作，预埋详图及吊环样式如图4-20所示。

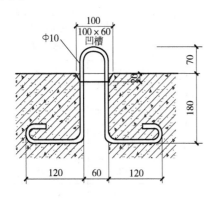

图4-20 吊环大样

（6）钢筋锚固板及锚筋

1）钢筋锚固板的材料应符合现行行业标准《钢筋锚固板应用技术规程》（JGJ 256—2011）的规定，可按使用功能、材料、连接方式、形状分为四大类，见表4-27。

2）受力预埋件的锚板及锚筋材料应符合现行国家标准《混规》的有关规定。专用预埋件及连接件材料应符合国家现行有关标准的规定：

①受力预埋件的锚板宜采用Q235、Q345级钢，锚板厚度应根据受力情况计算确定，且不宜小于锚筋直径的60%；受拉和受弯预埋件的锚板厚度尚宜大于$b/8$，b为锚筋的间距。

表 4-27　锚固板的分类

按使用功能分	全锚固板、部分锚固板
按材料分	球墨铸铁锚固板、钢板锚固板、锻钢锚固板
按连接方式分	螺纹连接锚固板、焊接锚固板
按形状分	圆形、方形、长方形、等厚、不等厚

②受力预埋件的锚筋应采用 HRB400 或 HPB300 钢筋，不应采用冷加工钢筋。

③直锚筋与锚板应采用 T 形焊接。当锚筋直径不大于 20mm 时宜采用压力埋弧焊；当锚筋直径大于 20mm 时宜采用穿孔塞焊。当采用手工焊时，焊缝高度不宜小于 6mm，且对 300MPa 级钢筋不宜小于 $0.5d$，对其他钢筋不宜小于 $0.6d$，d 为锚筋的直径。

（7）螺栓、锚栓和铆钉

螺栓、锚栓和铆钉等紧固件的材料应符合国家现行标准《钢结构设计规范》（GB 50017—2003）的规定：

1）螺栓（图 4-21）应符合现行国家标准《六角头螺栓 C 级》（GB/T 5780—2016）和《六角头螺栓》（GB/T 5782—2016）的规定。

2）铆钉（图 4-22、图 4-23）应采用 BL2 或 BL3 号钢制成。

3）锚栓（图 4-24）可采用现行国家标准《碳素结构钢》（GB/T 700—2006）中规定的 Q235 钢或《低合金高强度结构钢》（GB/T 1591—2008）中规定的 Q345 钢制成。

图 4-21　螺栓

图 4-22　铆钉类型一

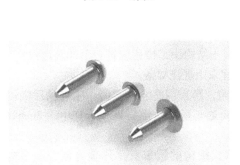

图 4-23　铆钉类型二

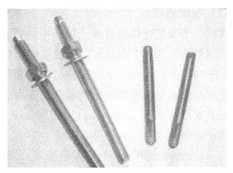

图 4-24　锚栓

第5章　楼盖结构设计

 55. PC 楼盖设计有哪些内容？

PC 楼盖设计不仅需要考虑楼盖本身，还要考虑楼盖在结构体系中的作用及其与其他构件的关系。PC 建筑的楼盖设计内容包括：

1）根据规范要求和工程实际情况，确定现浇楼盖和预制楼盖的范围。

2）选用楼盖类型。

3）进行楼盖拆分设计。

4）根据所选楼板类型及其与支座的关系，确定计算简图，进行结构分析和计算。

5）进行楼板连接节点、板缝构造设计。

6）进行支座节点设计。

7）进行吊点布置与设计，对不需要专门设计吊点的桁架筋叠合板，需要确定起吊位置和局部加强构造措施。

8）进行预制楼板构件制作图设计。

9）给出施工安装阶段预制板临时支撑的布置和要求。

10）将预埋件、预埋物、预留孔洞汇集到楼板制作图中，避免与钢筋干扰。

本章主要讨论楼盖拆分使用阶段设计，吊点布置、施工支撑、预埋件将在第 13 章、第 14 章讨论。

 56. 装配整体式结构楼盖有什么规定？哪些部位须现浇？

（1）规范规定

规范关于装配整体式混凝土结构中的楼盖设计规定如下：

1）《装标》5.5.2 条规定：高层装配整体式混凝土结构中，楼盖应符合下列规定：

①结构转换层和作为上部结构嵌固部位的楼层宜采用现浇楼盖。

②屋面层和平面受力复杂的楼层宜采用现浇楼盖，当采用叠合楼盖时，楼板的后浇混凝土叠合层厚度不应小于 100mm，且后浇层内应采用双向通长配筋，钢筋直径不宜小于 8mm，间距不宜大于 200mm。

2）行业标准《装规》6.6.1 条规定：装配整体式结构的楼盖宜采用叠合楼盖。结构转换层、平面复杂或开洞较大的楼层、作为上部结构嵌固部位的地下室楼层宜采用现浇楼盖。

（2）一般采用现浇楼盖的部位

1）通过管线较多的楼板，如电梯间、前室。

2）局部下沉的不规则楼板，如卫生间。

57. PC 楼盖有几种类型？适用什么范围？

PC 建筑楼盖包括叠合楼盖、全预制楼盖和现浇楼盖。

叠合楼盖适用于装配整体式建筑，全预制楼盖适用于全装配式建筑，现浇楼盖适用于装配整体式建筑的现浇部分，如转换层、屋顶、卫生间和管线较多的前室等不适宜预制的部位。

楼盖由楼板组成，楼板包括实心板、叠合板、有架立筋的预应力叠合肋板、无架立筋的预应力叠合肋板、空心板、空心叠合板、双 T 形板、双 T 形叠合板、槽形板、槽形叠合板、倒槽形板、圆孔箱形板（华夫板）等。

笔者将以上类型楼板进行列表，将其适用范围、基本尺寸、示意图等内容列在表中，使读者对装配式结构的楼板有个全面的了解，见表 5-1。

常用的楼板有以下几种：

（1）普通叠合楼板

普通叠合楼板的预制底板一般厚 60mm，包括有桁架筋预制底板和无桁架筋预制底板。预制底板安装后绑扎叠合层钢筋，浇筑混凝土，形成整体受弯楼盖，如图 5-1 所示。

普通叠合楼板是装配整体式 PC 建筑应用最多的楼盖类型。普通叠合楼板适用于框架结构、框-剪结构、剪力墙结构、筒体结构等结构体系的 PC 建筑，也可用于钢结构建筑。普通叠合楼板在欧洲、澳大利亚、日本、东南亚和中国广泛应用。

（2）带肋预应力叠合楼板

预应力叠合板由预制预应力底板与非预应力现浇混凝土叠合而成。

带肋预应力叠合楼板的底板包括无架立筋（图 5-2）和有架立筋（图 5-3）两种。

带肋预应力叠合楼板适用于框架结构、框-剪结构、筒体结构等结构体系的 PC 建筑，在日本广泛应用。

图 5-1 普通叠合楼板

图 5-2 预应力叠合板底板

（3）空心板

空心板包括空心叠合板和全预制空心板。

1）空心叠合板。预应力空心叠合楼板是预应力空心楼板与现浇混凝土叠合层的结合（图 5-4）。

预应力空心叠合楼板适用于框架结构、框-剪结构、筒体结构等结构体系的 PC 建筑，在日本广泛应用。

图 5-3 有架立筋的预应力叠合楼板的底板

表 5-1　PC 楼板类型与使用范围

序号	品名	图示	厚度	跨度	宽度	单独使用	叠合使用图示	适用范围
1	实心板		120mm 和 150mm	4.2m 以下	0.6m	可	—	小跨度的低层建筑
2	叠合板		60mm	6m 以下	3.5m 以下	不可	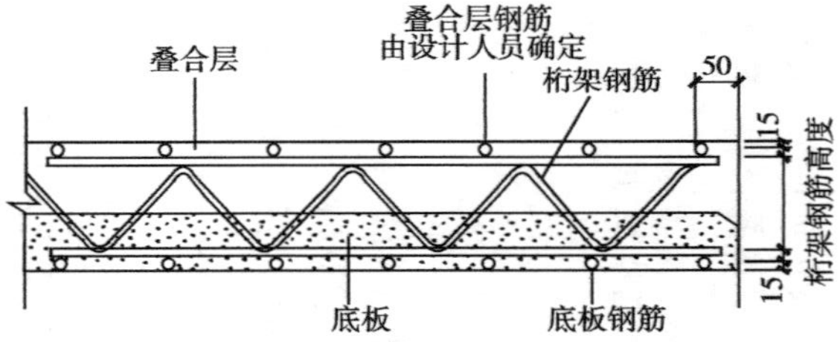 叠合层钢筋由设计人员确定　桁架钢筋　叠合层　底板　底板钢筋	各种结构体系
3	预应力叠合肋板（有架立筋）		42.6mm	16m 以下	2m	不可	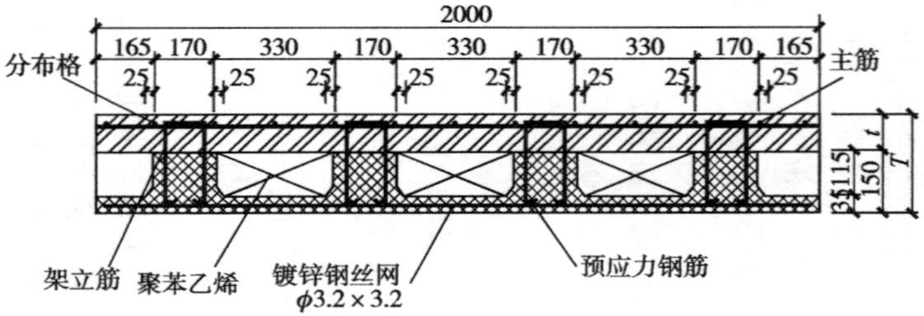 主筋　预应力钢筋　镀锌钢丝网 φ3.2×3.2　聚苯乙烯　架立筋　分布筋	各种结构体系
4	预应力叠合肋板（无架立筋）		42.6mm	16m 以下	2m	不可	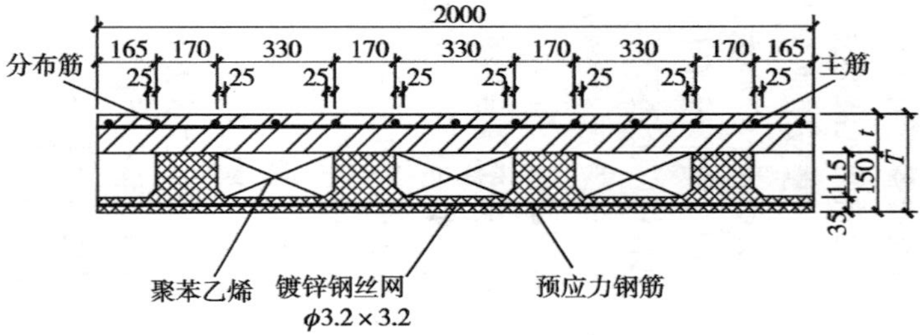 主筋　预应力钢筋　预应力钢筋　镀锌钢丝网 φ3.2×3.2　聚苯乙烯　分布筋	各种结构体系

（续）

序号	品名	图　示	厚度	跨度	宽度	单独使用	叠合使用图示	适用范围
5	空心板	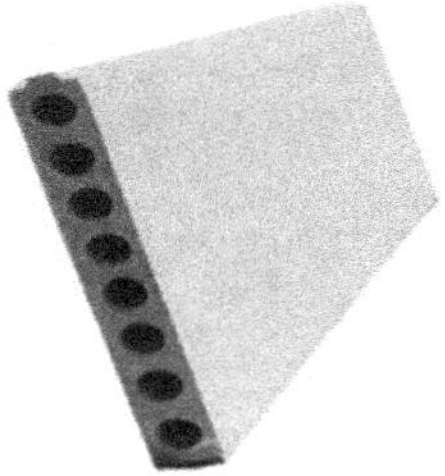	100～380mm	18m 以下	1.2m	可	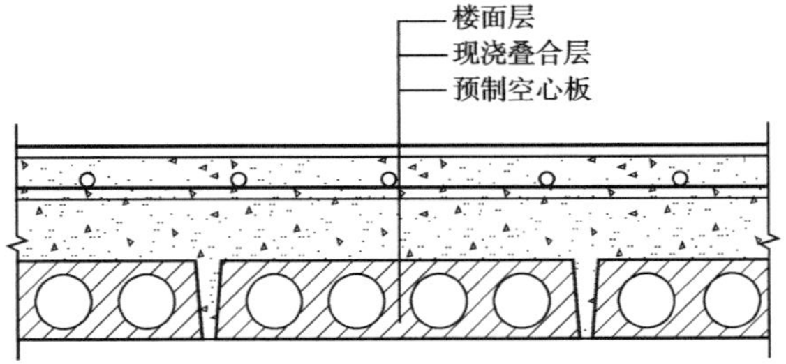楼面层 现浇叠合层 预制空心板	跨度较大的低层建筑
6	双 T 板	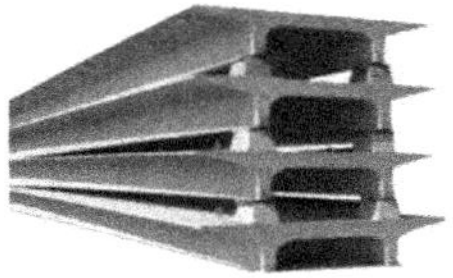	变数	24m 以下	2.4m	可	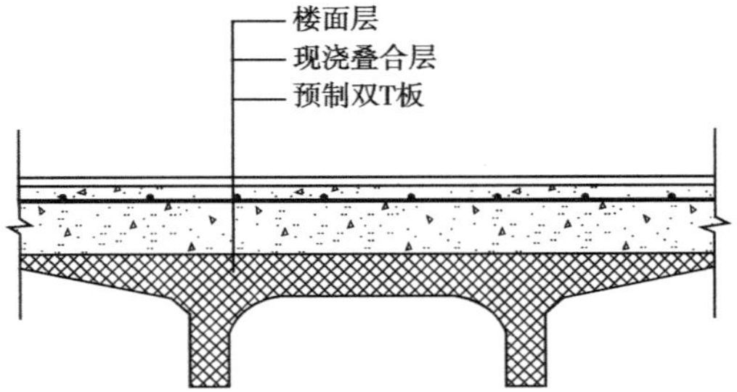楼面层 现浇叠合层 预制双T板	大跨度的工业厂房、车库、公共建筑
7	槽形板	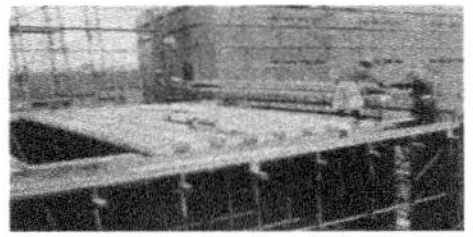	150mm 和 180mm	16m 以下	1m	可	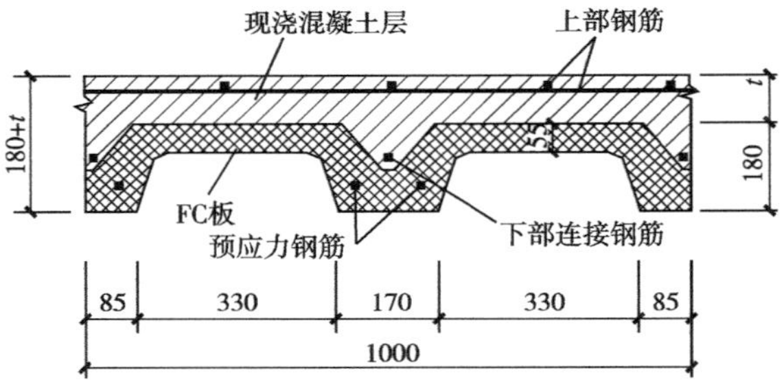现浇混凝土层 上部钢筋 180+t t 180 55 FC板 预应力钢筋 下部连接钢筋 85 330 170 330 85 1000	各种结构体系

序号	品名	图示	厚度	跨度	宽度	单独使用	叠合使用图示	（续）适用范围
8	倒槽形板					不可	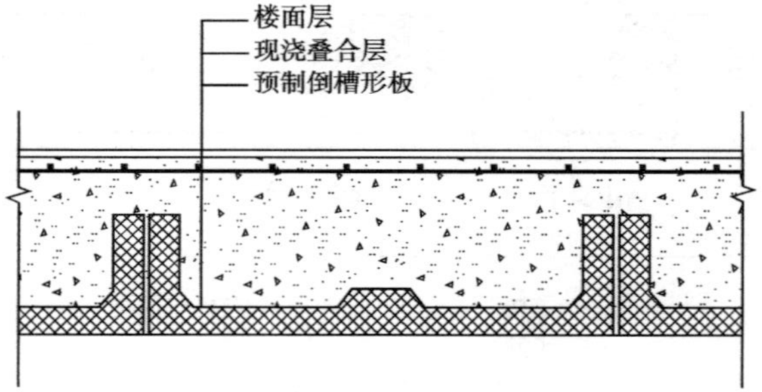 楼面层 现浇叠合层 预制倒槽形板	大跨度的厂房屋面板
9	圆孔箱形板（华夫板）		700mm 和 1000mm	6.4m	2.4m	可	—	高洁净厂房楼面

2）全预制空心板。预应力空心板也叫 SP 板（图 5-5），多用于多层框架结构建筑，可用于大跨度的住宅、写字楼等建筑。在美国应用较多，欧洲也有应用。日本由于抗震设防烈度高，PC 建筑要求整体性强，较少采用 SP 板。

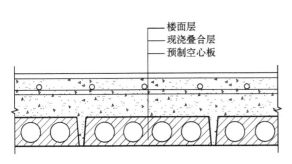

图 5-4 预应力空心叠合楼板

图 5-5 预应力空心楼板

（4）双 T 形板

双 T 板包括双 T 叠合板和全预制双 T 板，适用于公共建筑、工业厂房和车库等大跨度、大空间的建筑。

1）双 T 叠合板。预应力双 T 板可用作底板，在板面上浇筑混凝土形成叠合板。

2）全预制双 T 板。预应力双 T 板（图 5-6）也可以直接作为全预制楼板。

（5）圆孔箱形板

圆孔箱形板（图 5-7）可以直接作为全预制楼板，适用于大跨度、大空间的公共建筑。

图 5-6 预应力双 T 形板

图 5-7 圆孔箱形板

58. 什么是叠合板？叠合板设计有什么内容与要求？

（1）什么是叠合板

叠合楼板是由预制板和现浇钢筋混凝土层叠合而成的装配整体式楼板。预制板既是楼板结构的组成部分之一，又是现浇钢筋混凝土叠合层的永久性模板。

叠合楼板包括普通叠合楼板、有架立筋的预应力叠合肋板、无架立筋的预应力叠合肋板、空心叠合板、双 T 形叠合板、槽形叠合板、倒槽形叠合板。

国内现在应用最多的是普通叠合楼板，跨度在 6m 以下，当跨度超过 6m 时可采用预应力叠合楼板。日本的普通叠合楼板采用高强度等级的钢筋和混凝土，跨度可做到 9m。

叠合楼板整体性好，刚度大，可节省模板，而且板的上下表面平整，便于饰面层装修。在尚未实行管线分离的叠合楼板中，在现浇叠合层内可敷设强电弱电的水平管线。

（2）叠合楼板的设计内容

设计内容包括：

1）板厚的选取。叠合楼板最小厚度为 120mm，60mm 预制底板 +60mm 的现浇层。

2）配筋计算。

3）桁架钢筋的布置。《装规》6.6.7 条有具体的规定见第 61 问；桁架钢筋的高度为叠合楼板厚度减 50mm。

4）预制层与现浇层抗剪验算。

5）吊点的设计。

6）预制层设备线盒的预埋、预制层预留洞。设备预留线盒由电气专业提供条件，预留洞由水暖专业和现场施工单位提供条件。

（3）规范关于叠合板设计的要求

1）《装规》6.6.2 条：叠合楼板应按现行国家标准《混规》设计，并应符合下列规定：

①叠合板的预制板厚度不宜小于 60mm，后浇混凝土叠合层厚度不应小于 60mm。

②当叠合板的预制板采用空心板时，板端空腔应封堵。

③跨度大于 3m 的叠合板，宜采用钢筋混凝土桁架筋叠合板。

④跨度大于 6m 的叠合板，宜采用预应力混凝土叠合板。

⑤厚度大于 180mm 的叠合板，宜采用混凝土空心板。

2）《辽标》6.6.2 条规定，后浇混凝土叠合层厚度不宜小于 70mm，屋面如采用叠合板，后浇混凝土叠合层厚度不宜小于 80mm。当叠合板的预制板采用空心板时，板端空腔应封堵；堵头深度不宜小于 60mm，并应采用强度等级不低于 C25 的混凝土灌实。

（4）叠合楼板计算要求

叠合楼板的平面内抗剪、抗拉和抗弯设计验算可按常规现浇楼板进行设计。

1）叠合楼板底板大都设置桁架筋，以增加板的刚度和抗剪能力。当桁架钢筋布置方向为主受力方向时，预制底板受力钢筋计算方式等同现浇楼板，桁架下弦杆钢筋等同板底受力钢筋，按照计算结果确定钢筋直径、间距。

2）未设置桁架钢筋的叠合楼板，需要在预制板与后浇混凝土叠合层之间设置抗剪构造钢筋，抗剪构造钢筋宜采用马镫形状，所以叫马镫筋。

59. PC 楼盖选用与拆分应遵循什么原则？

（1）选用原则

1）根据结构体系和跨度来选择楼盖的适用类型。

2）根据当地 PC 生产厂家具备的条件来选择楼盖类型。

3）根据建筑的功能性来选择楼盖类型，比如建筑空间高度的要求。

4）根据经济性选用生产效率高的楼盖类型来降低成本。

（2）拆分原则

PC 楼盖拆分规定和拆分原则如下：

1）在板的次要受力方向拆分，也就是板缝应当垂直于板的长边，如图 5-8 所示。

2）在板的受力小的部位分缝，如图 5-9 所示。

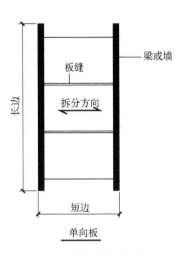

图 5-8　板的拆分方向

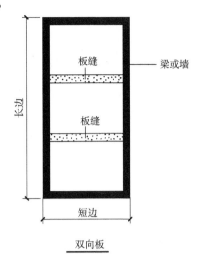

图 5-9　板分缝适宜的位置

3）板的宽度不超过运输超宽的限制和工厂生产线模台宽度的限制。一般不超过 3.5m。

4）尽可能统一或减少板的规格，宜取相同宽度。

5）有管线穿过的楼板，拆分时须考虑避免与钢筋或桁架筋的冲突。

6）顶棚无吊顶时，板缝应避开灯具、接线盒或吊扇位置。

60. 如何确定叠合板按双向板还是单向板设计？如何确定板平面尺寸？

（1）叠合板设计分类

叠合板设计分为单向板和双向板两种情况，根据接缝构造、支座构造和长宽比确定。

《装规》6.6.3 规定：当预制板之间采用分离式接缝时，宜按单向板设计。对长宽比不大于 3 的四边支承叠合板，当其预制板之间采用整体式接缝或无接缝时，可按双向板计算。叠合板的预制板布置形式示意如图 5-10 所示。

（2）叠合楼板平面尺寸的确定需考虑如下内容

1）根据叠合楼板的支座的平面尺寸。

2）根据叠合楼板分缝原则。

3）根据叠合楼板工厂生产模台尺寸。

4）根据运输宽度限制的要求。

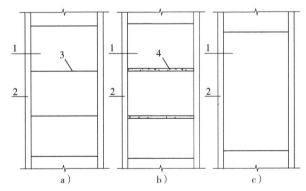

图 5-10　叠合楼板预制板布置形式示意图

a）单向叠合板　b）带接缝的双向叠合板　c）无接缝的双向叠合板

1—预制板　2—梁或墙　3—板侧分离式接缝　4—板侧整体式接缝

（3）工地预制叠合板的特例

笔者在日本看见过，叠合板是在预制现场现浇平整的混凝土地坪上生产的，不受工作模台和运输条件的限制，宽度较大（图5-11），这样的叠合板都可以做成整间板无接缝的形式（图5-12），既解决了板缝问题又提高了施工效率。

图5-11　工地现场预制叠合楼板　　　　　　　图5-12　整间板的叠合楼板

(4) 单向板双向板的思考

欧洲和日本的叠合楼板均为单向板，都是规格化的生产，板侧都是不出筋的，即使满足双向板条件的叠合楼板也同样做成单向板，给工业化和自动化生产带来很大的便利。

双向板虽然在配筋上较单向板节省，但板侧四面都要出筋还要有混凝土后浇带，增加了现场施工的工作量。

61. 如何布置、设计叠合板钢筋和桁架筋？如何开洞？如何加强预留洞口？

1）叠合楼板的预制底板受弯钢筋和起抗剪作用桁架钢筋（图5-13）是通过布置荷载计算而来，《装规》6.6.7条对桁架钢筋混凝土叠合板做出如下规定：

①桁架钢筋沿主要受力方向布置。

②桁架钢筋距离板边不应大于300mm，间距不宜大于600mm。

③桁架钢筋弦杆钢筋直径不宜小于8mm，腹杆钢筋直径不应小于4mm。

④桁架钢筋弦杆混凝土保护层厚度不应小于15mm。

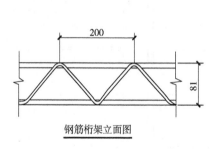

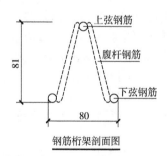

图5-13　桁架钢筋示意图

2）叠合楼板底板需要预留洞口，根据水暖专业的条件预留套管洞口，根据施工单位提供的条件预留放线孔、混凝土泵管洞口等，这些预留洞口必须在设计时确定位置，制作时预留出来，不准在施工现场打孔切断钢筋，如叠合楼板钢筋网片和桁架筋与孔洞互相干扰，或移动孔洞位置，或调整板的拆分，实在无法避开，再去调整钢筋布置。当洞口边长不大于300mm时，根据国家标准图集《桁架钢筋混凝土叠合板（60mm 厚底板）》（15G366-1）给出了局部放大钢筋网的大样图（图5-14）；当洞口边长大于300mm时，需要切断钢筋，应当采取钢筋补强措施（图5-15）。

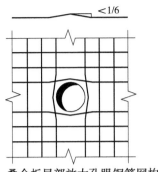

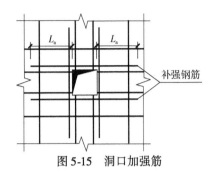

图 5-14　叠合板局部放大孔眼钢筋网构造图　　　　图 5-15　洞口加强筋

 62. 叠合板与支座如何连接?

(1) 规范的规定

1) 关于叠合楼板的支座处的纵向钢筋,《装规》6.6.4 条规定:

①叠合板支座处,预制板内的纵向受力钢筋宜从板端伸出并锚入支承梁或墙的后浇混凝土中,锚固长度不应小于 $5d$ (d 为纵向受力钢筋直径),且宜过支座中心线,如图 5-16a 所示。

②单向叠合板的板侧支座处,当预制板内的板底分布钢筋伸入支承梁或墙的后浇混凝土中时应符合本条第 1 款的要求;当板底分布钢筋不伸入支座时,宜在紧邻预制板顶面的后浇混凝土叠合层中设置附加钢筋,附加钢筋截面面积不宜小于预制板内的同向分布钢筋的截面面

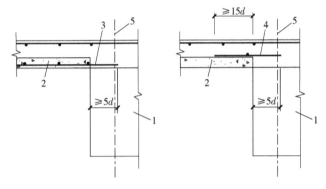

图 5-16　叠合板端及板侧支座构造示意
a) 板端支座　b) 板侧支座
1—支承梁或墙　2—预制板　3—纵向受力钢筋
4—附加钢筋　5—支座中心线

积,间距不宜大于 600mm,在板的后浇混凝土叠合层内锚固长度不应小于 $15d$,在支座内锚固长度不应小于 $15d$ (d 为附加钢筋直径),且宜过支座中心线,如图 5-16b 所示。

2)《装标》5.5.3 条,当桁架钢筋混凝土叠合楼板的后浇混凝土叠合层厚度不小于 100mm且不小于预制板厚度的 1.5 倍时,支承端预制板内纵向受力钢筋可采用间接搭接方式锚入支承梁或墙的后浇混凝土中 (图 5-17),并应符合下列规定:

①附加钢筋截面面积应通过计算确定,且不应少于受力方向跨中板底钢筋面积的 1/3。

②附加钢筋直径不宜小于 8mm,间距不宜大于 250mm。

③当附加钢筋为构造钢筋时,伸入楼板的长度不应小于与板底钢筋的受压搭接长度,伸入支座的长度不应小于 $15d$ (d 为附加钢筋直径)且宜伸过支座中心线;当附加钢筋承受拉力时,伸入楼板的长度不应小于与板底钢筋的受拉搭接长度,伸入支座的长度不应小于受拉钢筋锚固长度。

④垂直于附加钢筋的方向应布置横向分布钢筋,在搭接范围内不宜少于 3 根,且钢筋直径不宜小于 6mm,间距不宜大于 250mm。

预制底板一般伸入支座内 10~20mm,目的是起到叠合板支座处抗剪切应力的作用,剪切应力由预制底板、现浇混凝土层和钢筋共同承担。

(2) 关于叠合板与支座连接的讨论

1）叠合楼板出筋对工业化的影响。叠合楼板是目前世界范围内装配式建筑中为数不多的实现自动化生产的预制构件，但前提是不伸出钢筋。

2）日本和欧洲的叠合楼板无论厚度多厚，均和支座搭接连接，如图5-17所示。

3）国内的叠合楼板底板出筋对楼板连接的整体性贡献有多大，有没有定量的分析。

国内叠合楼板的支座做法和国外有较大区别，需要科研机构进行科学试验，规范制定部门应做出一些安排，推动叠合楼板的自动化和工业化的生产，对装配式建筑发展起到积极的作用。

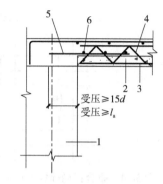

图5-17 桁架钢筋混凝土叠合楼板板端构造示意

1—支承梁或墙 2—预制板 3—板底钢筋
4—桁架钢筋 5—附加钢筋 6—横向分布钢筋

63. 叠合板之间如何连接？

(1) 规范规定

叠合板之间连接分为分离式接缝和整体式接缝连接。

1）《装规》6.6.5条，单向叠合板板侧的分离式接缝宜配置附加钢筋，并应符合下列规定：

①接缝处紧邻预制板顶面宜设置垂直于板缝的附加钢筋，附加钢筋伸入两侧后浇混凝土叠合层的锚固长度不应小于15d（d为附加钢筋直径）。

②附加钢筋截面面积不宜小于预制板中该方向钢筋的截面面积，钢筋直径不宜小于6mm，间距不宜大于250mm，如图5-18所示。

2）《装规》6.6.6条规定：双向叠合板板侧的整体式接缝宜设置在叠合板的次要受力方向上且宜避开最大弯矩截面，可设置在距支座$0.2L \sim 0.3L$尺寸的位置（L为双向板次要受力方向净跨度）。接缝可采用后浇带形式，并应符合下列规定：

①后浇带宽度不宜小于200mm。

②后浇带两侧板底纵向受力钢筋可在后浇带中焊接、搭接连接、弯折锚固。

③当后浇带两侧板底纵向受力钢筋在后浇带中弯折锚固时，应符合下列规定：

A. 叠合板厚度不应小于10d，且不应小于120mm（d为弯折钢筋直径的较大值）。

B. 接缝处预制板侧伸出的纵向受力钢筋应在后浇混凝土叠合层内锚固，且锚固长度不应小于l_a；两侧钢筋在接缝处重叠的长度不应小于10d，钢筋弯折角度不应大于30°，弯折处沿接缝方向应配置不少于2根通长构造钢筋，且直径不应小于该方向预制板内钢筋直径，如图5-19所示。

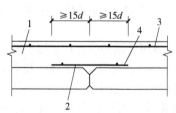

图5-18 单向叠合板板侧分离式拼缝构造示意图

1—后浇混凝土叠合层 2—预制板 3—后浇层内钢筋
4—附加钢筋

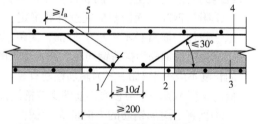

图5-19 双向叠合板整体式接缝构造示意图

1—通长构造筋 2—纵向受力钢筋 3—预制板
4—后浇混凝土叠合层 5—后浇层内钢筋

3）《装标》5.5.4条规定：双向叠合板板侧的整体式接缝宜设置在叠合板的次要受力方向上且宜避开最大弯矩截面。接缝可采用后浇带形式（图5-20），并应符合下列规定：

①后浇带宽度不宜小于200mm。

②后浇带两侧板底纵向受力钢筋可在后浇带中焊接、搭接连接、弯折锚固、机械连接。

③当后浇带两侧板底纵向受力钢筋在后浇带中搭接连接时，应符合下列规定：

A. 预制板板底外伸钢筋可为直线形（图5-20a）时，钢筋搭接长度应符合现行国家标准《混规》的规定。

B. 预制板板底外伸钢筋端部为90°或135°弯钩（图5-20b、c）时，钢筋搭接长度应符合现行国家标准《混规》有关钢筋锚固长度的规定，90°和135°弯钩钢筋弯后直段长度分别为12d和5d（d为钢筋直径）。

4）当有可靠依据时，后浇带内的钢筋也可采用其他连接方式。

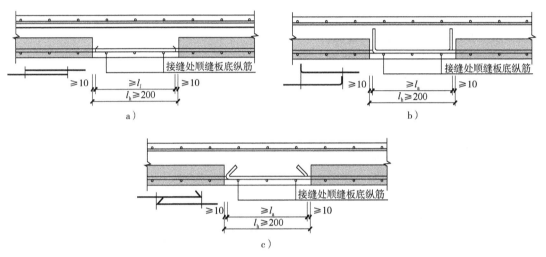

图 5-20　双向叠合板整体式接缝构造示意

a）板底纵筋直线搭接　b）板底纵筋末端带90°弯钩搭接　c）板底纵筋末端带135°弯钩搭接

（2）国外叠合板连接做法

日本的叠合板连接做法如图5-21所示；欧洲的叠合板连接做法如图5-22所示。

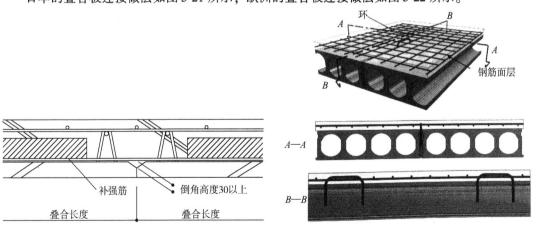

图 5-21　日本叠合板连接　　　　　图 5-22　欧洲叠合板连接

（3）关于叠合板接缝的讨论

国外没有整体式接缝的做法，楼板不出钢筋，自动化程度较高。对于住宅而言都是采用有吊顶装修的装配式建筑。

国内的叠合楼板的整体式接缝，一种情况是双向板之间连接使用，另一种情况是为了避免裂缝而采取后浇带的连接方式。

笔者认为靠整体式接缝来解决楼板裂缝问题是不可取的，只是延缓了裂缝的时间，并没有解决根本问题，而且增加了成本，降低了施工效率。解决办法有两种，一种是管线分离做吊顶，《装标》中也提倡装配式建筑要精装修；另一种是采用整间板的叠合楼板，效率高。如果以上这两种方式都做不到的话，笔者建议不要为了装配式而装配式，楼板采取现浇的方式。

64. 未设置桁架筋的叠合板和叠合梁的叠合面抗剪构造如何设置？如何验算？

1）《装规》6.6.8条规定：当未设置桁架钢筋时，在下列情况下，叠合板的预制板与后浇混凝土叠合层之间应设置抗剪构造钢筋：

①单向叠合板跨度大于4.0m时，距支座1/4跨范围内。

②双向叠合板短向跨度大于4.0m时，距四边支座1/4短跨范围内。

③悬挑叠合板。

④悬挑叠合板的上部纵向受力钢筋在相邻叠合板的后浇混凝土锚固范围内。

2）《装规》6.6.9条，叠合板的预制板与后浇混凝土叠合层之间设置的抗剪构造钢筋应符合下列规定：

①抗剪构造钢筋宜采用马镫形状，间距不大于400mm，钢筋直径 d 不应小于6mm。

②马镫钢筋宜伸到叠合板上、下部纵向钢筋处，预埋在预制板内的总长度不应小于15d，水平段长度不应小于50mm。

《辽标》给出了叠合板设置构造钢筋示意图，如图5-23所示。

3）《辽标》6.6.14给出了叠合板的结合面及板端连接处的抗剪强度验算的规定，按下列规定进行抗剪强度验算。

①对结合面未配置抗剪钢筋的叠合板，当结合面粗糙度符合《装规》6.5.5条构造要求时，结合面受剪强度应符合下式要求：

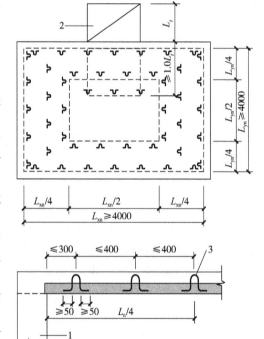

图5-23　叠合板设置构造钢筋示意图
1—梁或墙　2—悬挑板　3—抗剪构造钢筋

$$\frac{V}{bh_0} \le 0.4 \text{N/mm}^2 \qquad (5\text{-}1)[《辽标》式(6.6.14\text{-}1)]$$

式中　V——竖向荷载作用下支座剪力设计值（N）；

b——结合面的宽度（mm）；

h_0——结合面的有效高度（mm）。

②预制板的板端与梁、剪力墙连接处，叠合板端竖向接缝的受剪承载力应符合下式要求：

$$V \le 1.65 A_{sd} \sqrt{f_c f_y (1 - \alpha^2)} \qquad (5\text{-}2)[《辽标》式(6.6.15\text{-}2)]$$

式中 V——竖向荷载作用下单位长度内板端边缘剪力设计值;

　　　A_{sd}——垂直穿过结合面的所有钢筋的面积,当钢筋与结合面法向夹角为 θ 时,乘以 $\cos\theta$ 折减;

　　　f_c——预制构件混凝土轴心抗压强度设计值;

　　　f_y——垂直穿过结合面钢筋抗拉强度设计值;

　　　α——板端负弯矩钢筋拉应力标准值与钢筋强度标准值之比,钢筋的拉应力可按下式计算;

$$\sigma_s = \frac{M_s}{0.87 h_0 A_s} \qquad (5\text{-}3)[《辽标》式(6.6.15\text{-}3)]$$

式中 M_s——按标准组合计算的弯矩值;

　　　h_0——计算截面的有效高度,当预制底板内的纵向受力钢筋伸入支座时,计算截面取叠合板厚度;当预制底板内的纵向受力钢筋不伸入支座时,计算截面取后浇叠合层厚度;

　　　A_s——板端负弯矩钢筋的面积。

4) 叠合梁的叠合面的抗剪强度验算见第 6 章 80 问。

65. 楼盖主梁与次梁如何连接?

1) 《装规》7.3.4 条,主梁与次梁采用后浇段连接时,应符合下列规定:

①在端部节点处,次梁下部纵向钢筋伸入主梁后浇段内的长度不应小于 $12d$。次梁上部纵向钢筋应在主梁后浇段内锚固。当采用弯折锚固或锚固板时,锚固直段长度不应小于 $0.6L_{ab}$;当钢筋应力不大于钢筋强度设计值的 50% 时,锚固直段长度不应小于 $0.35L_{ab}$;弯折锚固的弯折后直段长度不应小于 $12d$(d 为纵向钢筋直径)。

②在中间节点处,两侧次梁的下部纵向钢筋伸入主梁后浇段内长度不应小于 $12d$(d 为纵向钢筋直径);次梁上部纵向钢筋应在后浇层内贯通,具体见 6 章 86 问。

2) 《装标》5.5.5 条,次梁与主梁连接宜采用铰接连接,也可采用刚接连接。当采用刚接连接,并采用后浇段连接的形式时,应符合现行行业标准《装规》的有关规定。当采用铰接连接时,可采用企口连接或钢企口连接形式;采用企口连接时,应符合国家现行标准的有关规定;当次梁不直接承受动力荷载且跨度不大于 9m 时,可采用钢企口连接(图 5-24),并应符合下列规定:

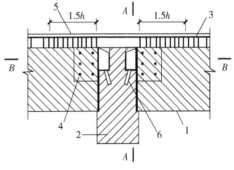

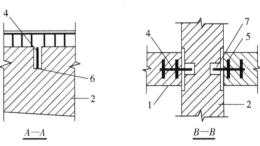

图 5-24　钢企口接头示意
1—预制次梁　2—预制主梁　3—次梁端部加密箍筋
4—钢板　5—栓钉　6—预埋件　7—灌浆料

①钢企口两侧应对称布置抗剪栓钉,钢板厚度不应小于栓钉直径的 0.6 倍;预制主梁与钢企口连接处应设置预埋件;次梁端部 1.5 倍梁高范围内,箍筋间距不应大于 100mm。

②钢企口接头的承载力验算(图 5-25),除应符合现行国家标准《混规》《钢结构设计规

范》GB 50017 的有关规定外，尚应符合下列规定：

A. 钢企口接头应能够承受施工及使用阶段的荷载。

B. 应验算钢企口截面 A 处在施工及使用阶段的抗弯、抗剪强度。

C. 应验算钢企口截面 B 处在施工及使用阶段的抗弯强度。

D. 凹槽内灌浆料未达到设计强度前，应验算钢企口外挑部分的稳定性。

E. 应验算栓钉的抗剪强度。

F. 应验算钢企口搁置处的局部受压承载力。

③抗剪栓钉的布置，应符合下列规定：

A. 栓钉杆直径不宜大于 19mm，单侧抗剪栓钉排数及列数均不应小于 2。

B. 栓钉间距不应小于杆件直径的 6 倍且不宜大于 300mm。

C. 栓钉至钢板边缘的距离不宜小于 50mm，至混凝土构件边缘的距离不应小于 200mm。

D. 栓钉钉头内表面至连接钢板的净距不宜小于 30mm。

E. 栓钉顶面的保护层厚度不应小于 25mm。

④主梁与钢企口连接处应设置附加横向钢筋，相关计算及构造要求应符合现行国家标准《混规》的有关规定。

图 5-25　钢企口示意
1—栓钉　2—预埋件　3—截面 A　4—截面 B

66. 如何进行叠合板构造设计？降低标高采用怎样的构造？

叠合楼板构造包括：预制板的边角构造，叠合板支座构造等。

（1）板边角构造

叠合板侧边上部边角做成 45°倒角。单向板和双向板的上部都做成倒角，一是为了保证连接节点钢筋保护层厚度，二是为了避免后浇段混凝土转角部位应力集中。单向板侧边下部边角做成倒角是为了便于接缝处理，如图 5-26 所示。

如采取吊顶，单向板侧下部倒角可以不做。

（2）叠合板支座构造

1）双向板和单向板的端支座。单向板和双向板的板端支座的节点是一样的，负弯矩钢筋伸入支座转直角锚固，下部钢筋伸入支座中心线处，如图 5-16 所示。

2）双向板侧支座。双向板每一边都是端支座，不存在所谓的侧支座，如果习惯把长边支座叫作侧支座，其构造也与端支座完全一样，即按照图 5-16 的构造做。

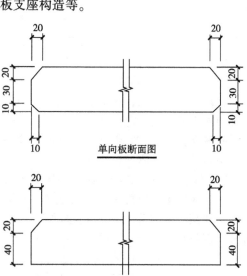

图 5-26　叠合板边角构造（国标图集 15G366-1）

3）单向板侧支座。单向板的侧支座有两种情况，一种情况是板边"侵入"墙或梁 10mm，如端支座一样；一种情况是板边距离墙或梁有一个缝隙 δ，如图 5-27 所示。单向板侧支座与端支座的不同就是在底板上表面伸入支座一根连接钢筋。

4）中间支座构造。中间支座有多种情况：墙或梁的两侧是单向板还是双向板，支座对于两侧的板是端支座还是侧支座，如果是侧支座，是无缝支座还是有缝支座。

中间支座的构造设计有以下几个原则：

①上部负弯矩钢筋伸入支座不用转弯，而是与另一侧板的负弯矩钢筋共用一根钢筋。

②底部伸入支座的钢筋与端部支座或侧支座一样伸入即可。

③如果支座两边的板都是单向板侧边，连接钢筋合为一根；如果有一个板不是，则与板侧支座图 5-27 一样，伸到中心线位置。

中间支座两侧都是单向板侧边的情况如图 5-28 所示。

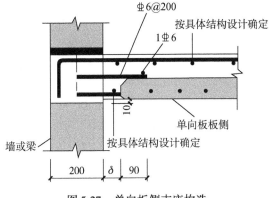

图 5-27　单向板侧支座构造
（国标图集 15G366-1）

图 5-28　单向板侧边中间支座构造
（国标图集 15G366-1）

（3）其他构造规定

1）对于没有吊顶的楼板，楼板需预埋灯具吊点与接线盒等，避开板缝与钢筋。

2）对于有吊顶楼板，须预埋内埋式金属螺母和塑料螺母。

3）不准许穿过楼板的管线孔洞在施工现场打孔，必须在设计时确定位置，制作时预留孔洞。

（4）叠合楼板降板处理构造

叠合楼板降板处理构造如图 5-29 所示。

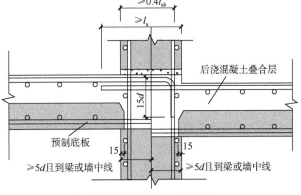

图 5-29　叠合楼板降板构造（国标图集 15G310-1）

67. 预制楼板与钢结构梁如何连接？

很多钢结构建筑使用叠合楼板，混凝土叠合楼板和钢结构梁连接节点与混凝土梁连接基本相同，但和钢结构梁连接时，需要在钢梁上预留钢板，叠合楼板预制底板伸出的钢筋与预留钢板焊接连接，如图 5-30 所示。一般钢结构中采用钢桁架楼承板较多。

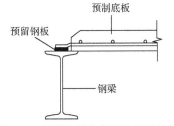

图 5-30　混凝土叠合楼板与钢梁连接

68. 如何设计预应力叠合楼板？

预应力叠合楼板是由预制预应力底板与非预应力现浇混凝土叠合而成的装配整体式楼板，

如图 5-31 所示。

预应力叠合楼板与普通叠合楼板的不同之处是预制底板为先张法预应力板。预应力底板的断面形状有带肋板、空心板、双 T 形、双槽形。

预应力叠合楼板的跨度比普通叠合楼板大，普通叠合楼板可做到 6m（日本是 9m）；带肋预应力叠合楼板可做到 12m（日本16m）；空心预应力叠合楼板可做到 18m；双 T 形预应力叠合楼板可做到 24m。

图 5-31　预应力叠合楼板底板

预应力叠合楼板多用于大柱网的柱梁结构体系，剪力墙结构楼盖跨度较小，较少使用预应力叠合楼板。

行业标准《装规》和国家标准《装标》没有给出预应力叠合楼板的设计规定。辽宁地方标准《辽标》第 6.6.15 条给出了预应力双 T 形叠合楼板的设计规定，供大家参考。

(1) 预应力双 T 形叠合楼板

楼、屋面采用预应力混凝土双 T 板时，应符合下列规定：

①应根据房屋的实际情况，选用适宜的结构体系，并符合现行国家标准《抗规》规定。

②双 T 板应支承在钢筋混凝土框架梁上，板跨小于 24m 时支承长度不宜小于 200mm；板跨不小于 24m 时支承长度不宜小于 250mm。

③当楼层结构高度较小时，可采用倒 T 形梁及双 T 板端部肋局部切角；切角高度不宜大于双 T 板板端高度的 1/3，并应计算支座处的抗弯承载力，配置普通抗弯构造钢筋。

④当支承双 T 板的框架梁采用倒 T 形梁时，支承双 T 板的框架梁挑耳厚度不宜小于 300mm；双 T 板端面与框架梁的净距不宜小于 10mm；框架梁挑耳部位应有可靠的补强措施。

⑤双 T 板预制楼盖体系宜采用设置后浇混凝土层的湿式体系，也可采用干式体系；后浇混凝土层厚度不宜小于 50mm，并应双向配置直径不小于 6mm，间距不大于 150mm 的钢筋网片，钢筋宜锚固在梁或墙内；双 T 板与后浇混凝土叠合层的结合面，应设置凹凸深度不小于 4mm 的粗糙面或设置抗剪构造钢筋。

(2) 抗拉连接与弹性状态

1）在湿式连接中不宜考虑混凝土和楼盖内部钢筋对楼盖整体性的贡献，应在结构的横向、纵向及周边提供可靠的抗拉连接，以有效地连接起结构的各个构件，不得使用仅依赖构件之间的摩擦力的连接形式。

2）双 T 板楼盖在地震作用下应保持弹性状态。

(3) 双 T 板连接的具体规定

预应力双 T 板翼缘间的连接可采用湿式连接、干式连接和混合连接，并应符合下列规定：

1）连接件设计时，应将连接中除锚筋以外的其他部分（钢板、嵌条焊缝等）进行超强设计，以避免过早破坏。

2）翼缘间的连接尚应抵抗施工荷载引起的内力。

3）当翼缘间的连接采用预埋八字筋件并于现场焊接固定时，八字筋的直径不宜小于 16mm，双 T 板的每一侧边至少应设置 2 处，间距不宜大于 2500mm。

(4) 双 T 板开洞口的规定

当预应力混凝土双 T 板板面开设洞口时，应符合下列规定：

1）洞口宜设置在靠近双 T 板端部支座部位，不应在同一截面连续开洞，同一截面的开洞率不应大于板宽的 1/3，开洞部位的截面应按等同原则加厚该截面。

2）双 T 板的加厚部分应与板体同时制作，并采用相同等级的混凝土。

69. 日本常用楼板样式如何？

日本较常用的有以下几种楼板：

（1）空心叠合板

比较简单的办法在桁架筋之间铺聚苯乙烯板，既作为顶面叠合层的模板，也提高了楼板的保温和隔声性能，如图 5-32 所示。

图 5-32　在桁架筋之间铺聚苯乙烯板形成"空心"板

（2）带肋预应力叠合板

预应力叠合板由预制预应力底板与非预应力现浇混凝土叠合而成。

带肋预应力叠合楼板的底板包括无架立筋（图 5-2）和有架立筋（图 5-3）两种。

日本 PC 建筑 9m 以上大跨度楼盖多用倒 T 形预应力叠合楼板，板长最多可做到 16m。

日本带肋预应力叠合楼板的预制底板为标准化板，板宽 2000mm，板厚 42.6mm，肋净距 330mm，肋顶宽 170mm，预应力张拉平台、设备和肋的固定架都是标准化的。肋高（从板上面到肋顶面高度）有 3 种规格：75mm、95mm、115mm；后浇筑叠合层高度依据设计确定。

带肋预应力板的钢绞线布置在肋中，板配置直径 3.2mm 的镀锌钢丝网。叠合板肋之间可在现场完全浇筑混凝土填实。较厚的板也可以填充聚苯乙烯板，浇筑叠合层后，形成了"空心"叠合板，既减轻板重，又有助于保温、隔声，如图 5-33 所示。

（3）双槽形预应力叠合板

日本双槽形预应力预制底板为标准化产品，有 150mm 和 180mm 两种高度，板宽 1m，后浇叠合层高度根据设计确定，如图 5-34 所示。

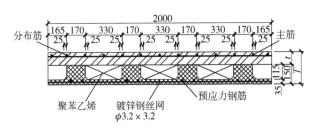

图 5-33　带肋预应力叠合板

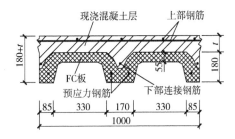

图 5-34　双槽形预应力叠合板

（4）日本常用 PC 楼板

日本常用 PC 楼板连接节点如图 5-35 ~ 图 5-41 所示。

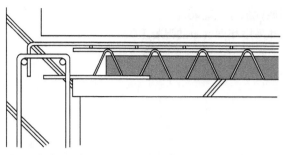

图 5-35　PC 楼板边支座连接构造

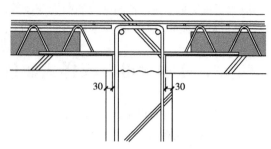

图 5-36　PC 楼板中间支座连接构造

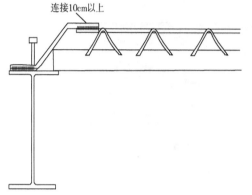

图 5-37　PC 楼板与钢梁边支座连接构造　　　图 5-38　PC 楼板与钢梁中间支座连接构造

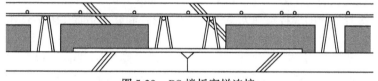

图 5-39　PC 楼板密拼连接

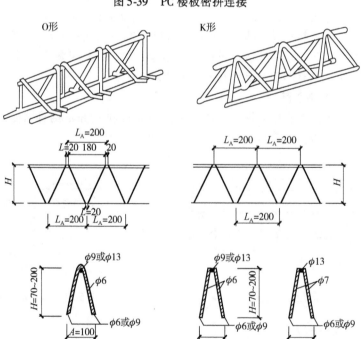

图 5-40　桁架钢筋的构造

O形　　　　　　　　　　　　　　　K形

300以下　　　600以下　　　　　　600以下　　　300以下

图 5-41　桁架钢筋布置构造

70. 全预制楼板有哪些规定？适用范围如何？

全预制楼板主要包括普通实心楼板、普通空心楼板、预应力空心板（SP）和预应力双 T 形板等。

《装规》9.3.5 条规定：当房屋层数不大于 3 层时，楼面可采用预制楼板，并应符合下列规定：

1）预制板在墙上的搁置长度不应小于 60mm，当墙厚不能满足搁置长度要求时可设置挑耳；板端后浇混凝土接缝宽度不宜小于 50mm，接缝内应配置连续的通长钢筋，钢筋直径不应小于 8mm。

2）当板端伸出锚固钢筋时，两侧伸出的锚固钢筋应互相可靠连接，并应与支承墙伸出的钢筋、板端接缝内设置的通长钢筋拉结。

3）当板端不伸出锚固钢筋时，应沿板跨方向布置连系钢筋。连系钢筋直径不应小于 10mm，间距不应大于 600mm；连系钢筋应与两侧预制板可靠连接，并应与支承墙伸出的钢筋、板端接缝内设置的通长钢筋拉结。

通过以上规定看出，全预制楼板的适用范围为 3 层以下的建筑，多用于全预制混凝土结构，限于非地震地区或低地震烈度地区的建筑，且限于多层和低层建筑。

普通预制楼板和空心预制楼板适用于住宅等小跨度的建筑；预应力空心板（SP）和预应力双 T 形板适用于需要大跨度空间的厂房、停车场等公共建筑。

欧洲的全预制楼板的连接节点如图 5-42、图 5-43 所示。

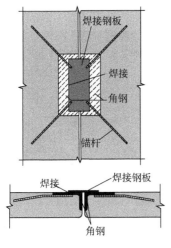

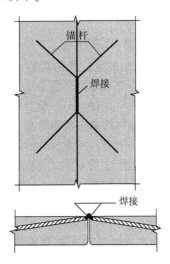

图 5-42　全预制楼板连接节点一　　　　图 5-43　全预制楼板连接节点二

71. PC 楼盖设计存在哪些问题？它们的解决办法是什么？

PC 楼盖设计存在以下问题：

（1）叠合楼板出现裂缝

叠合楼板单向板与板之间采取分离式密拼连接方式，接缝处容易出现裂缝，一般接缝处采取加强构造措施，如图 5-44 所示；叠合楼板双向板之间采取后浇带的连接方式。以上两种楼板的两种连接方式都改变不了板的裂缝问题，双向板后浇带的连接方式只是延缓了裂缝的时间而已。

解决楼板裂缝问题的根本方法就是增加吊顶，所以装配式建筑提倡精装修的理念。日本的装配式建筑基本都是单向板，有吊顶、有管线夹层的精装修房屋。

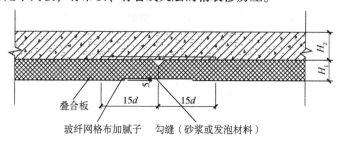

图 5-44 分离密拼接缝加强构造

（2）叠合楼板预制底板出筋

叠合楼板预制底板当采用双向板时，底板四面都需要伸出钢筋；当采用单向板时两侧需要伸出钢筋，因此给模具制作、构件生产和施工安装带来工作效率的下降，成本的增加。

《装标》5.5.3 条规定，当桁架钢筋混凝土叠合板的后浇混凝土叠合层厚度不小于 100mm 且不小于预制板厚度的 1.5 倍时，支承端预制板内纵向受力钢筋可采用间接搭接方式锚入支承梁或墙的后浇混凝土中。这样对于模具制作、构件生产和安装施工可以极大地提高工作效率，降低成本，但在住宅建筑设计中，楼板跨度尺寸相对较小，叠合楼板不需要太厚，大多数板还是要出筋。

对于大跨度、大空间的建筑来说，叠合楼板厚度的增加可以解决预制底板出筋的问题，有利于装配式建筑的发展。预制底板出筋对叠合楼板的整体性的影响和必要性是装配式建筑发展需要研发的课题。

（3）叠合楼板厚、预埋件多

《装规》6.6.2 条规定，叠合楼板的最小厚度为 120mm（预制底板厚度不宜小于 60mm，后浇混凝土厚度不应小于 60mm）。叠合楼板预制底板上需要预留电气线盒、消防线盒等多种预埋件，使生产效率下降；考虑管线的铺设高度因素，设计要求叠合楼板的厚度最薄为 130mm（60mm 厚预制底板 + 70mm 后浇混凝土叠合层），对于装配式建筑来说土建造价成本提高。

在日本的装配式建筑中大多都有设备夹

图 5-45 设备夹层

层、装修吊顶，所有管线、线盒、管道均不在混凝土结构中预留，如图 5-45 所示。对日后维修非常便利，这也是我国装配式建筑发展的必然趋势。

第6章　框架结构及其他柱梁结构设计

72. 柱梁结构包括哪些结构体系？装配式适宜性如何？包括哪些构件？

(1) 柱梁结构体系包括的内容

柱梁结构体系包括框架结构、框-剪结构、密柱筒体结构、稀柱核心筒结构等，结构主要构件是柱、梁、板，PC装配式结构有共性和相似性。框-剪结构是框架结构和剪力墙的结合，稀柱核心筒结构是框架结构与剪力墙核心筒的结合，尽管这两种结构体系有剪力墙，但通常情况下，剪力墙和剪力墙核心筒现浇，PC构件也是柱、梁、板。

柱、梁结构体系特别是框架结构和筒体结构是各国PC建筑采用最多的结构体系，欧洲是，美洲是，日本和东南亚各国也是。柱梁结构体系也是装配式技术最为成熟的结构体系，不仅办公楼、商业建筑大量采用，住宅也大量采用。

现行行业标准《装规》只给出了装配整体式框架结构的设计规定。对于框-剪结构的剪力墙部分要求现浇，其框架部分的PC结构设计可参照框架结构的有关规定。对于筒体结构的PC设计《装标》给出适用高度、高宽比和抗震等级等规定。见本书第3章。

(2) 柱梁结构体系装配式适宜性如何

装配式混凝土建筑是从柱梁结构体系发展起来的，也是目前高层和超高装配式建筑应用最多的结构体系。也是技术最成熟的结构体系，当柱梁结构体系与剪力墙结构体系结合成筒体结构时，国外经验是剪力墙核心筒采用现浇，《装标》规定也是核心筒现浇，在这一点上国内外是一致的。

柱梁结构体系采用高强度大直径钢筋和高强度混凝土以及与型钢组成型钢混凝土构件，能够简化构件之间的连接，节省材料。总之柱梁结构体系非常适合装配式建造方式。

柱梁体系中，框架结构建筑允许的高度比较低，抗震设防6度地区建筑适用高度只有60m，7度地区只有50m。只适用于多层和小高层建筑。

由于城市土地资源的日益稀缺，也由于市场对大空间的需求，特别是高层写字楼和公寓，筒体结构高层和超高层建筑在城市建筑中将会越来越多，将成为PC装配式建筑的重要部分。日本大多数高层PC建筑是筒体结构，多在100m以上。最高的筒体结构PC建筑高达208m。

商店、冷库、仓库、车库等多层建筑常常用钢筋混凝土无梁楼盖结构。无梁楼盖结构属于柱板体系，也可做成装配式，我国20世纪七八十年代有过成功经验。

柱梁结构体系的适宜性按体系类型进行归纳整理，具体见表6-1。

(3) 柱梁结构体系的主要结构构件

结构构件主要有梁、板、柱等主要受力构件和阳台、雨篷、空调板和女儿墙等附属构件。由于结构形式的不同，这些构件也各有特点，具体见表6-2。

表 6-1　柱梁结构体系装配式适宜性分析

类别	序号	结构体系	平面示意图	适用范围				说　明
				装配整体式			全装配式	
				多层	高层	超高层	多层	
框架结构	1	框架结构		○	△		○	1. 全装配式适用于非抗震设防或低地震设防烈度的地区 2. 高层建筑适用于60m以下。根据地震设防要求确定
框剪结构	2	框架-剪力墙结构			○	○		1. 剪力墙现浇 2. 适用高度130m以下
筒体结构	3	密柱单筒结构			○	○		
	4	密柱筒中筒结构			○	○		1. 核心筒现浇 2. 适用高度150m以下
	5	连续筒体结构			○	○		

（续）

类别	序号	结构体系	平面示意图	适用范围				说　明
				装配整体式			全装配式	
				多层	高层	超高层	多层	
筒体结构	6	束筒结构	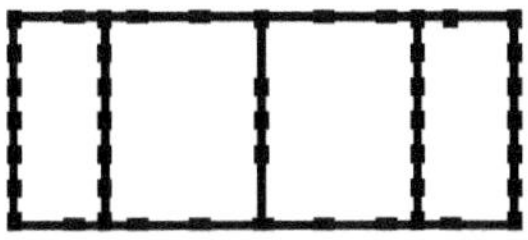		○	○		
	7	筒体-稀柱框架结构	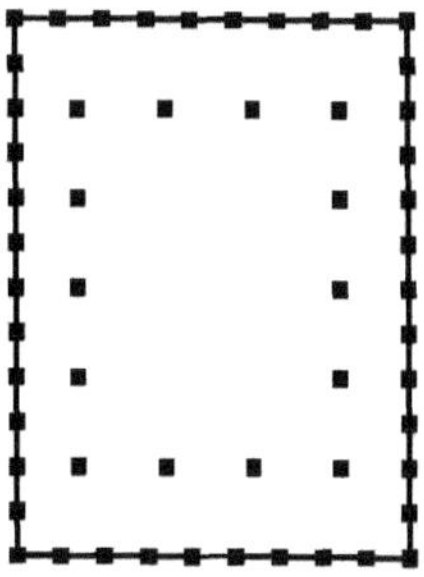		○	○		
	8	密柱-H 形剪力墙核心筒结构	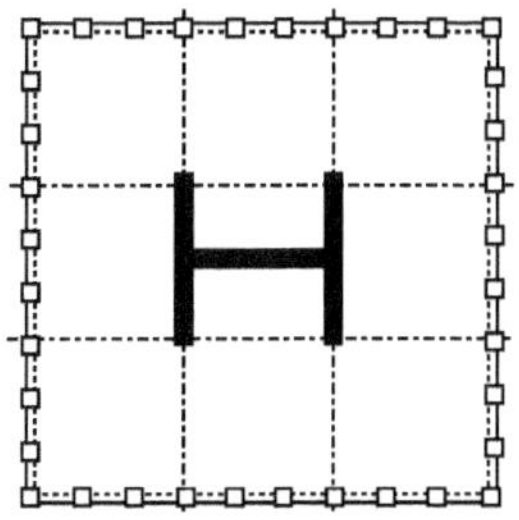		○	○		1. 核心筒现浇 2. 适用高度150m 以下
	9	密柱-L 形剪力墙核心筒结构	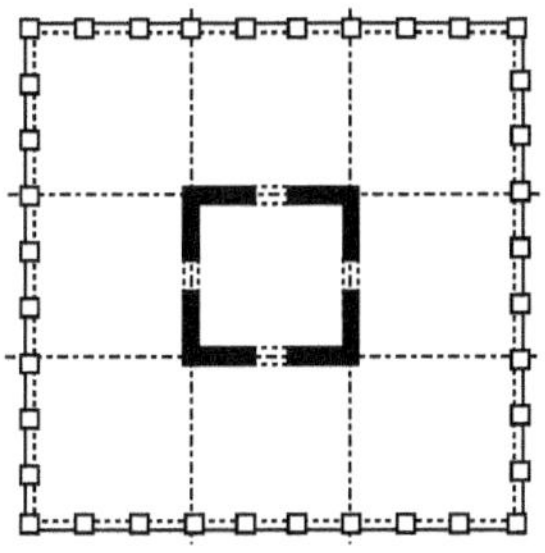		○	○		
	10	稀柱-剪力墙筒体结构			○	○		

注：○表示在该范围内都适用；△表示在该范围部分区段适用。

表6-2　柱梁结构体系 PC 构件

类别	次类别	序号	品名	示　意　图	适 用 范 围				说　　　明
					装配整体式			全装配式	
					框架	框剪	筒体	框架	
梁	普通梁	1	矩形梁		○	○	○	○	
		2	带腰板梁		○	○	○	○	用于围成窗洞
		3	带垂板梁		○	○	○	○	用于围成窗洞
		4	带腰板垂板梁		○	○	○	○	用于围成窗洞
	叠合梁	5	普通叠合梁		○	○	○		
		6	带腰板叠合梁		○	○	○		用于围成窗洞

（续）

类别	次类别	序号	品名	示意图	适用范围				说　明
					装配整体式			全装配式	
					框架	框剪	筒体	框架	
梁	叠合梁	7	带垂板叠合梁		○	○	○		用于围成窗洞
		8	带腰板垂板叠合梁		○	○	○		用于围成窗洞
柱	柱	9	普通柱	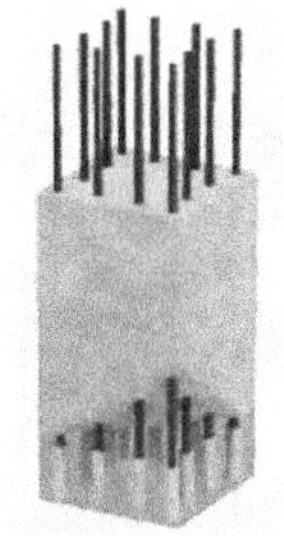	○	○	○	○	
		10	带袖板柱		○	○	○	○	用于围成窗洞
柱梁一体化构件	一字形梁+柱	11	一字形梁+柱		○	○	○	○	
	十字形梁+柱	12	十字形梁+柱		○	○	○		

（续）

类别	次类别	序号	品名	示意图	适用范围				说明
					装配整体式			全装配式	
					框架	框剪	筒体	框架	
柱梁一体化构件	莲藕梁	13	普通莲藕梁		○	○	○		单莲藕梁、双莲藕梁
		14	叠合莲藕梁		○	○	○		单莲藕梁、双莲藕梁
		15	十字莲藕梁		○	○	○		
楼板	普通楼板	16	楼板	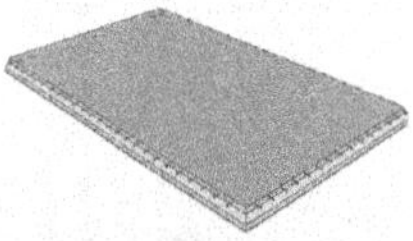	○	○	○	○	
		17	叠合楼板		○	○	○		
	预应力楼板	18	预应力楼板	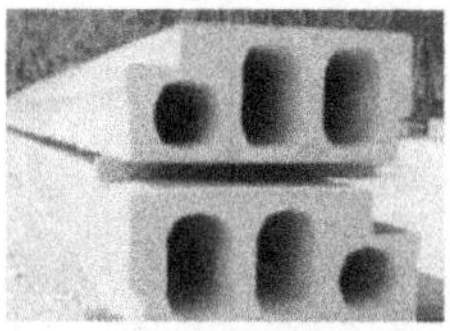	○	○	○	○	
		19	预应力空心板		○	○	○	○	
		20	预应力叠合楼板		○	○	○		
		21	预应力双 T 板		○	○	○	○	

（续）

类别	次类别	序号	品名	示意图	装配整体式 框架	装配整体式 框剪	装配整体式 筒体	全装配式 框架	说明
外挂墙板	平面板	22	整间墙板		○	○	○	○	
		23	横向板	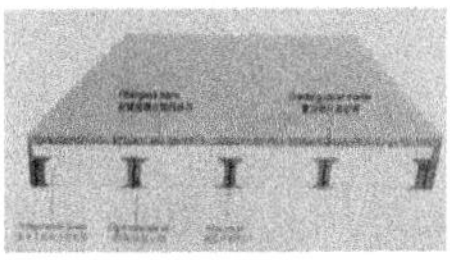	○	○	○	○	
		24	竖向板		○	○	○	○	
	曲面板	25	曲面板		○	○	○	○	
其他	非结构构件	26	楼梯		○	○	○	○	
		27	阳台板		○	○	○		
		28	挑檐板		○	○	○		
		29	遮阳板		○	○	○	○	
		30	空调板	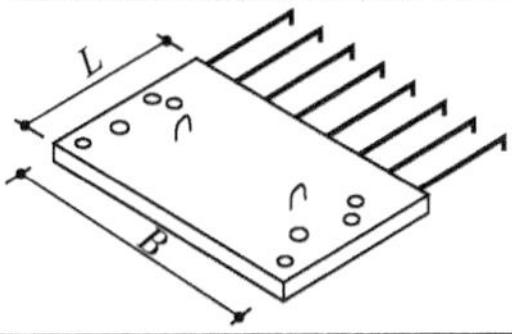	○	○	○		

注：梁、柱、外挂墙板可以做成装饰一体化、保温一体化和保温装饰一体化构件。

（4）腰板、袖板、垂板

梁向上伸出的翼缘称为腰板，向下伸出的翼缘称为垂板；柱子两侧伸出的翼缘称为袖板。如表6-2中第2、4、6、7、8和10项样图。作用是把门窗洞口的面积减小。

73. 装配式框架结构的结构设计与现浇混凝土结构设计有什么不同？

行业标准《装规》7.1.1规定，除本规程另有规定外，装配式整体框架结构可以按现浇混凝土框架结构进行设计。同时《装规》和《装标》指出了装配式框架结构与现浇混凝土结构设计的不同。具体如下：

（1）适用高度不同

《高规》《装规》和《装标》中层建筑最大适用高度和高宽比不同，具体见表6-3、表6-4。

表6-3　装配整体式混凝土结构与混凝土结构最大适用高度比较　　（单位：m）

结构体系	非抗震设计		抗震设防烈度											
			6度			7度			8度（0.2g）			8度（0.3g）		
	高规	装规	高规	装规	装标	高规	装规	装标	高规	装规	装标	高规	装规	装标
框架	70	70	60	60	60	50	50	50	40	40	40	35	30	30
框架-剪力墙	150	150	130	130	130	120	120	120	100	100	100	80	80	80
框架-核心筒	160		150		150	130		150	100		100	90		90

注：表中，框架-剪力墙结构剪力墙部分全部现浇。

表6-4　装配整体式混凝土结构与混凝土结构高宽比比较

结构体系	非抗震设计		抗震设防烈度							
			6度、7度				8度			
	高规	装规	高规	装规	装标	辽宁地方标准装配式结构	高规	装规	装标	辽宁地方标准装配式结构
框架结构	5	5	4	4	4	4	3	3	3	3
框架-剪力墙	7	6	6	6		6	5	5		5
框架-核心筒	8		7		7	7	6		6	6

注：框架-剪力墙结构装配式是指框架部分预制，剪力墙全部现浇。

（2）设计选用材料最低强度指标不同

装配式建筑框架结构，《装规》4.1.2条规定，混凝土强度不宜低于C30；现浇混凝土框架结构，《混规》4.1.2条规定，钢筋混凝土强度不应低于C20，采用强度等级400MPa及以上的钢筋时，混凝土强度等级不应低于C25。

（3）模型个别参数选取参数不同

例如：《装标》5.3.3条，内力和变形验算时，应计入填充墙对结构刚度的影响，当采用轻质隔墙板填充墙时，可采用周期折减的方法考虑其对结构刚度影响；对于框架结构，周期折减系数取0.7~0.9。

（4）计算内容不同

装配式框架结构设计除完成现浇模型计算外，还要对叠合梁端、预制柱底等进行装配式特有的接缝抗剪强度验算，见《装规》7.2.2 条和 7.2.3 条。

（5）构造不同

1）梁构造不同。装配式框架结构梁采用叠合梁。与普通现浇梁不同，叠合梁下部分预制，上部分现浇，叠合层（现浇层）的厚度≥150mm，见 85 问（图 6-26）。

叠合梁的箍筋与普通现浇梁不同，叠合梁箍筋上部外漏，《装规》7.3.2，第一条规定：抗震等级为一、二级的叠合框架梁梁端箍筋加密区宜采用整体封闭箍筋；当叠合梁受扭时，宜采用整体封闭箍筋。其他时候可以采用开口箍筋，见 84 问（图 6-24）。

2）框架柱构造不同。

①预制框架柱在柱的底面留有连接注浆套筒或波纹管等的钢筋连接件，柱上端有伸出钢筋。现浇框架柱没有。

②预制框架柱上有脱模、支撑、吊装等预埋件，现浇框架柱没有。

③钢筋采用套筒灌浆连接时柱底箍筋加密区域构造见 87 问（图 6-29），与现浇框架柱不同。

3）板构造不同。

①叠合楼板底层预制，采用桁架钢筋，上面现浇层。现浇楼板整体现浇。

②叠合楼板板厚一般采用 60mm（预制层）+叠 70mm（叠合层）=130mm，现浇楼板一般采用 100mm 厚。

4）连接节点不同。现浇结构节点的构件全部现浇，如图 6-1a 所示。装配整体式框架结构梁柱构件预制，节点域范围内或节点域与部分梁现浇，如图 6-1b 和图 6-1c 所示。

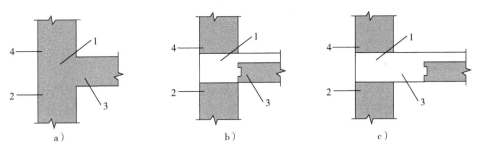

图 6-1　梁柱连接节点示意
1—节点域　2—下层柱　3—框架梁　4—上层柱

（6）设计理念不同

1）装配式框架结构构件截面比现浇结构梁柱截面大。《装标》5.6.3 规定，预制柱的设计应满足现行国家标准《混规》的要求，并应符合下列规定：矩形截面柱边长不宜小于 400mm，圆形截面柱直径不宜小于 450mm，且不小于同方向梁宽度的 1.5 倍。这样有助于构件统一和钢筋排布。

2）钢筋直径大、间距大。《装标》5.6.3 第三条规定：柱纵向受力钢筋的直径不宜小于 20mm，纵向受力钢筋的间距不宜大于 200mm，不应大于 400mm。

柱梁结构体系宜多采用大直径、高强度钢筋和高强度的混凝土，简化结构的连接。便于预制构件的生产、安装。

（7）图样设计不同

装配式框架结构设计除完成现浇设计外，还需要进行下列设计：

1）结构拆分设计。

2）构件设计。

3）连接设计。

4）预埋件设计，见第 13 章。

此外还需要对构件在脱模、存储、运输及吊装等进行设计。

 74. 装配式柱梁体系结构设计有哪些内容？

（1）概念设计

1）结构体系选择。

2）高度、高宽比设计，具体见 73 问（表 6-3、表 6-4）。

3）结构平面布置设计，《装规》6.1.5 条要求平面布置宜简单、规则、对称，质量、刚度分布宜均匀，不应采用严重不规则的平面布置。装配式建筑宜选择大柱网、大跨度的结构布置方式。

4）结构竖向布置设计，《装规》6.1.6 条要求竖向布置连续、均匀，避免抗侧力结构的侧向刚度和承载力侧向突变。

5）柱梁结构涉及的剪力墙设计，当柱子不能满足水平作用和水平刚度要求时，需要增加单片剪力墙或者核心筒。需要对剪力墙与剪力墙核心筒进行设计。

6）转换层结构设计，建筑底层需要大空间（做商场或酒店等）而上层不需要大空间（做住宅等）时，需要做转换层。

7）选择合适的连接方式，柱梁结构体系柱子连接高层一般采用灌浆套筒连接，低多层连接方式较多。有挤压套筒连接、浆锚搭接、螺栓连接和焊接等。梁与柱子连接一般采用注胶套筒连接、挤压套筒连接等方式。

（2）结构承载力计算及设计

1）装配整体式框架结构构件抗震设计满足《装规》6.1.3 条中装配式框架结构设计的相关要求。对一、二、三级抗震等级的装配整体式框架，应进行梁柱节点核心区的抗剪承载力验算；对四级抗震等级可不进行验算。

2）对叠合梁竖向接缝抗剪承载力进行验算。

3）地震设计情况下，对预制柱底水平缝抗剪承载力进行验算。

4）对于结构构件还需要对其进行脱模、存放、运输和吊装的承载力计算。

（3）构造设计

装配整体式框架结构节点连接设计，装配式框架结构节点包括中柱与梁的连接节点、边柱与梁的连接节点、基础与柱的连接节点、框架主梁与次梁的连接节点等。

（4）设计内容

本章 73 问中第（7）条包含的设计内容。

 75. 柱梁体系拆分有什么规定、原则、技巧？哪些部位必须现浇？

（1）拆分规定

框架结构的拆分应满足下列规定：

1）框架结构的首层柱宜采用现浇混凝土。高层建筑装配整体式框架结构，首层的剪切变形远大于其他各层；震害表明，首层柱出现塑性铰的框架结构，其倒塌可能性大。试验研究表明，预制柱底的塑性铰与现浇柱底的塑性铰有一定的差别。在目前设计和施工经验尚不充足的情况下，高层建筑框架结构的首层柱宜采用现浇柱，以保证结构的抗地震倒塌能力。

2）当底部加强部位的剪力墙、框架结构的首层柱采用预制混凝土时，应采用可靠的技术措施。当底部加强部位的剪力墙、框架结构的首层柱采用预制混凝土时，应进行专门的研究和论证，采取特别的加强措施，严格控制构件加工和现场施工质量。在研究和论证过程中，应重点提高连接接头性能，优化结构布置和构造措施，提高关键构件和部位的承载能力，尤其是柱底接缝与剪力墙水平接缝的承载能力，确保实现"强柱弱梁"的目标，并对大震作用下的首层柱和剪力墙底部加强部位的塑性发展进行控制。必要时进行试验验证。

（2）拆分原则

1）框架结构构件拆分部位宜设置在构件受力最小部位。

2）梁与柱的拆分节点要注意避开塑性铰出现位置，具体见本章 94 问规定。

3）框架结构构件拆分考虑到构件生产与安装可实现性和便利性，如框架柱拆分点设置在层高处，框架梁的拆分点设置在梁柱节点区或附近。

4）框架结构构件拆分按生产能力，比如工厂台模尺寸、起重机的吨位和厂房高度等是否满足构件生产要求。

5）框架结构构件拆分要考虑运输工具和道路限制。

6）框架结构构件拆分要考虑到模具种类及复杂程度，做到规格少、构件外形简洁。

（3）拆分技巧

拆分设计中的灵活性非常重要。在遵循基本原则的前提下，针对具体项目实际条件和特点，因地制宜地进行拆分，是做好拆分设计的关键。笔者在与日本结构设计师交流时，对他们不因循传统和习惯，尽最大可能在拆分中实现经济合理的目标印象极深，比如某项工程的起重机吨位大，他们就会拆分成跨层柱板或柱梁一体化构件，充分利用设备优势，减少连接节点和吊装频度；如果建筑立面设计的门窗洞口较大，他们就不采用外挂墙板，而是从柱子上伸出袖板，梁伸出腰板和垂板，围成门窗洞口。

1）图 6-2 所示拆分方法是在 PC 柱、梁结合部位，叠合梁和叠合楼板的结合部位后浇筑混凝土。拆分时，每根预制柱的长度为一层，连接套筒预埋在柱底；梁主筋连接通常是在柱距的中心部位进行后浇筑混凝土，钢筋连接方式为注胶套筒连接，也可采用机械套筒连接。

2）图 6-3 拆分方式，考虑到三维构件运输困难，可选择在现场预制。日本的通常做法是在工厂单独生产柱、梁，然后将它们运至现场后组装成三维构件。

3）外部框架用三维 PC 构件，内部框架在工厂制造莲藕型 PC 构件（见图 6-4）

4）要实现工厂制作，就必须考虑运输问题，单向的梁基本不存在问题，但是当遇到双向交叉十字形梁结构时，必须把十字形的梁一侧调整到运输车辆的车宽以下。也就是说，只能把由梁与楼板连接区域至梁主筋的突出长度缩短，梁主筋的连接位置会因此调整成为梁的端部（图 6-5）。

5）图 6-6 是应用梁端部连接、柱 2 层层高 1 节的拆分方法。框架 PC 柱交替制成 2 层的拆分效果。梁的连接部位为每跨有 1 个；而柱的连接部位则为每两层有 1 个。与普通 1 节通过连接柱之间的两跨为一体的莲藕梁及楼板连接区域一体化的 PC 构件，可以取得合理的 PC 的拆分法相比，可以减少一半的连接套筒的使用量，因此比较经济。PC 构件的数量减少了，施工速度也得到了提高。但每个构件单体质量却会增大，因此需要适当地提高塔式起重机的吊装能力。

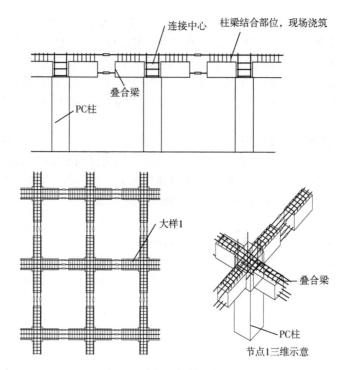

图 6-2　常规柱梁体系拆分法

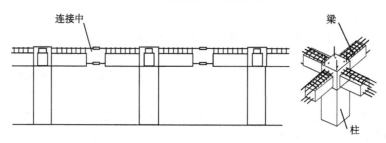

图 6-3　柱梁一体化三维 PC 构件拆分法

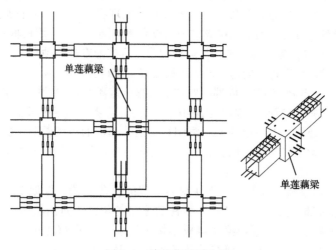

图 6-4　单莲藕梁拆分法

6）图 6-7 为十字形莲藕梁。由于三维柱梁构件无法运输，可在工厂制作十字形 PC 梁，中间部位是莲藕柱，留有像莲藕一样的预留孔，以便柱子主筋能够穿过。

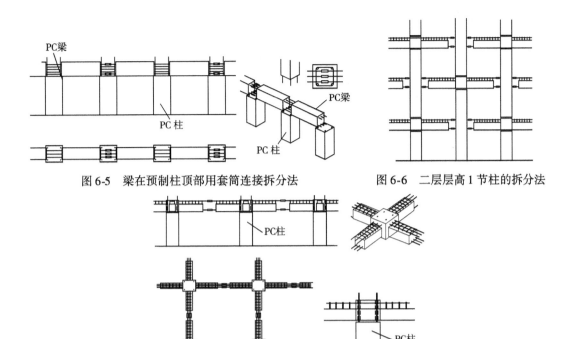

图 6-5　梁在预制柱顶部用套筒连接拆分法　　　　图 6-6　二层层高 1 节柱的拆分法

图 6-7　十字形连耦梁拆分法

7）图 6-8 是梁浇筑通柱拆分法，柱及梁主筋一体化在工厂预制、梁后浇筑混凝土的组合施工方法，柱到梁与楼板的连接区域一体化装配式建筑。适用于单、双两向咬合结构，即使在 X、Y 方向上的梁高不同，也具有易于施工的特点。

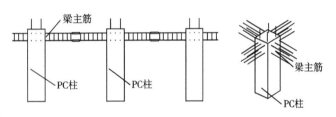

图 6-8　梁浇筑通柱预制拆分法

8）图 6-9 是两跨梁一起预制，节点核心区现浇的拆分方法。这种方法柱子是一层一个柱，梁是两跨一根梁。梁与梁柱节点核心区采用注胶套筒连接，这种拆分方法构件制作简单，安装方便。

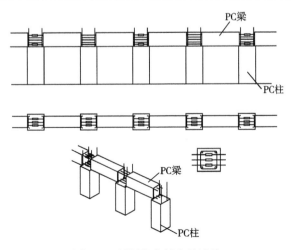

图 6-9　预制柱底部套筒连接

（4）现浇部位

1）装配式框架结构叠合梁与叠合楼板的连接必须采用现浇连接。

2）当梁柱构件独立，拆分点在梁柱节点域内，梁柱连接节点域必须现浇。

3）叠合楼板面层必须现浇。

76. 框架结构 PC 柱纵向钢筋如何连接？

（1）框架结构 PC 柱的连接方式

框架结构 PC 柱的连接方式主要有三种，即灌浆套筒连接、浆锚搭接连接和后浇混凝土（机械套筒或注胶套筒）连接。

1）套筒灌浆连接方式。

①下柱钢筋直接穿入上柱套筒灌浆连接，如图 6-10 所示。

②下柱钢筋穿过连藕梁孔后再深入套筒的灌浆连接方式如图 6-11 所示。

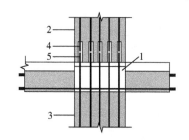

图 6-10　预制柱底部套筒连接
1—现浇区　2—上层柱　3—下层柱　4—套筒
5—下层柱连接钢筋

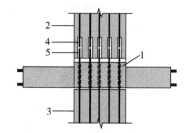

图 6-11　预制柱底部套筒连接图
1—连藕梁　2—上层柱　3—下层柱　4—套筒
5—下层柱连接钢筋

2）浆锚搭接连接方式。

①螺旋箍筋浆锚搭接方式。

②金属波纹管浆锚搭接方式。

3）后浇混凝土钢筋连接。后浇混凝土连接详细见第 3 章 38 问。

（2）规范规定

1）行业标准《装规》7.1.2 关于框架结构钢筋连接的规定。

①当房屋高度不大于 12m 或层数不超过 3 层时，可采用套筒连接、浆锚搭接、焊接等连接方式。

②当房屋高度大于 12m 或层数超过 3 层时，宜采用套筒灌浆连接。

2）纵向钢筋采用套筒灌浆连接时《装规》6.5.3 规定。

①接头应满足行业标准《钢筋机械连接技术规程》（JGJ 107—2010）中的 I 级接头的性能要求，并应符合国家现行有关标准的规定。

②预制剪力墙中钢筋接头处套筒外侧钢筋的混凝土保护层厚度不应小于 15mm，预制柱中钢筋接头处套筒外侧箍筋的混凝土保护层厚度不应小于 20mm。

③套筒之间的净距不应小于 25mm。

3）《装规》6.5.4 规定：

纵向钢筋采用浆锚搭接连接时，对预留孔成孔工艺、孔道形状和长度、构造要求、灌浆料和被连接钢筋，应进行力学性能以及适用性的试验验证。直径大于 20mm 的钢筋不宜采用浆锚搭接连接，直接承受动力荷载构件的纵向钢筋不应采用浆锚搭接连接。

77. 为什么装配整体式框架结构PC柱水平接缝处不宜出现拉力？设计中如何实现？

（1）不宜出现拉应力的原因

1）《装规》7.1.3 条规定装配整体式框架结构中，预制柱（PC柱）水平接缝处不宜出现拉力。

2）PC柱底水平接缝的受剪承载力包括新旧混凝土结合面的粘结力、粗糙面或键槽的抗剪能力（框架柱底面设置键槽时）、轴压产生的摩擦力、梁纵向钢筋的销栓抗剪作用或摩擦抗剪作用，其中后两者是主要抗剪承载力来源。

在非抗震设计时，柱底剪力通常较小，不需要验算。地震往复作用下，混凝土自然粘结及粗糙面的受剪承载力丧失较快，计算中不考虑其作用。

当PC柱水平接缝出现拉力时，轴压产生的摩擦力消失了，同时由于受拉力作用，对钢筋的销栓抗剪作用或摩擦抗剪作用也削弱，这对框架柱水平缝的抗剪承载力是不利的。

3）PC柱水平接缝出现拉力，说明这个框架柱本身受拉，另一侧的柱子压力就增大很多，这就导致柱子截面增大，不符合设计的经济性原则。

综上所述，装配整体式框架结构PC柱水平接缝处不宜出现拉力。

（2）避免结构出现受拉的措施

1）采用小的结构高宽比。

2）结构质量和刚度平面分布均匀。

3）结构竖向质量和刚度竖向分布均匀。

78. 什么情况下进行梁柱节点区抗震受剪承载力验算？如何验算？

1）什么情况下进行梁柱节点区域抗震受剪承载力验算？

《装标》6.6.1 规定，装配整体式框架梁柱节点核心区抗震受剪承载力验算和构造应符合现行国家标准《混规》的有关规定。

《装规》7.2.1 条规定，对一、二、三级抗震等级的装配整体式框架，应进行梁柱节点核心区抗震受剪承载力验算；对四级抗震等级可不进行验算。进行验算的主要是确保节点核心区截面抗震受剪承载力验算，实现"强节点弱构件"目标，保证结构的安全性。

2）如何验算？

《抗规》6.2.14 规定，框架节点核心区的抗震验算应符合下列要求：

①一、二、三级框架的节点核心区应进行抗震验算；四级框架的节点核心区可不进行抗震验算，但应符合抗震构造措施要求。

②核心区截面抗震验算方法应符合本规范附录D的规定。

③还可以用PKPM软件计算。

79. 什么是叠合梁？如何设计叠合梁？

1）什么是叠合梁？

预制混凝土梁顶部在现场后浇混凝土而形成的整体受弯梁，简称叠合梁。叠合梁身下部预制，上部后浇混凝土。叠合梁通常与叠合楼板配合使用，浇筑成整体楼盖。

2）如何设计叠合梁？

①叠合梁的强度设计。

A. 叠合梁承载力按现浇梁计算，配筋按现浇梁配筋。

B. 预制梁需要进行脱模、存放、吊装的承载力计算，动力系数取值见本章84问。

②截面选取。

A. 叠合梁后浇层厚度与叠合楼板厚度相互协调。

B. 叠合梁预制部分高度一般不小于梁高的40%，后浇混凝土层的厚度不宜小于100mm，如图6-12所示。

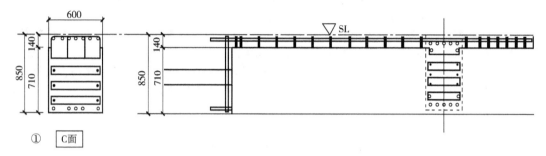

① C面

图6-12　预制梁制作图

C. 叠合梁预制部分称为预制梁，预制梁有矩形截面预制梁和凹口截面预制梁（图6-13）。凹口截面预制梁与后浇混凝土结合面面积大，新旧混凝土连接性能好。

③叠合梁构造设计见84、85问。

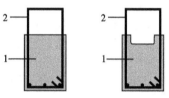

图6-13　预制梁
a）平口截面　b）凹口截面
1—预制梁　2—箍筋

80. 叠合梁端竖向接缝受剪承载力如何计算？

（1）行业标准《装规》规定叠合梁梁端竖向接缝需要进行竖向受剪承载力验算

（2）叠合梁梁端竖向接缝抗剪承载力类型

叠合梁端的结合面主要包括框架梁与节点区的结合面、梁自身的结合面以及次梁与主梁的结合面。结合面的受剪承载力组成主要包括：新旧混凝土结合面的粘结力、键槽的抗剪承载力、后浇混凝土叠合层的抗剪能力、梁纵向钢筋的销栓抗剪作用。

（3）叠合梁竖向缝承载力计算

《装规》7.2.2规定，叠合梁端竖向接缝的受剪承载力设计值应按下列公式计算：

持久设计状况

$$V_u = 0.07f_cA_{cl} + 0.10f_cA_k + 1.65A_{sd}\sqrt{f_cf_y}$$

（6-1）[《装规》式(7.2.2-1)]

地震设计状况

$$V_{uE} = 0.04f_cA_{cl} + 0.06f_cA_k + 1.65A_{sd}\sqrt{f_cf_y}$$

（6-2）[《装规》式(7.2.2-2)]

式中　A_{cl}——叠合梁端截面后浇混凝土叠合层截面面积；

f_c——预制构件混凝土轴心抗压强度设计值；

f_y——垂直穿过结合面钢筋抗拉强度设计值；

A_k——各键槽的根部截面面积（图 6-14）之和，按后浇键槽根部截面和预制键槽根部截面分别计算，并取二者的较小值；

A_{sd}——垂直穿过结合面所有钢筋的面积，包括叠合层内的纵向钢筋。

竖向接缝抗剪承载力不考虑新旧混凝土结合面的自然粘结作用，是偏于安全的。取混凝土抗剪键槽的受剪承载力、后浇层混凝土叠合层的受剪承载力、穿过结合面的钢筋的销栓抗剪作用之和，作为混凝土结合面的受剪承载力。地震往复作用下，对后浇层混凝土部分的受剪承载力进行折减，参照混凝土斜截面受剪承载力设计方法，折减系数取 0.6。

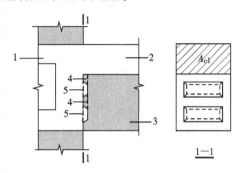

图 6-14　叠合梁端受剪承载力计算参数示意
1—后浇节点区　2—后浇混凝土叠合层　3—预制梁
4—预制键槽根部截面　5—后浇键槽根部截面

（4）装配式建筑的软件计算

国内营建科、PKPM 软件有装配式建筑设计模块，对应的预制柱、叠合梁、叠合楼板都有计算功能，如图 6-15 所示。

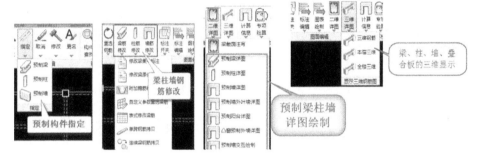

图 6-15　装配式建筑设计模块

1）预制梁设计流程。

①读取计算结果，先按普通梁选配钢筋。

②在预制构件施工图菜单指定预制梁构件（图 6-16 ~ 图 6-18），并进行预制梁的端部构造等参数设置。

图 6-16　预制梁三维显示

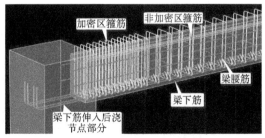

图 6-17　预制梁钢筋三维显示

③软件对预制梁重新选筋和归并，并在平法图上标注预制梁编号。

④自动进行梁的预制部分构造设计，包括梁的下部纵向钢筋、腰筋、箍筋等，对梁的上部现浇部分纵筋在梁平法图上表示。

⑤预制梁的编辑修改（包括预制梁的合并、拆分）。

⑥绘制预制梁详图。

⑦梁端部抗剪承载力计算书。

⑧梁的预制率统计。

2）预制柱设计流程。

①读取计算结果，先按普通柱选配钢筋。

②在预制构件施工图菜单指定预制柱构件（图6-18～图6-21）。

③预制柱选筋和归并，并在平法图上标注预制柱构件。

④自动进行预制柱内的纵筋、箍筋的布置，可人工修改；纵筋下部的套筒连接接头构造，纵筋上部的伸出长度。

⑤绘制预制柱详图。

⑥进行预制柱底水平接缝的受剪承载力验算。

⑦柱的预制率统计。

⑧预制柱入库管理，可对库中的任一预制柱编辑修改。

⑨预制柱三维钢筋显示。

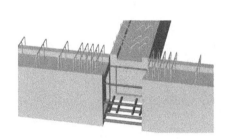

图6-18　预制梁节点三维显示

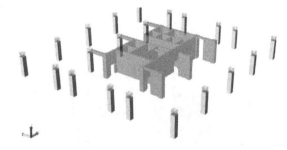

图6-19　预制柱三维显示

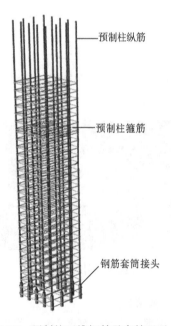

图6-20　预制柱三维钢筋及套筒显示

图6-21　预制柱节点三维显示

81. 型钢混凝土叠合梁竖向接缝受剪承载力如何计算？

1）型钢混凝土叠合梁，梁端竖向接缝需要进行竖向受剪承载力验算。

2）型钢混凝土叠合梁的定义。型钢混凝土叠合梁是指钢筋混凝土截面内配置型钢的叠合梁（图6-22）。叠合梁截面尺寸设计参照79问。

3）型钢混凝土叠合梁端竖向接缝的抗剪承载力设计值应按下列公式计算：

持久设计状况

$$V_u = 0.07f_c A_{c1} + 0.10f_c A_k + 1.65 A_{sd} \sqrt{f_c f_y} + 0.58f_s t_w h_w \quad (6\text{-}3)$$

地震设计状况

$$V_u = 0.04f_c A_{c1} + 0.06f_c A_k + 1.65 A_{sd} \sqrt{f_c f_y} + 0.58f_s t_w h_w \quad (6\text{-}4)$$

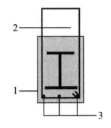

图 6-22　预制梁
1—预制梁　2—型钢　3—钢筋

式中　f_y——型钢抗拉强度设计值；

t_w——型钢腹板厚度；

h_w——型钢腹板高度。

公式参照现行行业标准《组合结构设计规范》（JGJ 138—2016）的式（6.6.4-1），考虑了型钢部分的承载力。型钢部分对受剪承载力的贡献为型钢腹板部分的受剪承载力，其值与腹板强度、腹板含量有关，还需要试验验证。

82. 地震设计状态下，预制柱底水平缝的受剪承载力如何计算？

(1)《装规》规定

行业标准《装规》规定预制柱底力需要进行水平接缝的受剪承载力验算。

(2) 受剪承载力类型

预制柱底水平接缝的受剪承载力的组成主要包括：新旧混凝土结合面的粘结力、粗糙面或键槽的抗剪能力、轴压产生的摩擦力、梁纵向钢筋的销栓抗剪作用或摩擦抗剪作用。

(3) 叠合梁竖向缝承载力计算

《装规》7.2.3 规定，预制柱底水平接缝的受剪承载力设计值应按下列公式计算：

1）当预制柱受压时：

$$V_{uE} = 0.8N + 1.65 A_{sd} \sqrt{f_c f_y} \qquad (6\text{-}5)\,[《装规》式(7.2.3\text{-}1)]$$

2）当预制柱受拉时：

$$V_{uE} = 1.65 A_{sd} \sqrt{f_c f_y \left[1 - \left(\frac{N}{A_{sd} f_y}\right)^2\right]} \qquad (6\text{-}6)\,[《装规》式(7.2.3\text{-}2)]$$

式中　f_c——预制构件混凝土轴心抗压强度设计值；

f_y——垂直穿过水平结合面钢筋抗拉强度设计值；

N——与剪力设计值 V 相应的垂直于水平结合面的轴向力设计值，取绝对值进行计算；

A_{sd}——垂直穿过水平结合面所有钢筋的面积；

V_{uE}——地震设计状况下接缝受剪承载力设计值。

在非抗震设计时，柱底剪力通常较小，不需要验算。地震往复作用下，混凝土自然粘结及粗糙面的受剪承载力丧失较快，计算中不考虑其作用。

当柱受压时，计算轴压产生的摩擦力时，柱底接缝灌浆层上下表面接触的混凝土均有粗糙面及键槽构造，因此摩擦系数取0.8。钢筋销栓作用的受剪承载力计算公式与上一条相同。当柱受拉时，没有轴压产生的摩擦力，且由于钢筋受拉，计算钢筋销栓作用时，需要根据钢筋中受拉应力结果对销栓抗剪承载力进行折减。

承载力计算在结构设计软件中如何实现见本章80问。

83. 地震设计状态下，型钢混凝土预制柱底水平缝的受剪承载力如何计算？

（1）规定

型钢混凝土预制柱，柱底水平缝需要进行受剪承载力验算。

（2）型钢混凝土预制柱的定义

型钢混凝土预制柱是指钢筋混凝土截面内配置型钢的预制柱（图6-23）。

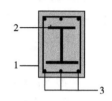

图6-23　预制柱

1—预制柱　2—型钢　3—钢筋

（3）受剪承载力计算

在地震设计状况下，型钢混凝土预制柱底水平接缝的受剪承载力设计值应按下列公式计算：

1）当柱受压时：

$$V_{uE} = 0.8N + 1.65A_{sd}\sqrt{f_c f_y} + 0.58f_s t_w h_w \tag{6-7}$$

2）当柱受拉时：

$$V_{uE} = 1.65A_{sd}\sqrt{f_c f_y \left[1 - \left(\frac{N}{A_{sd}f_y}\right)^2\right]} + 0.58f_s t_w h_w \tag{6-8}$$

式中　f_y——型钢抗拉强度设计值；

t_w——型钢腹板厚度；

h_w——型钢腹板高度。

参照现行行业标准《组合结构设计规范》（JGJ 138—2016）考虑了型钢部分的承载力，且只考虑型钢腹板部分的受剪承载力。具体系数回归还缺乏试验数据验证，所以有足够的工程经验或试验数据做支撑情况下可以使用。

84. 叠合梁设计应符合哪些规定？构造设计有什么要求？箍筋配置有什么规定？

（1）《装规》规定

《装规》7.2.4混凝土叠合梁的设计应符合本规程和现行国家标准《混规》中的有关规定。

1）《混规》9.5.2中规定叠合梁的叠合层混凝土的厚度不宜小于100mm，混凝土的强度等级不宜低于C30。预制梁的箍筋应该全部深入叠合层，且各肢深入叠合层的长度不宜小于10d，d为箍筋直径。预制梁顶面应做成凹差不小于6mm的粗糙面。

2）《混规》9.6.2中规定预制混凝土构件在生产、施工过程中应按实际工况的荷载、计算简图、混凝土实体强度进行施工阶段验算，验算时应将构件自重乘以相应的动力系数：对模具翻转、吊装、运输时可乘以1.5，临时固定时可以取1.2。动力系数尚可以根据具体情况适当增减。

（2）叠合梁构造

《装规》7.3.1 对矩形叠合梁和凹形叠合梁的截面构造进行详细的规定，具体见本章第 85 问。

（3）配筋规定

《装标》5.6.2 对叠合梁的箍筋配置做了下列规定：

1）抗震等级为一、二级的叠合框架梁的梁端箍筋加密区宜采用整体封闭箍筋；当叠合梁受扭时宜采用整体封闭箍筋，且整体封闭箍筋的搭接部分宜设置在预制部分（图 6-24a）。

2）当采用组合封闭箍筋（图 6-24b）时，开口箍筋上方两端应做成 135°弯钩，对框架梁弯钩平直段长度不应小于 10d（d 为箍筋直径），次梁弯钩平直段长度不应小于 5d。现场应采用箍筋帽封闭开口箍，箍筋帽宜两端做成 135°弯钩，也可做成一端 135°另一端 90°弯钩，但 135°弯钩和 90°弯钩应沿纵向受力钢筋方向交错设置，框架梁弯钩平直段长度不应小于 10d（d 为箍筋直径），次梁 135°弯钩平直段长度不应小于 5d，90°弯钩平直段长度不应小于 10d。这条中有关箍筋弯钩平直段长度《装规》规定，非抗震时，箍筋弯钩平直段长度不应小于 5d；抗震设计时弯钩平直段长度不应小于 10d。区别在于前者是按主次梁划分，后者是按是否抗震来分别规定箍筋弯钩平直段长度。

框架梁箍筋加密区长度内的箍筋肢距：一级抗震等级，不宜大于 200mm 和 20 倍的箍筋直径较大值，且不应大于 300mm；二、三级抗震等级，不宜大于 250mm 和 20 倍的箍筋直径的较大值，且不应大于 350mm；四级抗震等级，不宜大于 300mm，且不应大于 400mm。

文中"组合式封闭箍"是指 U 形的下开口箍和 Π 形的上开口箍，共同组合形成的组合式封闭箍。组合式封闭箍便于提升现场钢筋安装效率与质量。当采用闭口箍筋不便安装上部纵筋时，可采用组合封闭箍筋。

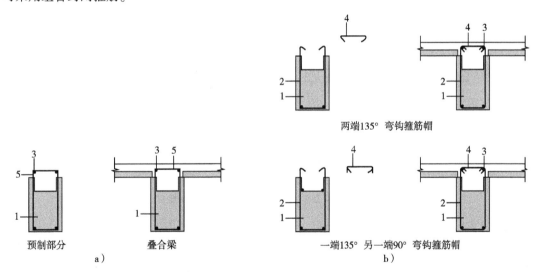

两端135° 弯钩箍筋帽

预制部分　　　　　叠合梁　　　　　　　　　一端135° 另一端90° 弯钩箍筋帽

a）　　　　　　　　　　　　　　　　　　　　　　　　b）

图 6-24　叠合梁箍筋构造示意（《装标》图 5.6.2）
a）采用整体封闭箍筋的叠合梁　b）采用组合封闭箍筋的叠合梁
1—预制梁　2—开口箍筋　3—上部纵向钢筋　4—箍筋帽　5—封闭箍筋

在采用叠合梁时，施工条件允许的情况下，箍筋采用整体封闭箍筋。当采用整体封闭箍筋无法安装上部钢筋时，可以采用组合封闭箍筋，即开口箍加箍筋帽的形式。但箍筋帽弯钩 90°和弯钩 135°要交错布置。另外受扭叠合梁和框架梁端箍筋加密区不宜和不建议采用。

《辽标》7.3.3 规定，当预制梁上板的搁置长度大于梁箍筋混凝土保护层厚度时可采用下列构造。

采用设置挑耳（图6-25a）方式时，挑耳高度应计算确定且不宜小于预制板厚度；挑耳挑出长度应满足预制板搁置长度要求；挑耳内应设置纵向钢筋和伸入梁内的箍筋，纵向钢筋和箍筋的直径分别不应小于12mm和8mm；采用设置U形插筋（图6-25b）方式时，插筋直径、间距宜同预制梁箍筋；预制板端后浇混凝土接缝宽度不宜小于50mm，且不应考虑其叠合效应。

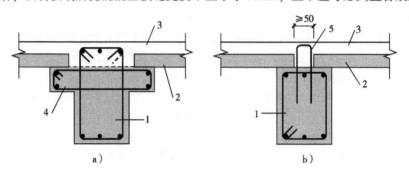

图6-25　板搁置程度较大时梁构造示意

1—预制梁　2—预制板　3—后浇混凝土叠合层　4—梁挑耳　5—U形插筋

85. 叠合框架梁后浇区构造设计有什么规定？采用对接连接时须符合什么规定？

1）《装规》7.3.1条要求：装配整体式框架结构中，当采用叠合梁时，框架梁的后浇混凝土叠合层厚度不宜小于150mm（图6-26a），次梁的后浇混凝土叠合层厚度不宜小于120mm；当采用凹口截面预制梁时（图6-26b），凹口深度不宜小于50mm，凹口边厚度不宜小于60mm。

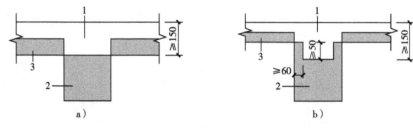

图6-26　叠合框架梁截面示意（《装规》图7.3.1）

a）矩形截面预制梁　b）凹口截面预制梁

1—后浇混凝土叠合层　2—预制梁　3—预制板

当叠合板的总厚度小于叠合梁的后浇混凝土叠合层厚度要求时，预制部分可采用凹口截面形式，增加梁的后浇层厚度。预制梁也可采用其他截面形式，如倒T形截面或传统的花篮梁的形式等。

2）《装规》7.3.3叠合梁可采用对接连接（图6-27），并应符合下列规定：

①连接处应设置后浇段，后浇段的长度应满足梁下纵向钢筋连接作业的空间需求。

②梁下部纵向钢筋在后浇段内宜采用机械连接（加长丝扣型直螺纹接头）、套筒灌浆连接或焊接连接。

③后浇段内的箍筋应加密，箍筋间距不应大于5d（d为纵

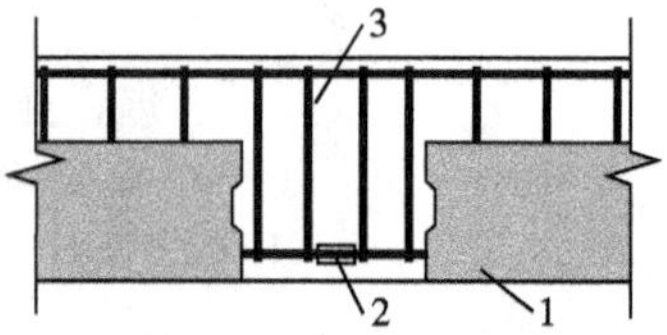

图6-27　叠合梁连接节点示意
（《装规》图7.3.3）

1—预制梁　2—钢筋连接接头
3—后浇段

向钢筋直径），且不应大于100mm。

当梁的下部纵向钢筋在后浇段内采用机械连接时，一般只能采用加长丝扣型直螺纹接头，滚轧直螺纹加长丝扣在安装过程中存在一定的困难（主要是对位存在困难），丝扣存在间隙，受力情况下存在微滑移等现象，无法达到一级接头的性能指标。机械连接套筒连接还有挤压套筒连接和注浆套筒连接。挤压套筒连接需要液压钳，注浆套筒数量多、水平注浆量大、质量不易保证。都有各自的优缺点。新型的机械连接接头也正在研发中。

86. 主梁与次梁连接有什么规定？

《装规》7.3.4条规定，主梁与次梁采用后浇段连接时，应符合下列规定：

1）在端部节点处，次梁下部纵向钢筋伸入主梁后浇段内的长度不应小于$12d$。次梁上部纵向钢筋应在主梁后浇段内锚固。当采用弯折锚固（图6-28a）或锚固板时，锚固直段长度不应小于$0.6l_{ab}$；当钢筋应力不大于钢筋强度设计值的50%时，锚固直段长度不应小于$0.35l_{ab}$；弯折锚固的弯折后直段长度不应小于$12d$（d为纵向钢筋直径）。

2）在中间节点处，两侧次梁的下部纵向钢筋伸入主梁后浇段内长度不应小于$12d$（d为纵向钢筋直径）；次梁上部纵向钢筋应在后浇层内贯通（图6-28b）。

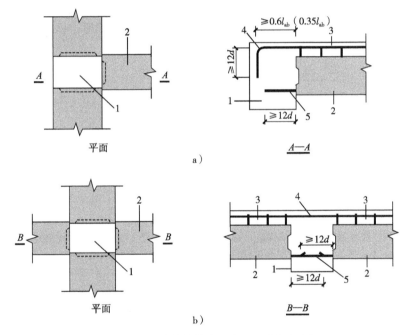

图6-28　主次梁连接节点构造示意（《装规》图7.3.4）

a）端部节点　b）中间节点

1—主梁后浇段　2—次梁　3—后浇混凝土叠合层　4—次梁上部纵向钢筋　5—次梁下部纵向钢筋

对于叠合楼盖结构，次梁与主梁的连接可采用后浇混凝土节点，即主梁上预留后浇段，混凝土断开而钢筋连续，以便穿过和锚固次梁钢筋。当主梁截面较高且次梁截面较小时，主梁预制混凝土也可不完全断开，采用预留凹槽的形式供次梁钢筋穿过。次梁的端部可以设计为刚接和铰接。次梁的钢筋在主梁内采用锚固板的方式锚固时，锚固长度根据现行行业标准《钢筋锚固板应用技术规程》（JGJ 256—2011）确定。

87. 预制柱设计有什么规定？

(1)《装标》规定

《装标》5.6.3 条规定，预制柱的设计应符合现行国家标准《混规》的要求，并应符合下列规定：

1) 矩形柱截面宽度或圆柱直径不宜小于 400mm，圆形截面柱直径不宜小于 450mm，且不宜小于同方向梁宽的 1.5 倍；采用较大直径钢筋及较大的柱截面，可以减少钢筋的根数，增大间距，便于钢筋连接及节点区域钢筋布置。要求柱截面宽度大于同方向梁宽度 1.5 倍，有利于避免节点区梁钢筋和柱钢筋的位置冲突，便于安装施工。

2) 纵向受力钢筋在柱子底部连接时，柱子的箍筋加密区长度不应小于纵向受力钢筋连接区域长度与 500mm 之和；当采用套筒灌浆连接或浆锚搭接连接方式时，套筒或搭接段上端第一道箍筋距离套筒或搭接段顶部不应大于 50mm（图 6-29）。中国建筑科学研究院与同济大学等单位研究表明，套筒连接区域柱子的强度与刚度较大，柱子产生塑性铰的区域可能会上移到套筒连接区域以上，为了保证这个区域的延性，采用箍筋加密。

3) 柱纵向受力钢筋直径不宜小于 20mm，纵向受力钢筋的间距不宜大于 200mm 且不应大于 400mm。柱的纵向受力钢筋可集中于四角配置且宜对称布置。柱中可设置纵向辅助钢筋且直径不宜小于 12mm 和箍筋直径；当正截面承载力计算不计入辅助钢筋时，纵向辅助钢筋可不伸入框架节点（图 6-30）。

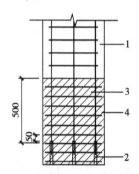

图 6-29　柱底箍筋加密区域构造示意
1—预制柱　2—连接接头（或钢筋连接区域）
3—加密区箍筋　4—箍筋加密区（阴影区域）

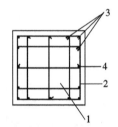

图 6-30　柱集中配筋构造平面示意
1—预制柱　2—箍筋　3—纵向受力钢筋
4—纵向辅助钢筋

现行国家标准《抗规》和《混规》规定：框架柱的纵向受力钢筋间距不宜大于 200mm，但在日本、美国规范中并无类似的规定。中国建筑科学研究院进行了较大间距纵向钢筋框架柱抗震性能试验，以及装配式框架梁柱节点的试验。试验表明，当柱的纵向受力钢筋面积相同时，纵向钢筋间距 480mm 和 160mm 的柱，其承载力和延性基本一致，均可采用现行规范中的方法进行设计。

4) 预制柱箍筋可采用连续复合箍筋。

当纵向钢筋间距较大导致箍筋肢距不满足现行规范要求时，可在受力总行钢筋之间设置辅助纵筋，可采用拉筋、菱形箍筋等形式，为了保证对混凝土的约束作用，纵筋辅助钢筋直径不宜过小。辅助纵筋可不伸入节点。为了保证柱的延性，建议采用复合箍筋。

(2)《辽标》规定

1) 灌浆套筒长度范围内箍筋宜采用连续复合箍或连续复合螺旋箍；如采用拉筋，其弯钩的弯折角度宜为180°。

2）灌浆套筒长度范围内外侧箍筋的混凝土保护层厚度不应小于20mm。

3）当在框架柱根部之外连接时，自灌浆套筒长度向上延伸300mm范围内，箍筋直径不应小于8mm，箍筋间距不应大于100mm。

88. 预制柱纵向钢筋套筒灌浆连接时的构造有什么规定？

《装规》7.3.6规定，采用预制柱及叠合梁的装配整体式框架中，柱底缝宜设置在楼面标高处（图6-31），并应符合下列规定：

1）后浇区节点混凝土上表面应设置粗糙面。

2）柱纵向受力钢筋应贯穿后浇节点区。

3）柱底接缝厚度宜为20mm，并应采用灌浆料填实。

采用套筒灌浆连接时，柱底接缝灌浆与套筒灌浆可以同时进行，采用同样的灌浆料一次完成。预制柱底部应有键槽，且键槽的形式应考虑到灌浆填缝时气体排出问题，应该采取可靠且经过实践检验的施工方法，确保柱底接缝灌浆的密实性。后浇节点上面设置粗糙面，增加灌浆层的粘结力及摩擦系数。

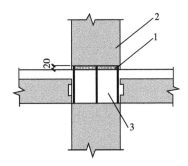

图6-31　预制柱底接缝构造示意（《装规》图7.3.6）
1—后浇节点区混凝土上表面粗糙面
2—接缝灌浆层　3—后浇区

20mm底部接缝的作用是调节墙体标高同时也能够使套筒连通，实现一次性注浆。调节标高方式有两种，一种是墙体底部设置调节标高预埋件与六角螺栓配合使用，调节标高（图6-32）。还有一种是采用调节标高专用垫块（图6-33）。

 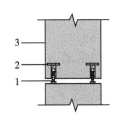

图6-32　预埋件调节标高示意图
1—六角螺栓　2—调节标高预埋件　3—预制柱

图6-33　专用调节标高垫块

89. 预制柱纵向钢筋挤压套筒连接时的构造有什么规定？

（1）挤压套筒连接介绍

套筒挤压连接（图6-34）是将需要连接的钢筋（应为带肋钢筋）端部插入特制的钢套筒内，利用挤压机压缩钢套筒，使它产生塑性变形，靠变形后的钢套筒与带肋钢筋的机械咬合紧固力来实现钢筋的连接。这种连接方法一般用于直径为 16～40mm 的 HRB335、HRBF335、HRB400、HRBF400、RRB400 钢筋，挤压方式分径向挤压和轴向挤压两种。具体可见：《钢筋机械连接技术规程》（JGJ 107—2016）。挤压套筒连接原理如图 6-35 所示，挤压套筒规格见表 6-5。

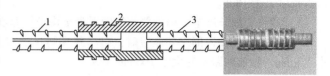

图 6-34　挤压套筒连接示意图
1—连接钢筋　2—挤压套筒　3—待连接钢筋

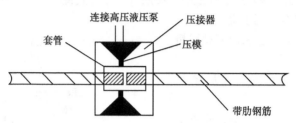

图 6-35　挤压套筒挤压连接工作原理图

表 6-5　挤压套筒规格

连接钢筋直径/mm	16	18	20	22	25	28	32	36	40
套筒直径/mm	32	34	36	40	45	50	57	63	70
套筒长度/mm	105	115	120	130	160	180	190	220	220

（2）挤压套筒连接构造

《装标》5.6.4 规定，上、下层相邻预制柱纵向钢筋采用挤压套筒连接时（图 6-36），柱底后浇段的箍筋应满足下列要求：

1）套筒上端第一道箍筋距离套筒顶部不应大于 20mm，柱底部第一道箍筋距离柱底面不应大于 50mm，箍筋间距不宜大于 75mm。

2）抗震等级为一、二级时，箍筋直径不应小于 10mm，抗震等级为三、四级时，箍筋直径不应小于 8mm。采用挤压套筒连接的预制柱底宜设置支腿，以便于上层预制柱的安装就位。

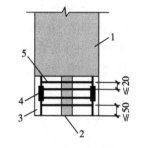

图 6-36　柱底后浇段箍筋配置示意
（《装标》图 5.6.4）
1—预制柱　2—支腿　3—柱底后浇段
4—挤压套筒　5—箍筋

挤压套筒用于装配式混凝土结构连接时，具有连接可靠、少用人工、施工质量现场可以检查等优点。施工现场采用机具对套筒进行挤压实现钢筋连接时，需要足够大的操作空间，因此，预制构件之间应该留有足够的后浇段，宜≥300mm。

90. 多层框架结构预制柱中间节点有什么构造？

关于多层框架结构预制柱中间节点连接采用后浇混凝土方式，《辽标》给出了关于节点构造的规定。《辽标》规定（图 6-37），柱底接缝在满足施工要求的前提下，宜尽量设置在靠近楼面标高以下 20mm 处，柱底面宜采用斜面；节点区可采用混凝土断开但纵向受力钢筋贯通的形式，此时节点区应增设交叉钢筋并应在预制柱上下侧混凝土内可靠锚固；交叉钢筋每侧应设置一片，其强度等级不宜小于 HRB400，其直径应按运输、施工阶段的承载力及变形要求计算确定，且不应小于 16mm；断开处预制柱底、顶均应设置键槽或粗糙面。

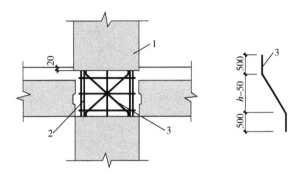

图 6-37 多层预制柱接缝构造示意（《辽标》图 7.4.1-2）
1—多层预制柱 2—柱纵向钢筋 3—交叉钢筋 *h*—梁高

 91. 多层预制框架预制柱底层与现浇基础如何连接？

《辽标》规定（图 6-38），多层预制框架预制柱底层与现浇基础连接时钢筋可采用套筒灌浆连接并应满足下列要求：

1）预制柱与基础连接时，柱底应设置抗剪键槽，柱底接缝厚度宜为 20mm，并采用灌浆料填实。

2）基础内的框架柱插筋下端宜做成直钩，并伸至基础底部钢筋网上，同时应满足锚固长度的要求，宜设置主筋定位架辅助主筋定位。

3）在基础顶面处伸出钢筋并与上层预制柱内纵筋采用套筒灌浆连接，预制柱底应设置键槽，基础顶面应设置粗糙面且凹凸深度不应小于 6mm。

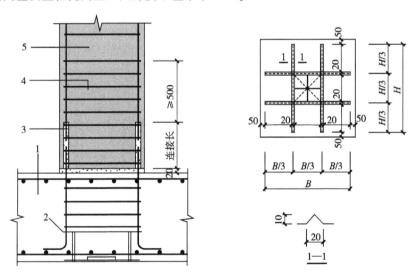

图 6-38 预制柱与基础连接及基础抗剪凹槽构造（《辽标》图 9.2.6.1）
1—基础 2—钢筋定位架 3—钢筋连接 4—加密区箍筋 5—预制柱

92. 预制柱与下层现浇结构如何连接？

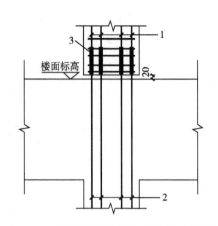

图6-39 预制柱与现浇结构连接示意图
1—上层预制柱主筋 2—下层现浇柱主筋 3—灌浆套筒

预制柱与下层现浇结构连接时钢筋可采用套筒灌浆连接并应满足下列要求：

1）下层柱应在节点顶面处伸出钢筋并与上层预制柱内纵筋采用套筒灌浆连接，预制柱底应设置键槽，柱底接缝厚度宜为20mm，并应采用灌浆料填实（图6-39）。

2）楼面与接缝处应设置粗糙面且凹凸深度不应小于6mm。

3）当上下层柱变截面时，柱纵筋可在节点区内弯折或锚固。

93. 梁、柱纵向钢筋在后浇区如何锚固、连接？如何避免后浇区钢筋间距过密影响混凝土浇筑？

1）《装规》7.3.7规定，梁、柱纵向钢筋在后浇节点区内采用直线锚固、弯折锚固或机械锚固的方式时，其锚固长度应符合现行国家标准《混规》中的有关规定；当梁、柱纵向钢筋采用锚固板时，应符合现行行业标准《钢筋锚固板应用技术规程》JGJ 256中的有关规定。

2）《装标》5.6.5规定，采用预制柱及叠合梁的装配整体式框架节点，梁纵向受力钢筋应伸入后浇节点区内锚固或连接，并应符合下列规定：

①对框架预制部分的腰筋不受扭矩时，可不伸入梁柱节点核心区。

②对框架中间层中节点，节点两侧梁下部纵向受力钢筋宜锚固在后浇节点区内（图6-40a），也可采用机械连接或焊接连接的方式连接（图6-40b）；梁的上部纵向受力钢筋应贯穿后浇节点区。

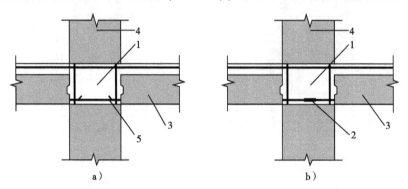

a)   b)

图6-40 预制柱及叠合梁框架中间层中节点构造示意（《装标》图5.6.5-1）
a) 梁下部纵向受力钢筋锚固 b) 梁下部纵向受力钢筋连接
1—后浇区 2—梁下部纵向受力钢筋连接 3—预制梁 4—预制柱 5—梁下部纵向受力钢筋锚固

③对框架中间层端节点，当柱截面尺寸不满足梁纵向受力钢筋的直线锚固要求时，宜采用锚固板锚固（图6-41）。

④对框架顶层中节点，梁纵向受力钢筋的构造应符合本条第2款的规定。柱纵向受力钢筋宜采用直线锚固；当梁截面尺寸不满足直线锚固要求时，宜采用锚固板锚固（图6-42）。

⑤对框架顶层端节点，柱宜伸出屋面并将柱纵向受力钢筋锚固在伸出段内（图6-43），柱纵向钢筋宜采用锚固板锚固方式，此时的锚固长度不应小于 $0.6l_{abE}$。伸出段内的箍筋直径不应小于 $d/4$（d 为柱纵向受力钢筋最大直径），伸出段内箍筋间距不应大于 $5d$（d 为柱纵向受力钢筋最小直径）且不应大于 $100mm$；梁的纵向受力钢筋应锚固在后浇节点区域内，且宜采用锚固板的锚固方式，此时的锚固长度不应小于 $0.6l_{abE}$。

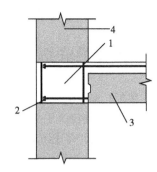

图6-41　预制柱及叠合梁框架中间层端节点
构造示意（《装标》图5.6.5-2）
1—后浇区　2—梁纵向受力钢筋锚固
3—预制梁　4—预制柱

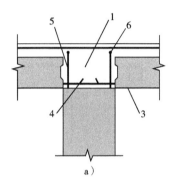 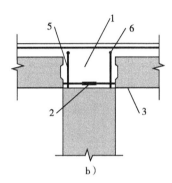

图6-42　预制柱及叠合梁框架顶层中节点构造示意（《装标》图5.6.5-3）
a）梁下部纵向受力钢筋锚固　b）梁下部纵向受力钢筋机械连接
1—后浇区　2—梁下部纵向受力钢筋连接　3—预制梁　4—梁下部纵向受力钢筋锚固
5—柱纵向受力钢筋　6—锚固板

对此，《装标》5.6.5条文说明中指出，在预制叠合梁框架节点中，梁钢筋在节点中的锚固及连接方式是决定施工可行性以及节点受力性能的关键。

施工可行性方面做到以下几点：

A. 尽量采用粗直径，大间距钢筋布置方式。

B. 合理设计梁柱截面尺寸、钢筋数量和间距位置。

C. 钢筋位置冲突时可按不大于1：6角度弯折钢筋。

D. 叠合梁下部钢筋当承载力计算不需要时，截断，减少深入节点区钢筋数量，方便施工。

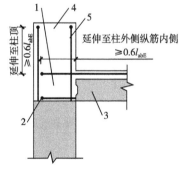

图6-43　预制柱及叠合梁框架顶层端节点构造示意
（《装标》图5.6.5-4）
1—后浇区　2—梁纵向受力钢筋锚固　3—预制梁
4—柱延伸段　5—柱纵向受力钢筋

该做法与预制柱、叠合梁的节点做法类似。节点区混凝土应与梁板后浇混凝土同时现浇，柱内受力钢筋的连接方式与常规的现浇混凝土结构相同，柱的钢筋布置灵活，对加工精度及施工的要求略低。此种节点连接方式较易施工，工程质量更容易得到保证。

94. 叠合梁底部水平钢筋在后浇段如何连接？

（1）《装标》5.6.6 的规定

1）叠合梁底部钢筋的连接方法有机械连接和焊接连接等，参见93问。

2）当采用挤压套筒连接时，《装标》5.6.6条规定，采用预制柱及叠合梁的装配整体式框架结构节点，两侧叠合梁底部水平钢筋挤压套筒连接时，可在核心区外侧的梁端后浇段内连接（图6-44），也可以在核心区外两侧梁端后浇段内连接（图6-45）。连接头距离柱边不小于$0.5h_b$（h_b为叠合梁截面高度）且不小于300mm，叠合梁后浇叠合层顶部的水平钢筋贯穿后浇核心区。梁端后浇段的箍筋尚应满足下列要求：

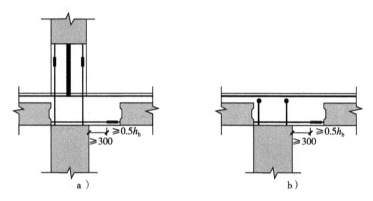

图6-44　框架中节点叠合梁底部水平钢筋在一侧梁端后浇段内挤压套筒连接示意（《装标》图5.6.6-1）
a）中间层　b）顶层

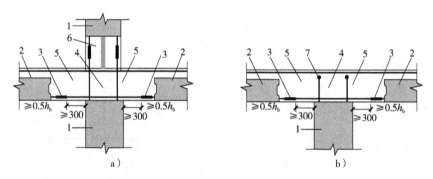

图6-45　框架节点叠合梁底部水平钢筋在两侧梁端后浇段内采用挤压套筒连接示意
（《装标》图5.6.6-2）
a）中间层　b）顶层

1—预制柱　2—叠合梁预制部分　3—挤压套筒　4—后浇区　5—梁端后浇段　6—柱底后浇段　7—锚固板

①箍筋间距不宜大于75mm。

②抗震等级为一、二级时，箍筋直径不应小于10mm，抗震等级为三、四级时，箍筋直径不应小于8mm。

（2）《装规》7.3.9 规定

采用预制柱及叠合梁的装配整体式框架节点，若梁下部纵向钢筋在节点区内连接较困难时，可在节点区外设置后浇梁段，梁下部纵向受力钢筋也可伸至节点区外的后浇段内连接（图

6-46)，为保证梁端塑性铰区的性能，连接接头与节点区的距离不应小于 $1.5h_0$（h_0 为梁截面有效高度）。

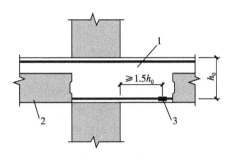

图 6-46　梁纵向钢筋在节点区外的后浇段内连接示意

（《装规》图 7.3.9）

1—后浇段　2—预制梁　3—纵向受力钢筋连接

95. 后张预应力叠合梁如何与柱连接？

当采用现浇柱或预制柱与后张预应力叠合梁组成的装配整体式框架结构时，应符合下列规定：

1）后张预应力叠合梁应按部分预应力混凝土梁设计，采用预应力筋与非预应力钢筋混合配筋的方式，预应力强度比应符合现行行业标准《预应力混凝土结构抗震设计规程》（JGJ 140—2004）和《预应力混凝土结构技术规范》（JGJ 369—2016）的有关规定。

2）后张预应力叠合梁宜采用曲线布筋形式，可采用有粘结预应力筋和部分粘结预应力筋（图 6-47），并应符合现行国家标准《混规》中的有关规定。当采用部分粘结预应力筋时，无粘结段宜设置在节点核心区附近，无粘结段范围宜取节点核心区宽度及两侧梁端一倍梁高范围；无粘结段预应力筋的外包层材料及涂料层应符合现行行业标准《无粘结预应力混凝土结构技术规程》（JGJ 92—2016）的有关规定。

3）节点核心区的预应力波纹管宜在预制梁安装完成后安装，并应与预制梁中的预应力波纹管紧密连接。

4）预制柱、预应力叠合梁和框架节点的构造尚应符合规范的其他有关规定。

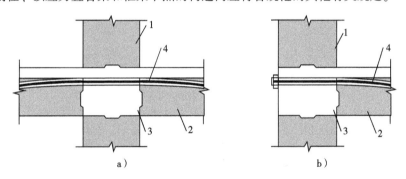

a)　　　　　　　　　　　b)

图 6-47　装配整体式预应力框架节点构造示意图

a) 节点　b) 边节点

1—预制柱　2—预制梁　3—后浇区　4—无粘结段预应力筋

在抗震设计中，为了保证后张预应力混凝土框架结构的延性要求，梁端塑性铰应该具有足够的塑性转动能力。国内研究表明，将后张预应力混凝土叠合梁设计为部分预应力混凝土，即采用预应力钢筋与非预应力钢筋混合配筋的方式，对于保证后张法预应力装配整体式混凝土框架结构的延性具有良好的作用。

96. 型钢混凝土柱与型钢混凝土叠合梁如何连接？

当采用现浇或预制型钢混凝土柱与型钢混凝土叠合梁组成的装配整体式框架结构时，应符合下列规定：

1）型钢混凝土预制梁、预制柱的构造应满足现行行业规范《型钢混凝土组合结构设计规程》（JGJ 138）的要求。

2）叠合梁的竖向接缝宜设置在距离柱边一倍梁截面高度位置处，预制型钢混凝土柱底的接缝宜设置在距楼面标高以上一倍柱截面高度位置处，一倍梁截面高度范围内的梁、一倍柱截面高度范围内的柱与节点区同时后浇混凝土（图6-48）。

3）叠合梁和预制柱中的型钢宜采用螺栓连接，并保证连接强度不低于型钢强度。

4）预制柱纵向钢筋宜采用套筒灌浆连接，套筒与型钢的净间距不宜小于30mm。预制柱纵向钢筋不应穿过预制梁型钢翼缘。

5）型钢混凝土叠合梁的纵向钢筋不应穿过预制柱型钢翼缘；当叠合梁的纵向钢筋需穿过预制柱型钢腹板时，应符合下列规定：

①型钢腹板上穿钢筋的孔洞应在工厂加工，不得在现场用气割开洞。如腹板开洞面积总和在同一截面中超过1/3时，需采取补强措施。

②叠合梁下部宜设置穿过预制柱型钢腹板的附加穿筋，并与叠合梁下部纵向钢筋可靠连接。

6）预制型钢混凝土柱、型钢混凝土叠合梁和节点区的其他构造设计应符合《型钢混凝土组合结构设计规程》（JGJ 138）的其他有关规定。

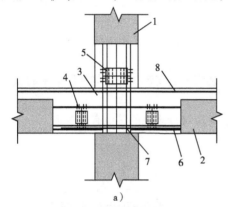
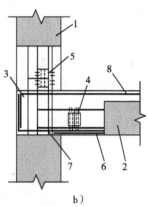

a）　　　　　　　　　　　　　　　　b）

图6-48　装配整体式型钢混凝土框架节点构造示意

a）中节点　b）边节点

1—预制型钢混凝土柱　2—预制型钢混凝土梁　3—后浇区　4—预制梁型钢螺栓连接
5—预制柱型钢螺栓连接　6—叠合梁下部纵向钢筋　7—附加穿筋　8—叠合梁上部纵向钢筋

为便于预制梁和预制柱中的型钢连接，一般将梁端距离柱边一倍梁高和柱底距离楼面一倍柱高范围与节点核心区同时后浇混凝土。为便于预制构件安装，并保证型钢混凝土预制梁、柱的可靠连接，要求预制构件中的型钢采用等强螺栓连接。

在型钢混凝土结构中经常遇到型钢与钢筋相交的情况，本条参照现行行业标准《高层建筑钢-混凝土混合结构设计规程》（CECS 230—2008），并根据部件的重要顺序及施工中常见的有损于结构构件的情况提出对型钢和钢筋交叉处理的原则。装配整体式型钢混凝土框架节点的具体构造可参照国家标准图集《型钢混凝土结构施工钢筋排布规则与构造详图》（12SG904-1）。

 ## 97. 辽宁地方标准关于装配式框架结构有哪些规定？

《辽标》关于装配式框架结构的构造设计除了与《装规》一样的规定外，还有如下规定：

1）叠合梁预制部分的梁宽和梁高均不应小于200mm。

2）计算叠合梁受扭承载力时不应计入组合封闭箍筋的作用；不承受扭矩的预制梁的腰筋可不伸入梁柱节点。

3）在预制梁的预制面以下 100mm 范围内，宜设置 2 根直径不小于 10mm 的附加纵筋（图 6-49），其他位置的腰筋应按国家现行有关标准确定。预制面以下的腰筋设计应考虑构件在制作、吊装、运输、安装等不利荷载组合下的受力情况。

4）当预制梁上板的搁置长度大于梁箍筋混凝土保护层厚度时可采用的构造见 84 问。

5）由于预制梁吊装为从上往下，顶层柱钢筋弯锚会影响预制梁的放置，为方便施工顶层，柱纵筋可采用机械直锚。由于取消了柱纵筋的弯锚段，对柱顶部箍筋进行了适当加强。顶层中节点参考日本做法设置开口 U 形箍（U 形箍位于最顶层梁筋之上）。

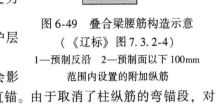

图 6-49　叠合梁腰筋构造示意
（《辽标》图 7.3.2-4）
1—预制反沿　2—预制面以下 100mm
范围内设置的附加纵筋

框架顶层柱的纵向受力钢筋当采用锚固板锚固时，锚固长度不应小于 $0.4l_{aE}$ 和 0.8 倍梁高的较大值（图 6-50）；在柱范围内应沿梁设置伸至梁底的开口箍筋，开口箍筋的间距不大于 100mm，直径和肢数同梁加密区（图 6-51）。

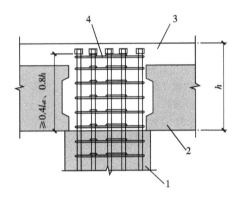

图 6-50　顶层中节点柱纵向钢筋锚固构造示意
1—预制柱　2—预制梁　3—后浇叠合层
4—加强水平箍筋

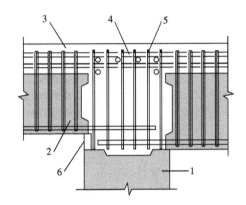

图 6-51　顶层中节点开口箍筋示意
1—预制柱　2—预制梁　3—后浇叠合层　4—梁最上
排纵向钢筋　5—U 形开口箍筋　6—支模或梁扩大端

6）顶层柱顶宜设置不少于 1 排的箍筋，箍筋直径不宜小于 14mm，肢距不应大于 300mm。

7）装配整体式框架结构抗侧力体系中，框架梁的端部连接可设计为延性连接或强连接，并应符合下列规定：

①当采用延性连接时，梁下部纵向钢筋连接接头与梁柱节点区的距离不应小于 1.5h（h 为梁高）。

②当采用强连接时，梁下部纵向钢筋连接接头与节点区无距离限制。

8）装配整体式框架-现浇剪力墙（核心筒）结构中，当预制柱为现浇剪力墙边框柱时，剪力墙顶宜设置框架梁或梁宽与墙厚相同的暗梁，节点在梁高范围内应采用现浇混凝土；与现浇剪力墙相连的预制柱侧面，应设置粗糙面并宜设置键槽；剪力墙水平钢筋可采用机械连接或焊接连接（图 6-52）。

9）叠合梁采用对接连接时（图 6-53），应符合下列规定：

①连接处应设置后浇段，后浇段的长度应满足梁下纵向钢筋连接作业的空间要求。

②梁下部纵向钢筋在后浇段内宜采用机械连接、套筒灌浆连接或焊接连接。

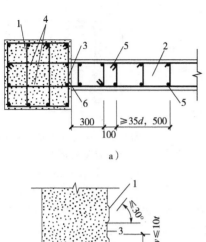
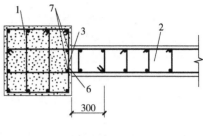

a)

b)

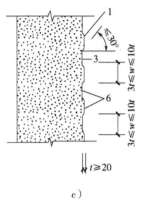
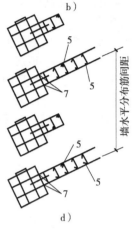

c)

d)

图6-52　预制柱与现浇剪力墙的竖向连接示意（《辽标》图7.4.9）

a）预制柱与现浇剪力墙的焊接连接　b）预制柱与现浇剪力墙的钢筋机械连接

c）预制柱键槽　d）水平连接钢筋示意图

1—预制柱　2—现浇剪力墙　3—键槽　4—预制柱预留钢筋　5—钢筋焊接连接接头

6—粗糙面　7—钢筋机械连接接头（仅用于机械连接时）

③后浇段内的箍筋应加密，箍筋间距不应大于 $5d$（d 为纵向钢筋直径），且不应大于 100mm。

98. 多层框架结构如何设计？

(1)《辽标》9.1 条规定关于多层框架结构的规定

1）规定适用于高度在 24m 以下、建筑设防类别为丙类的装配式框架结构设计。

2）多层装配式框架结构可采用弹性方法进行结构分析，并宜按结构实际情况建立分析模型。

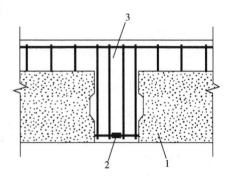

图6-53　叠合梁节点示意图
（《辽标》图7.4.10）

1—预制梁　2—钢筋连接接头　3—后浇段

3）装配式框架结构可由抗侧力体系与抗重力体系组成，不考虑抗重力体系对侧向刚度和抵抗力的贡献。抗重力体系仅承担重力荷载，在考虑结构最大侧向位移时，抗重力体系连接接合部位应有足够侧向变形能力与结构抗侧力体系协同变形。

4）装配式框架结构采用全干式连接时，宜满足抗连续性倒塌概念设计要求，防止结构发生连续性倒塌。

抗连续倒塌概念设计应符合下列规定：

①应采取必要的结构连接措施，保证结构的整体性。

②主体结构宜采用多跨规则的超静定结构。

③结构构件应具有一定的延性，避免剪切破坏、压溃破坏、锚固破坏、节点先于构件破坏。

④结构构件应具有一定的反向承载能力。

⑤周边及边跨框架的柱距不宜过大。

⑥独立基础之间宜采用拉梁连接。

5）当采用外壳预制柱时，应采取有效方法，确保叠合受弯构件和外壳预制柱中预制部分和现浇混凝土的共同工作，所配钢筋应能将裂缝控制在允许范围以内，防止叠合构件各组成单元相互分离。

（2）《辽标》关于多层框架结构构造及连接设计的规定

1）预制框架柱构件的钢筋配置、构造要求应符合现行国家标准《混规》的有关规定；柱的截面形式可采用实心柱，也可采用预制外壳与后浇混凝土组合的形式（图6-54）。图6-54a 是传统的预制柱截面形式，柱与柱之间可采用套筒或现浇混凝土连接；预制外壳叠合柱（图6-54b）是改进的预制柱形式，它由预制外壳柱和现浇混凝土组成，同济大学试验研究表明，该形式的预制柱具有与现浇柱相近的抗震性能。目前，该形式的预制柱在国内外实际工程中已有成功应用。

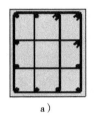

图 6-54　预制混凝土柱截面形式示意（《辽标》图 9.2.1）

a）预制实心柱　b）预制外壳柱

2）预制外壳柱—U 形叠合梁的节点连接应符合下列规定：

①预制外壳柱—U 形叠合梁节点适用于抗震等级为三、四级的多层框架结构。

②节点核心区混凝土强度等级、构造与计算均与现浇结构节点相同，但对预制外壳及型梁尚应进行施工吊装阶段抗裂验算（图6-55）。

同济大学的研究成果说明，该种节点整体性好、预制构件自重轻、运输与安装方便、现场湿作业少、大量节省模板与支撑、施工便捷等。

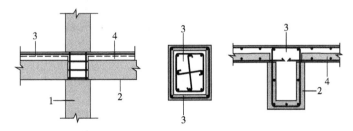

图 6-55　预制外壳柱—U 形叠合梁连接示意（《辽标》图 9.2.2）

1—预制柱　2—预制梁　3—现浇混凝土　4—预制板

3）装配式框架结构中，结构抗侧力体系可采用湿式连接或有约束的铰接连接；结构抗重力体系宜采用干式连接，且应采用铰接或近似铰接的形式。

4）装配式框架结构也可采用整浇式、齿槽式、暗牛腿式、明牛腿式、叠压浆锚式等连接方式，应按现行协会标准《钢筋混凝土装配整体式框架节点与连接设计规程》（CECS 43—1992）中有关规定执行。

5）当预制柱采用浆锚搭接连接时，应符合下列规定：

①柱浆锚搭接连接适用于满足《装规》7.1.2 规定，且预制柱水平接缝处不宜出现拉力。

②柱纵向钢筋直径不宜大于 20mm，且搭接长度应满足本章的相关规定。

③柱钢筋连接区域的箍筋保护层厚度不应小于 20mm。

④预留孔长度应大于钢筋搭接长度至少 50mm；预留孔宜选用镀锌波纹管，直径应大于浆锚插筋直径的 3 倍且不宜小于 60mm。

⑤柱箍筋加密区构造规定见 87 问。

⑥上、下柱端宜设置构造钢筋网且不少于 3 片，钢筋直径不宜小于 6mm，间距不宜大于 100mm。

⑦柱正截面承载力设计应符合现行国家标准《混规》的要求；当进行偏心受压构件计算时，应取图 6-56 中柱底截面的轴向压力及弯矩设计值，柱截面有效高度应取浆锚插筋处的 h_{01} 计算。

6）当预制柱采用螺栓连接时，应符合下列规定：

①应对预埋连接器和锚栓在不同设计状况下的承载力进行验算，并应符合现行国家标准《混规》和《钢结构设计规范》（GB 50017—2003）的规定。

②连接处未灌浆时，应计算风荷载和永久荷载（柱自重）作用下螺栓的弯曲与屈曲；当螺栓承载力不足时，应调整安装阶段使用的柱脚连接座和连接螺栓。

③在预制柱安装后，连接处和螺栓凹槽处的灌浆应尽早进行。当灌浆层的强度达到材料生产商灌浆说明中的强度时，方可进行上部结构的安装。

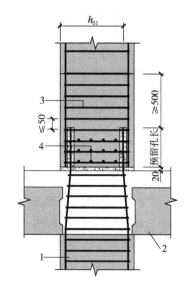

图 6-56　钢筋浆锚搭接连接时柱底构造示意
（《辽标》图 9.2.4）
1—预制柱　2—叠合梁
3—加密区箍筋　4—钢筋网片

④基础中螺栓的边距、中心距及附加锚固钢筋等构造应满足基础混凝土受拉、受剪、局部受压的承载力要求。

7）预制柱与基础连接时，柱底应设置抗剪键槽，柱底接缝厚度宜为 20mm，并采用灌浆料填实。预制框架柱底的连接构造是根据润泰集团多年工程实践的总结。在中国建筑科学研究院、同济大学、台湾大学等研究机构的协助下，经过足尺节点试验的验证，证实节点具有和现浇结构相当的抗震性能，同时也经受了台湾 9.21 大地震的检验。

99. 预应力 PC 框架结构如何设计？

预应力 PC 框架结构中的柱子不是预应力的，或现浇或预制；梁和楼板是预应力叠合梁板。预应力楼板可以获得比普通梁板更大的柱网间距。

现行行业标准《预制预应力混凝土装配整体式框架结构技术规程》（JGJ 224—2010）中的预应力 PC 框架结构体系是来自台湾的"世构体系"，其主要技术特点是梁柱的键槽连接节点。

（1）适用范围

1）适用于非抗震设防区及抗震设防烈度为 6 度和 7 度地区。

2）除甲类以外装配式建筑。

（2）基本规定

1）预应力框架结构建筑适用高度见表6-6。

表6-6　预制预应力混凝土装配整体式结构适用的最大高度　（单位：m）

结 构 类 型		非抗震设计	抗震设防烈度	
			6 度	7 度
装配式框架结构	采用预制柱	70	50	45
	采用现浇柱	70	55	50
装配式框架-剪力墙结构	采用现浇柱、墙	140	120	110

2）抗震等级。装配整体式房屋的抗震等级见表6-7。

表6-7　预制预应力混凝土装配整体式房屋的抗震等级

结 构 类 型		烈　　　度				
		6		7		
装配式框架结构	高度/m	≤24	>24	≤24		>24
	框架	四	三	三		二
	大跨度框架	三		二		
装配式框架-剪力墙结构	高度/m	≤60	>60	<24	24~60	>60
	框架	四	三	四	三	二
	剪力墙	三		三		二

注：1. 建筑场地为Ⅰ类时，除6度外允许按表内降低一度所对应的抗震等级采取抗震构造措施，但相应的计算要求不应降低。
　　2. 接近或等于高度分界时，允许结合房屋不规则程度及场地、地基条件确定抗震等级。
　　3. 乙类建筑应按本地区抗震设防烈度提高一度的要求加强其抗震措施，当建筑场地为Ⅰ类时，除6度外允许仍按本地区抗震设防烈度的要求采取抗震构造措施。
　　4. 大跨度框架是指跨度不小于18m 的框架。

3）混凝土强度等级要求。

①键槽节点部分应采用比预制构件混凝土强度等级高一级且不低于C45 的无收缩细石混凝土填实。

②叠合板的预制板C40 及以上。

③其他预制构件和现浇叠合层混凝土C40 及以上。

4）预应力钢筋。预应力筋宜采用预应力螺旋肋钢丝、钢绞线，且强度标准值不宜低于1570MPa。

5）键槽内 U 形钢筋。连接节点键槽内的 U 形钢筋应采用 HRB400 级、HRB500 级或HRB335 级钢筋。

6）柱子的要求。应采用矩形截面，边长不宜小于400mm。一次成型的预制柱长度不超过14m 和4 层层高的较小值。

7）梁的要求。预制梁的截面边长不应小于200mm。预制梁端部应设键槽，键槽中应放置U 形钢筋，并应通过后浇混凝土实现下部纵向受力筋的搭接。

8）板的要求。预制板的厚度不应小于50mm，且不应大于楼板总厚度的1/2。预制板的宽度不宜大于2500mm，且不宜小于600mm。预应力筋宜采用直径 4.8mm 或 5mm 的高强螺旋肋钢丝。

9）板预应力钢丝的保护层厚度。预制板厚度50mm或60mm，保护层厚度17.5mm；预制板厚度大于等于70mm，保护层厚度为20.5mm。

（3）连接节点

1）柱与柱连接。柱与柱连接有两种方式。

①型钢支撑连接。用上面柱子伸出工字钢，大于柱子受力主筋搭接长度，在连接段后浇筑混凝土连接（图6-57a）。

②预留孔插筋连接。属于浆锚搭接方式，金属波纹管成型孔，留孔的柱子在下方，上方柱子的伸出钢筋插入孔中（图6-57b）。

2）梁与柱子连接。预应力叠合梁与柱子连接是世构体系的核心技术（图6-58）。

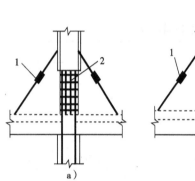 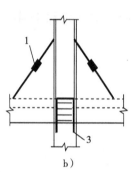

图6-57　柱与柱连接（JGJ 224—2010 图5.2.2）

a）型钢支撑连接　b）预留孔插筋连接

1—可调斜撑　2—工字钢（可承受上柱自重）

3—预留孔

图6-58　梁柱节点连接（JGJ 224—2010 图5.2.3d）

1—叠合层　2—预制梁　3—U形钢筋

4—预制梁中伸出、弯折钢绞线　5—键槽长度

6—钢绞线弯锚长度　7—框架柱

3）板与板连接。板与板连接如图6-59所示，跨越板缝加一片钢筋网片。

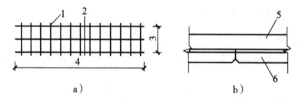

图6-59　板纵缝连接构造（JGJ 224—2010 图5.2.5）

a）钢筋网片　b）钢筋网片位置

1—钢筋网片的短向钢筋　2—钢筋网片的长向钢筋　3—钢筋网片的短向长度

4—钢筋网片的长向长度　5—叠合层　6—预制板

100. 筒体结构装配式建筑的结构设计应遵循什么原则？

1）《装标》规定了装配整体式框架-现浇核心筒结构建筑最大适用高度和高宽比如下：

①《装标》表5.1.2规定，装配整体式框架-现浇核心筒结构抗震设防烈度为6、7、8（0.2g）、8（0.3g）时，房屋最大适用高度分别为150m、130m、100m、90m。

②《装标》表5.1.3规定，装配整体式框架-现浇核心筒结抗震设防烈度为6、7和8时，房

屋最大高宽比分别为 7 和 6。

2）遵循的原则。

①筒体结构装配式建筑的结构设计应遵循柱梁体系结构设计原则。

②筒体结构核心筒刚度较大，结构受到地震作用时，框架柱受到的水平力靠楼板向核心筒传递明显，所以设计要重视楼板传递刚度的作用。

③注重应用大直径、高强度钢筋，方便柱梁钢筋排布，便于制作施工。

④采用大柱距、大跨度的设计原则，便于建筑内部户型自由分割设计。

⑤本问简单介绍一个筒体结构 PC 建筑的实例，供读者参考。

3）国外工程实例。日本鹿岛建设在东京的一栋办公楼是一座高预制率筒体结构 PC 建筑，这座建筑有 2 个突出的特点：

①柱子和梁所有连接节点都是套筒灌浆料连接，没有后浇混凝土区；这在世界 PC 建筑史上是首创；也就是说，除了基础和楼板以外，没有其他现浇混凝土，施工效率非常高。

②该建筑是筒体结构，但既不是密柱筒体，也不是稀柱剪力墙筒体，而是群柱长梁。建筑外围，4 根柱子组成一个柱群，柱群之间用长梁连接（图 6-60 ~ 图 6-63）。

图 6-60　PC 框架结构外立面

图 6-61　PC 框架结构柱、梁安装节点

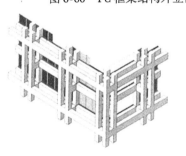

图 6-62　PC 组合群柱框架

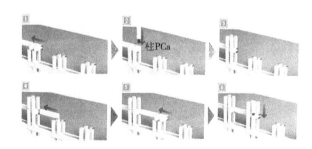

图 6-63　安装流程图

101. 如何设计全装配式混凝土框架结构？

（1）定义

全装配建筑指用螺栓或焊接等全干法连接，完全没有湿作业的装配式混凝土框架结构。

全装配式混凝土框架结构适用于抗震设防烈度低或非抗震设防地区。欧美、中东大量应用全装配式混凝土框架结构。

（2）设计原则

1）参照柱梁结构体系设计原则。

2）筒体设计时，楼板的传递水平力作用明显，设计中应重视。

3）大跨度、大开间平面设计原则，提高构件制作安装效率。空间使用可灵活划分。

4）注重应用大直径、高强度钢筋，方便柱梁钢筋排布，便于制作施工。

（3）工程应用实例

美国采用螺栓干法连接的建筑有很多，其中凤凰城图书馆具有代表性（图 6-64 ~ 图 6-66）。另外，贝聿铭先生设计的三角宿舍共四层，采用螺栓干法连接。

图 6-64　美国凤凰城图书馆

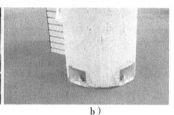

a）　　　　　　　　　b）

图 6-65　节点构造

a）梁柱连接节点图　b）柱脚螺栓连接节点

图 6-66　双 T 板屋面

102. 如何设计装配整体式无梁板结构？

1）无梁楼板又称为板柱体系，此类楼板中不设主梁和次梁，将等厚的平板直接支撑于柱上。无梁楼板分无柱帽和有柱帽两种类型。当荷载较大时，为避免楼板太厚，应采用有柱帽无梁楼板，以增加板在柱上的支承面积。

无梁楼板的构造有利于采光和通风，便于安装管道和布置电线，在同样的净空条件下，可减小建筑物的高度，因此无梁板柱常用于跨度较小多层工业与公共建筑中，例如商场、书库、冷库、仓库等。无梁板与柱构成的板柱结构体系，由于侧向刚度较差，只有在层数较少的建筑中才靠无梁板柱结构本身来抵抗水平荷载。当层数较多或要求抗震时，一般需设剪力墙、筒体等来增加侧向刚度。

2）无梁板装配式简介。

①装配式无梁板结构基础、柱子、叠合柱帽和叠合楼板都是预制，只有柱帽叠合层和楼板叠合层现浇混凝土。

②柱子与柱帽：柱子一般做成通长柱，柱帽做成中间有孔洞，柱子可以穿过。

③楼板种类：平板上下表面是平的，柱网尺寸选 6m 左右比较经济。预应力钢筋混凝土板施加了预应力改善了板的受力性能，可适用于 9m 左右的柱网。

④预制楼板可根据柱网大小、运输和吊装的条件，在每个柱网单元采用整板（图 6-67a）或拼板（图 6-67b）。

⑤装配方式（图 6-67c）：

A. 安装预制杯形柱基础。

B. 安装柱子，固定。

C. 在柱子预留的孔洞插入柱帽重力销。

D. 从柱子顶部套入柱帽，降至重力销处定位。

E. 安装楼板。

F. 绑扎叠合楼板和柱帽的钢筋，浇筑叠合层。

G. 安装上一层重力销，开始新的循环。

H. 直到安装至顶层屋盖。

⑥PC 无梁楼板结构和构造设计参照协会标准《整体预应力装配式板柱结构技术规程》（CECS 52—2010）和《钢筋混凝土升板结构技术规范》（GBJ 130—1990）。

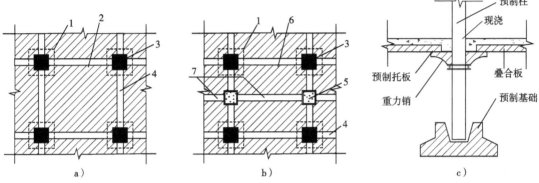

图 6-67　无梁板装配式拆分示意

a）整板平面拆分示意图　b）拼板平面拆分示意图　c）无梁板安装示意图

1—柱帽　2—预制整板　3—预制柱　4—柱轴线明槽　5—预制方垫块　6—预制拼板　7—拼缝明槽

 # 103. 日本 PC 建筑结构设计做法是什么？

1）日本 PC 建筑的结构体系是：框架结构、框-剪结构和简体结构。没有剪力墙结构。

2）框-剪结构的剪力墙位置上下对应。剪力墙处的框架结构梁做成与剪力墙同宽的暗梁。

3）地下室、首层或与标准层不一样的底部裙楼、顶层楼盖采用现浇混凝土；框-剪结构和简体结构中的剪力墙也现浇。

4）构件拆分的结构原则是在应力小的地方拆分。

5）结构连接方式是套筒灌浆和后浇筑区结合的方式。楼盖为叠合楼板或预应力叠合楼板。

6）梁的结合面以键销为主；柱的结合面以粗糙面为主。

7）对结构构件连接接缝处进行受剪承载力验算。

8）超高层建筑（即高 60m 以上建筑），柱、梁结构体系的连接节点避开塑性铰位置，即不在塑性铰位置设置套筒连接。塑性铰位置包括：梁端部、1 层柱底和最顶层柱顶。

9）避免非结构构件对主体结构的刚性影响和两者受力状态复杂化。对附着在主体构件上的非结构构件，如为减小窗洞面积而设置的梁、柱翼缘，与相邻主体构件之间断开。

10）用高强度等级混凝土。混凝土强度等级最低为设计强度标准值 21MPa，（比 C30 略高一些），一般构件混凝土设计强度标准值最高为 80MPa（相当于 C120 以上了），柱子混凝土设计强度标准值最高为 100MPa。一方面与装配式建筑多是超高层建筑有关，日本的超高层建筑使用寿命都在 100 年以上。一方面为了减小构件断面尺寸。

11）用高强度大直径钢筋。柱、梁主筋使用屈服极限 490MPa 以上的钢筋（相当于国内最高强度的钢筋），最高用到屈服极限 1275MPa 的钢筋。使用高强度大直径钢筋可以减少钢筋根数，从而减少套筒连接节点。

12）尽量统一结构构件的断面形状和尺寸。如柱子断面尺寸尽量不变化，而是调整混凝土强度等级。底层柱子强度等级高，顶层柱子强度等级低。如此，可以减少模具类型。

13）尽量统一钢筋布置类型。如钢筋位置和间距不变，调整钢筋强度和直径，如此，可以减少与构件出筋有关的模具种类。

14）钢筋保护层。

①最小保护层。最小保护层规定：柱、梁、剪力墙为30mm，楼板、屋顶、非剪力墙墙板为20mm。

②设计保护层。最小保护层是必须确保的保护层，并不是设计保护层。设计保护层要加上制作施工可能的误差。

对于现场浇筑混凝土，保护层增加10mm。

对于预制构件，因为在工厂质量可以控制得好一些，保护层增加5mm。

对于有钢筋伸入后浇混凝土区的预制构件，其保护层应当按照现浇混凝土增加10mm。

③套筒保护层。有套筒连接的钢筋，保护层从套筒外皮或箍筋计算。

104. 什么是板柱结构和型钢混凝土框架结构？

(1) 装配式板柱结构体系

房屋横向为由扁平的墙状柱（墙柱）与梁构成的框架结构。房屋纵向，为连排的独立承重墙结构（图6-68）。

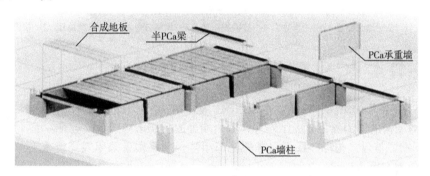

图6-68　装配式板柱结构体系楼板连接

在多层住宅上使用，集中了框架结构与剪力墙结构的优点：

1）由于边界墙上没有梁型，所以可以有效利用住宅单元空间。

2）由于在扁平的墙柱上留出了设备用的通孔，所以进行住宅单元规划的自由度较高。

3）虽然是框架结构，但是柱子属于板柱，能够实现工业化生产。

4）梁与墙一体化。

5）可以采用后浇连接等灵活的连接方式，实现高装配、高效率生产安装的结构。

综上所述，板柱结构体系有可能解决我们低多层建筑的工业化问题，是一种性能优良的结构体系。

(2) 装配式型钢框架混凝土结构（HPC）

1）柱子采用钢骨H型钢+RC现浇的钢骨钢筋混凝土（SRC）结构，如图6-69和图6-70所示，大梁（房

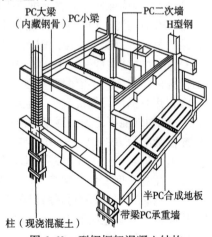

图6-69　型钢框架混凝土结构

屋横向）钢骨混凝土结构，或 SRC 结构，大梁（房屋纵向）带梁的 PCa 承重墙。

2）柱子采用钢骨 H 型钢 + RC 现浇的钢骨钢筋混凝土（SRC）结构，大梁（房屋横向）钢骨混凝土结构，或 SRC 结构，大梁（房屋纵向）带梁的 PCa 承重墙。

3）核心筒和局部外墙是混凝土墙板，其余是钢框架的组合结构，如图 6-71 和图 6-72 所示。内部的钢框架在施工过程中可以作为起重机的塔架。

图 6-70　型钢框架混凝土结构房屋

图 6-71　施工中的组合结构建筑

图 6-72　墙板在层高处出筋图

第7章 剪力墙结构设计

105. 剪力墙结构装配式建筑包括哪些类型？适宜性如何？

（1）装配式剪力墙结构的类型

装配整体式剪力墙结构有五种类型，包括剪力墙结构，多层墙板结构，双面叠合剪力墙结构，圆孔板剪力墙结构和型钢混凝土剪力墙结构。

剪力墙结构和多层墙板结构在行业标准《装规》和国家标准《装标》中都有详细规定，双面叠合剪力墙结构在《装标》附录 A 中有详细介绍，圆孔板剪力墙和型钢混凝土剪力墙结构在北京地方标准《装配式剪力墙结构设计规程》（DB 11/1003—2013）中有详细规定。下面分别简单介绍：

1）剪力墙结构。剪力墙结构是用钢筋混凝土墙板来代替框架结构中的梁柱，能承担各类荷载引起的内力，并能有效控制结构的水平力，这种用钢筋混凝土墙板来承受竖向和水平力的结构称为剪力墙结构。装配式剪力墙结构的墙板如图 7-1、图 7-2 所示，剪力墙结构是本章主要介绍内容。

图 7-1 预制混凝土夹心剪力墙板（三明治）　　图 7-2 预制混凝土剪力墙内墙板

2）多层墙板结构。多层墙板结构是由墙板和楼板组成承重体系的多层结构，是剪力墙结构的简化版，将在第 8 章详细介绍。

3）双面叠合剪力墙结构。双面叠合剪力墙板技术源于欧洲。预制墙板是两层不小于 50mm 厚的钢筋混凝土板用桁架筋连接，板之间为 100mm 的空心，现场安装后，上下构件的竖向钢筋在空心内布置、搭接，然后浇筑混凝土形成实心板，如图 7-3 所示。详细内容将在第 9 章介绍。

4）圆孔板剪力墙结构。圆孔板剪力墙是在墙板中预留圆孔，即做成圆孔空心板。现场安装后，上下构件的竖向钢筋网片在圆孔内布置、搭接，然后在圆孔内浇筑微膨胀混凝土形成实心板，如图 7-4 所示。详细内容将在第 9 章介绍。

图 7-3　预制叠合剪力墙板

图 7-4　预制圆孔剪力墙板

5）装配式型钢混凝土剪力墙结构。装配式型钢混凝土剪力墙是在预制墙板的边缘构件设置型钢、拼缝位置设置钢板预埋件，型钢和钢板预埋件在拼缝位置采用焊接或螺栓连接的装配式剪力墙结构，如图7-5 所示。详细内容将在第 9 章介绍。

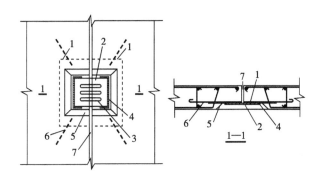

图 7-5　预制圆孔剪力墙板
1—预埋连接钢板　2—后焊连接钢板　3—连接板水平开孔　4—焊缝
5—凹槽　6—锚固钢筋　7—安装缝隙

（2）装配式剪力墙的适宜性

1）剪力墙结构的适用高度。装配整体式剪力墙结构房屋最大适用高度为 60～130m（见表7-1）；多层装配式墙板结构房屋的最大适用高度为 21～28m；双面叠合剪力墙结构房屋的最大适用高度为 50～90m；圆孔板剪力墙结构房屋的最大适用高度为 45～60m；装配式型钢混凝土剪力墙结构房屋的最大适用高度为 45～60m。

2）剪力墙结构的适宜性。在本书的第 1 章第 3 问中已经初步讨论了各种结构体系的装配式适宜性，这里对装配整体式剪力墙结构的适宜性再做以下阐述：

①生产效率。目前国内的高层装配式建筑主要以剪力墙结构为主，剪力墙结构中的大多数预制构件都需要预留钢筋。预制剪力墙三面伸出钢筋，底面预留套筒；预制楼板四面伸出钢筋，施工现场水平连接节点和后浇混凝土量多，增加了工作量而且无法实现机械化、自动化，与现浇剪力墙结构相比，生产效率提高得不多。

国外应用装配式剪力墙结构的建筑也很多，比如双面叠合剪力墙结构，在欧洲形成了比较高效率的生产体系，大多应用于多层和小高层建筑。国外的高层装配式建筑大多都是框架结构，框架结构混凝土量小，预制构件较少，采取大直径钢筋、高强度混凝土进行连接，施工现场连接节点和后浇混凝土量少，而且预制楼板不伸出钢筋。预制剪力墙水平连接采取软锁的连接方式，实现了自动化生产，提高了生产效率。

②建造成本。装配式剪力墙结构的预制墙板、预制楼板伸出钢筋部位多和预埋件多，墙体之间在边缘构件处水平后浇混凝土连接节点湿作业多，叠合楼板需要满足管线埋设而增加厚度，不仅劳动力的需求量大，而且增加成本。

装配式剪力墙结构与装配式框架结构相比，装配式框架结构的混凝土量小，预制构件少，后浇连接节点少，节省劳动力，成本降低。剪力墙结构自身刚度大，板式构件较多，在边缘构件处的后浇连接节点配筋量增加，对降低成本效果不明显。

③质量上有提升的空间。装配式剪力墙结构的预制构件在工厂模台生产，降低了建筑工人的施工难度，并采用蒸汽养护的方式，在预制构件的精度上和质量上有了显著的提高。由于装配式剪力墙结构在施工现场后浇混凝土部位多，在连接节点上容易出现问题，所以说装配式剪力墙结构和现浇结构相比，连接部位不能保证在质量上的适宜性。

装配式剪力墙结构与装配式框架结构相比，装配式框架结构的预制构件少，梁、柱部位后浇连接节点少，对装修作业的影响小，在施工质量上容易得到控制。

目前来说高层剪力墙结构装配式的适宜性还是有待于论证的。装配式剪力墙结构的拆分设计对于结构设计师来说需要改变思维，充分利用现有规范和图集给出的空间，采取灵活的拆分方式积极寻找提高生产效率、降低成本、提高质量的出路，不要为了装配式而装配式。对于楼板出筋的必要性和墙板连接节点的方式需要科研机构进行科学的试验和分析研究，采取专家论证的方式做出少出筋、少后浇、简化连接节点（两少一简）的装配式建筑，共同推动装配式建筑在中国的发展。

106. 装配整体式剪力墙结构与现浇混凝土结构有什么不同?

(1) 建筑适用高度不同

装配式剪力墙结构比现浇剪力墙结构低 10～20m。《装规》第 8.1.3 条规定：抗震设计时，高层装配整体式剪力墙结构不应全部采用短肢剪力墙；抗震设防烈度为 8 度时，不宜采用具有较多短肢剪力墙的剪力墙结构。当采用具有较多短肢剪力墙的剪力墙结构时，房屋适用高度比《装规》规定的装配整体式剪力墙结构的最大适用高度适当降低，抗震设防烈度为 7 度和 8 度时宜分别降低 20m。《装规》和《高规》关于装配式混凝土结构建筑与现浇混凝土结构最大适用高度的比较见表 7-1。

表 7-1　装配整体式混凝土结构与混凝土结构最大适用高度比较　　（单位：m）

结 构 体 系	非抗震设计		抗震设防烈度							
			6 度		7 度		8 度（0.2g）		8 度（0.3g）	
	《高规》混凝土结构	《装规》装配式混凝土结构	《高规》混凝土结构	《装规》装配式混凝土结构	《高规》混凝土结构	《装规》装配式混凝土结构	《高规》混凝土结构	《装规》装配式混凝土结构	《高规》混凝土结构	《装规》装配式混凝土结构
剪力墙结构	150	140(130)	140	130(120)	120	110(100)	100	90(80)	80	70(60)
框支剪力墙结构	130	120(110)	120	110(100)	100	90(80)	80	70(60)	50	40(30)

注：1. 装配整体式剪力墙结构和装配整体式框支剪力墙结构，在规定的水平力作用下，当预制剪力墙结构底部承担的总剪力大于该层总剪力的 50% 时，其最大适用高度应适当降低；当预制剪力墙构件底部承担的总剪力大于该层总剪力的 80% 时，最大适用高度应取表中括号内的数值。

2. 装配整体式剪力墙结构和装配整体式部分框支剪力墙结构，当剪力墙边缘构件竖向钢筋采用浆锚搭接连接时，房屋最大适用高度应比表中数值降低 10m。

由于装配式剪力墙比现浇剪力墙结构适用高度的降低，当采用短肢剪力墙时高度降低得更多，所以在规划设计方案阶段设计师应注意容积率的问题。在装配式剪力墙结构计算中应当注意预制剪力墙构件底部承担总剪力的比例。

（2）高宽比不同

《装规》《高规》《辽标》分别规定了装配式混凝土结构建筑与现浇混凝土结构建筑的高宽比，比较见表3-4。

（3）抗震等级不同

《装标》第5.1.4的强制性条款规定：装配整体式结构构件的抗震设计，应根据设防类别、烈度、结构类型和房屋高度采用不同的抗震等级，并应符合相应的计算和构造设计要求。丙类装配整体式结构的抗震等级应按表3-6确定。

（4）结构计算系数不同

《装规》中规定：抗震设计时，对同一层内既有现浇墙肢也有预制墙肢的装配整体式剪力墙结构，现浇墙肢水平地震作用弯矩、剪力宜乘以不小于1.1的增大系数。此项规定是考虑预制剪力墙的接缝会造成墙肢抗侧刚度的削弱，所以对弹性计算的内力进行调整，适当放大现浇墙肢在水平地震作用下的剪力和弯矩。

（5）结构计算荷载和结构分析不同

1）当采用夹心保温剪力墙板时，荷载增加。

2）装配式剪力墙外墙洞口下墙体用混凝土替代或者采取部分填充轻质材料，荷载相对于砌体结构有所增加。

3）现浇混凝土楼盖没有接缝，只要长宽比不大于2都按双向板计算。叠合楼板当因为有接缝而按单向板计算时，应考虑板对梁的约束影响。由于存在接缝而按单向板计算，但实际上叠合层的钢筋伸入了侧向支座，会有内力分布给侧边的梁，对其刚性会产生影响，对此应进行结构分析并应对接缝处进行验算。

（6）钢筋连接方式不同

装配式剪力墙墙体中的竖向钢筋采用套筒连接或浆锚搭接方式是现浇混凝土结构中没有的，其他部位钢筋采用机械连接或焊接的连接方式均与现浇混凝土结构相同。

107. 剪力墙 PC 结构设计包含哪些内容？

装配式剪力墙 PC 结构设计除了按现浇剪力墙结构设计之外还有以下的工作内容：

（1）方案设计阶段

1）根据抗震设防烈度确定装配式建筑的适用高度和抗震等级。

2）应当了解当地的装配式建筑环境条件，包括 PC 构件生产能力，运输和现场施工条件等，确定对预制构件的规格、形状、重量的约束条件。

3）初步确定装配式建筑的范围和构件种类，对计算装配率要有初步判断。

（2）施工图阶段

1）确定装配式建筑的预制和现浇范围布置图。

2）进行预制构件拆分模型的建立。

3）对拆分后的结构进行计算，选取装配式结构的计算参数。

4）进行水平和竖向连接缝处的验算。

（3）预制构件节点连接设计

对装配式结构而言，"可靠的连接方式"是第一重要的，是结构安全的最基本保障。连接方式决定连接节点的设计，主要包含以下内容：

1）预制剪力墙板之间的竖向连接采用套筒灌浆连接或浆锚搭接连接。

2）预制剪力墙板之间水平连接采用后浇混凝土连接。

3）预制楼板之间的连接节点。

4）预制叠合梁与预制剪力墙的连接节点。

5）叠合楼板与梁的连接节点。

6）预制混凝土构件与后浇混凝土连接面的粗糙面和键槽的构造。

7）预制楼梯和支座的连接节点。

（4）预制构件拆分设计

1）预制剪力墙的拆分设计。

2）预制楼板的拆分设计。

3）预制楼梯的拆分设计。

4）预制阳台板、空调板的拆分设计。

5）预制女儿墙的拆分设计。

设计内容包括预制构件模板图的设计，配筋图及伸出钢筋的设计，预埋件的设计，采用夹心保温剪力墙板时拉结件的设计。

（5）预制构件深化图设计

应与各个专业、建筑部品、装饰装修、构件厂等配合，做好构件拆分深化设计，提供能够实现的预制构件大样图；做好大样图上的预留线盒、孔洞、预埋件和连接节点设计；尤其是做好节点的防水、防火、隔声设计和系统集成设计，解决好连接节点之间和部品之间的"错漏碰缺"。

 108. 如何进行剪力墙结构拆分设计？

（1）剪力墙结构拆分设计概述

1）剪力墙结构的拆分设计是装配式建筑最重要的环节，对降低成本，提高效率，保证质量起到非常重要的作用。

2）剪力墙拆分设计主要内容。

①确定现浇和预制范围。

②确定可预制范围哪些构件可以拆分。根据政府装配率的要求和建设项目环境的条件来确定。

③确定预制构件与现浇结构断开位置。根据现场施工的起重设备条件来确定预制构件制作的尺寸。

④节点设计。确定连接节点的边界尺寸后再进行节点配筋设计。

⑤构件设计。构件设计包括集成设计、保温装饰一体化设计和预埋件设计。

3）剪力墙拆分构件种类。剪力墙拆分构件主要包括：预制剪力墙外墙板，预制剪力墙内墙板，L 形、T 形立体墙板，预制叠合楼板，预制楼梯，预制阳台板、空调板、遮阳板，预制女儿墙，预制飘窗等。

（2）剪力墙结构拆分的基本原则

1）符合规范规定，确保结构安全性。

2）提升建筑使用功能。

3）经济合理。采取灵活的拆分方式；与 PC 构件厂家和施工企业进行沟通获得最新的信息，并将其融入结构拆分设计当中；从而达到提高生产效率、降低成本、保证质量、施工便利的目标。

4）概念设计原则。

①预制剪力墙宜按建筑开间和进深尺寸划分，高度不宜大于层高；预制墙板的划分还应考虑预制构件制作、运输、吊运、安装的尺寸限制。

②预制剪力墙的拆分应符合模数协调原则，优化预制构件的尺寸和形状，减少预制构件的种类。

③预制剪力墙的竖向拆分宜在各层层高处进行。

④预制剪力墙的水平拆分应保证门窗洞口的完整性，便于部品标准化生产。

⑤预制剪力墙结构最外部转角应采取加强措施，当不满足设计的构造要求时可采用现浇构件。

5）结构方案比较原则。根据结构方案进行综合因素比较和多因素分析，选择灵活合理的拆分方案。

(3) 装配式剪力墙结构拆分设计有关规定

1）《装标》比《装规》规定得更详细一些，《装标》第5.1.7条，高层建筑装配式混凝土结构应符合下列规定：

①当设置地下室时，宜采用现浇混凝土。

②剪力墙结构和部分框支剪力墙结构底部加强部位宜采用现浇混凝土。

③框架结构的首层柱宜采用现浇混凝土。

④当底部加强部位的剪力墙、框架结构的首层柱采用预制混凝土时，应采取可靠技术措施。

《装标》第5.7.3条规定，装配整体式剪力墙结构的布置应符合下列规定：

①应沿两个方向布置剪力墙。

②剪力墙平面布置宜简单、规则，自下而上宜连续布置，避免层间侧向刚度突变。

③剪力墙门窗洞口宜上下对齐、成列布置，形成明确的墙肢和连梁；抗震等级为一、二、三级的剪力墙底部加强部位不应采用错洞墙，结构全高均不应采用叠合错洞墙。

2）边缘构件的规定。在剪力墙结构中设置在剪力墙竖向边缘，加强剪力墙边缘的抗拉抗弯和抗剪性能的暗柱，叫作剪力墙边缘构件。分为约束边缘构件和构造边缘构件。设置在抗震等级为一、二级的剪力墙底部加强部位及其上一层的剪力墙两侧的暗柱，叫作剪力墙约束边缘构件；设置在抗震等级为三、四级的剪力墙或过渡层以上的两侧暗柱，叫作剪力墙构造边缘构件。

(4) 剪力墙外墙板拆分

剪力墙外墙拆分不仅仅就是标准图给出的整间板方式，应进行多方案比较后选择灵活合理的最适合本项目的拆分方式。

1）剪力墙外墙拆分方式种类。

①整间板方式（图7-6）。剪力墙板与门窗、保温和装饰一体化形成整间板，在边缘构件处进行后浇混凝土连接。

②窗间墙条板方式（图7-7）。剪力墙外墙的窗间墙采取预制方式，窗洞口上部预制叠合连梁同剪力墙后浇连接，窗下采用预制墙板，用拼接的方式形成窗洞口。

③L形、T形立体墙板方式（图7-8）。剪力墙外墙的窗间墙连同边缘构件一起预制，形成L形（图7-9）或T形（图7-10）预制构件，窗洞口上部预制叠合连梁同剪力墙后浇连接，窗下采用预制墙板，用拼接的方式形成窗洞口。

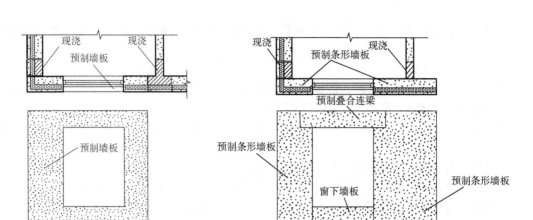

图 7-6 整间板拆分方式   图 7-7 窗间墙板拆分方式

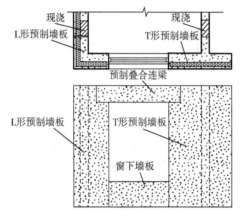

图 7-8 立体式墙板拆分方式   图 7-9 L形剪力墙板

2）三种剪力墙外墙板的拆分方式比较。整间板方式存在最大的问题是现场后浇混凝土量大，现场工序复杂，出筋多，所以窗间墙条板方式和L形、T形立体墙板方式是可以综合考虑的。

L形和T形剪力墙板在固定模台都可以生产，制作难度也不是太大，现场节点连接后浇混凝土量小，节省工期，提高了装配率，在成本上提高不多。

笔者并不是在这里推荐哪一种方式，而是要强调综合比较拆分方式，做出制作、伸出钢筋、连接节点难度和现场后浇混凝土量的比较，见表7-2。

图 7-10 T形剪力墙板

表 7-2 剪力墙拆分方式的比较

序号	拆分方式	比较内容				预制墙体占本层墙体混凝土量比例
		制作难度	伸出钢筋难度	连接节点难度	现场浇混凝土量	
1	整间板拆分式	较小	大	大	多	30%
2	窗间墙板拆分方式	最小	较小	较小	较少	40%
3	立体式墙板拆分方式	大	最小	最小	最少	50%

注：本表比较内容只针对外墙，内墙假定为现浇，混凝土量的比较是相对的。

（5）剪力墙内墙板拆分

剪力墙内墙板是剪力墙结构内受力的墙体，一般采用整间板的拆分方式，如图 7-11 所示。剪力墙内墙板连同顶部连梁一起预制，水平方向在后浇节点区进行连接。

图 7-11　剪力墙内墙板

（6）其他构件拆分

楼板拆分已经在第 5 章介绍，预制楼梯、预制阳台板、空调板、遮阳板、预制女儿墙、预制飘窗将在第 11 章介绍。

（7）设计实例

剪力墙结构拆分项目设计实例，如图 7-12、图 7-13、图 7-14 所示。

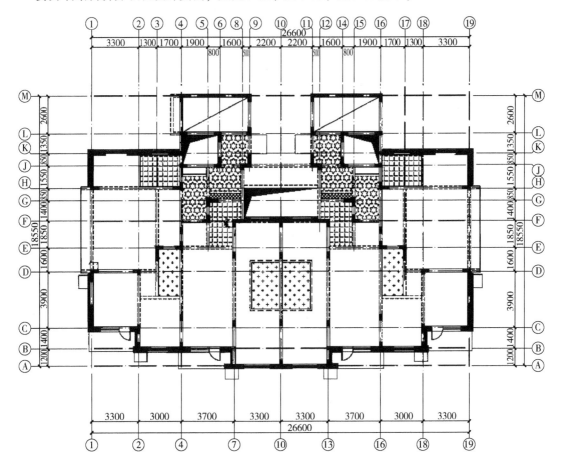

图 7-12　剪力墙拆分平面图

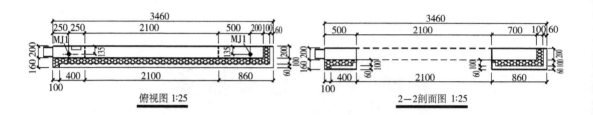

俯视图 1:25　　　　　2—2剖面图 1:25

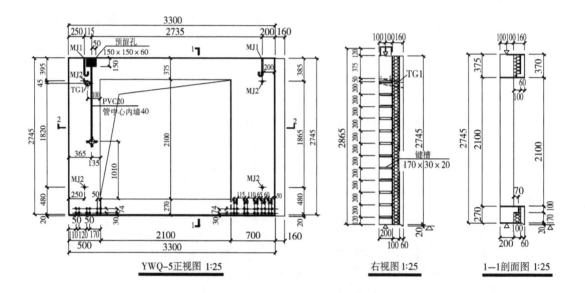

YWQ-5正视图 1:25　　右视图 1:25　　1—1剖面图 1:25

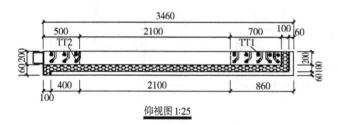

仰视图 1:25

图 7-13　剪力墙外墙拆分模板图

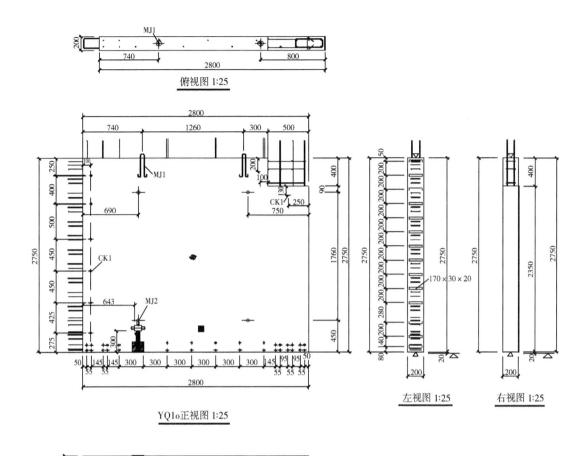

俯视图 1:25

YQ1o正视图 1:25

左视图 1:25　　右视图 1:25

仰视图 1:25

图 7-14　剪力墙内墙拆分模板图

109. 同一层现浇和预制剪力墙共存时候，抗震设计时现浇墙肢内力增大系数是指什么？如何在设计计算中实现？

《装标》5.7.2 条和《装规》8.1.1 条都规定：抗震设计时，对同一层内既有现浇墙肢也有预制墙肢的装配整体式剪力墙结构，现浇墙肢水平地震作用弯矩、剪力宜乘以不小于 1.1 的增大系数。

此项规定是考虑预制剪力墙的接缝会造成墙肢抗侧刚度的削弱，所以对弹性计算的内力进行调整，适当放大现浇墙肢在水平地震作用下的剪力和弯矩。此项调整系数在结构计算 PKPM、盈建科等软件中必须勾选，如图 7-15 所示。

图 7-15　现浇墙肢内力增大系数

110. 剪力墙结构布置有什么要求？

关于剪力墙结构布置，《装标》和《装规》均给出了要求，《装标》的规定更加详细一些。《装标》第 5.7.3 条规定：装配整体式剪力墙结构的布置应符合下列规定：

1）应沿两个方向布置剪力墙。

2）剪力墙平面布置宜简单、规则，自下而上宜连续布置，避免层间侧向刚度突变。

3）剪力墙门窗洞口宜上下对齐、成列布置，形成明确的墙肢和连梁；抗震等级为一、二、三级的剪力墙底部加强部位不应采用错洞墙，结构全高均不应采用叠合错洞墙。

本条对装配整体式剪力墙结构的规则性提出要求，在建筑方案设计中，应注意结构的规则性。如果某些楼层出现扭转不规则及侧向刚度不规则与承载力突变，宜采用现浇混凝土结构。

具有不规则洞口布置的错洞墙（图 7-16），可按弹性平面有限元方法进行应力分析，不考虑混凝土的抗拉作用，按应力进行截面配筋设计或校核，并加强构造措施。

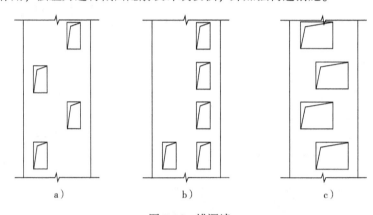

图 7-16　错洞墙
a）一般错洞墙　b）底部局部错洞墙　c）叠合错洞墙

辽宁地方标准《辽标》还规定了：避免层间抗侧刚度突变；不宜采用部分框支剪力墙结构；采用部分预制、部分现浇的结构形式时，现浇剪力墙的布置宜均匀、对称。

111. 抗震设计时，高层建筑短肢剪力墙有什么规定？电梯井筒有什么规定？

（1）抗震设计时短肢剪力墙的规定

《装规》8.1.3 条规定：抗震设计时，高层装配整体式剪力墙结构不应全部采用短肢剪力墙；抗震设防烈度为 8 度时，不宜采用具有较多短肢剪力墙的剪力墙结构。当采用具有较多短肢剪力墙的剪力墙结构时，应符合下列规定：

1）在规定的水平地震作用力下，短肢剪力墙承担的底部倾覆力矩不宜大于结构底部总地震倾覆力矩的 50%。

2）房屋适用高度比《装规》规定的装配整体式剪力墙结构的最大适用高度适当降低，抗震设防烈度为 7 度和 8 度时宜分别降低 20m。

①短肢剪力墙的定义：短肢剪力墙是指截面厚度不大于 300mm、各肢截面高度与厚度之比的最大值大于 4 但不大于 8 的剪力墙。

②具有较多短肢剪力墙的剪力墙结构是指，在规定的水平地震作用下，短肢剪力墙承担的底部倾覆力矩不小于结构底部总地震倾覆力矩的 30% 的剪力墙结构。

短肢剪力墙的抗震性能较差，在高层装配整体式结构中应避免过多采用。

（2）抗震设计时电梯井筒的规定

抗震设防烈度为 8 度时，高层装配整体式剪力墙结构中的电梯井筒宜采用现浇混凝土结构（《装规》8.1.4 条），这样有利于保证结构的抗震性能。

112. 剪力墙 PC 构件有哪些类型？开洞构造是如何规定的？如何加强？

根据《装规》8.2.1 条规定：预制剪力墙宜采用一字形，也可采用 L 形、T 形或 U 形。可结合建筑功能和结构平立面布置的要求，根据构件的生产、运输和安装能力，确定预制构件的形状和大小。双面叠合剪力墙、预制圆孔剪力墙和型钢混凝土剪力墙见第 9 章，本章介绍常规的剪力墙构件。

1）剪力墙 PC 构件有以下类型：

预制剪力墙整间板，预制剪力墙条形板，L 形、T 形立体式外墙板，剪力墙夹心保温外墙板，光面剪力墙外墙板，预制剪力墙内墙板，预制叠合连梁，预制叠合楼板，预制楼梯，预制填充墙，预制窗下墙板，预制阳台板，预制空调板，预制屋檐板，预制遮阳板，预制女儿墙，预制飘窗等。

2）关于开洞构造及加强，《装规》规定如下：

①《装规》8.2.1 条规定：开洞预制剪力墙洞口宜居中布置，洞口两侧的墙肢宽度不应小于 200mm，洞口上方连梁高度不宜小于 250mm。

②《装规》8.2.2 条规定：预制剪力墙的连梁不宜开洞；当需开洞时，洞口宜预埋套管，洞口上、下截面的有效高度不宜小于梁高的 1/3，且不宜小于 200mm（图 7-17）；被洞口削弱的连梁截面应进行承载力验算，洞口处应配置补强纵向钢筋和箍筋，补强纵向钢筋的直径不应小于 12mm。

③《装规》8.2.3 条规定：预制剪力墙开有边长小于 800mm 的洞口且在结构整体计算中不考虑其影响时，应沿洞口周边配置补强钢筋；补强钢筋的直径不应小于 12mm，截面面积不应小于同方向被洞口截断的钢筋面积；该钢筋自孔洞边角算起伸入墙内的长度，非抗震设计时不应小于 l_a，抗震设计时不应小于 l_{aE}，如图 7-18 所示。

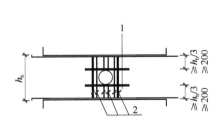

图 7-17　洞口补强示意（《高规》图 7.2.28b）
1—连梁洞口上、下补强纵向钢筋　2—连梁洞口补强箍筋

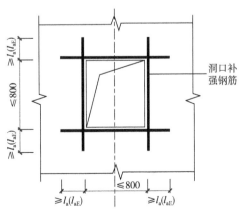

图 7-18　预制剪力墙洞口补强钢筋配置示意
（《装规》图 8.2.3）

113. 如何设计、计算 PC 剪力墙内、外墙板？有哪些构造要求？洞口连梁如何设计？

（1）外墙板

1）PC 外墙板整间板，如图 7-19 所示。构造边缘构件部分钢筋或全部钢筋布置在预制墙体里，门窗连梁一体化，侧面伸出箍筋在水平后浇带连接，顶部预留钢筋与上部墙体套筒连接，底部预留套筒，窗下墙填充轻质材料，根据门窗厂家提供的条件，窗口处预留防腐木。

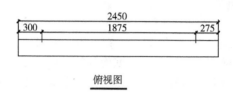

俯视图

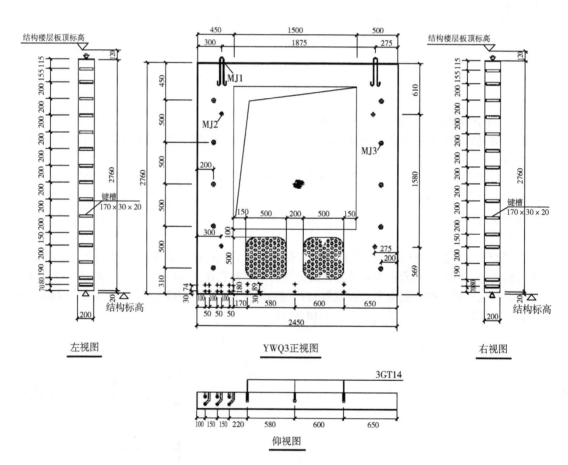

图 7-19　PC 外墙板整间板模板图

2）PC 外墙板条形板。构造边缘构件部分钢筋布置在预制墙体里，顶部预留钢筋与上部墙体套筒连接，底部预留套筒，窗下墙采用轻质墙板，窗口处预留防腐木，侧面伸出箍筋在水平后浇带连接，水平后浇混凝土构造连接，如图 7-20 所示，预制外墙与洞口连梁后浇连接如图 7-21 所示。

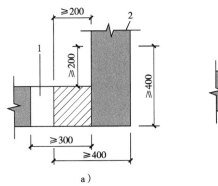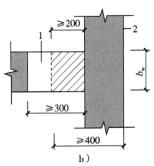

图 7-20　PC 外墙条板水平连接构造（《装规》图 8.3.1-3）

a）转角墙　b）有翼墙

1—后浇段　2—预制剪力墙

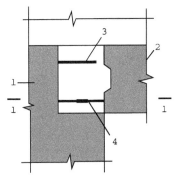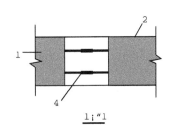

图 7-21　预制外墙与洞口连梁后浇连接（《装规》图 8.3.12）

1—预制剪力墙　2—预制连梁　3—边缘构件箍筋　4—连梁下部纵向受力钢筋锚固或连接

3）PC 外墙 L 形、T 形立体墙板。构造边缘构件全部钢筋布置在预制墙体里，水平后浇混凝土连接节点少而且简单，其余部分同 PC 外墙条形板。

（2）内墙板

PC 内墙板顶部预留钢筋与上部墙体套筒连接，底部预留套筒，侧面伸出箍筋在水平后浇带连接，预留出框架梁或连梁的位置钢筋，如图 7-14 所示。

 114. 如何设计剪力墙夹心保温板？

外墙夹心保温板具有保温装饰一体化、防火效果好的诸多优点，是外墙薄壁抹灰方式的升级做法。但是设计者应清醒意识到，外墙夹心保温板在安全方面需要格外精心设计，目前有些设计单位只给出保温材料的要求，构造要求交给拉结件厂家和 PC 生产厂家自行设计。对此，需要设计单位进行复核计算，保证夹心保温板的安全。

《装规》和一些地方标准，关于预制夹心剪力墙板的构造要求给出了具体的规定。

（1）基本规定

《装规》8.2.6 条规定：

1）外叶墙板厚度不应小于 50mm；且外叶墙板应与内叶墙板可靠连接。

2）夹心外墙板的夹层厚度不宜大于 120mm。

3）当作为承重墙时，内叶墙板应按剪力墙进行设计。

除了上述规定外，地方标准《辽标》也做出了规定，其中不同的地方列在这里仅供读者参考。

《辽标》第8.2.7条，外叶板厚度不宜小于60mm，比《装规》规定厚了10mm；混凝土强度等级不应低于C30；外叶墙板内应配置单层双向钢筋网片，钢筋直径不宜小于5mm，间距不宜大于150mm；应满足正常使用状态、地震作用和风荷载作用下的承载力要求；应减小内、外叶墙板间相互影响；在内、外叶墙板中应有可靠的锚固性能；耐久性能应满足结构设计使用年限的要求。

（2）预制夹心剪力墙板设计

1）根据节能计算确定保温材料和保温层的厚度。

2）根据建筑立面要求确定外叶墙板的装饰，是石材还是涂料，确定外叶板的厚度。

3）内外墙板拉结件的设计有以下内容：

①拉结件的材质。拉结件的材质是非常重要的，设计师应明确地给出材质各种力学性能要求，既要防锈蚀又要杜绝冷桥现象。有些工程夹心板的拉结件采用防腐处理的钢筋和塑料筋，这都是非常不安全的做法。

②拉结件的布置。当请专业厂家对拉结件进行数量布置设计后，需要设计师进行复核验算。

③拉结件的锚固。拉结件一定要满足锚固要求，要有可靠的技术支持。

④试验验证。拉结件材质各种力学性能，拉结件的数量、布置，拉结件的锚固需要厂家提供试验验证报告。

⑤工艺要求。

《装规》11.3.3条规定：夹心外墙板宜采用平模工艺生产，生产时应先浇筑外叶墙板混凝土层，再安装保温材料和拉结件，最后浇筑内叶墙板混凝土层；当采用立模工艺生产时，应同步浇筑内外叶墙板混凝土层，并应采取保证保温材料及拉结件位置准确的措施。

内外墙板制作时宜分两次浇筑混凝土，在二次浇筑之前拉结件未达到强度之前不能扰动，结构设计师应提出要求。

斯贝尔FRP连接件在预制保温墙体中的布置形式，如图7-22所示。对于预制保温外挂墙体，斯贝尔FRP连接件在内、外叶墙板中采用相同的锚固构造，具体见厂家技术要求。

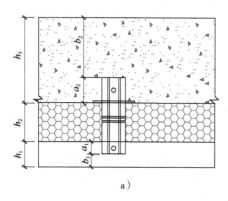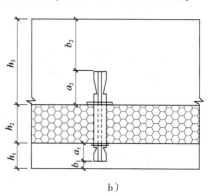

a)   b)

图7-22 连接件与内外叶墙板、保温层的定位示意图（斯贝尔产品手册）
a) Ⅰ型连接件 b) Ⅱ、Ⅲ型连接件

4）内、外叶墙板的设计。根据墙体配筋的计算结果，在预制墙板底部确定需要布置灌浆套筒的位置，确定预制墙板顶部伸出钢筋的长度，确定预制墙板两侧箍筋伸出的长度和形式，确定外叶墙板的配筋，预制夹心剪力墙板的图样如图7-13所示。

5）预埋件的设计。根据电气专业提供的条件确定预制墙板中线盒和线管的位置，确定预埋脱模吊点的大小和位置，根据预制构件的质量、形状计算确定安装吊点的大小和位置，预制墙板之间水平连接需要后浇混凝土，确定模板安装预埋螺母的大小和位置。

115. 采用套筒灌浆连接竖向钢筋的剪力墙，如何加密水平分布钢筋？如何考虑竖向钢筋保护层厚度？

(1) 基本规定

《装标》5.7.4 条规定：预制剪力墙竖向钢筋采用套筒灌浆连接时，自套筒底部至套筒顶部并向上延伸 300mm 范围内，预制剪力墙的水平分布钢筋应加密（图 7-23），加密区水平分布钢筋的最大间距及最小直径应符合表 7-3 的规定，套筒上端第二道水平分布钢筋距离套筒顶部不应大于 50mm。

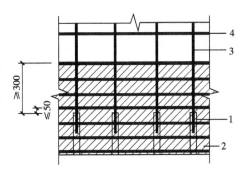

图 7-23　钢筋套筒灌浆连接部位水平分布筋加密构造示意（《装标》图 5.7.4）
1—竖向钢筋连接　2—水平钢筋加密区域（阴影区域）
3—竖向钢筋　4—水平分布钢筋

表 7-3　加密区水平分布钢筋的要求（《装标》表 5.7.4）

抗 震 等 级	最大间距/mm	最小直径/mm
一级、二级	100	8
三级、四级	150	8

试验研究结果表明，剪力墙底部竖向钢筋连接区域，裂缝较多且较为集中，因此对该区域的水平分布筋应加强，以提高墙板的抗剪能力和变形能力，并使该区域的塑性铰可以充分发展，提高墙板的抗震性能。

(2) 如何考虑保护层厚度

《装规》6.5.3 条规定：预制剪力墙中钢筋接头处套筒外侧钢筋的混凝土保护层厚度不应小于 15mm，套筒之间的净距不应小于 25mm。

116. 采用浆锚搭接竖向钢筋的剪力墙，如何加密水平分布钢筋？如何考虑竖向钢筋保护层厚度？

(1) 基本规定

《装标》5.7.5 条预制剪力墙竖向钢筋采用浆锚搭接连接时，应符合下列规定：

1) 墙体底部预留灌浆孔道直线段长度应大于下层预制剪力墙连接钢筋伸入孔道内的长度 30mm，孔道上部应根据灌浆要求设置合理弧度。孔道直径不宜小于 40mm 和 2.5d （d 为伸入孔道的连接钢筋直径）的较大值，孔道之间的水平净间距不宜小于 50mm；孔道外壁至剪力墙外表面的净间距不宜小于 30mm。当采用预埋金属波纹管成孔时，金属波纹管的钢带厚度及波纹高度应符合现行行业标准《预应力混凝土用金属波纹管》（JG 225—2007）的有关规定（镀锌金属波纹管的钢带厚度不宜小于 0.3mm，波纹高度不应小于 2.5mm）。当采用其他成孔方式时，应对不同预留成孔工艺、孔道形状、孔道内壁的粗糙度或花纹深度及间距等形成的连接接头进行力学性能以及适用性的试验验证。

2) 竖向钢筋连接长度范围内的水平分布钢筋应加密，加密范围自剪力墙底部至预留灌浆孔道顶部（图 7-24），且不应小于 300mm。加密区水平分布钢筋的最大间距及最小直径应符合《装标》表 5.7.4 的规定，最下层水平分布钢筋距离墙身底部不应大于 50mm。剪力墙竖向分布钢筋连接长度范围内未采取有效横向约束措施时，水平分布钢筋加密范围内的拉筋应加密；拉筋沿竖向的间距不宜大于 300mm 且不少于 2 排；拉筋沿水平方向的间距不宜大于竖向分布钢筋间距，直径不应小于 6mm；拉筋应紧靠被连接钢筋，并钩住最外层分布钢筋。

3）边缘构件竖向钢筋连接长度范围内应采取加密水平封闭箍筋的横向约束措施或其他可靠措施。当采用加密水平封闭箍筋约束时，应沿预留孔道直线段全高加密。箍筋沿竖向的间距，一级不应大于 75mm，二、三级不应大于 100mm，四级不应大于 150mm；箍筋沿水平方向的肢距不应大于竖向钢筋间距，且不宜大于 200mm；箍筋直径一、二级不应小于 10mm，三、四级不应小于 8mm，宜采用焊接封闭箍筋（图 7-25）。

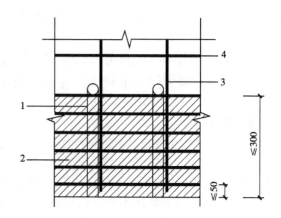

图 7-24　钢筋浆锚搭接连接水平分布钢筋加密构造示意（《装标》图 5.7.5-1）
1—预留灌浆孔道　2—水平分布钢筋加密区域（阴影区域）
3—竖向钢筋　4—水平分布钢筋

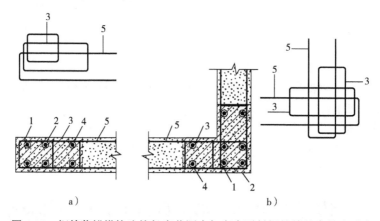

图 7-25　钢筋浆锚搭接连接长度范围内加密水平封闭箍筋约束构造示意
（《装标》图 5.7.5-2）
a）暗柱　b）转角墙
1—上层预制剪力墙边缘构件竖向钢筋　2—下层剪力墙边缘构件竖向钢筋
3—封闭箍筋　4—预留灌浆孔道　5—水平分布钢筋

钢筋浆锚搭接连接方法主要适用于钢筋直径 18mm 及以下的装配整体式剪力墙结构竖向钢筋连接。预制剪力墙中预留灌浆孔道的构造规定是参照现行国家标准《混规》中后张法预应力构件中预留孔道的构造给出的。对钢筋浆锚搭接连接长度范围内施加横向约束措施有助于改善连接区域的受力性能。目前有效的横向约束措施主要为加密水平封闭箍筋的方式。当采用其他约束措施时，应有理论、试验依据或工程实践验证。

预制剪力墙竖向钢筋采用浆锚搭接连接的试验研究结果表明，加强预制剪力墙边缘构件部位底部浆锚搭接连接区的混凝土约束是提高剪力墙及整体结构抗震性能的关键。对比试验结果证明，通过加密钢筋浆锚搭接连接区域的封闭箍筋，可有效增强对边缘构件混凝土的约束，进而提高浆锚搭接连接钢筋的传力效果，保证预制剪力墙具有与现浇剪力墙相近的抗震性能。预制剪力墙边缘构件区域加密水平箍筋约束措施的具体构造要求主要根据试验研究确定。

预制剪力墙竖向分布钢筋采用浆锚搭接连接时，可采用在墙身水平分布钢筋加密区域增设拉筋的方式进行加强。拉筋应紧靠被连接钢筋，并钩住最外层分布钢筋。

关于钢筋浆锚搭接的搭接长度见第 3 章 37 问。

(2) 如何考虑保护层厚度

保护层厚度应当从箍筋算起，由于有浆锚孔的存在，受力钢筋保护层厚度应当注意。

117. 端部无边缘构件的预制剪力墙的构造如何规定？

《装规》8.2.5 条中规定端部无边缘构件的预制剪力墙，宜在端部配置 2 根直径不小于 12mm 的竖向构造钢筋；沿该钢筋竖向应配置拉筋，拉筋直径不宜小于 6mm、间距不宜大于 250mm。

118. 什么剪力墙须填充轻质材料？如何填充？

1）整间板剪力墙的窗洞下墙体部分需要填充轻质材料。

现浇混凝土剪力墙结构中窗下墙体一般情况下采用轻质砌体，整间板窗下墙由混凝土组成，框架梁或连梁的荷载取值增加了，为了减轻建筑本身和整间墙板构件的质量，节约成本，窗下墙体需要填充轻质材料。

2）整间板剪力墙的窗洞下墙体如何填充轻质材料？

国标图集《预制混凝土剪力墙外墙板》（15G365-1）中规定，窗下混凝土墙中一般填充模塑聚苯板（EPS）轻质材料，轻质材料密度要求 12kg/m³ 以上，来达到减轻墙体自重的目的。轻质填充材料须在窗口下方范围内设置，避开预留线盒。

《辽标》第 8.3.15 条，预制剪力墙洞口墙按围护墙设计时，可采用轻质填充墙的做法（图 7-26）。

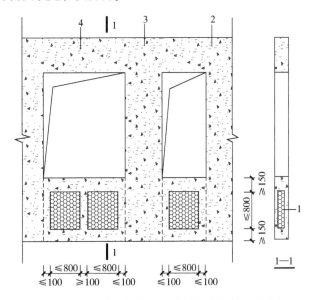

图 7-26　预制剪力墙洞口下采用轻质材料填充示意
（《辽标》图 8.3.15-2）
1—填充材料　2—洞口两侧墙肢　3—洞口间墙体　4—洞口上方连梁

①填充区域墙体采用的配筋构造应满足正常使用极限状态的抗裂和多遇地震作用下不发生破坏的要求。

②底部应设置不少于两道水平钢筋，钢筋直径不宜小于 8mm，间距不宜大于 150mm；顶部应设置不少于两根洞边加强筋，钢筋直径不宜小于 10mm。

③中间部位应设置构造钢筋网片，钢筋直径不宜小于 5mm，间距不宜大于 200mm，构造钢筋伸入洞口两侧边缘构件内长度不宜小于 15d（d 为构造钢筋直径）和 100mm 的较大值。

④洞口下墙宽度不小于 1.5m 时，与下层墙体之间宜设置竖向连接钢筋。

⑤轻质填充物边长尺寸不宜大于 800mm，宜沿墙厚度方向居中设置，且距墙面尺寸不应小于 50mm；距墙肢的距离不宜大于 100mm；两轻质填充物之间的距离不宜小于 100mm。

119. 如何设计剪力墙连梁、圈梁、后浇带？

（1）关于屋顶和立面收进的剪力墙顶部圈梁的规定

《装规》8.3.2条规定：屋面以及立面收进的楼层，应在预制剪力墙顶部设置封闭的后浇钢筋混凝土圈梁（图7-27），并应符合下列规定：

1）圈梁截面宽度不应小于剪力墙的厚度，截面高度不宜小于楼板厚度及250mm的较大值；圈梁应与现浇或者叠合楼、屋盖浇筑成整体。

2）圈梁内配置的纵向钢筋不应少于4φ12，且按全截面计算的配筋率不应小于0.5%和水平分布筋配筋率的较大值，纵向钢筋竖向间距不应大于200mm；箍筋间距不应大于200mm，且直径不应小于8mm。

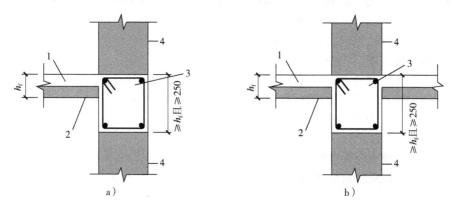

图7-27 后浇钢筋混凝土圈梁构造示意（《装规》图8.3.2）
a）端部节点 b）中间节点
1—后浇混凝土叠合层 2—预制板 3—后浇圈梁 4—预制剪力墙

（2）关于楼面位置剪力墙顶部水平后浇带的相关规定

《装规》8.3.3条规定：各层楼面位置，预制剪力墙顶部无后浇圈梁时，应设置连续的水平后浇带（图7-28）；水平后浇带应符合下列规定：

1）水平后浇带宽度应取剪力墙的厚度，高度不应小于楼板厚度；水平后浇带应与现浇或者叠合楼、屋盖浇筑成整体。

2）水平后浇带内应配置不少于2根连续纵向钢筋，其直径不宜小于12mm。

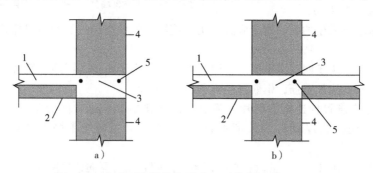

图7-28 水平后浇带构造示意（《装规》图8.3.3）
a）端部节点 b）中间节点
1—后浇混凝土叠合层 2—预制板 3—水平后浇带 4—预制墙板 5—纵向钢筋

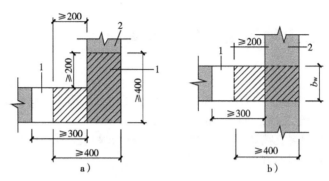

图7-31　构造边缘构件部分后浇构造示意（《装标》图5.7.6-3）

（阴影区域为构造边缘构件范围）

a）转角墙　b）有翼墙

1—后浇段　2—预制剪力墙

（2）还应注意的问题

除以上规范要求外，还应注意以下几个问题：

1）《辽标》第8.3.6条还规定了预制剪力墙的水平分布钢筋在后浇段内的锚固、连接要求：当采用预留U形钢筋连接时，宜采用两侧相互搭接的形式（图7-32a），也可采用设置附加封闭连接钢筋的形式（图7-32b）；U形钢筋相互搭接或与附加连接钢筋搭接的长度不应小于$0.6l_{aE}$；附加连接钢筋的直径及配筋率不应小于墙体水平分布筋。

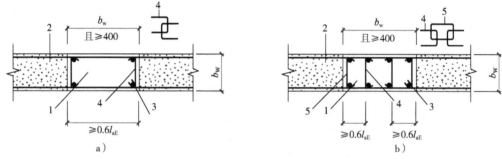

图7-32　相邻预制剪力墙竖向接缝构造示意（《辽标》图8.3.6-4）

a）连接钢筋相互搭接　b）设置附加封闭箍筋

1—后浇段　2—预制剪力墙　3—竖向钢筋　4—预留U形钢筋　5—附加封闭连接钢筋

2）剪力墙竖向接缝位置的确定首先要尽量避免拼缝对结构整体性能的影响，还要考虑建筑功能和艺术效果，便于生产、运输和安装。当采用一字形墙板构件时，拼缝通常位于纵横墙片交接处的边缘构件位置，边缘构件是保证剪力墙抗震性能的重要构件，《装标》主张宜全部或者大部分采用现浇混凝土。如边缘构件的一部分现浇，一部分预制，则应采取可靠连接措施，保证现浇与预制部分共同组成叠合式边缘构件。

3）对于约束边缘构件，阴影区域宜采用现浇，则竖向钢筋可均配置在现浇拼缝内，且在现浇拼缝内配置封闭箍筋及拉筋，预制墙板中的水平分布筋在现浇拼缝内锚固。如果阴影区域部分预制，则竖向钢筋可部分均配置在现浇拼缝内，部分配置在预制段内；预制段内的水平钢筋和现浇拼缝内的水平钢筋需通过搭接、焊接等措施形成封闭的环箍，并满足国家现行相关规范的配箍率要求。

4）墙肢端部的构造边缘构件通常全部预制；当采用L形、T形或者U形墙板时，拐角处的构造边缘构件可全部位于预制剪力墙段内，竖向受力钢筋可采用搭接连接或焊接连接。

121. 预制剪力墙底部接缝有什么规定？

《装标》第 5.7.7 条，当采用套筒灌浆连接或浆锚搭接连接时，预制剪力墙底部接缝宜设置在楼面标高处。接缝高度不宜小于 20mm，宜采用灌浆料填实，接缝处后浇混凝土，上表面应设置粗糙面。

预制剪力墙竖向钢筋连接时，宜采用灌浆料将水平接缝同时灌满。灌浆料强度较高且流动性好，有利于保证接缝承载力。

接缝高度可以采用两种方法设置，一是在墙体底部预埋螺母，现场施工时可用螺栓进行调节高度，设计应确定螺母的大小和位置；二是采用不同厚度的钢板垫块的方法调节接缝高度，设计时应给出钢板垫块位置的要求。

122. 上下层剪力墙竖向钢筋连接有什么规定？

《装标》5.7.9 条，上下层预制剪力墙的竖向钢筋，应符合下列规定：

1）边缘构件的竖向钢筋应逐根连接。

2）预制剪力墙的竖向分布钢筋宜采用双排连接，当采用"梅花形"部分连接时，应符合本标准第 5.7.10 条～第 5.7.12 条的规定。

3）除下列情况外，墙体厚度不大于 200mm 的丙类建筑预制剪力墙的竖向分布钢筋可采用单排连接，采用单排连接时，应符合本标准第 5.7.10 条、第 5.7.12 条的规定，且在计算分析时不应考虑剪力墙平面外刚度及承载力。

①抗震等级为一级的剪力墙。

②轴压比大于 0.3 的抗震等级为二、三、四级的剪力墙。

③一侧无楼板的剪力墙。

④一字形剪力墙、一端有翼墙连接但剪力墙非边缘构件区长度大于 3m 的剪力墙以及两端有翼墙连接但剪力墙非边缘构件区长度大于 6m 的剪力墙。

4）抗震等级为一级的剪力墙以及二、三级底部加强部位的剪力墙，剪力墙的边缘构件竖向钢筋宜采用套筒灌浆连接。

边缘构件是保证剪力墙抗震性能的重要构件，且钢筋较粗，每根钢筋应逐根连接。剪力墙的分布钢筋直径小且数量多，全部连接会导致施工繁琐且造价较高，连接接头数量太多对剪力墙的抗震性能也有不利影响。

123. 上下层剪力墙竖向钢筋采用套筒灌浆连接时有什么规定？

《装标》5.7.10 条，当上下层预制剪力墙竖向钢筋采用套筒灌浆连接时，应符合下列规定：

1）当竖向分布钢筋采用"梅花形"部分连接时（图 7-33），连接钢筋的配筋率不应小于现行国家标准《抗规》规定的剪力墙竖向分布钢筋最小配筋率要求，连接钢筋的直径不应小于 12mm，同侧间距不应大于 600mm，且在剪力墙构件承载力设计和分布钢筋配筋率计算中不得计入未连接的分布钢筋；未连接的竖向分布钢筋直径不应小于 6mm。

2）当竖向分布钢筋采用单排连接时（图 7-34），应符合本标准第 5.4.2 条的规定。

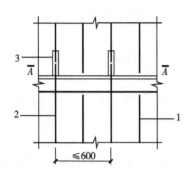
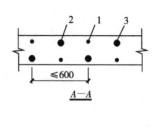

图 7-33　竖向分布钢筋"梅花形"套筒灌浆连接构造示意
（《装标》图 5.7.10-1）
1—未连接的竖向分布钢筋　2—连接的竖向分布钢筋　3—灌浆套筒

剪力墙两侧竖向分布钢筋与配置于墙体厚度中部的连接钢筋搭接连接，连接钢筋位于内、外侧被连接钢筋的中间；连接钢筋受拉承载力不应小于上下层被连接钢筋受拉承载力较大值的 1.1 倍，间距不宜大于 300mm。下层剪力墙连接钢筋自下层预制墙顶算起的埋置长度不应小于 $1.2l_{aE} + b_w/2$（b_w 为墙体厚度），上层剪力墙连接钢筋自套筒顶面算起的埋置长度不应小于 l_{aE}，上层连接钢筋顶部至套筒底部的长度尚不应小于 $1.2l_{aE} + b_w/2$，l_{aE} 按连接钢筋直径计算。钢筋连接长度范围内应配置拉筋，同一连接接头内的拉筋配筋面积不应小于连接钢筋的面积；拉筋沿竖向的间距不应大于水平分布钢筋间距，且不宜大于 150mm；拉筋沿水平方向的间距不应大于竖向分布钢筋间距，直径不应小于 6mm；拉筋应紧靠连接钢筋，并钩住最外层分布钢筋。

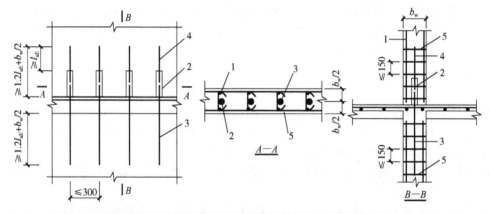

图 7-34　竖向分布钢筋单排套筒灌浆连接构造示意（《装标》图 5.7.10-2）
1—上层预制剪力墙竖向分布钢筋　2—灌浆套筒　3—下层剪力墙连接钢筋　4—上层剪力墙连接钢筋　5—拉筋

124. 采用挤压套筒连接竖向钢筋的预制剪力墙，应符合哪些规定？

《装标》5.7.11 条，当上下层预制剪力墙竖向钢筋采用挤压套筒连接时，应符合下列规定：

1）预制剪力墙底后浇段内的水平钢筋直径不应小于 10mm 和预制剪力墙水平分布钢筋直径的较大值，间距不宜大于 100mm；楼板顶面以上第一道水平钢筋距楼板顶面不宜大于 50mm，套筒上端第一道水平钢筋距套

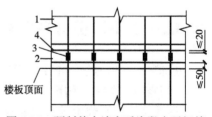

图 7-35　预制剪力墙底后浇段水平钢筋配置示意（《装标》图 5.7.11-1）
1—预制剪力墙　2—墙底后浇段
3—挤压套筒　4—水平钢筋

筒顶部不宜大于 20mm（图 7-35）。

2）当竖向分布钢筋采用"梅花形"部分连接时（图 7-36），应符合本标准第 5.7.10 条第 1
款的规定。

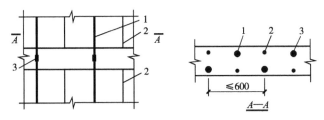

图 7-36 竖向分布钢筋"梅花形"挤压套筒连接构造示意（《装标》图 5.7.11-2）
1—连接的竖向分布钢筋 2—未连接的竖向分布钢筋 3—挤压套筒

 ## 125. 采用浆锚搭接竖向钢筋的预制剪力墙，应符合哪些规定？

《装标》5.7.12 条，当上下层预制剪力墙竖向钢筋采用浆锚搭接连接时，应符合下列规定：

1）当竖向钢筋非单排连接时，下层预制剪力墙连接钢筋伸入预留灌浆孔道内的长度不应小
于 $1.2l_{aE}$（图 7-37）。

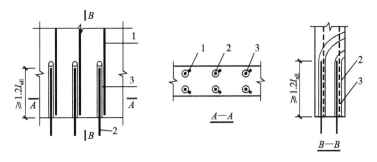

图 7-37 竖向钢筋浆锚搭接连接构造示意（《装标》图 5.7.12-1）
1—上层预制剪力墙竖向钢筋 2—下层剪力墙竖向钢筋 3—预留灌浆孔道

2）当竖向分布钢筋采用"梅花形"部分连接时（图 7-38），应符合本标准第 5.7.10 条第 1
款的规定。

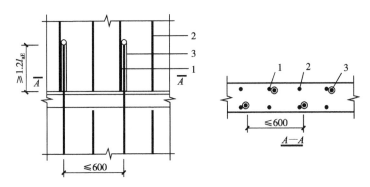

图 7-38 竖向分布钢筋"梅花形"浆锚搭接连接构造示意（《装标》图 5.7.12-2）
1—连接的竖向分布钢筋 2—未连接的竖向分布钢筋 3—预留灌浆孔道

3）当竖向分布钢筋采用单排连接时（图7-39），竖向分布钢筋应符合本标准第5.4.2条的规定；剪力墙两侧竖向分布钢筋与配置于墙体厚度中部的连接钢筋搭接连接，连接钢筋位于内、外侧被连接钢筋的中间；连接钢筋受拉承载力不应小于上下层被连接钢筋受拉承载力较大值的1.1倍，间距不宜大于300mm。连接钢筋自下层剪力墙顶算起的埋置长度不应小于 $1.2l_{aE} + b_w/2$（b_w 为墙体厚度），自上层预制墙体底部伸入预留灌浆孔道内的长度不应小于 $1.2l_{aE} + b_w/2$，l_{aE} 按连接钢筋直径计算。钢筋连接长度范围内应配置拉筋，同一连接接头内的拉筋配筋面积不应小于连接钢筋的面积；拉筋沿竖向的间距不应大于水平分布钢筋间距，且不宜大于150mm；拉筋沿水平方向的肢距不应大于竖向分布钢筋间距，直径不应小于6mm；拉筋应紧靠连接钢筋，并钩住最外层分布钢筋。

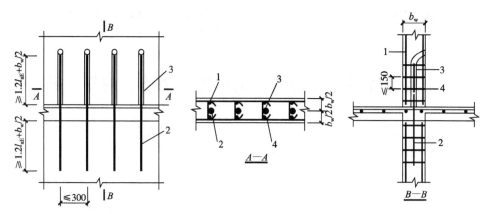

图7-39　竖向分布钢筋单排浆锚搭接连接构造示意（《装标》图5.7.12-3）
1—上层预制剪力墙竖向钢筋　2—下层剪力墙连接钢筋　3—预留灌浆孔道　4—拉筋

 ## 126. 剪力墙水平缝受剪承载力如何计算？

《装标》5.7.8条规定：在地震设计状况下，剪力墙水平接缝的受剪承载力设计值应按下式计算：

$$V_{uE} = 0.6f_y A_{sd} + 0.8N \qquad [《装标》（式5.7.8）]$$

式中　V_{uE}——剪力墙水平接缝受剪承载力设计值（N）；

　　　f_y——垂直穿过结合面的竖向钢筋抗拉强度设计值（N/mm^2）；

　　　A_{sd}——垂直穿过结合面的竖向钢筋面积（mm^2）；

　　　N——与剪力设计值 V 相应的垂直于结合面的轴向力设计值（N），压力时取正值，拉力时取负值；当大于 $0.6f_c bh_0$ 时，取为 $0.6f_c bh_0$；此处 f_c 为混凝土轴心抗压强度设计值，b 为剪力墙厚度，h_0 为剪力墙截面有效高度。

 ## 127. 楼面梁与预制剪力墙如何连接、拼接？

《装规》8.3.9条规定：楼面梁不宜与预制剪力墙在剪力墙平面外单侧连接；当楼面梁与剪力墙在平面外单侧连接时，宜采用铰接。

楼面梁与预制剪力墙在平面外连接时，宜采用铰接，可采用在剪力墙上设置扶壁柱的方式，如图7-40所示。

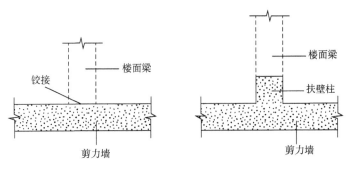

图 7-40　楼面梁与剪力墙平面外连接方法

128. 叠合连梁有什么规定？如何设计？

《装规》第 8.3.8 条，预制剪力墙洞口上方的预制连梁宜与后浇圈梁或水平后浇带形成叠合连梁（图 7-41），叠合连梁的配筋及构造要求应符合现行国家标准《混规》的有关规定。

《辽标》第 8.3.10 条规定，"刀把墙"连梁（图 7-42）预制部分在顶部应增设纵向钢筋，并验算吊装、运输过程的承载力和裂缝宽度。

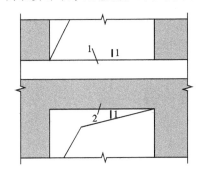

图 7-41　预制剪力墙叠合连梁构造示意
（《装规》图 8.3.8）
1—后浇圈梁或后浇带　2—预制连梁
3—箍筋　4—纵向钢筋

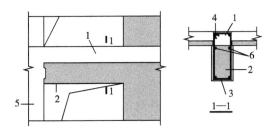

图 7-42　"刀把墙"叠合连梁构造示意
（《辽标》图 8.3.10-2）
1—后浇圈梁或后浇带　2—预制连梁　3—箍筋
4—纵向钢筋　5—后浇边缘构件　6—增设纵向钢筋

129. 预制叠合连梁与预制剪力墙如何连接、拼接？

1）《装规》8.3.10 条规定：预制叠合连梁的预制部分宜与剪力墙整体预制，也可在跨中拼接或在端部与预制剪力墙拼接。

2）《装规》8.3.11 条规定：当预制叠合连梁在跨中拼接时，可按本规程 7.3.3 条的规定进行接缝构造设计。

3）《装规》8.3.12 条规定：当预制叠合连梁端部与预制剪力墙在平面内拼接时，接缝构造应符合下列规定：

①当墙端边缘构件采用后浇混凝土时，连梁纵向钢筋应在后浇段中可靠锚固（图 7-43a）或连接（图 7-43b）。

②当预制剪力墙端部上角预留局部后浇节点区时，连梁的纵向钢筋应在局部后浇节点内可靠锚固（图 7-43c）或连接（图 7-43d）。

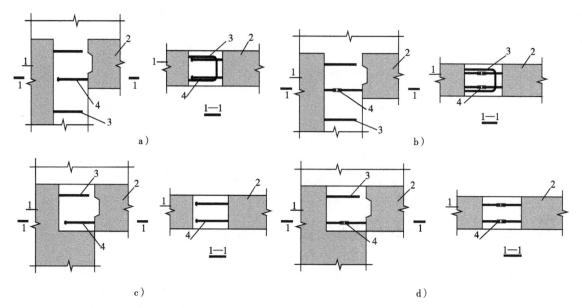

图 7-43 同一平面内预制连梁与预制剪力墙连接构造示意 (《装规》图 8.13.12)

a) 预制连梁钢筋在后浇段内锚固构造示意　b) 预制连梁钢筋在后浇段内与预制剪力墙预留钢筋连接构造示意

c) 预制连梁钢筋在预制剪力墙局部后浇节点区内锚固构造示意　d) 预制连梁钢筋在预制剪力墙局部

后浇节点区内与墙板预留钢筋连接构造示意

1—预制剪力墙　2—预制连梁　3—边缘构件箍筋　4—连梁下部纵向受力钢筋锚固或连接

 130. 叠合连梁端部接缝受剪承载力如何计算?

《装规》7.2.2 条规定:叠合梁端竖向接缝的受剪承载力设计值应按下列公式计算见第 80 问。

 131. 预制剪力墙与现浇加强层和顶层楼板如何连接?

预制剪力墙底部预留连接钢筋的套筒,现浇层墙体顶部预留出插入套筒内的钢筋,要求长度及位置满足套筒连接的要求。预制墙体与顶层楼板的连接见本章第 119 问。

 132. 后浇连梁与预制剪力墙如何连接?

《装规》8.3.13 条规定:当采用后浇连梁时,宜在预制剪力墙端伸出预留纵向钢筋,并与后浇连梁的纵向钢筋可靠连接 (图 7-44)。

当采用后浇连梁时,纵筋可在连梁范围内与预制剪力墙预留的钢筋连接,可采用搭接、机械连接、焊接等方式。

图 7-44 后浇连梁与预制剪力墙连接

构造示意 (《装规》图 8.3.13)

1—预制剪力墙　2—后浇连梁

3—预制剪力墙伸出纵向受力钢筋

133. 预制剪力墙洞口下方如何设计?

预制剪力墙洞口下墙体的构造做法应与结构整体计算模型一致。

(1) 整间板

《装规》第8.3.15条,当预制剪力墙洞口下方有墙时,宜将洞口下墙作为单独的连梁进行设计(图7-45)。

当洞口下墙体按围护墙设计时见本章118问。

(2) 非整间板

非整间板洞口下方有墙时,有三种做法。

1)可按现浇结构做法砌筑砌体。

2)当按围护墙设计时,采用轻质墙板与预制剪力墙两侧后浇进行连接;轻质墙板下方中间位置预留单排套筒,间距不大于600m,与预制连梁伸出钢筋进行套筒灌浆连接,如图7-46所示。

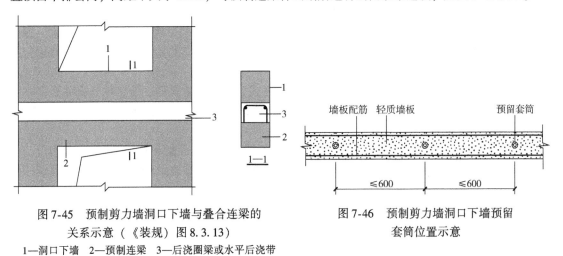

图 7-45　预制剪力墙洞口下墙与叠合连梁的
关系示意(《装规》图8.3.13)

1—洞口下墙　2—预制连梁　3—后浇圈梁或水平后浇带

图 7-46　预制剪力墙洞口下墙预留
套筒位置示意

3)上下洞口之间的墙体做成预制连梁。

134. 装配式剪力墙结构设计的难点是什么? 存在哪些问题? 如何解决?

发展装配式建筑的目的是要把其社会、经济、环境效益真正地发挥出来,体现装配式的优势。装配式剪力墙结构是我国目前应用最多的装配式建筑,装配式剪力墙结构的设计是非常重要的。其结构设计的难点和问题主要体现以下两个方面:

1)预制剪力墙伸出钢筋多,后浇连接节点多。

设计师应利用规范、图集的给出空间,采取灵活的拆分方式对剪力墙进行拆分设计,达到提高构件生产效率,降低成本,保证质量,施工便利的目标。可考虑非整间板的拆分方式,减少出筋部位,减少后浇连接节点,具体见本章第108问。

2)预制楼板伸出钢筋多。

采取适当增大剪力墙间距而形成大空间、大跨度可灵活布置内部隔墙的建筑、结构方案,随着楼板跨度增加,叠合楼板厚度随之增大,可解决预制楼板出筋问题,具体见第5章第62

问，从而提高构件生产效率，降低成本。

 135. 装配式剪力墙结构设计有哪些重要经验？

装配式剪力墙结构设计是一项繁琐复杂的工作，而且要求设计师要有耐心，设计经验主要内容如下：

1) 设计师应对装配式剪力墙结构设计有个整体的概念，有概念设计的意识。

2) 设计师应对规范有深入的了解，每个预制构件需要满足哪些规范的规定。

3) 对生产安装工艺要有深入的了解，设计时才能满足提高预制构件生产效率，运输方便，安装便捷和降低成本的要求。

4) 确定装配式与现浇结构的范围，预制剪力墙的布置应与结构整体计算模型一致，这是对装配式剪力墙结构安全性的最基本的要求。

5) 要求设计师了解装配式剪力墙结构的构件生产、运输和安装各个环节的有关情况。外墙采用哪种剪力墙拆分形式，预制剪力墙有哪些预埋件，预埋件之间的相互关系都需要考虑。

6) 当对装配式剪力墙结构模型计算时，应当考虑荷载的增加。叠合楼板的厚度增大、预制剪力墙外墙的形式、外墙洞口下墙体采取哪种做法并布置其相应的荷载，计算时参数选取包括连梁增大系数，位移的要求，现浇墙增大系数等。

7) 对装配式剪力墙结构而言，"可靠的连接方式"是第一重要的，是结构安全的最基本保障。预制剪力墙后浇连接节点较多，设计时应合理减少后浇混凝土量和降低现场施工的难度，连接节点设计是装配式建筑发展的关键。

8) 在图样设计完成后既要与各个专业之间进行图样会审，审查是否有遗漏、碰撞情况，做到错漏补缺，又要和预制构件厂家和安装施工单位进行会审，审查是否能便于生产、预制构件质量是否满足吊装机具吊重的要求。

第8章 多层墙板结构设计

 ## 136. 什么是装配式多层墙板结构？适用范围如何？

装配式多层墙板结构《装标》2.1.26条给出了规定，全部或部分墙体采用预制墙板构建成的多层装配式混凝土结构。

多层墙板结构是由墙和楼板组成承重体系的房屋结构，墙既作承重构件，又作房间的隔断，是居住建筑中最常用且较经济的结构形式。有板式构件组合成的剪力墙结构体系，有暗梁、暗柱和墙板构件组合成框架体系。多层剪力墙装配整体式结构要比高层剪力墙结构简单，是第7章介绍的高层剪力墙装配整体式建筑的简化版，墙体厚度可以减小，连接构造简单，施工方便，成本低。混凝土装配式建筑在欧洲大量应用，以多层墙板结构为主。适用于住宅、宾馆、宿舍、公寓等的多层建筑，由于跨度较小，室内平面布置的灵活性较差，为克服这一缺点，目前正在向大开间方向发展。

《装标》5.8.2条给出了多层装配式墙板结构的最大适用层数和最大适用高度的要求，见表8-1。

表8-1　多层装配式墙板结构的最大适用层数和最大适用高度（《装标》表5.8.2）

设防烈度	6度	7度	8度 (0.2g)
最大适用层数	9	8	7
最大适用高度/m	28	24	21

注：一般多层建筑是指6层及6层以下的建筑，表中多层装配式墙板结构是以剪力墙结构为主的，抗震烈度较低的地区可以做到9层。

 ## 137. 多层装配式墙板结构有几种成熟应用的范例？

多层装配式墙板结构根据连接方式主要有以下三种：

(1) 全装配式结构

全装配混凝土结构的PC构件靠干法连接（如螺栓连接、焊接等）形成整体。国外一些低层建筑或非抗震地区的多层建筑采用全装配混凝土结构，美国普林斯顿大学研究生宿舍楼就是全装配多层建筑，如图8-1所示。

(2) 装配整体式混合结构

装配整体式混合结构的墙板、楼板采用螺栓干连接，连接节点部位采用灌浆湿连接的结构体系，如图8-2所示。

(3) 装配整体结构

装配整体结构是按行业标准《装规》和国家标准《装标》的规定，预制墙板采用后浇混凝土湿连接，楼板采用叠合楼板的结构体系，如图8-3所示。

图 8-1　全装配式结构建筑

图 8-2　装配整体式混合结构建筑

138. 多层装配式墙板结构设计有哪些规定？

1）关于多层装配式墙板结构，行业标准《装规》第 9.1 条规定：

①本章适用于 6 层及 6 层以下、建筑设防类别为丙类的装配式剪力墙结构设计。

②多层装配式剪力墙结构抗震等级应符合下列规定：

图 8-3　装配整体结构建筑

A. 抗震设防烈度为 8 度时取三级。

B. 抗震设防烈度为 6、7 度时取四级。

③当房屋高度不大于 10m 且不超过 3 层时，预制剪力墙截面厚度不应小于 120mm；当房屋超过 3 层时，预制剪力墙截面厚度不宜小于 140mm。

④当预制剪力墙截面厚度不小于 140mm 时，应配置双排双向分布钢筋网。剪力墙中水平及竖向分布筋的最小配筋率不应小于 0.15%。

⑤除本章规定外，预制剪力墙构件的构造应符合本规程第 8.2 节的规定。

2）关于多层装配式墙板结构的规定，国家标准《装标》第 5.8.1～5.8.4 条规定：

①本节适用于抗震设防类别为丙类的多层装配式墙板住宅结构设计，本章未作规定的，应符合现行行业标准《装规》中多层剪力墙结构设计章节的有关规定。

②多层装配式墙板结构的最大适用层数和最大适用高度应符合表 8-1 的规定。

③多层装配式墙板结构的高宽比不宜超过表 8-2 的数值。

表 8-2　多层装配式墙板结构适用的最大高宽比（《装标》表 5.8.3）

设防烈度	6 度	7 度	8 度（0.2g）
最大高宽比	3.5	3.0	2.5

④多层装配式墙板结构设计应符合下列规定：

A. 结构抗震等级在设防烈度为8度时取三级，设防烈度6、7度时取四级。

B. 预制墙板厚度不宜小于140mm，且不宜小于层高的1/25。

C. 预制墙板的轴压比，三级时不应大于0.15，四级时不应大于0.2；轴压比计算时，墙体混凝土强度等级超过C40，按C40计算。

 ## 139. 多层装配式墙板结构如何拆分？

关于多层装配式墙板结构拆分，行业标准《装规》和国家标准《装标》均没有给出规定，笔者认为应依循以下原则：

1）结构的合理性、安全性。根据不同的结构体系采取不同的拆分方法，并保证其安全性。全装配式干连接墙板可拆分较大板块的墙板，减少连接节点；装配整体式湿连接节点较多，比较灵活，可拆分成较小的板块。

2）环境因素。装配式墙板的拆分应根据当地运输和现场施工便利的环境因素考虑拆分板块的大小，普林斯顿大学研究生宿舍楼的装配式墙板是在现场预制、安装的，所以板块最长做到12m，当不满足现场预制环境条件的情况可拆分成较小的板块。

3）成本因素。墙板拆分板块较大，运输、安装的成本较高，应根据装配式建筑实际情况选择拆分板块的大小。

 ## 140. 多层装配式墙板结构如何进行结构分析？

1）行业标准《装规》9.2.1条规定：多层装配式剪力墙结构可采用弹性方法进行结构分析，并宜按结构实际情况建立分析模型。

2）国家标准《装标》5.8.5条规定：多层装配式墙板结构的计算应满足下列要求：

①可采用弹性方法进行结构分析，并应按结构实际情况建立分析模型；在计算中应考虑接缝连接方式的影响。

②采用水平锚环灌浆连接墙体可作为整体构件考虑，结构刚度宜乘以0.85~0.95的折减系数。

③墙肢底部的水平接缝可按照整体式接缝进行设计，并取墙肢底部的剪力进行水平接缝的受剪承载力验算。

④在风荷载或多遇地震作用下，按弹性方法计算的楼层层间最大水平位移与层高之比 $\Delta u_e/h$ 不宜大于1/1200。

141. 多层墙板结构如何计算预制剪力墙板水平接缝的受剪承载力？

行业标准《装规》9.2.2条规定：在地震设计状况下，预制剪力墙水平接缝的受剪承载力设计值应按下式计算：

$$V_{uE} = 0.6f_y A_{sd} + 0.6N \qquad [《装规》(式9.2.2)]$$

式中　f_y——垂直穿过结合面的钢筋抗拉强度设计值；

　　　N——与剪力设计值 V 相应的垂直于结合面的轴向力设计值，压力时取正，拉力时取负；

A_{sd}——垂直穿过结合面的抗剪钢筋面积。

由于多层装配式剪力墙结构中，预制剪力墙水平接缝中采用坐浆材料而非灌浆料填充，接缝受剪时静摩擦系数较低，取为0.6。

对于干法螺栓连接，螺栓间距较大（大于600mm），直径大于16mm时，截面抗剪切以销栓作用为主，建议参考框架柱水平缝抗剪计算公式（《装规》7.2.3）计算水平缝抗剪承载力。

预制剪力墙的竖向接缝采用后浇混凝土连接时，受剪承载力与现浇混凝土结构接近，不必计算其受剪承载力；当采用螺栓或焊接连接时，参见第12章173问。

 ## 142. 多层墙板结构设置后浇混凝土暗柱有什么规定？

国家标准《装标》第5.8.7条规定，预制墙板应在水平或竖向尺寸大于800mm的洞边、一字墙墙体端部、纵横墙交接处设置构造边缘构件，并应满足下列要求：

采用配置钢筋的构造边缘构件时，应符合下列规定：

1）构造边缘构件截面高度不宜小于墙厚，且不宜小于200mm，截面宽度同墙厚。

2）构造边缘构件内应配置纵向受力钢筋、箍筋、箍筋架立筋，构造边缘构件的纵向钢筋除应满足设计要求外，尚应满足表8-3的要求。

表8-3　构造边缘构件的构造配筋要求（《装标》表5.8.7）

抗震等级	底层				其他层			
	纵筋最小量	箍筋架立筋最小量	箍筋/mm		纵筋最小量	箍筋架立筋最小量	箍筋/mm	
			最小直径	最大间距			最小直径	最大间距
三级	1φ25	4φ10	6	150	1φ22	4φ8	6	200
四级	1φ22	4φ8	6	200	1φ20	4φ8	6	250

3）上下层构造边缘构件纵向受力钢筋应直接连接，可采用灌浆套筒连接、浆锚搭接连接、焊接连接或型钢连接件连接；箍筋架立筋可不伸出预制墙板表面。

4）采用配置型钢的构造边缘构件时，应符合下列规定：

①可由计算和构造要求得到钢筋面积并按等强度计算相应的型钢截面。

②型钢应在水平缝位置采用焊接或螺栓连接等方式可靠连接。

③型钢为一字形或开口截面时，应设置箍筋和箍筋架立筋，配筋量应满足表8-3的要求。

④当型钢为钢管时，钢管内应设置竖向钢筋并采用灌浆料填实。

行业标准《装规》9.3.1条规定，后浇混凝土暗柱截面高度不宜小于墙厚，且不应小于250mm，截面宽度可取墙厚（图8-4）。

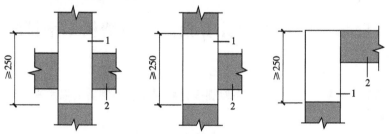

图8-4　多层装配式剪力墙结构后浇混凝土暗柱示意（《装规》图9.3.1）

1—后浇段　2—预制剪力墙

143. 多层墙板结构预制剪力墙连接竖缝和水平缝有什么规定或做法？

1）《装规》9.3.2 条规定：楼层内相邻预制剪力墙之间的竖向接缝可采用后浇段连接，并应符合下列规定：

①后浇段内应设置竖向钢筋，竖向钢筋配筋率不应小于墙体竖向分布筋配筋率，且不宜小于 2φ12。

②预制剪力墙的水平分布钢筋在后浇段内的锚固、连接应符合现行国家标准《混规》的有关规定。

采用后浇混凝土连接的接缝有利于保证结构的整体性，且接缝的耐久性，防水、防火性能均比较好。接缝宽度大小并没有做出规定，但进行钢筋连接时，要保证其最小的作业空间，两侧墙体内的水平分布钢筋可在后浇段内互相焊接（图 8-5）、搭接、弯折锚固或者做成锚环锚固。

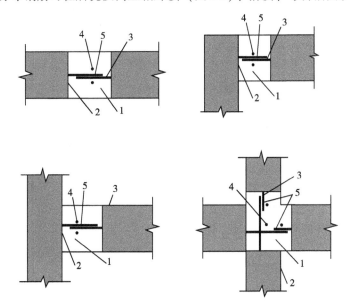

图 8-5　预制墙板竖向接缝构造示意（《装规》条文说明图 5）
1—后浇段　2—键槽或粗糙面　3—连接钢筋　4—竖向钢筋　5—钢筋焊接或搭接

2）《装规》9.3.3 条规定：预制剪力墙水平接缝宜设置在楼面标高处，并应满足下列要求：

①接缝厚度宜为 20mm。

②接缝处应设置连接节点，连接节点间距不宜大于 1m；穿过接缝的连接钢筋数量应满足接缝受剪承载力的要求，且配筋率不应低于墙板竖向钢筋配筋率，连接钢筋直径不应小于 14mm。

③连接钢筋可采用套筒灌浆连接、浆锚搭接连接、螺栓连接、焊接连接，并应满足行业标准《装规》附录 A 的规定。

3）《装标》5.8.6 条，多层装配式墙板结构纵横墙板交接处及楼层内相邻承重墙板之间可采用水平钢筋锚环灌浆连接（图 8-6），并应符合下列规定：

①应在交接处的预制墙板边缘设置构造边缘构件。

②竖向接缝处应设置后浇段，后浇段横截面面积不宜小于 0.01m²，且截面边长不宜小于 80mm；后浇段应采用水泥基灌浆料灌实，水泥基灌浆料强度不应低于预制墙板混凝土强度等级。

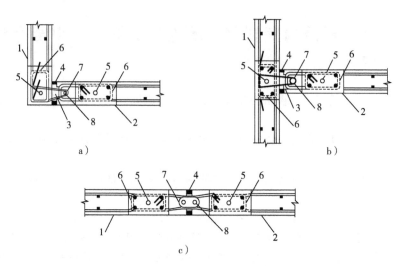

图 8-6 水平钢筋锚环灌浆连接构造示意

a）L 形节点构造示意 b）T 形节点构造示意 c）一字形节点构造示意

1—纵向预制墙体 2—横向预制墙体 3—后浇段 4—密封条 5—边缘构件纵向受力钢筋
6—边缘构件箍筋 7—预留水平钢筋锚环 8—节点后插纵筋

③预制墙板侧边应预留水平钢筋锚环，锚环钢筋直径不应小于预制墙板水平分布筋直径，

锚环间距不应大于预制墙板水平分布筋间距；同一竖向接缝左右两侧预制墙板预留水平钢筋锚环的竖向间距不宜大于 4d，且不应大于 50mm（d 为水平钢筋锚环的直径）；水平钢筋锚环在墙板内的锚固长度应满足现行国家标准《混规》的有关规定；竖向接缝内应配置截面面积不小于 200mm^2 的节点后插纵筋，且应插入墙板侧边的钢筋锚环内；上下层节点后插筋可不连接。

4）钢丝绳套灌浆连接。在欧洲的多层装配式建筑中采用钢丝绳套灌浆连接也很多，如图 8-7 所示。

图 8-7 钢丝绳套灌浆连接

5）干法螺栓连接。干法螺栓连接没有湿作业，构件制作、安装效率高，是一种适合低多层建筑的连接方式，具体见第 1 章第 8 问。

144. 高于三层的多层墙板结构有什么规定？

行业标准《装规》9.3.4 条规定：当房屋层数大于 3 层时，应符合下列规定：

1）屋面、楼面宜采用叠合楼板，叠合板与预制剪力墙的连接应符合《装规》第 6.6.4 条的规定（见本书第 5 章 62 问）。

2）沿各层墙顶应设置水平后浇带，并应符合《装规》第 8.3.3 条的规定（见本书第 7 章 119 问（2）条）。

3）当抗震等级为三级时，应在屋面设置封闭的后浇钢筋混凝土圈梁，圈梁应符合《装规》第 8.3.2 条的规定（见本书第 7 章 119 问（1）条）。

沿墙顶设置封闭的水平后浇带或后浇钢筋混凝土圈梁可将楼板和竖向构件连接起来，使水平力可从楼面传递到剪力墙，增强结构的整体性和稳定性。

145. 不大于三层的多层墙板结构有什么规定？

1)《装规》9.3.5 条，当房屋层数不大于 3 层时，楼面可采用预制板，并应符合下列规定：

①预制板在墙上的搁置长度不应小于 60mm，当墙厚不能满足搁置长度要求时可设挑耳；板端后浇混凝土接缝宽度不宜小于 50mm，接缝内应配置连续的通长钢筋，钢筋直径不应小于 8mm。

②当板端伸出锚固钢筋时，两侧伸出的锚固钢筋应互相可靠连接，并应与支承墙伸出的钢筋、板端接缝内设置的通长钢筋拉结。

③当板端不伸出锚固钢筋时，应沿板跨方向布置连系钢筋。连系钢筋直径不应小于 10mm，间距不应大于 600mm；连系钢筋应与两侧预制板可靠连接，并应与支承墙伸出的钢筋、板端接缝内设置的通长钢筋拉结。

2)《装规》条文说明，对 3 层以下的建筑，为简化施工，减少现场湿作业，各层楼面也可采用预制楼板。预制楼板可采用空心楼板、预应力空心板等，其板端及侧向板缝应采取各项有效措施，使预制楼板在其平面内形成整体，保证其整体刚度，并应与竖向构件可靠连接，在搁置长度范围内空腔应用细石混凝土填实。

146. 多层墙板结构基础有几种类型？是否可以预制？

多层墙板结构常用基础的类型有：墙下条形基础、筏板基础、独立基础和桩基础。其中墙下条形基础、筏板基础和独立基础均可预制，桩基础的承台及承台梁也可预制。

147. 预制剪力墙板与连梁、基础连接有什么规定？

1)《装规》9.3.6 条规定：连梁宜与剪力墙整体预制，也可在跨中拼接。预制剪力墙洞口上方的预制连梁可与后浇混凝土圈梁或水平后浇带形成叠合连梁；叠合连梁的配筋及构造要求应符合现行国家标准《混规》的有关规定。

2)《装规》9.3.7 条规定：预制剪力墙与基础的连接应符合下列规定：

①基础顶面应设置现浇混凝土圈梁，圈梁上表面应设置粗糙面。

②预制剪力墙与圈梁顶面之间的接缝构造应符合《装规》第 9.3.3 条规定，连接钢筋应在基础中可靠锚固，且宜伸入到基础底部。

③剪力墙后浇暗柱和竖向接缝内的纵向钢筋应在基础中可靠锚固，且宜伸入到基础底部。

第9章　其他剪力墙设计简介

148. 双面叠合剪力墙结构如何设计？

国家标准《装标》附录 A 给出了双面叠合板式剪力墙设计的规定，主要内容如下：

(1) 一般规定

1) 双面叠合剪力墙房屋的最大适用高度应符合表 9-1 的规定。

表 9-1　双面叠合剪力墙房屋的最大适用高度（《装标》表 A.0.1）　　（单位：m）

结构类型	抗震设防烈度			
	6 度	7 度	8 度 (0.2g)	8 度 (0.3g)
双面叠合剪力墙结构	90	80	60	50

注：房屋高度指室外地面到主要屋面的高度，不包括局部突出屋顶部分。

2) 双面叠合剪力墙空腔内宜浇筑自密实混凝土，自密实混凝土应符合现行行业标准《自密实混凝土应用技术规程》（JGJ/T 283—2012）的规定；当采用普通混凝土时，混凝土粗骨料的最大粒径不宜大于 20mm，并应采取保证后浇混凝土浇筑质量的措施。

(2) 双面叠合剪力墙构造

1) 双面叠合剪力墙的墙肢厚度不宜小于 200mm，单叶预制墙板厚度不宜小于 50mm，空腔净距不宜小于 100mm。预制墙板内外叶内表面应设置粗糙面，粗糙面凹凸深度不应小于 4mm。

2) 双面叠合剪力墙结构宜采用预制混凝土叠合连梁（图 9-1），也可采用现浇混凝土连梁。连梁配筋及构造应符合国家现行标准《混规》和《装规》的有关规定。

3) 除本标准另有规定外，双面叠合剪力墙结构的截面设计应符合现行行业标准《高规》的有关规定，其中剪力墙厚度 b_w 取双面叠合剪力墙的全截面厚度。

4) 双面叠合剪力墙结构底部加强部位的剪力墙宜采用现浇混凝土。楼层内相邻双面叠合剪力墙之间应采用整体式接缝连接；后

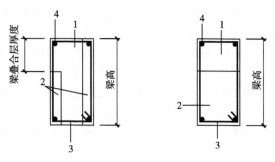

图 9-1　预制叠合连梁示意图（《装标》图 A.0.4）
1—后浇部分　2—预制部分　3—连梁箍筋　4—连梁纵筋

浇混凝土与预制墙板应通过水平连接钢筋连接，水平连接钢筋的间距宜与预制墙板中水平分布钢筋的间距相同，且不宜大于 200mm；水平连接钢筋的直径不应小于叠合剪力墙预制板中水平分布钢筋的直径。

(3) 连接设计

双面叠合剪力墙结构约束边缘构件内的配筋及构造要求应符合国家现行标准《抗规》和

《高规》的有关规定，并应符合下列规定：

1）约束边缘构件（图9-2）阴影区域宜全部采用后浇混凝土，并在后浇段内设置封闭箍筋，其中暗柱阴影区域可采用叠合暗柱或现浇暗柱。

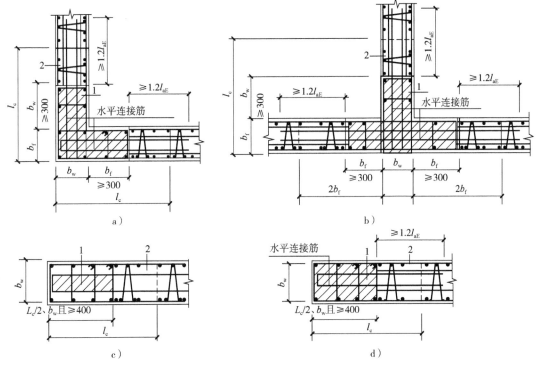

图9-2　约束边缘构件（《装标》图 A.0.7）

a）转角墙　b）有翼墙　c）叠合暗柱　d）现浇暗柱

l_c—约束边缘构件沿墙肢的长度　1—后浇段　2—双面叠合剪力墙

2）约束边缘构件非阴影区的拉筋可由叠合墙板内的桁架钢筋代替，桁架钢筋的面积、直径、间距应满足拉筋的相关规定。

3）预制双面叠合剪力墙构造边缘构件内的配筋及构造要求应符合国家现行标准《抗规》和《高规》的有关规定。构造边缘构件（图9-3）宜全部采用后浇混凝土，并在后浇段内设置封闭箍筋；其中暗柱可采用叠合暗柱或现浇暗柱。

4）双面叠合剪力墙的钢筋桁架应满足运输、吊装和现浇混凝土施工的要求，并应符合下列规定：

①钢筋桁架宜竖向设置，单片预制叠合剪力墙墙肢不应少于2榀。

②钢筋桁架中心间距不宜大于400mm，且不宜大于竖向分布筋间距的2倍；钢筋桁架距叠合剪力墙预制墙板边的水平距离不宜大于150mm（图9-4）。

③钢筋桁架的上弦钢筋直径不宜小于10mm，下弦钢筋及腹杆钢筋直径不宜小于6mm。

④钢筋桁架应与两层分布筋网片可靠连接，连接方式可采用焊接。

5）双面叠合剪力墙水平接缝高度不宜小于50mm，接缝处现浇混凝土应浇筑密实。水平接缝处应设置竖向连接钢筋，连接钢筋应通过计算确定，并应符合下列规定：

①连接钢筋在上下层墙板中的锚固长度不应小于 $1.2l_{aE}$（图9-5）。

②竖向连接钢筋的间距不应大于叠合剪力墙预制墙板中竖向分布钢筋的间距，且不宜大于200mm；竖向连接钢筋的直径不应小于叠合剪力墙预制墙板中竖向分布钢筋的直径。

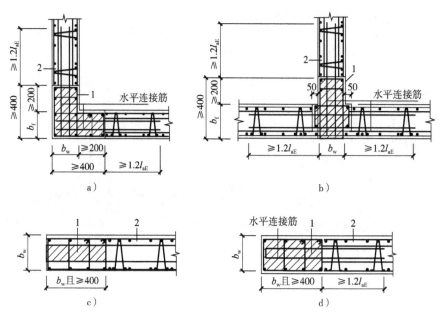

图 9-3 构造边缘构件 (《装标》图 A.0.8)

a) 转角墙 b) 有翼墙 c) 叠合暗柱 d) 现浇暗柱

1—后浇段 2—双面叠合剪力墙

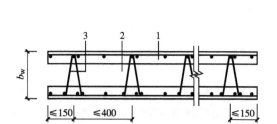

图 9-4 双面叠合剪力墙中钢筋桁架的
预制布置要求 (《装标》图 A.0.9)

1—预制部分 2—现浇部分 3—钢筋桁架

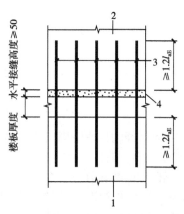

图 9-5 竖向连接钢筋搭接构造
(《装标》图 A.0.10)

1—下层叠合剪力墙 2—上层叠合剪力墙
3—竖向连接钢筋 4—楼层水平接缝

6) 非边缘构件位置, 相邻双面叠合剪力墙之间应设置后浇段, 后浇段的宽度不应小于墙厚且不宜小于 200mm, 后浇段内应设置不少于 4 根竖向钢筋, 钢筋直径不应小于墙体竖向分布筋直径且不应小于 8mm; 两侧墙体与后浇段之间应采用水平连接钢筋连接, 水平连接钢筋应符合下列规定:

①水平连接钢筋在双面叠合剪力墙中的锚固长度不应小于 $1.2l_{aE}$ (图 9-6)。

②水平连接钢筋的间距宜与叠合剪力墙预制墙板中水平分布钢筋的间距相同, 且不宜大于200mm; 水平连接钢筋的直径不应小于叠合剪力墙预制墙板中水平分布钢筋的直径。

149. 预制圆孔板剪力墙结构如何设计？

北京地方标准《装配式剪力墙结构设计规程》（DB 11/1003—2013）给出了预制圆孔板剪力墙规定，主要内容如下：

（1）一般规定

圆孔板剪力结构房屋的最大适用高度为45～60m。

1）适用于墙体采用预制钢筋混凝土圆孔板的预制剪力墙结构；预制圆孔墙板的每个圆孔内应配置连续的竖向钢筋网，并应现浇微膨胀混凝土。

圆孔内配筋、现浇混凝土使预制圆孔墙板成为实体墙板。圆孔内现浇微膨胀混凝土可减少混凝土的收缩。

2）圆孔板剪力墙结构整体弹性计算分析时，以及墙肢和连梁承载力计算时，墙肢、连梁的截面厚度应取预制圆孔墙板的厚度，门洞上方连梁的截面高度应取圈梁的截面高度，窗洞上方连梁

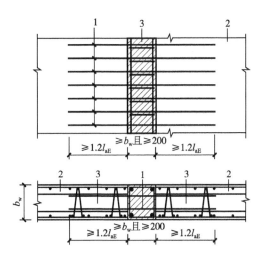

图 9-6 水平连接钢筋搭接构造
（《装标》图 A.0.11）
1—连接钢筋 2—预制部分 3—现浇部分

的截面高度可取窗上圈梁的截面高度与上一层窗下墙截面高度之和。

窗洞上方的连梁，由窗上墙与上一层的窗下墙组成，窗上墙为现浇圈梁，窗下墙为预制圆孔墙板，可将两者视为叠合梁。

1）圆孔板剪力墙结构墙肢承载力计算应符合下列规定：

①可采用现浇剪力墙结构墙肢承载力的计算公式计算。

②计算墙肢受剪承载力时，应考虑预制圆孔墙板水平箍筋的作用。

③计算墙肢受弯承载力时，应考虑圆孔内钢筋网竖向钢筋的作用，不应考虑预制圆孔墙板竖向钢筋的作用。

2）圆孔板剪力墙结构连梁的承载力计算应符合下列规定：

①可采用现浇剪力墙结构连梁承载力的计算公式计算。

②门洞上方连梁及窗洞上方连梁的受弯承载力可分别取门洞上方圈梁的受弯承载力及窗洞上方圈梁的受弯承载力。

③门洞上方连梁及窗洞上方连梁的受剪承载力可分别取门洞上方圈梁的受剪承载力及窗洞上方圈梁的受剪承载力与窗下墙的受剪承载力之和，窗下墙的受剪承载力不应计入预制圆孔板内钢筋的作用。

3）计算墙肢轴压比时，墙肢的截面面积不应扣除圆孔的面积。

（2）预制圆孔墙板设计

1）预制圆孔墙板宽度可为600mm、900mm、1200mm和1500mm，厚度不应小于160mm。墙板类型不宜过多，以利于标准化生产和现场施工安装。通过调节墙板之间现浇段的宽度，可拼装成所需长度的墙肢。墙板的最小厚度考虑圆孔的直径、混凝土的最小厚度确定。墙板高度可根据层高、圈梁高等确定。

2）预制圆孔墙板的混凝土强度等级不宜低于C30。

3）预制圆孔墙板的圆孔直径不应小于100mm；相邻圆孔之间混凝土的最小厚度不应小于

30mm；边缘的圆孔与墙板侧面之间混凝土的最小厚度不宜小于100mm；圆孔与板面之间混凝土的最小厚度不应小于30mm。

圆孔直径小于100mm时浇注混凝土困难。规定混凝土最小厚度是为了避免构件制作、运输时混凝土开裂。

4）预制圆孔墙板的配筋应符合下列要求：

①应配置横向箍筋和竖向分布钢筋形成双层钢筋网，钢筋网之间应配置拉结筋。

②横向箍筋和竖向分布钢筋的直径分别不应小于8mm和6mm，拉结筋的直径不应小于6mm。

③横向箍筋的间距不应大于200mm，墙板两端300mm高度范围内横向箍筋的间距不应大于100mm。

④相邻圆孔之间应配置竖向分布钢筋。

5）预制圆孔墙板（包括预制窗下圆孔墙板）的顶面和底面宜做成粗糙面，两侧面可做成槽形及粗糙面，也可做键槽及粗糙面，粗糙面凹凸不宜小于4mm。

做成粗糙面或键槽的目的是增强墙板与现浇混凝土或坐浆之间的整体性，避免预制墙板与现浇混凝土或坐浆之间的接缝过早破坏。

6）预制圆孔墙板（包括窗下预制圆孔墙板）的底面两端可做成板腿，其高度不宜小于40mm、宽度不宜小于100mm。

墙板底面两端做成板腿便于施工安装，且墙板底面与楼板之间有高度不小于40mm的现浇混凝土对结构的整体性有利。

7）预制圆孔墙板的两侧面应从墙板内伸出U形贴模钢筋，其直径不应小于6mm，间距不宜大于200mm；贴模钢筋在墙板内应有足够长的锚固长度，伸出墙板侧面不应小于50mm。

贴模钢筋是使墙板与现浇连接柱成为整体的重要措施之一。

（3）连接设计

1）楼层内相邻预制圆孔墙板之间应设置现浇段，且应符合下列规定：

①现浇段的厚度应与预制圆孔墙板的厚度相同。

②洞口两侧及纵横墙交接处边缘构件位置，现浇段的长度宜符合图9-7的要求，其竖向钢筋配筋应满足受弯承载力要求及符合相同抗震等级现浇剪力墙结构构造边缘构件的规定。

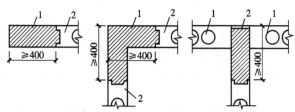

图9-7 现浇段为边缘构件时的最小长度

[《装配式剪力墙结构设计规程》（DB 11/1003—2013）]

1—现浇边缘构件 2—预制圆孔墙板

③非边缘构件位置现浇段的长度不宜小于200mm，其竖向钢筋的数量不应少于4根、直径不应小于10mm（图9-8）。

④现浇段应配置箍筋，其直径不应小于6mm、间距不应大于200mm，箍筋应与预制圆孔墙板的贴模钢筋连接。

⑤上下层现浇段的竖向钢筋应连续。

现浇段是保证圆孔板剪力墙结构整体性的关键之一。转角、纵横墙连接、门窗洞口、同一方向墙板之间，都应设置现浇段；外墙转角现浇段的截面长度宜适当大于内墙转角现浇段的截面长度。

2）上层墙板的板腿与下层圈梁之间预留间隙的高度宜为 10 ~ 20mm，且应采用坐浆填实，坐浆的立方体抗压强度宜高于墙板混凝土立方体抗压强度 5MPa 或以上；墙板与圈梁之间板腿以外的其他部分，应采用现浇混凝土填实。

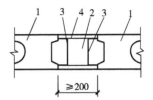

图 9-8　非边缘构件位置长度
[《装配式剪力墙结构设计规程》
（DB 11/1003—2013）]
1—预制圆孔墙板　2—现浇段
3—贴膜钢筋　4—箍筋

墙板板腿与圈梁之间预留的间隙采用坐浆填实，用于调整墙板的垂直度。浇筑圆孔内的混凝土时，同时用混凝土填实板腿以外的其他部分，使预制圆孔板的水平接缝具有更好的整体性。

3）墙板的每个圆孔内配置的竖向钢筋网片应符合下列规定：

①网片的竖向钢筋不应少于 2 根，直径不应小于 8mm。

②网片横向钢筋的直径不宜小于 6mm，间距不宜大于 200mm。

③网片应在墙板圆孔内通长配置。

④相邻上下层钢筋网片应连续。

墙板圆孔内配置钢筋网片、现浇混凝土，使圆孔墙板成为实体墙；相邻上下层的钢筋网片连续，其竖向钢筋起到抗剪切滑移的作用和作为竖向分布钢筋抗弯的作用。

4）窗下预制圆孔墙板的每个圆孔内配置的竖向钢筋网片应符合下列规定：

①网片的竖向钢筋可为 2 根，直径可为 8mm。

②网片横向钢筋的直径可为 6mm，间距可为 200mm。

③网片应在下一楼层的圈梁内预埋，伸进预制窗下墙圆孔内的长度不应小于 300mm。通过本条规定的措施，以保证窗下预制圆孔墙板与圈梁有可靠的连接。

5）现浇段、圈梁及圆孔内的混凝土强度等级宜相同，且应高于墙板立方体抗压强度 5MPa 或以上。

现浇段、圈梁及圆孔内的混凝土同时浇筑，强度等级相同。

150. 型钢混凝土剪力墙如何设计？

北京地方标准《装配式剪力墙结构设计规程》（DB 11/1003—2013）给出了型钢混凝土剪力墙的规定，主要内容如下：

（1）一般规定

装配式型钢混凝土剪力墙结构房屋的最大适用高度为 45 ~ 60m。

1）装配式型钢混凝土剪力墙结构，其预制墙的边缘构件位置中预埋有型钢。边缘构件处的型钢在水平缝位置通过预埋型钢之间的焊接或机械连接完成；在水平缝位置设置钢板抗剪键抵抗水平剪力作用；竖缝采用钢板抗剪键连接。

2）型钢混凝土剪力墙结构计算时可采用现浇剪力墙结构的分析方法，应考虑其竖缝刚度低于现浇结构对整体计算的影响。进行多遇地震下的抗震分析时，墙体刚度需进行折减，墙体刚度折减系数可通过弹性有限元分析对比得到。

3）型钢混凝土剪力墙结构在罕遇地震下的弹塑性层间位移角不应大于 1/120。

型钢混凝土剪力墙结构在侧向刚度弱于现浇混凝土结构，但其在罕遇地震下的耗能能力优于现浇结构；这里提高了其在罕遇地震下的侧向位移要求。

（2）型钢混凝土剪力墙墙板设计

1）型钢混凝土剪力墙墙板厚度不应小于 180mm。为保证埋设钢骨的空间，本条规定了型钢混凝土剪力墙墙板的最小厚度。

2）型钢混凝土剪力墙墙板中的型钢与板面之间混凝土的最小厚度不应小于 40mm。

由于钢骨至墙板表面的厚度内配置有箍筋，因此本条规定了型钢混凝土剪力墙墙板中型钢至板面的最小距离。

3）型钢混凝土剪力墙墙板的配筋应符合下列要求：

①应配置横向箍筋和竖向分布钢筋形成双层钢筋网，钢筋网之间应配置拉结筋。

②横向箍筋和竖向分布钢筋的直径均不应小于8mm，拉结筋的直径不应小于6mm。

③横向箍筋的间距不应大于200mm，墙板两端300mm高度范围内横向箍筋的间距不应大于100mm。

本条规定的是钢骨剪力墙墙板的最小截面及最低配筋要求。

4）型钢混凝土剪力墙墙板的顶面和底面宜制作成粗糙面，凹凸不宜小于4mm；当竖缝采用后浇混凝土连接节点时，两侧面应制做成槽形及粗糙面，凹凸不宜小于4mm。

5）型钢混凝土剪力墙结构应按现浇混凝土剪力墙结构采取基本抗震构造措施，其边缘构件的型钢截面一般可采用角钢或一字形钢板，如图9-9所示。可由计算和构造要求得到钢筋面积，按等强度计算相应的型钢截面。边缘构件处箍筋应按现浇混凝土剪力墙结构设置，边缘构件处纵向钢筋不少于6根，直径同墙体竖向分布筋。

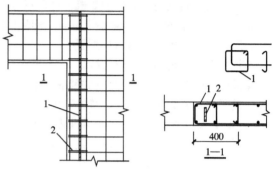

图9-9 非边缘构件位置现浇段［《装配式剪力墙结构设计规程》（DB 11/1003—2013）］
1—箍筋 2—边缘构件钢板

6）型钢混凝土剪力墙结构墙肢和连梁的承载力验算，可按现浇剪力墙结构墙肢和连梁的承载力验算方法进行。

装配式型钢剪力墙墙板及连梁破坏模式与现浇剪力墙结构基本相同，可按现浇剪力墙结构的方法进行承载力验算。

（3）连接设计

1）上下层相邻预制剪力墙的竖向钢骨和钢筋的连接方式（图9-10～图9-15）应符合下列规定：

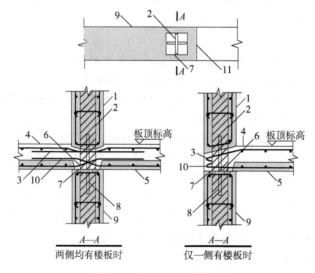

图9-10 水平缝连接示意图

1—上层墙板 2—边缘构件钢板 3—现浇层上层纵筋 4—叠合板现浇层 5—预制叠合板 6—现场连接处
7—连接端板 8—端板加劲肋板 9—下层墙板 10—预制叠合楼板甩筋 11—洞口边缘

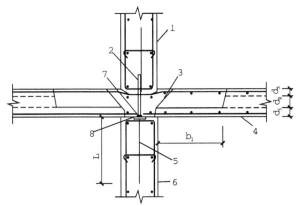

图 9-11　水平缝处内墙抗剪键连接示意图 [《装配式剪力墙结构设计规程》
(DB 11/1003—2013) 图 8.3.1-2]

1—上层墙板　2—抗剪键钢板　3—预制楼板肋板　4—预制楼板　5—连接板锚筋
6—下层墙板　7—现场连接焊缝　8—连接端板

b_1—楼板后浇空间　L—连接板锚筋长度　d_1—预制楼板上缘厚　d_2—预制楼板孔高　d_3—预制楼板下缘厚

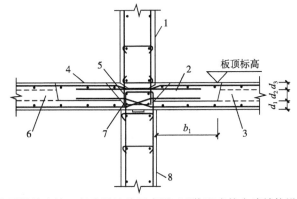

图 9-12　水平缝处内墙一般位置连接示意图 [《装配式剪力墙结构设计规程》
(DB 11/1003—2013) 图 8.3.1-3]

1—上层墙板　2—对侧楼板甩筋　3—预制楼板　4—预制楼板肋板　5—上层墙板甩封闭筋
6—预制楼板孔　7—下层墙板甩封闭筋　8—下层墙板

b_1—楼板后浇空间　d_1—预制楼板上缘厚　d_2—预制楼板孔高　d_3—预制楼板下缘厚

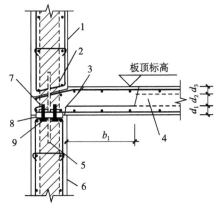

图 9-13　水平缝处外墙边缘构件连接示意图 [《装配式剪力墙结构设计规程》
(DB 11/1003—2013) 图 8.3.1-4]

1—上层墙板　2—边缘构件钢板　3—预制楼板肋板　4—预制楼板　5—法兰端板加劲肋板
6—下层墙板　7—预制板甩筋　8—法兰端板　9—连接螺栓

b_1—楼板后浇空间　d_1—预制楼板上缘厚　d_2—预制楼板孔高　d_3—预制楼板下缘厚

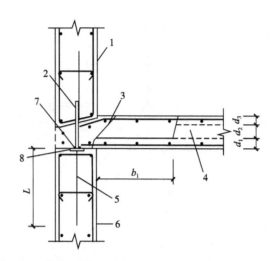

图 9-14 水平缝处外墙抗剪键连接示意图 [《装配式剪力墙结构设计规程》
(DB 11/1003—2013) 图 8.3.1-5]

1—上层墙板 2—抗剪键钢板 3—预制楼板肋板 4—预制楼板
5—连接板锚筋 6—下层墙板 7—现场连接焊缝 8—连接端板

b_1—楼板后浇空间 L—连接板锚筋长度 d_1—预制楼板上缘厚 d_2—预制楼板孔高 d_3—预制楼板下缘厚

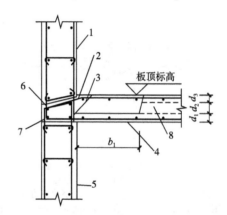

图 9-15 水平缝处外墙一般位置连接示意图 [《装配式剪力墙结构设计规程》
(DB 11/1003—2013) 图 8.3.1-6]

1—上层墙板 2—对侧楼板甩筋 3—预制楼板肋板 4—预制楼板 5—下层墙板
6—上层墙板甩封闭筋 7—下层墙板甩封闭筋 8—预制楼板孔

b_1—楼板后浇空间 d_1—预制楼板上缘厚 d_2—预制楼板孔高 d_3—预制楼板下缘厚

①边缘构件的每根竖向钢骨应各自连接。

②竖向分布钢筋宜各自伸入圈梁。

③应设置预埋抗剪件抵抗水平剪力。

2) 型钢混凝土剪力墙结构楼层内相邻预制剪力墙的连接可采用图 9-16 所示方式。

3) 水平缝抗弯承载力计算可采用现浇混凝土剪力墙结构墙肢计算方式,仅考虑钢骨受拉,不应考虑抗剪键的受拉;水平缝抗剪承载力计算仅考虑抗剪键的水平抗剪承载力。

4) 楼层标高的圈梁内的通长钢筋在跨越竖缝位置时,应采用柔性材料握裹,柔性材料握裹后的总直径不应小于 2cm,握裹范围为竖缝两侧各 10cm。

试验和分析表明,罕遇地震作用下,楼层标高的圈梁在竖缝位置会有较为明显的开裂和错动,为防止圈梁钢筋被剪断,需采取柔性握裹措施。

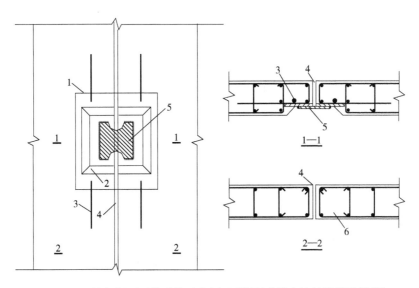

图 9-16　竖缝钢板预埋件连接示意图［《装配式剪力墙结构设计规程》
（DB 11/1003—2013）图 8.3.2］
1—预埋连接钢板　2—凹槽　3—锚筋　4—安装缝隙　5—后焊连接钢板　6—构造边缘构件

第 10 章　外挂墙板设计

151. 外挂墙板有哪些类型？结构设计有哪些内容？

（1）预制外挂墙板定义

《装标》2.1.28 条给出了外挂墙板的定义，即安装在结构主体上，起围护、装饰作用的非承载预制混凝土外墙板，简称外挂板。PC 外挂板应用非常广泛。可以组合成 PC 幕墙，也可以局部应用；不仅用于 PC 装配式建筑，也用于现浇混凝土结构建筑。日本还大量用于钢结构建筑。

PC 外墙挂板不属于主体结构构件，是装配在混凝土结构或钢结构上的非承重外围护构件。PC 外墙挂板有普通 PC 墙板和夹心保温墙板两种类型。普通 PC 墙板是单叶墙板。夹心保温墙板是双叶墙板，两层钢筋混凝土板之间夹着保温层。单叶墙板结构设计包括墙板设计和连接节点设计；双叶墙板增加了外叶墙板设计和拉结件设计。

（2）PC 外挂墙板的类型

1）按板的保温类型分为普通板和夹心保温板，如图 10-1 和图 10-2 所示。

图 10-1　普通板　　　　　　　　　　图 10-2　夹心板

2）按板的空间造型分为平面板和曲面板，如图 10-3 和图 10-4 所示。

图 10-3　平面板　　　　　　　　　　图 10-4　曲面板

3）按立面布置方式分为整间板、横向板和竖向板，如图 10-5、图 10-6 和图 10-7 所示。

①整间板。整间板是覆盖一跨和一层楼高的板，安装节点一般设置在梁或楼板上。

②横向板。横向板是水平方向的板，安装节点设置在柱子或楼板上。

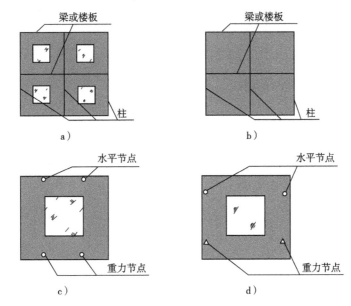

图 10-5　整间板示意图

a）有窗墙板　b）无窗墙板　c）安装在梁或楼板上　d）安装在柱上

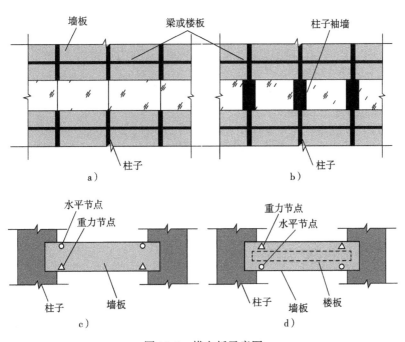

图 10-6　横向板示意图

a）通长玻璃窗　b）不通长玻璃窗　c）墙板安装在柱上　d）墙板安装在楼板上

③竖向板。竖向板是竖直方向的板，安装节点设置在柱旁或上下楼板、梁上。

4）按层高分为单层板（图 10-8）和跨层板（图 10-9）。

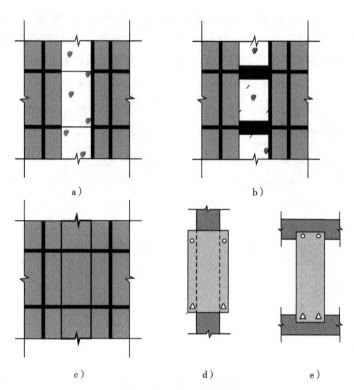

图 10-7 竖向板示意图

a) 竖向通窗 b) 竖向有窗间墙 c) 满铺墙板 d) 安装在柱上 e) 安装在楼板上

（3）关于外挂板的规定

1）《装规》10.1.1 规定，外挂墙板应采用合理的连接节点并与主体结构可靠连接。有抗震设防要求时，外挂墙板及其与主体结构相连接的节点应进行抗震设计。

2）《装标》5.9.1 规定，在正常使用状态下，外挂墙板具有良好的工作性能，外挂

图 10-8 单层板

墙板在多遇地震作用下能够正常使用；在预估的罕遇地震作用下不应整体脱落。

3）《装标》5.9.3 规定，抗震设计时，外挂墙板与主体结构的连接节点在水平面内应具有不小于主体结构在设防烈度地震作用下弹性层间位移角 3 倍的变形能力。

4）《装标》5.9.4 规定，主体结构计算时，应按下列规定计入结构对外挂墙板的影响：

图 10-9 跨层板

①应计入支撑于结构主体的外挂墙板自重。

②当外挂墙板对支撑构件有偏心时，应计入外挂墙板重力和荷载偏心的影响。

③采用点支撑与主体结构相连的外挂墙板，连接节点具有适应主体结构变形的能力时，可不计入其刚度的影响，但不得考虑外挂墙板的有利影响。

④采用线支撑与主体结构相连的外挂墙板，应根据刚度等代原则计入刚度影响，但不得考虑外挂墙板的有利影响。

（4）外挂墙板结构设计目的

PC 墙板结构设计目的是，设计合理的墙板结构和与主体结构的连接节点，使其在承载能力极限状态和正常使用极限状态下，符合安全、正常使用的要求和规范规定。

1）承载能力极限状态。

①在自重、风荷载、地震作用等作用下，墙板不会脱落，墙板和连接件的承载能力在允许应力以下。

②当主体结构发生层间位移时，墙板不会脱落或破坏。

2）正常使用极限状态。

①在风荷载、地震作用等作用下，墙板挠度和裂缝在容许范围内；连接件不出现超出设计允许范围的位移。

②当主体结构发生层间位移时，墙板的连接系统能够"应对"，避免因结构位移出现对墙板的附加作用而导致裂缝。

③当墙板与主体结构有温度变形差异时，墙板的连接系统能够"应对"，避免温度应力引起墙板裂缝。

（5）外挂墙板结构设计内容

1）连接节点布置。PC 墙板的结构设计首先要进行连接节点的布置，因为墙板以连接节点为支座，结构设计计算在连接节点确定之后才能进行。

2）墙板结构设计。墙板自身的结构设计包括墙板结构尺寸的确定、作用及作用组合计算、配置钢筋、结构承载能力和正常使用状态的验算、墙板构造设计等。

3）连接节点结构设计。设计连接节点的类型、连接方式；作用及作用组合计算；进行连接节点结构计算；设计应对主体结构变形的构造；连接节点的其他构造设计。

4）制作、堆放、运输、施工环节的结构验算与构造设置。

 152. 如何计算作用与作用组合？

（1）规范规定

1）《装规》10.2.1 规定，计算外挂墙板及连接节点的承载力时，荷载组合的效应设计值应符合下列规定：

①持久设计状况：

当风荷载效应起控制作用时：

$$S = \gamma_G S_{Gk} + \gamma_w S_{wk} \qquad (10\text{-}1)[《装规》式（10.2.1\text{-}1）]$$

当永久荷载效应起控制作用时：

$$S = \gamma_G S_{Gk} + \Psi_w \gamma_w S_{wk} \qquad (10\text{-}2)[《装规》式（10.2.1\text{-}2）]$$

②地震设计状况：

A. 在水平地震作用下：

$$S_{Eh} = \gamma_G S_{Gk} + \gamma_{Eh} S_{Ehk} + \Psi_w \gamma_w S_{wk}$$

$$(10\text{-}3)[《装规》公式（10.2.1\text{-}3）]$$

B. 在竖向地震作用下：

$$S_{Ev} = \gamma_G S_{Gk} + \gamma_{Ev} S_{Evk} \qquad (10\text{-}4)[《装规》式(10.2.1\text{-}4)]$$

式中　S——基本组合的效应设计值；

S_{Eh}——水平地震作用组合的效应设计值；

S_{Ev}——竖向地震作用组合的效应设计值；

S_{Gk}——永久荷载的效应标准值；

S_{wk}——风荷载的效应标准值；

S_{Ehk}——水平地震作用的效应标准值；

S_{Evk}——竖向地震作用的效应标准值；

γ_G——永久荷载分项系数，按本小节第 2 条规定取值；

γ_w——风荷载分项系数，取 1.4；

γ_{Eh}——水平地震作用分项系数，取 1.3；

γ_{Ev}——竖向地震作用分项系数，取 1.3；

Ψ_w——风荷载组合系数。在持久设计状况下取 0.6，地震设计状况下取 0.2。

2）《装规》10.2.2 规定，在持久设计状况、地震设计状况下，进行外挂墙板和连接节点的承载力设计时，永久荷载分项系数 γ_G 应按下列规定取值：

①进行外挂墙板平面外承载力设计时，γ_G 应取为 1.0；进行外挂墙板平面内承载力设计时，γ_G 应取为 1.2。

②进行连接节点承载力设计时，在持久设计状况下：当风荷载效应起控制作用时，γ_G 应取为 1.2；当永久荷载效应起控制作用时，γ_G 应取为 1.35；在地震设计状况下，γ_G 应取为 1.2；当永久荷载效应对连接节点承载力有利时，γ_G 应取为 1.0。

3）《装规》10.2.3 规定，风荷载标准值应按现行国家标准《建筑结构荷载规范》GB 50009 有关围护结构的规定确定。

4）《装规》10.2.4 规定，计算水平地震作用标准值时，可采用等效侧力法，并应按下式计算：

$$F_{Ehk} = \beta_E \alpha_{max} G_k \qquad (10\text{-}5)[《装规》式(10.2.4)]$$

式中　F_{Ehk}——施加于外挂墙板重心处的水平地震作用标准值；

β_E——动力放大系数，可取 5.0；

α_{max}——水平地震影响系数最大值，应按表 10-1 采用；

G_k——外挂墙板的重力荷载标准值。

表 10-1　水平地震影响系数最大值 α_{max}

抗震设防烈度	6 度	7 度	8 度（0.2g）
α_{max}	0.04	0.08（0.12）	0.16（0.24）

注：抗震设防烈度 7、8 度时括号内数值分别用于设计基本地震加速度为 0.15g 和 0.3g 的地区。

5）《装规》10.2.5 规定，竖向地震作用标准值可取水平地震作用标准值的 0.65 倍。

行业标准《装规》10.2.1、10.2.2 在外挂墙板和连接节点上的作用与作用效应的计算，均应按照我国现行国家标准《建筑结构荷载规范》（GB 50009—2012）和《抗规》的规定执行。同时应注意：

①对外挂墙板进行持久设计状况下的承载力验算时，应计算外挂墙板在平面外的风荷载效应；当进行地震设计状况下的承载力验算时，除应计算外挂墙板平面外水平地震作用效应外，尚应分别计算平面内水平和竖向地震作用效应，特别是对开有洞口的外挂墙板，更不能忽略后者。

②承重节点应能承受重力荷载、外挂墙板平面外风荷载和地震作用、平面内的水平和竖向地震作用；非承重节点仅承受上述各种荷载与作用中除重力荷载外的各项荷载与作用。

10.2.4，10.2.5 外挂墙板的地震作用是依据现行国家标准《抗规》对于非结构构件的规定制定，并参照现行行业标准《玻璃幕墙工程技术规范》（JGJ 102—2003）的规定，对计算公式进行了简化。

6）《装标》5.9.5 外挂墙板计算地震作用标准值时，可采用等效侧力法，标准值可按下式计算。

$$q_{Ek} = \beta_E \alpha_{max} G_k / A \qquad (10\text{-}6)[《装标》式(5.9.7)]$$

式中　q_{Ek}——施加于外挂墙板重心处的水平地震作用标准值；

　　　β_E——动力放大系数，可取 5.0；

　　　α_{max}——水平地震影响系数最大值，应按表 10-1 采用；《装标》表附注增加两条：①验算地震作用下的连接节点承载力时，连接节点地震作用效应标准值应乘以 2.0 的调整系数；②竖向地震作用标准值可取水平地震作用标准值的 0.65 倍；

　　　A——墙板构件的平面面积（m^2）；

　　　G_k——外挂墙板的重力荷载标准值。

与《装规》不同的是，《装标》把集中荷载转化成面荷载。

7）《辽标》规定，除了与行业标准一样的条文外，还包括以下内容：

①风荷载作用下计算外挂墙板及其连接时，应符合下列规定：

A. 风荷载标准值应按现行国家标准《建筑结构荷载规范》GB 50009 有关围护结构的规定确定。

B. 应按风吸力和风压力分别计算在连接节点中引起的平面外反力。

C. 计算连接节点时，可将风荷载施加于外挂墙板的形心，并应计算风荷载对连接节点的偏心影响。

②计算预制外挂墙板和连接节点的重力荷载时，应符合下列规定：

A. 应计入依附于外挂墙板的其他部件和材料的质量。

B. 应计入重力荷载、风荷载、地震作用对连接节点偏心的影响。

③短暂设计状况：应对墙板在脱模、吊装、运输及安装等过程的最不利荷载工况进行验算，计算简图应符合实际受力状态。

④对结构整体进行抗震计算分析时，应按下列规定计入外挂墙板的影响：

A. 地震作用计算时，应计入外挂墙板的重力。

B. 对点支承式外挂墙板，可不计入刚度；对线支承式外挂墙板，当其刚度对整体结构受力有利时，可不计入刚度，当其刚度对整体结构受力不利时，应计入其刚度影响。

C. 一般情况下，不应计入外挂墙板的抗震承载力，当有专门的构造措施时，方可按有关规定计入其抗震承载力。

D. 支承外挂墙板的结构构件，除考虑整体效应外，尚应将外挂墙板地震作用效应作为附加作用对待。

⑤外挂墙板的地震作用计算方法，应符合下列规定：

A. 外挂墙板的地震作用应施加于其重心，水平地震作用应沿任一水平方向。

B. 一般情况下，外挂墙板自身重力产生的地震作用可采用等效侧力法计算；除自身重力产生的地震作用外，尚应同时计及地震时支承点之间相对位移产生的作用效应。

（2）规范以外的规定

1）日本鹿岛的有关规定。

①竖向地震作用标准值。日本鹿岛公司 PC 墙板设计规范中，竖向地震取水平地震作用标准值的 0.5 倍（中国和欧洲是 0.65 倍）。日本是大地震较多的国家，对我们有参考价值。

②层间位移。

A. 在进行承载能力计算时：钢结构建筑取 1/75 ~ 1/100；混凝土结构建筑取 1/100 ~ 1/150。

B. 在进行正常使用连接节点应对措施设计时：钢结构建筑取 1/250 ~ 1/300；混凝土结构建筑取 1/300 ~ 1/350。

2）关于温度作用。

①PC 墙板与主体结构如果热膨胀系数不一样，或温度环境不一样，就会产生变形差异，变形差异如果受到约束，就会在墙板中产生温度应力。

②在 PC 建筑中，墙板与主体结构热膨胀系数一样，相对变形是由于两者间存在的温差引起的，外墙板直接暴露于室外，环境温度与主体结构有差异。

A. 当采用外墙外保温时（非夹心保温板），PC 墙板与主体结构的温度差很小，温度相对变形可以忽略不计。

B. 当采用外墙内保温时，墙板与主体结构温度相差较大，接近于室内外温差，相对变形不能忽略不计。

C. 当 PC 墙板是夹心保温板时，内叶板与主体结构的温度环境基本一样，外叶板与内叶板之间温度相差较大。

③钢结构建筑，除温度差外，主体结构的热膨胀系数与 PC 墙板也有差异。

④关于 PC 墙板温度变形量的计算公式。

$$\Delta l_t = \eta \Delta_T l \tag{10-7}$$

式中　η——线膨胀系数；$\eta = 1.0 \sim 2.0 \times 10^5 /℃$

　　　Δ_T——温差；取墙板与结构之间的相对温差，两者线膨胀系数一样，因有保温层的缘故，存在温差，与保温层厚度有关；

　　　l——计算竖缝时取构件长度；计算横缝时取构件高度。

（3）计算内容（表 10-2）

表 10-2　外挂板荷载计算

阶段	作用	作用对象					说明
		墙板			支座		
		竖向板	水平板	倾斜板	竖向	水平	
适用阶段	重力	√	√	√	√	√	
	风荷载	√		√	√	√	
	地震作用	√	√	√	√	√	
	雪荷载		√	√	√	√	与板倾斜角度有关
	温度作用	√	√	√	√	√	
施工荷载	施工荷载		√	√	√	√	与板倾斜角度有关
	维修荷载		√	√	√	√	与板倾斜角度有关
	脱模	√	√	√	√	√	
	吊装	√	√	√	√	√	

153. 如何拆分外挂墙板？

外挂墙板不是结构构件，其拆分设计主要由建筑师根据建筑立面效果确定。

(1) 拆分原则

PC 墙板具有整体性，板的尺寸根据层高与开间大小确定。PC 墙板一般用 4 个节点与主体结构连接，宽度小于 1.2m 的板也可以用 3 个节点连接。比较多的方式是一块墙板覆盖一个开间和层高范围，称作整间板。如果层高较高，或开间较大，或质量限制，或建筑风格的要求，墙板也可灵活拆分，但都必须与主体结构连接。有上下连接到梁或楼板上的竖向板；左右连接到柱子上的横向板；也有悬挂在楼板或梁上的横向板。《装标》5.9.9 条规定，外挂墙板不应跨越主体结构的变形缝。主体结构变形缝两侧的外挂墙板的构造缝应能适应主体结构的变形要求，宜采用柔性连接设计或滑动型连接设计，并采取易于修复的构造措施。

关于外挂墙板，有"小规格多组合"的主张，这对 ALC 等规格化墙板是正确的，但对 PC 墙板不合适。PC 墙板的拆分原在满足以下条件的情况下，大一些为好：

1）满足建筑风格的要求。

2）安装节点的位置主体结构上。

3）保证安装作业空间。

4）板的质量和规格符合制作、运输和安装限制条件。

(2) 转角拆分

建筑平面的转角有阳角直角、斜角和阴角，拆分时要考虑墙板与柱子的关系，考虑安装作业的空间。

1）平面阳角直角拆分。平面直角板的连接有直角平接、折板、对接三种方式，如图 10-10 所示。

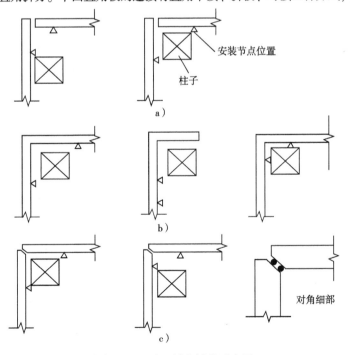

图 10-10　平面斜角拆分示意图

a) 直板平接　b) 折板　c) 直板对角

2）平面斜角拆分。平面斜角拆分如图 10-11 所示。

3）平面阴角拆分。平面阴角拆分如图 10-12 所示。

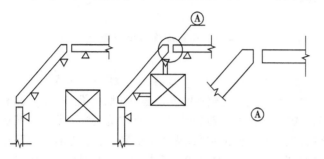

图 10-11　平面斜角拆分示意图

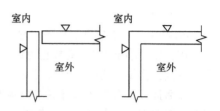

图 10-12　平面阴角拆分示意图

（3）外挂墙板拆分具体要求

1）对主体结构连接点位置的影响。外挂墙板应安装在主体结构构件上，即结构柱、梁、楼板或结构墙体上，墙板拆分受到主体结构布置的约束，必须考虑到实现与主体结构连接的可行性。如果主体结构体系的构件无法满足墙板连接节点的要求，应当引出如"牛腿"类的连接件或次梁次柱等二次结构体系。以服从建筑功能和艺术效果的要求。

2）墙板尺寸。外挂墙板最大尺寸一般以一个层高和一个开间为限。《装规》10.3.1 规定外挂墙板的高不宜大于一个层高，厚度不宜小于 100mm。欧美也有跨两个层高的超大型墙板，但制作和运输都很不方便。

3）开口墙板的边缘宽度。开口墙板如设置窗户洞口的墙板，洞口边板的有效宽度不宜低于 300mm（图 10-13）。

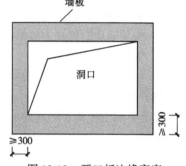

图 10-13　开口板边缘宽度

154. 外挂墙板与主体结构如何连接？如何布置、设计连接节点？如何设计预埋件？

（1）规范规定

1）《装规》10.3.6 规定，外挂墙板与主体结构采用点支撑连接时，连接件滑动孔尺寸，应根据穿孔螺栓的直径、层间位移值和施工误差等因素确定。

2）《装标》5.9.7 规定，外挂墙板与主体结构采用点支承连接时，节点构造应符合下列规定：

①应根据外挂墙板的形状、尺寸，确定连接点的数量和位置，连接点不应少于 4 个，承重连接点不应多于 2 个。

②在外力作用下，外挂墙板相对主体结构在墙板平面内应能水平滑动或转动。

③连接件的滑动孔尺寸应根据穿孔螺栓直径、变形能力需求和施工允许偏差等因素确定。

3）《装标》5.9.8 规定，外挂墙板与主体结构采用线支承连接时如图 10-14 所示，节点构造应符合下列规定：

①外挂墙板顶部与梁连接，且固定连接区段应避开梁端 1.5 倍梁高长度范围。

②外挂墙板与梁的结合面应采用粗糙面并设置键槽；接缝处应设置连接钢筋，连接钢筋数

量应经过计算确定且钢筋直径不宜小于10mm，间距不宜大于200mm；连接钢筋在外挂墙板和楼面梁后浇混凝土中的锚固应符合现行国家标准《混规》的有关规定。

③外挂墙板底端应设置不少于 2 个仅对墙板平面外有约束的连接节点。

④外挂墙板的侧边不应与主体结构连接。

4）《装标》5.9.8 规定，外挂墙板不应跨越主体结构的变形缝。主体结构变形缝两侧的外挂墙板构造缝应能够适应主体结构的变形要求。宜采用柔性连接设计或滑动型连接设计并采用易于修复的构造措施。

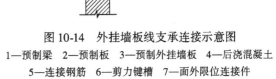

图 10-14　外挂墙板线支承连接示意图
1—预制梁　2—预制板　3—预制外挂墙板　4—后浇混凝土
5—连接钢筋　6—剪力键槽　7—面外限位连接件

（2）连接节点设计要求

1）外挂墙板连接节点不仅要有足够的强度和刚度保证墙板与主体结构可靠连接，还要避免主体结构位移作用于墙板形成内力。

主体结构在侧向力作用下会发生层间位移，或由于温度作用产生变形，如果墙板的每个连接节点都牢牢地固定在主体结构上，主体结构出现层间位移时，墙板就会随之沿板平面方向扭曲，产生较大内力。为了避免这种情况，连接节点应当具有相对于主体结构的可"移动"性，或可滑动，或可转动。当主体结构位移时，连接节点允许墙板不随之扭曲，有相对的"自由度"，由此避免了主体结构施加给墙板的作用力，也避免了墙板对主体结构的反作用。人们普遍把连接节点的这种功能叫作"对主体结构变形的随从性"，这是一个容易引起误解的表述，使墙板相当于主体结构"移动"的连接节点恰恰不是"随从"主体结构，而是以"自由"的状态应对主体结构的变形。

图 10-15 是墙板连接节点应对层间位移的示意图，即在主体结构发生层间位移时墙板与主体结构相对位置的关系图。在正常情况下，墙板的预埋螺栓位于连接到主体结构上的连接板的长孔的中间。见图 10-15a 和大样图 A；当发生层间位移时，主体结构柱子倾斜，上梁水平位移，但墙板没有随之移动，而是连接板随着梁移动了，这时墙板的预埋螺栓位移至连接件长孔的边缘。

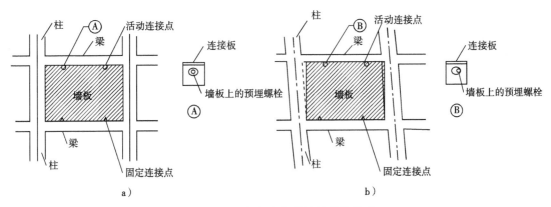

图 10-15　墙板与主体结构位移的关系
a）正常状态　b）层间位移发生时

2）连接节点的设计要求如下：

①将墙板与主体结构可靠连接。

②保证墙板在自重、风荷载、地震作用下的承载能力和正常使用。

③在主体结构发生位移时，墙板相对于主体结构可以"移动"。

④连接节点部件的强度与变形满足使用要求和规范规定。

⑤连接节点位置有足够的空间可以放置和锚固连接预埋件。

⑥连接节点位置有足够的安装作业的空间，安装便利。

(3) 连接节点类型

1）水平支座与重力支座，《装标》5.9.7中1条规定，外挂墙板与主体结构连接点不应少于4个，承重连接点不应多于2个；外挂墙板承受水平方向和竖直方向两个方向的荷载与作用，连接节点分为水平支座和重力支座。

水平支座只承受水平作用，包括风荷载、水平地震作用和构件相对于安装节点的偏心形成的水平力，不承受竖向荷载。

重力支座顾名思义是承受竖向荷载的支座，承受重力和竖向地震作用。其实重力支座同时也承受水平荷载，但都习惯叫重力支座，大概是为了强调其主要功能是承受重力作用。图10-16所示外挂墙板的背面，两个预埋螺栓是水平支座，两个带孔的预埋件是重力支座。

图10-17所示折板型外挂墙板的背面，两个预埋螺栓是水平支座，两个预埋钢板是重力支座。

图10-16 外挂墙板水平支座与重力支座

图10-17 折板型外挂墙板水平支座与重力支座

2）固定连接节点与活动连接节点。连接节点按照是否允许移动又分为固定节点和活动节点。固定节点是将墙板与主体结构"固定"连接的节点；活动节点则是允许墙板与主体结构之间有相对位移的节点。

图10-18是水平支座固定节点与活动节点的示意图。在墙板上伸出预埋螺栓，楼板底面预埋螺母，用连接件将墙板与楼板连接。连接件a，孔眼没有活动空间，就形成了固定节点；连接件b，孔眼有横向的活动空间，就形成可以水平滑动的活动节点；连接件c，孔眼有竖向的活动空间，就形成可以垂直滑动的活动节点；连接件d，孔眼较大，各个方向都有活动空间，就形成了可以各向滑动的活动节点。

图10-19是重力支座的固定节点与活动节点的示意图。在墙板上伸出预埋L型钢板，楼板伸出预埋螺栓。L型钢板（图10-19a），孔眼没有活动空间，就形成了固定节点；L型钢板（图10-19b），孔眼有横向的活动空间，就形成可以水平滑动的活动节点。

3）滑动节点和转动节点。活动节点中，又分为滑动支座和转动支座。图10-20的活动节点都是滑动节点，一般的做法是将连接螺栓的连接件的孔眼在滑动方向加长。允许水平滑动就沿水平方向加长；允许竖直方向滑动就沿竖直方向加长；两个方向都允许滑动，就扩大孔径。

转动节点可以微转动，一般靠支座加橡胶垫实现。需要强调的是，这里所说的移动是相对于主体结构而言的，实际情况是主体结构在动，活动节点处的墙板没有随之动。

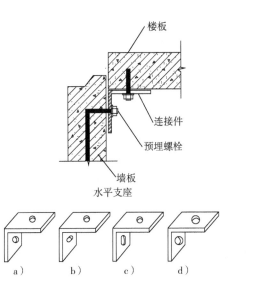

图 10-18　外挂墙板水平支座的固定节点
与活动节点示意

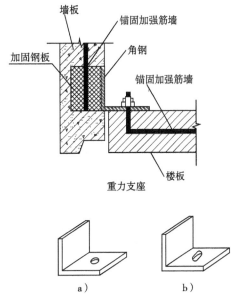

图 10-19　外挂墙板重力支座的固定节点
与活动节点示意

（4）连接节点布置

1）与主体结构的连接。

①墙板连接节点须布置在主体结构构件柱、梁、楼板、结构墙体上。

②当布置在悬挑楼板上时，楼板悬挑长度不宜大于 600mm。

③连接节点在主体结构的预埋件距离构件边缘不应小于 50mm。

④当墙板无法与主体结构构件直接连接时，必须从主体结构引出二次结构作为连接的依附体。

2）连接节点数量。

①一般情况下，外挂墙板布置 4 个连接节点，两个水平支座，两个重力支座；重力支座布置在板下部时称作"下托式"；重力支座布置在板的上部时称作"上挂式"，如图 10-21 所示。

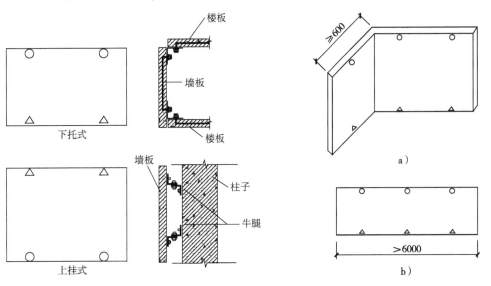

图 10-20　下托式与上挂式连接节点布置

图 10-21　长板和折板设置 6 个连接节点
a）折板　b）长板

②当墙板长度大于 6000mm 时；或墙板为折角板，折边长度大于 600mm 时；可设置 6 个连接节点（图 10-21）。

3）固定节点与活动节点分布。固定节点与活动节点分布有多种方案，这里介绍活动路线比较清晰的滑动节点的方案：

1 个重力支座为固定节点，1 个重力支座为水平滑动节点，2 个水平支座为水平和竖直方向都可以滑动的节点。前面（图 10-20）的下托式和上挂式布置都是此方案。以下托式为例，对应主体结构位移的原理是：

1 个固定支座与主体结构紧固连接，墙板不会随意乱动。

当主体结构发生层间位移时，下部两个支座不动；上部两个滑动支座允许主体结构相对位移。

当主体结构与墙板有横向温度变形差时，与固定支座一列的支座不动，另外一列支座允许移动。

当主体结构与墙板有竖向温度变形差时，与固定支座一行的支座不动，另外一行支座允许移动。

4）连接节点距离板边缘的距离。图 10-22 是日本外挂墙板连接节点距离边缘的位置，板上、下部各设置两个连接件，下部连接件中心距离板边缘为 150mm 以上，上部连接件中心与下部连接件中心之间水平距离为 150mm 以上。

上、下节点不在一条线上，一个显而易见的好处是"不打架"。因为楼板下面需预埋下层墙板的上部连接节点用的预埋螺母；楼板上面需预埋连接上层墙板重力支座的预埋螺栓；布置在一条线上，锚固空间会拥挤。

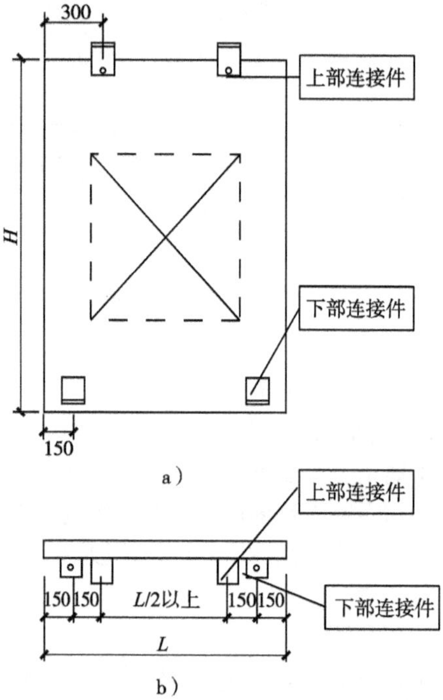

5）偏心节点布置。

图 10-22 板宽为 1200～2000mm 时连接件位置图

a）内视图 b）平面图

连接节点最好对称布置（图 10-23）。但许多时候，因柱子对操作空间的影响，不得不偏心布置。当偏心布置时，连接点距离边缘距离不宜过大，节点的距离不宜小于 1/2 板宽。

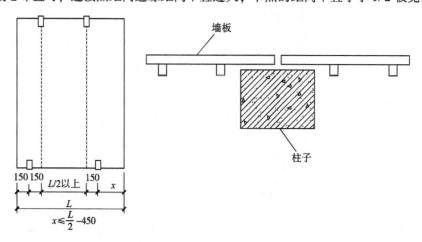

图 10-23 偏心连接节点位置

（5）连接节点与构件的关系

墙板与结构构件连接的几种类型如图 10-24 所示。

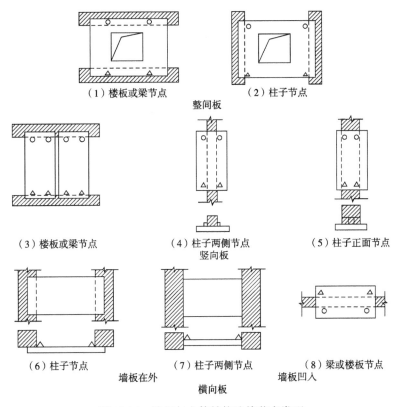

图 10-24　墙板与主体结构连接节点类型

（6）连接节点设计

1）行业标准的规定。关于外挂墙板的连接，有如下规定：

①外挂墙板与主体结构采用点支承连接时，连接件的滑动孔尺寸应根据穿孔螺栓的直径、层间位移值和施工误差等因素确定。

②外挂墙板间接缝的构造应符合下列规定：

A. 接缝构造应满足防水、防火、隔声等建筑功能的要求。

B. 接缝宽度应满足主体结构的层间位移、密封材料的变形能力、施工误差、温差引起的变形要求，且不应小于 15mm。

2）《装规》条文说明中提出，外挂墙板与主体结构的连接节点应采用预埋件，不得采用后锚固的方法。

3）辽宁地方标准的规定。《辽标》关于外挂墙板的连接规定除了与行业标准相同的条文外，还包括以下内容：

①外挂墙板与主体结构连接节点应符合下列规定：

主体结构的支承构件，应能够承受外挂墙板通过连接节点传递的荷载和作用。

②连接件的承载力设计值应大于外挂墙板传来的最不利荷载组合效应设计值。

③预埋件承载力设计值应大于连接件承载力设计值。

④外挂墙板采用点支承与主体结构相连时，其节点构造应符合下列规定：

A. 应根据外挂墙板的形状、尺寸以及主体结构层间位移等因素，确定连接件的数量和位置。

B. 用于抵抗竖向荷载的连接件和抵抗水平荷载的连接件应分别设置；用于抵抗竖向荷载的连接件，每块板不应少于两个。

C. 连接件的设计应使外挂墙板具有适应主体结构变形的能力，应为施工安装提供可调整的空间，满足施工安装要求。

D. 连接节点应具有消除外挂墙板施工误差的三维调节能力。

E. 连接节点应具有适应外挂墙板的温度变形的能力。

4）外挂墙板采用线支承与主体结构相连时，其节点构造应符合下列规定：

①外挂墙板宜通过在板侧面上部设置的连接用钢筋与主体结构相连。

②连接用钢筋在现浇混凝土中的锚固长度通过计算并满足现行国家标准《混规》的相关要求。

5）连接节点的预埋件、吊装用预埋件以及用于临时支撑的预埋件均宜分别设置。

6）作用于连接节点的荷载与作用。作用于 PC 墙板连接节点的荷载与作用见表 10-3。

表 10-3　作用于 PC 墙板连接节点的荷载与作用

连接节点类型	方　向	荷载与作用					
		重力	重力偏心力矩水平力	风荷载	地震作用		
					水平（垂直板面）	水平（平行板面）	竖向作用
重力支座	竖直	√					√
	水平（垂直板面）		√	√	√		
	水平（平行板面）					√	
水平支座	水平（垂直板面）		√	√	√		
	水平（平行板面）					√	

7）连接节点构造。连接节点的构成：

①上部的水平支座（滑动方式）。如图 10-25 所示，PC 墙板伸出预埋螺栓，与角形连接件连接。连接件的两侧是橡胶密封垫，用双重螺母固定角形连接件。安装时，在水平调节完了的垫片上固定 PC 板一侧的连接件，根据需要垫上较薄的马蹄形垫片，进行微调整。在固定到规定的位置上后，通过垫片和弹簧片把螺栓固定到已埋置在结构楼板或钢结构上的螺母上。

②下部重力支座（滑动方式）。如图 10-26 所示，L 形预埋件埋置在 PC 墙板中，背后焊有腹板，腹板两侧有锚固钢筋。L 形预埋件预留的安装孔大于主体结构预埋的螺栓，包括了安装允许误差和滑动余量。插入螺母后，旋紧螺母。

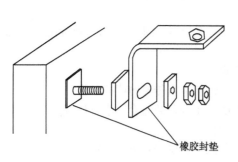

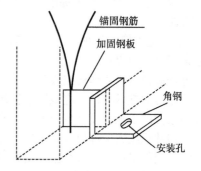

图 10-25　PC 板一侧的上部连接件（滑动方式）　　图 10-26　PC 板一侧的下部连接件（滑动方式）

③上部水平支座（锁紧方式）。如图 10-27 所示，螺栓已经预埋在 PC 板上，把上下都有活孔的角钢或曲板，借助于不锈钢片的两边，用螺母锁紧。具体的安装方法虽然与滑动模式完全相同，但是为了防止角钢随意活动，有时会根据需要进行焊接处理。

④下部重力支座（锁紧方式）。如图 10-28 所示，板一侧连接件虽然滑动方式完全相同，但是安装完成后需要用与螺栓的外径尺寸完全相同的垫片焊接下部连接角钢的方法代替直接用螺母进行锁紧的方法。

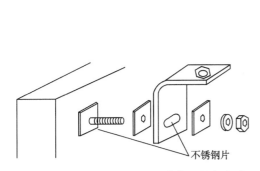 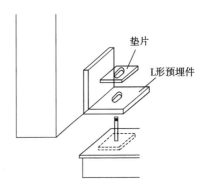

图 10-27　PC 板一侧的上部连接件（锁紧方式）　　　图 10-28　PC 板一侧的下部连接件（锁紧方式）

8）连接节点计算。连接节点需要进行承载力验算，这是一项需要仔细分类的工作，水平支座与重力支座、同一支座节点的不同部件、同一部件的不同部位，在荷载作用下内力都不一样。我们以前面介绍的水平支座和重力支座为例，列表分析连接部件结构计算项目，见表 10-4。

对于连接节点布置偏心的构件，要考虑支座内力由于偏心而增加或方向改变。

螺栓抗拉、抗剪承载力验算，角形连接件抗弯、抗拉、抗剪承载力验算按照《钢结构设计规范》（GB 50017—2003）计算。

9）活动节点位移量计算。我们已经知道，滑动节点可以靠加大螺栓孔实现。那么，螺栓孔究竟加大多少合适呢。

①重力支座固定节点连接件的孔眼。考虑到制作和安装的误差，即使不需要留出移动空间的固定节点，连接件的孔眼也要设计得比螺栓大一些，重力支座固定节点连接件的孔眼直径可按式（10-8）计算：

$$D = d + 2d_c \qquad (10\text{-}8)$$

式中　D——孔眼直径；

　　　d——螺栓直径；

　　　d_c——制作和施工允许误差，可取 35mm（图 10-29）。

②重力支座活动节点连接件孔眼尺寸。重力支座活动节点是长孔，孔的宽度方向垂直于板面不需要移动，与固定节点一样，取 D 即可。长度：

$$L_K = d + 2d_c + 2\Delta S_L \qquad (10\text{-}9)$$

式中　L_K——孔的长度；

　　　ΔS_L——温度变形，与墙板和主体结构之间的温差有关，见式（10-7）。一般情况下，边长在 4m 以下的板，温度变形在 2mm 以内。

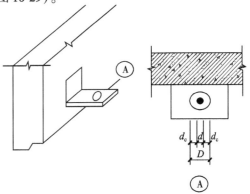

图 10-29　重力支座固定节点连接件孔眼尺寸示意图

表10-4 外挂墙板连接节点结构计算分析

连接节点类型	示例	部件序号	部件	部件示意图	部位序号	断面	荷载与作用	承载力计算 抗弯	抗剪	抗拉	锚固
水平支座		1	墙板预埋螺栓	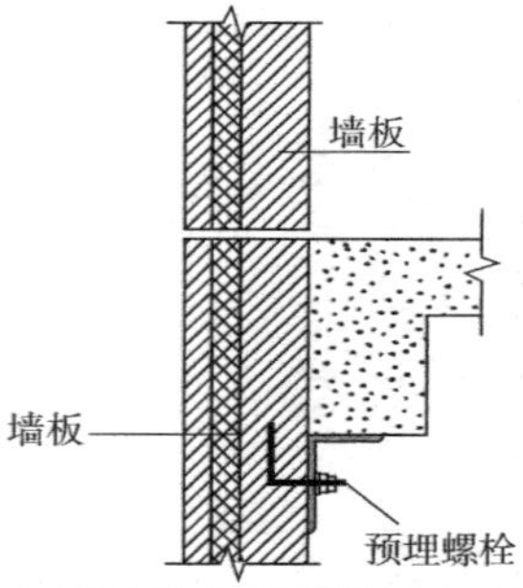	①	墙板螺栓断面	水平			√	√
		2	梁或楼板预埋螺栓	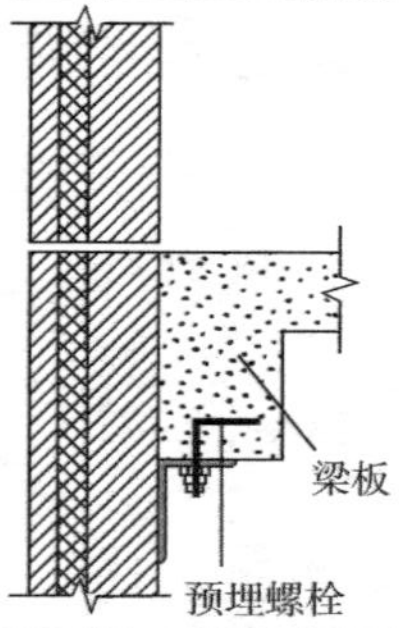	②	梁或楼板螺栓断面	水平		√		√
		3	角形连接件	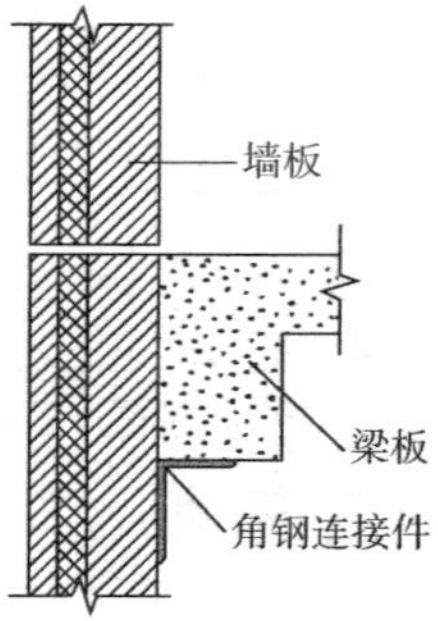	③	竖肢根部	水平	√	√		
					④	横肢侧边	水平		√		
					⑤	横肢端边	水平		√	√	

（续）

连接节点类型	示例	部件序号	部件	部件示意图	部位序号	断面	荷载与作用	承载力计算 抗弯	抗剪	抗拉	锚固
重力支座	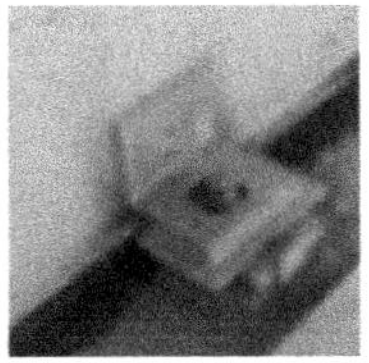	1	预埋在墙板上角形连接件	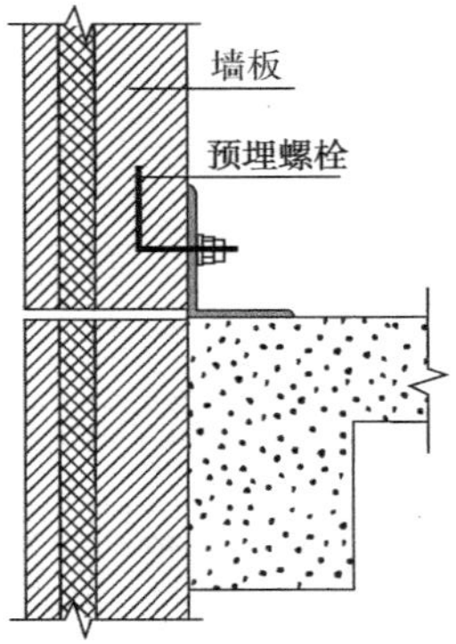	①	横肢根部	竖向	✓			
					②	横肢侧边	水平		✓		
					③	横肢端边	水平			✓	
		2	预埋在楼板上的螺栓	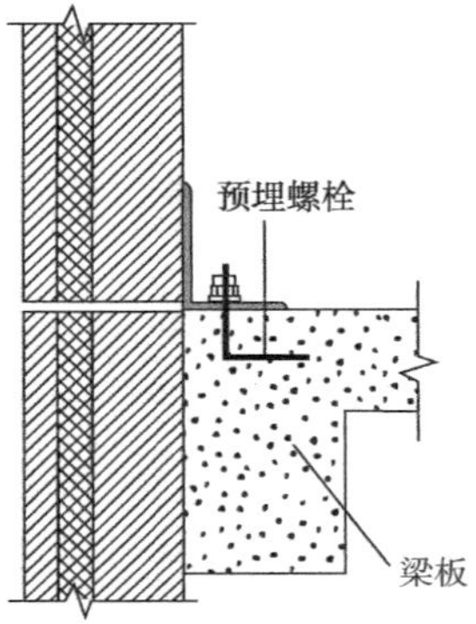	④	螺栓根部	水平		✓		✓

重力活动支座不必考虑层间位移，因为它与重力固定支座同在层间位移发生时相对位移为零的部位。如此，重力支座活动节点的孔长仅比 D 大 4mm 左右（图 10-16）。

③水平支座活动节点的孔径。水平支座活动节点的长度比重力支座活动节点多了层间位移：

$$L_K = d + 2d_e + 2\Delta L_{VH} + 2\Delta S_L \tag{10-10}$$

式中　ΔL_{VH}——层间位移（表 10-5）。

表 10-5　主体结构楼层最大弹性层间位移角

结构类型	建筑高度	建筑高度 H/m		
		$H \leqslant 150$	$150 < H \leqslant 250$	$H > 250$
钢筋混凝土结构	框架	1/550	—	—
	板柱-剪力墙	1/800	—	—
	框架-剪力墙、框架-核心筒	1/800	线性插值	—
	筒中筒	1/1000	线性插值	1/500
	剪力墙	1/1000	线性插值	
	框支层	1/1000	—	—
多、高层钢结构		1/300		

注：1. 表中弹性层间位移角 $= \Delta/h$，Δ 为最大弹性层间位移量，h 为层高。
　　2. 线性插值系指建筑高度在 150～250m 间，层间位移角取 1/800（1/1000）与 1/500 线性插值。

日本 PC 墙板连接件预留孔的长度，要大于层间位移，钢筋混凝土结构为 1/300～1/350。

水平支座活动节点的宽度比重力支座活动节点多了温度变形，即：

$$B_K = D + 2\Delta S_h \tag{10-11}$$

式中　ΔS_h——沿板的高度方向的温度变形（图 10-30）。

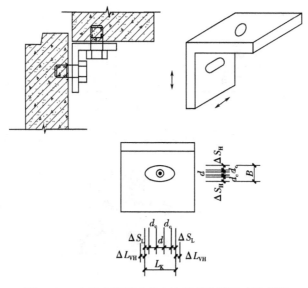

图 10-30　水平支座活动节点连接件孔眼尺寸示意图

10）各种预埋件连接件见表 10-6。

表 10-6　常用预埋件连接件

名称	图示	构造要求	材性	名称	图示	构造要求	材性	名称	图示	构造要求	材性
BM-1 ①	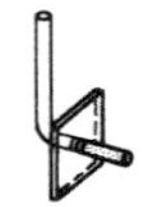	1. 锚板厚度不小于 10mm 2. 螺栓直径不小于 24mm 3. 丝扣加工精度为 6g	Q235-B 镀锌	垫板 1 ⑥	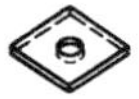	1. 厚度不小于 8mm 2. 大小由设计确定	Q235-B 镀锌	L-3 ⑩	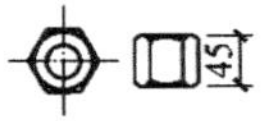	1. 螺母大小不小于 M30 2. 丝扣加工精度为 6h	Q235-B 镀锌
BM-2 ②	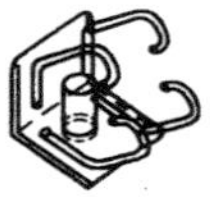	1. 角钢厚度不小于 12mm 2. 内螺纹直径由 L-2 确定 3. 丝扣加工精度为 6h	Q235-B 镀锌	JM-1 ⑦	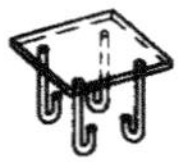	1. 锚板厚度不小于 12mm 2. 锚筋直径不小于 12mm	Q235-B 镀锌	L-4 ⑪	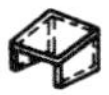	由计算确定	Q235-B 镀锌
L-1 ③	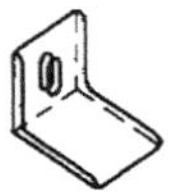	厚度及长度由计算确定	Q235-B 镀锌	BM-3 ⑧	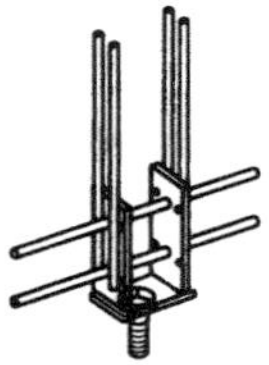	1. 锚板厚度不小于 12mm 2. 锚筋直径不小于 16mm 3. 螺栓大小为 M30 4. 丝扣加工精度为 6g	Q235-B 镀锌	JM-2 ⑫	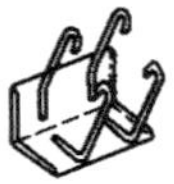	1. 角钢厚度不小于 12mm 2. 锚筋直径不小于 12mm	Q235-B 镀锌
L-2 ④	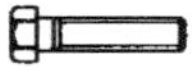	1. 螺栓大小不小于 M30 2. 丝扣加工精度为 6g	Q235-B 镀锌					BM-5 ⑬	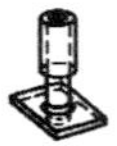	1. 螺纹直径不小于 24mm 2. 丝扣加工精度为 6h 3. 钢板厚度不小于 8mm	Q235-B 镀锌
滑移件 ⑤	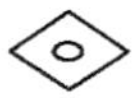	1. 1～2mm 厚 2. 大小由接触面确定	聚四氟乙烯	BM-4 ⑨	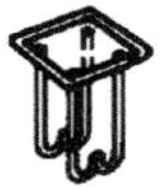	1. 锚板厚度不小于 12mm 2. 锚筋直径不小于 12mm	Q235-B 镀锌	L-5 ⑭	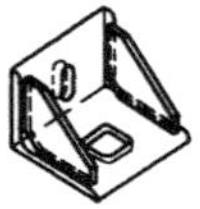	1. 钢板厚度不小于 8mm 2. 角钢大小由计算确定	Q235-B 镀锌

（续）

名称	图示	构造要求	材性	名称	图示	构造要求	材性	名称	图示	构造要求	材性
L-6 ⑮	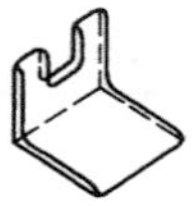	厚度及长度由计算确定	Q235-B 镀锌	BM-7 ⑳	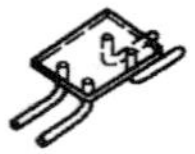	1. 锚板厚度不小于 12mm 2. 锚筋直径不小于 12mm	Q235-B 镀锌	L-11 ㉕	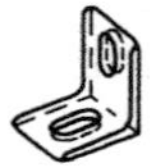	厚度及长度由计算确定	Q235-B 镀锌
L-7 ⑯	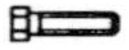	1. 螺栓大小不小于 M20 2. 丝扣加工精度为 6g	Q235-B 镀锌	BM-8 ㉑	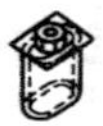	1. 钢管壁厚不小于 5mm 2. 钢管直径由设计确定	Q235-B 镀锌	BM-11 ㉖	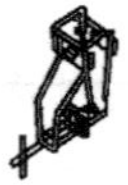	1. 锚板厚度不小于 6mm 2. 锚筋直径不小于 8mm	不锈钢
BM-6 ⑰	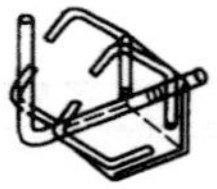	1. 螺栓直径不小于 24mm 2. 丝扣加工精度为 6g 3. 角钢厚度不小于 12mm	Q235-B 镀锌	BM-9 ㉒	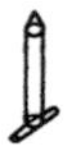	1. 钢棒直径不小于 16mm 2. 钢管直径由设计确定	钢棒为不锈钢	BM-12 ㉗	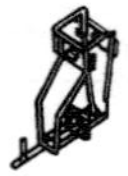	1. 锚板厚度不小于 6mm 2. 锚筋直径不小于 8mm	不锈钢
L-8 ⑱	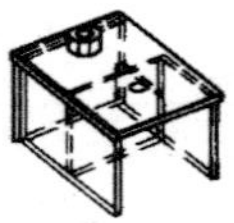	1. 钢板厚度不小于 10mm 2. 螺母大小不小于 M30 3. 丝扣加工精度为 6h	Q235-B 镀锌	BM-10 ㉓	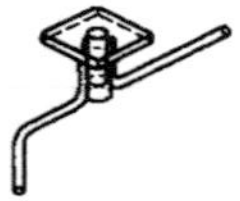	1. 钢板厚度不小于 12mm 2. 内螺纹直径由 L-3 确定 3. 锚筋直径不小于 12mm	Q235-B 镀锌	BM-13 ㉘	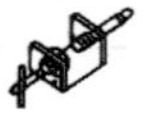	1. 锚板厚度不小于 6mm 2. 锚筋直径不小于 8mm	不锈钢
L-9 ⑲	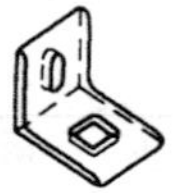	厚度及长度由计算确定	Q235-B 镀锌	L-10 ㉔	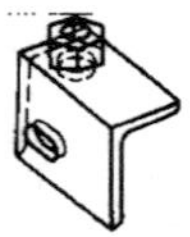	1. 角钢厚度不小于 12mm 2. 螺母大小不小于 M30	Q235-B 镀锌	L-12 ㉙	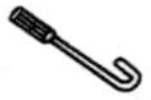	钢管壁厚不小于 5mm	钢管为不锈钢

155. 如何进行外挂墙板结构计算？如何配筋，有哪些构造要求？

（1）《装规》10.3.1～10.3.5 规定

1）外挂墙板的高度不宜大于一个层高，厚度不宜小于 100mm（日本外挂墙板最小厚度为 130mm）。

2）外挂墙板宜采用双层、双向配筋，竖向和水平钢筋的配筋率均不应小于 0.15%，且钢筋直径不宜小于 5mm，间距不宜大于 200mm。

3）门窗洞口周边、角部应配置加强钢筋。

4）外挂墙板最外层钢筋的混凝土保护层厚度除有专门要求外，应符合下列规定：

①对石材或面砖饰面，不应小于 15mm。

②对清水混凝土，不应小于 20mm。

③对露骨料装饰面，应从最凹处混凝土表面计起，且不应小于 20mm。

5）外挂墙板设计要满足《装规》6.4 节规定的以下要求：

①预制构件的设计应符合下列规定：

A. 对持久设计状况，应对预制构件进行承载力、变形、裂缝控制验算。

B. 对地震设计状况，应对预制构件进行承载力验算。

C. 对制作、运输和堆放、安装等短暂设计状况下的预制构件验算，应符合现行国家标准《混凝土结构工程施工规范》GB 50666 的有关规定。

②当预制构件中钢筋的混凝土保护层厚度大于 50mm 时，宜对钢筋的混凝土保护层采取有效的构造措施。

③预制板式楼梯的梯段板底应配置通长的纵向钢筋。板面宜配置通长的纵向钢筋；当楼梯两端均不能滑动时，板面应配置通长的纵向钢筋。

④用于固定连接件的预埋件与预埋吊件、临时支撑用预埋件不宜兼用；当兼用时，应同时满足各种设计工况要求。预制构件中预埋件的验算应符合现行国家标准《混规》《钢结构设计规范》GB 50017 和《混凝土结构工程施工规范》GB 50666 等有关规定。

⑤预制构件中外露预埋件凹入构件表面的深度不宜小于 10mm。

另外，《辽标》关于外挂墙板的构造规定除了与行业标准一样的条文外，还包括外挂墙板的混凝土强度等级不宜低于 C30，也不宜高于 C40，宜采用轻骨料混凝土。现浇连接部分的混凝土强度等级不应低于外挂墙板的设计混凝土强度等级。

（2）墙板结构设计要求

外挂墙板必须满足构件在制作、堆放、运输、施工各个阶段和整个使用寿命期的承载能力的要求，保证强度和稳定性；还要控制裂缝和挠度。

外挂墙板是装饰性构件，对裂缝和挠度比较敏感。按照现行国家标准《混规》规定，2 类和 3 类环境类别非预应力混凝土构件的裂缝允许宽度为 0.2mm；受弯构件计算跨度小于 7m 时允许挠度不应超过计算跨度的 1/200。

0.2mm 结构裂缝是清晰可视的，清水混凝土和表面涂漆的墙板不大容易被用户接受，心理上会形成不安全感。

外挂墙板在制作、堆放、运输和安装环节荷载作用下，不应当出现裂缝。

在使用环节，当外挂墙板表面为反打瓷砖、反打石材或装饰混凝土时，结构裂缝可以按照《混规》的规定控制；对于清水混凝土构件，宜控制得严一些。对于夹心保温板，内叶板裂缝控制可按普通结构构件控制，外叶板裂缝控制宜严格一些。

《混规》关于受弯构件挠度的限值，是为屋盖、楼盖及楼梯等构件规定的；外挂墙板计算跨度一般小于 7m，照搬计算跨度的 1/200 挠度限值是个省事的做法，这个挠度在视觉上不会有明显的感觉，况且使墙板产生挠度的主要荷载风荷载并不是恒定的荷载。

（3）作用于 PC 墙板的荷载与作用

不规则建筑表皮倾斜和仰斜的 PC 墙板需要考虑的作用包括自重荷载，仰斜墙板还包括雪荷载、维修集中荷载，见表 10-7。

表 10-7　PC 墙板使用期间的荷载与作用

方向	示意图	荷载与作用					
		自重	风荷载	地震作用		雪荷载	施工检修荷载
				水平（垂直板面）	竖向作用		
竖直			√	√			
倾斜		√	√	√	√		
仰斜		√	√	√	√	√	√

外挂墙板按围护结构进行设计。在进行结构设计计算时，不考虑分担主体结构所承受的荷载和作用，只考虑直接施加于外墙上的荷载与作用。

竖直外挂墙板承受的作用包括自重、风荷载、地震作用和温度作用。

建筑表皮是非线性曲面时，可能会有仰斜的墙板，其荷载应当参照屋面板考虑，还有雪荷载、施工维修时的集中荷载等。

（4）计算简图

1）无洞口墙板。外挂墙板的结构计算主要是验算水平荷载作用下板的承载能力和变形；竖直荷载主要是对连接节点和内外叶板的拉结件作用。

外挂墙板是以连接节点为支承的板式构件，即 4 点支撑板。计算简图如图 10-31 所示。

2）长宽比大的墙板。长宽比较大的墙板，长边内力非分布比较均匀，可直接按照简支板计算；短边内力因支座距离较远而分布不均匀，支座板带比跨中板带分担更多的荷载，应当对内力进行调整（图 10-32）。支座板带承担 75% 的荷载，跨中板带承担 25% 的荷载。

3）有洞口墙板的荷载调整。有窗户洞口的墙板，窗户所承受的风荷载应当被窗边墙板所分担（图 10-33）。

（5）墙板结构计算

墙板结构计算内容包括：

1）配筋和墙板承载力验算。

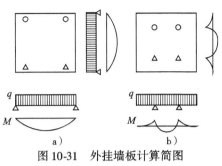

图 10-31　外挂墙板计算简图

a）支座在边缘　b）支座在板内

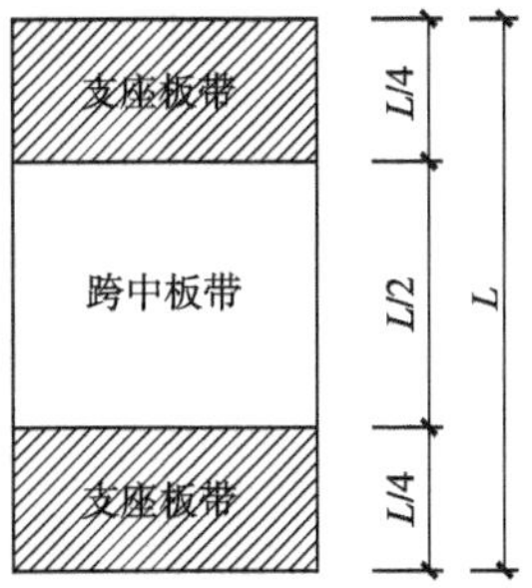

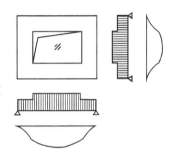

图 10-32　长宽比较大的墙板内力调整

2）挠度验算。

3）裂缝宽度计算。

按照日本的经验，PC 墙板随着安装节点位置的变化、开洞情况不同等，计算机计算的结果与人工计算结果差距较大。为了确保安全，在计算机计算的同时也采用人工计算进行比较，取更为安全的结果。

（6）墙板结构构造设计

1）《装规》10.3.2-5 规定。

图 10-33　有洞口墙板计算简图

①外挂墙板宜采用双层、双向配筋，竖向和水平钢筋的配筋率均不应小于 0.15%，且钢筋直径不宜小于 5mm，间距不宜大于 200mm。

②门窗洞口周边、角部应配置加强钢筋。

③外挂墙板最外层钢筋的混凝土保护层厚度除有专门要求外，应符合下列规定：

A. 对石材或面砖饰面，不应小于 15mm。

B. 对清水混凝土，不应小于 20mm。

C. 对露骨料装饰面，应从最凹处混凝土表面计起，且不应小于 20mm。

④外挂墙板的截面设计应符合本规程第 6.4 节的要求。

2）边缘加强筋。PC 外挂墙板周圈宜设置一圈加强筋（图 10-34）。

3）开口转角处加强筋。PC 外挂墙板洞口转角处应设置加强筋（图 10-35）。

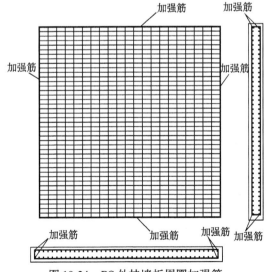

图 10-34　PC 外挂墙板周圈加强筋

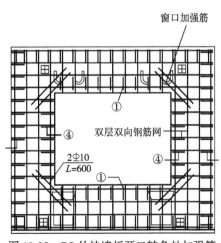

图 10-35　PC 外挂墙板开口转角处加强筋

4）预埋件加强筋。PC 外挂墙板连接节点预埋件处应设置加强筋（图 10-36）。

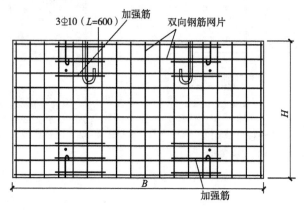

图 10-36　连接节点预埋件加强筋

5）L 形墙板转角部位构造。平面为 L 形的 PC 墙板转角处的构造和加强筋如图 10-37 所示。

6）板肋构造。有些 PC 墙板，如宽度较大的板，设置了板肋，板肋构造如图 10-38 所示。

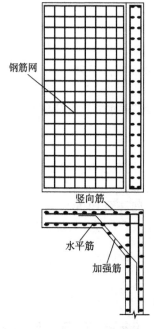

图 10-37　L 形墙板转角构造与加强筋

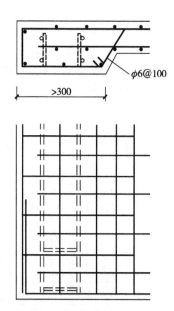

图 10-38　板肋构造

156. 如何设计夹心保温构件？如何布置、埋置拉结件，进行结构验算？

（1）夹心保温构件

夹心保温构件是预制混凝土夹心保温构件的简称，也称为三明治构件，是指由混凝土构件、保温层和外叶板构成的预制混凝土构件。包括预制混凝土夹心保温外墙板（图 10-39）、预制混凝土夹心保温柱、预制混凝土夹心保温梁。其中，应用最多的是预制混凝土夹心保温外墙板，即三明治板，如图 10-40 所示。

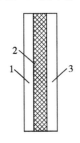

图 10-39　夹心板

1—内叶结构板　2—保温板　3—外叶结构板

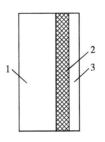

图 10-40　三明治板

1—内叶结构板　2—保温板　3—外叶保护板

行业标准《装规》给出了"预制混凝土夹心保温外墙板"的术语解释："中间夹有保温层的预制混凝土外墙板，简称夹心外墙板。"

在柱梁结构体系装配式建筑中，外围结构柱梁直接作为建筑围护结构的一部分是常见做法，此时，"夹心保温"是柱、梁构件保温装饰一体化的主要手段。沈阳春河里住宅外围护结构没有墙板，就是在预制外围结构柱、梁时，做了夹心保温层，即"预制混凝土夹心保温柱"和"预制混凝土夹心保温梁"。

夹心保温构件的内叶构件——内叶板、结构柱与结构梁的结构设计属于主体结构设计或围护结构设计范围，设计时须考虑外叶板通过拉结件传递的荷载。

本节主要讨论夹心构件外叶板的结构设计、外叶板与内外叶构件之间的拉结件设计，包括：拉结件布置；外叶板结构计算和拉结件结构计算。

外叶板和连接件尽管不是主要结构部件，但对于建筑物的正常与安全使用非常重要。拉结件如果强度不够或耐久性不好，拉不住或时间长了拉不住外叶板，就可能导致重大安全事故。拉结件保证不了足够的刚度，外叶板错位变形较大，也会影响正常使用，例如会对窗户形成变形压力或导致裂缝。拉结件布置过疏，也可能造成外叶板承载力不足，导致裂缝。

（2）拉结件

1）拉结件定义。拉结件是用在两层钢筋混凝土板（内叶板和外叶板）之间，起拉结连接作用的预埋件（图 10-41）。

2）材料组成。材料主要有 GFRP（玻璃纤维复合）、BFRP（玄武岩纤维复合）、CFRP（碳纤维复合）等材料，由于复合材料强度高、导热系数低、弹性和韧性好，被用作制造保温拉结件的理想材料。

3）拉结件分类。拉结件分金属拉结件和非金属拉结件。

①金属拉结件，如图 10-42、图 10-43 所示。

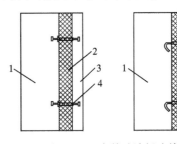

图 10-41　内外叶墙板连接图

1—内叶结构板　2—保温板
3—外叶结构板　4—拉结件

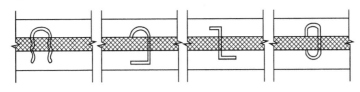

图 10-42　金属拉结件

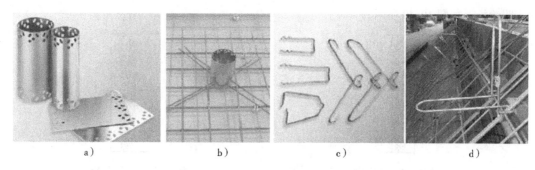

a）　　　　　　　b）　　　　　　　c）　　　　　　　d）

图 10-43　哈芬金属拉结件样图

a）实物图　b）安装图　c）实物图　d）安装图

金属保温拉结件具有一定的导热性，有可能形成冷热桥而造成热损失。

②非金属拉结件，如图 10-44 所示。

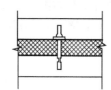 

图 10-44　非金属拉结件安装图

4）拉结件按梅花形布置，数量按类型和厂家提供的参数确定。具体参见第 4 章。

5）拉结件计算见 157 问。

157. 如何进行外叶板结构计算与设计？

（1）一般规定

1）外叶墙板不宜小于 50mm。

2）为了保证拉结件在混凝土中的锚固可靠，布置时拉结件距墙板边缘尺寸不宜小于 150mm，不应小于 100mm，为了满足防火要求，距离门窗洞口的尺寸不应小于 150mm，拉结件之间的距离不应小于 200mm。当个别保温拉结件位置与受力钢筋、灌浆套筒、承重预埋件相碰时，允许把拉结件偏移 50～100mm。

3）保温板很薄时，拉结件的垂直挠度很小，拉结件布置间距往往由使用工况的抗剪力和生产脱模工况的锚固抗拔力起决定作用。

4）保温板很厚时，布置间距往往由使用工况下拉结件的挠度变形起控制作用，此时拉结件布置很密，受力不起控制作用。

5）防火性能应按非承重外墙的要求执行，当夹心保温材料的燃烧性能等级为 B1、B2 级时，内外叶墙板应采用不燃材料，且不应小于 50mm。

6）三明治外墙板外叶墙板在使用过程中平面外风荷载起控制作用。按《建筑结构荷载规范》（GB 50009—2012）规定计算。

7）三明治外墙板外叶墙板在脱模过程中平面外受重力荷载和平台吸附作用，可取重力荷载作用的 1.2～1.5 倍。

（2）外叶墙板受力计算

1）计算简图。

外叶板相当于以拉结件为支撑的无梁板。

2）荷载与作用。外叶板的荷载与作用包括自重、风荷载、地震作用、温度作用。

①外叶板自重荷载：外叶板自重荷载平行于板面，在设计拉结件时需要考虑，在设计计算外叶板时不用考虑。

②外叶板温度应力：外叶板与内叶板或柱梁同样的混凝土，热膨胀系数一样，但由于有保温层隔离，存在温差，温度变形不一样，由此会形成温度应力。

③风荷载：风荷载垂直于板面，是外叶板结构合计的主要荷载。

④地震作用：垂直于板面的地震作用，外叶板设计时需要考虑；平行于板面的地震作用，外叶板设计时不用考虑，拉结件结构设计时需要考虑。

⑤作用组合：计算外叶板和拉结件时，进行不同的作用组合。

3）内力计算。外叶板按无梁板计算，计算方法采用"等代梁经验系数法"，该方法以板系理论和试验结果为依据，把无梁板简化为连续梁进行计算。即按照多跨连续梁公式计算内力。

"等代梁经验系数法"将支点支座视为在一个方向上连续的支座，这与实际不符，所以需进行调整，调整的方法是将板分为支座板带和跨中板带，支座板带负担内力多一些（图10-45）。

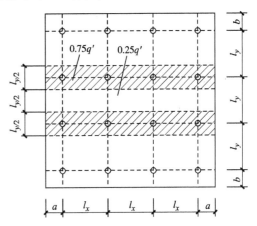

图 10-45　等代梁支座板带与跨中板带

支座板带和跨中板带都按照 1/2 跨度考虑，内力分配系数见表 10-8。

表 10-8　内力分配系数

截面位置	支座板带	跨中板带
支座截面弯矩	75%	25%
跨中截面弯矩	55%	45%
端支座	90%	10%

4）配筋复核。计算外叶板内力后，可以对外叶板进行配筋设计。

（3）拉结件结构设计

1）作用分析。拉结件的荷载与作用包括外叶板重力、风荷载、地震作用、温度作用、脱模荷载和吊装荷载等。

①外叶板重力。外叶板重力是拉结件的主要荷载。包括传递给拉结件的剪力、弯矩和由于偏心形成的拉力（或压力）。

②风荷载。风荷载对拉结件的作用为拉力（风吸力时）和压力（风压力时）。

③地震作用。平行于板面和垂直于板面的地震作用对拉结件产生不同方向的剪力和弯矩。

④温度作用。外叶板与内叶板的变形差对拉结件的作用而形成弯矩。

⑤脱模荷载。脱模荷载，即外叶板的重力加上模具的吸附力对拉结件形成拉力。

⑥翻转、吊装荷载。翻转或吊装时，外叶板的重力乘以动力系数对拉结件形成拉力。

2）拉结件锚固。拉结件在混凝土中的锚固设计没有规范可循，锚固方式与构造依据拉结件厂家的试验结果确定。结构设计师在选用拉结件时，应提供给厂家拉结件设计作用组合值，由厂家提供相应的拉结件设计。结构设计师应审核拉结件厂家提供的试验数据和结构计算书，并在图样中要求 PC 工厂进行试验验证。PC 工厂在进行锚固试验时，混凝土强度应当是构件脱模时的强度，这时拉结件锚固最弱。

3）拉结件承载力和变形验算。

①拉结件的承载能力和变形主要以拉结件厂家的试验数据和经验公式为依据进行验算，设计要求 PC 工厂进行试验验证。拉结件所用材质不是通用建筑材料，其物理力学性能，如抗拉强度、抗压强度、抗弯强度、抗剪强度、弹性模量等，都应当由工厂提供。

②计算简图。拉结件计算简图可视为两端嵌固。直杆式拉结件为两端嵌固杆。

树脂类拉结件断面沿长度是变化的，材质也是变化的。按各项均质等截面杆件计算有些勉强，计算只是一种参考，还是应强调 PC 工厂进行试验验证。

③拉结件验算内容。拉结件需要验算的内容为：剪切、拉力、剪切加受拉（或受压）、受弯、挠度。

④承载能力验算。拉结件所承受的剪力、拉力、弯矩，分别小于拉结件的允许剪力、拉力和弯矩，受力简图如图 10-46 所示。

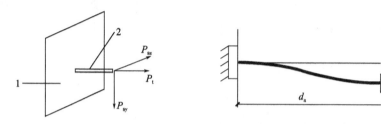

图 10-46　保温拉结件受力分析图
1—内叶墙板　2—保温连接杆

当同时承受拉力和剪力时

$$(V_s/V_t + P_s/P_t) \leq 1 \tag{10-12}$$

式中　V_s——拉结件承受的剪力；

　　　V_t——拉结件允许剪力（根据试验得到）；

　　　P_s——拉结件承受的拉力；

　　　P_t——拉结件允许拉力（根据试验得到）。

变形计算：

$$\Delta = Q_g d_a^3 / 12 E_A I_A \tag{10-13}$$

式中　Δ——垂直荷载作用下，拉结件悬臂端的挠度值；

　　　Q_g——作用在单个拉结件悬臂端外叶墙自重荷载；

　　　d_a——拉结件的悬臂端长度；

　　　E_A——拉结件的弹性模量；

　　　I_A——单个拉结件的截面惯性矩。

拉结件承载能力的安全系数应不小于 4.0。

 158. 如何进行装饰一体化墙板设计？结构设计中须注意什么？

装饰一体化墙板装饰形式包括清水混凝土、涂料、石材、面砖、装饰混凝土等。

1）清水混凝土。

2）涂漆。在混凝土表面涂漆是 PC 建筑常见的做法，可以涂乳胶漆、氟碳漆或喷射真石漆。由于 PC 构件表面可以做得非常光洁，涂漆效果要比现浇混凝土抹灰后涂漆精致很多（图 10-47）。

3）石材。石材是 PC 建筑常用的建筑表皮，用"反打"工艺实现。不仅 PC 建筑，许多钢结构建筑的石材幕墙也用石材反打的 PC 墙板（图 10-48）。

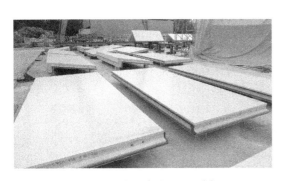

图 10-47　表面涂漆的 PC 墙板

图 10-48　日本大阪钢结构商业综合体的
石材反打 PC 墙板幕墙

石材反打是将石材铺到模具中，装饰面朝向模具，用不锈钢卡钩将石材勾住。不锈钢卡钩的数量取决于石板面积（图 10-49）。钢筋穿过卡钩，然后浇筑混凝土，石材与混凝土结合为一体。在石材与混凝土之间须涂覆隔离剂，一是防止混凝土"泛碱"透过石材，避免湿法粘贴石材常出现的问题；一是起到隔离作用，削弱石材与混凝土温度变形不一致产生的温度应力的不利影响。

4）装饰面砖反打，如图 10-50 所示。

图 10-49　石材反打工艺——把石材铺到模具上，
背后有不锈钢卡钩

图 10-50　反打面砖 PC 板成品

5）装饰混凝土面层，如图 10-51 所示。

图 10-51　装饰混凝土质感的墙板

159. 如何进行 PC 墙板板缝设计？如何计算板缝宽度？

外挂墙板在进行板片分割时应根据建筑立面造型、主体结构层间位移限值、楼层高度、节点连接形式、温度变化范围、接缝构造、运输限制条件和现场起吊能力等因素，确定适宜的板片形式和尺寸；板片间的接缝宽度应根据计算确定，当计算缝宽大于 30mm 时，宜调整板片的分割形式或连接方式。

（1）规范规定

1）《装规》10.3.7 规定，外挂墙板间接缝的构造应符合下列规定：

①接缝构造应满足防水、防火、隔声等建筑功能要求。

②接缝宽度应满足主体结构的层间位移、密封材料的变形能力、施工误差、温差引起变形等要求，且不应小于 15mm。

2）《装标》5.9.6 规定，外挂墙板形式和尺寸应根据建筑立面造型，主体结构的层间位移值、楼层高度、节点连接形式、温度变化、接缝构造、运输限制条件和场地起吊能力等因素限定；板间接缝应根据计算确定且不宜小于 10mm；当计算缝宽大于 30mm 时，宜调整外挂墙板的形式或连接方式。

（2）PC 幕墙板缝宽计算

墙板与墙板之间水平方向接缝（竖缝）宽度应考虑如下因素：

1）温度变化引起的墙板与结构的变形差；PC 墙板与钢筋混凝土结构线膨胀系数是一样的，热胀冷缩变形按说应当一样；但三明治板的外叶板与内叶板之间有保温层，有温度差，外叶板与内叶板和主体结构的变形不一样，板缝按外叶板考虑应当计算温度差导致的变形差。

2）结构会发生层间位移时，墙板不应当随之扭曲。相对于主体结构的位移被允许，如此接缝要留出板平面内移动的预留量。

3）密封胶或胶条可压缩空间比率，温度变形和地震位移要求的是净空间，所以，密封胶或胶条压缩后的空间才是有效的。

4）安装允许误差。

5）留有一定的富余量。

竖缝宽度计算公式见式（10-14）：

$$W_s = (\Delta L_t + \Delta L_E)/\delta + \mathrm{d}c + \mathrm{d}f \tag{10-14}$$

式中　W_s——板与板之间接缝宽度；

　　ΔL_t——温度变化引起的变形，见本章 152 问；

　　ΔL_E——地震时平面内位移预留量；

　　δ——密封胶或胶条可压缩空间比率，如果两者同时用，取较小者；

　　$\mathrm{d}c$——施工允许误差，3~5mm；

　　$\mathrm{d}f$——富余量，3~5mm。

ΔL_E 只在竖缝计算中考虑，横缝不需考虑。幕墙规范规定，幕墙构件平面内变形预留量应当是结构层间位移的 3 倍：

$$\Delta L_E = 3\Delta \tag{10-15}$$

式中　ΔL_E——平面内变形预留量；

　　Δ——层间位移。

$$\Delta = \beta h \tag{10-16}$$

式中　β——层间位移角；

　　h——板高。

　　层间位移角可以从表 10-5 中查到。

　　δ 是密封胶与胶条压缩后的比率

$$\delta = \Delta W / W \tag{10-17}$$

式中　δ——密封胶或胶条可压缩的空间的比率；

　　　ΔW——可压缩的宽度，或压缩后空隙宽度；

　　　W——压缩前宽度。

　　密封胶压缩后的比率是指固化后的压缩比率。密封胶厂家提供试验数据，一般在 25% ~ 50% 之间。如果密封胶与胶条同时使用，选其中较小者计算。

　　只打密封胶不用胶条，只计算密封胶的压缩后比率。

　　对于不打胶的敞开缝，此项不须考虑。

　　通过以上计算的竖缝宽度如果小于 20mm，应按 20mm 设定缝宽。

　　横缝宽度可参照式（10-15）计算，没有地震位移，计算结果小于竖缝宽度。如果没有通过缝宽变化强调横向或竖向线条的建筑艺术方面的考虑，横缝可与竖缝宽度一样。

　　(3) 接缝构造

　　1）无保温墙板接缝构造。PC 墙板水平缝防水设置包括密封胶、橡胶条和企口构造。竖缝防水设置为密封胶、橡胶条和排水槽（图 10-52）。

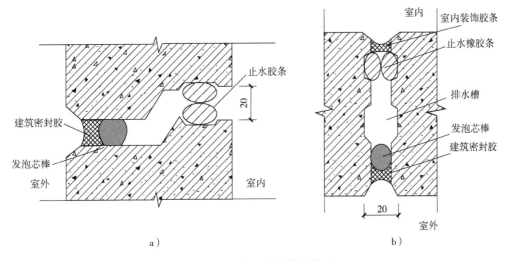

图 10-52　无保温墙板接缝构造
a）水平缝　b）竖向缝

　　2）夹心保温板接缝构造。夹心保温板接缝有两种方案：A 方案是防水构造分别设置在外叶板和内叶板上。此方案的优点是便于制作，但保温层防水措施只有一道密封胶，一旦密封胶防水失效，会影响保温效果。B 方案是将密封胶、橡胶条和企口都设置在外叶板上，对保温层有防水保护。但外叶板端部需要加宽，端部保温层厚度变小，为保证隔热效果，局部可采用低导热系数的保温材料（图 10-53）。

　　3）夹心保温板外叶板端部封头构造。夹心保温板接缝在柱子处，且夹心保温层厚度不大的情况下，外叶板端部可做封头处理（图 10-54）。

　　4）防水构造所用密封胶和橡胶条材质要求见第 3 章。需要强调的是：

　　①密封胶必须是适于混凝土的。

　　②密封胶除了密封性能好耐久性好外，还应当有较好的弹性，压缩率高。

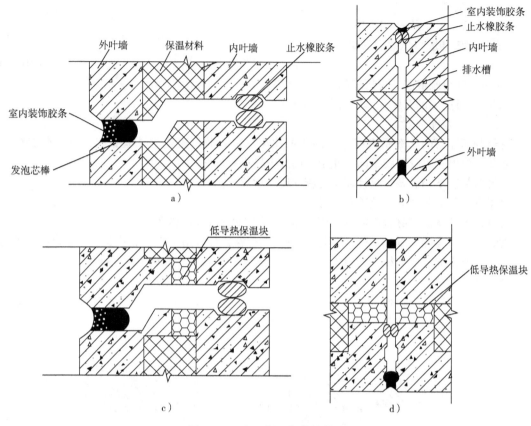

图 10-53 夹心保温板接缝构造

a）水平缝 b）竖直缝 c）水平缝 d）竖直缝

③止水橡胶条必须是空心的，除了密封性能好耐久性好外，还应当有较好的弹性，压缩率高。

（4）PC 幕墙防火构造

PC 幕墙防火构造的三个部位是：有防火要求的板缝、层间缝隙和板柱之间缝隙。

1）板缝防火构造。板缝防火构造是板缝之间塞填防火材料（图 10-55）。板缝塞填防火材料的长度与耐火极限的要求和缝的宽度有关。需要通过计算确定。

在有防火要求的板缝，墙板保温材料的边缘应当用 A 级防火等级保温材料。

2）层间防火构造。层间防火构造是 PC 幕墙与楼板或梁之间的缝隙的防火封堵（图 10-56）。

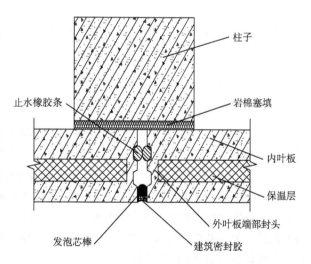

图 10-54 外叶板封头的夹心保温板接缝构造

3）板柱缝隙防火构造。板柱缝隙防火构造是 PC 幕墙与柱或内墙之间缝隙的防火构造（图 10-57）。

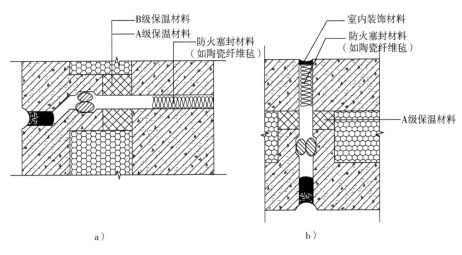

图 10-55　PC 幕墙板缝防火构造

a）水平缝　b）竖直缝

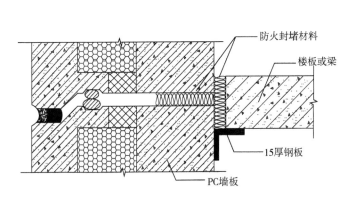

图 10-56　PC 幕墙与楼板或梁之间缝隙防火构造

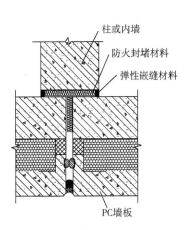

图 10-57　PC 幕墙与柱或内隔墙
之间缝隙的防火构造

（5）屋顶与墙脚

1）女儿墙。PC 幕墙女儿墙有三种方案，一是 PC 外挂墙板顶部附加 PC 压顶板；一是 PC 外挂墙板顶部做成向内的折板；一是在 PC 外挂墙板与屋面板腰墙上盖金属盖板（图 10-58）。

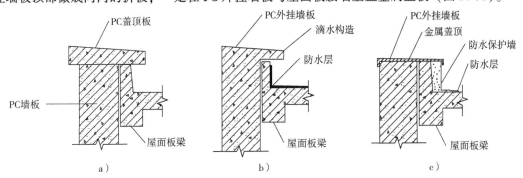

图 10-58　PC 幕墙女儿墙构造

a）PC 盖顶板　b）PC 折板盖顶　c）金属盖顶

PC 墙板折板盖顶方案，顶盖的坡度、泛水和滴水细部构造等都要在 PC 构件中实现，构件制作图须给出详细做法。

金属顶盖方案，PC 板和楼板的腰板要预埋固定金属顶盖的预埋件，固定节点应设计可靠的防水措施。

在日本看到一座 PC 建筑，把屋顶做成观景平台，女儿墙做成玻璃墙，也是一种风格（图 10-59）。

图 10-59　PC 建筑屋顶做成观景台

2）墙脚。PC 幕墙墙脚处常见做法如图 10-60 所示。图 10-61 是搜集雨水的墙脚做法。

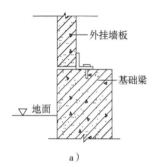
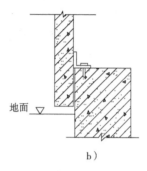
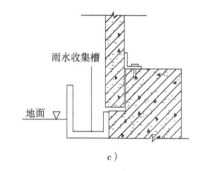

a）　　　　　　　　　　b）　　　　　　　　　　c）

图 10-60　PC 幕墙墙脚构造

160. 外挂墙板跨越主体结构变形缝时如何处理？

1）主体结构变形缝有伸缩缝、沉降缝和抗震缝。

①伸缩缝。也称为温度缝隙，为防止房屋温度变化而产生裂缝而预先在建筑特定部位预留的结构缝。从屋顶、墙体、楼层等地面以上构件全部断开，建筑物基础因其埋在地下受温度变化影响小，不必断开。伸缩缝的宽度一般为 20 ~ 30mm，缝内填保温材料。《混规》第 8.1.1 条关于伸缩缝的设置有详细规定。

图 10-61　PC 幕墙墙脚搜集雨水槽

②沉降缝。为防止建筑物各部分由于地基不均匀沉降引起房屋破坏所设置的垂直缝。当房屋相邻部分的高度、荷载和结构形式差别很大而地基又较弱时，房屋有可能产生不均匀沉降，致使某些薄弱部位开裂。为此，应在适当位置如复杂的平面或体形转折处，高度变化处，荷载、地基的压缩性和地基处理的方法明显不同处设置沉降缝。

③抗震缝。为避免建筑物破坏按抗震要求设置的垂直的构造缝。该缝一般设置在结构变形的敏感部位，沿着房屋基础顶面全面设置，使得建筑分成若干刚度均匀的单元独立变形。

2）三种变形缝的对比，见表 10-9。

表 10-9　变形缝对比

变形缝类别	对应变形的原因	设置依据	断开部位	缝宽/mm
伸缩缝	温差引起热胀冷缩	按建筑物长度、结构类型与屋盖刚度	除基础外全高断开	20 ~ 30
沉降缝	建筑相邻部分高差相差悬殊、结构形式不同、基础埋深差别大、地基承载力差别大	地基和建筑高度	从基础到屋顶全高断开	一般地基 建筑高度小于5m，缝宽30 5 ~ 10m，缝宽50 10 ~ 15m，缝宽70 软弱地基 建筑高度小于5m，缝宽50 ~ 80 5 ~ 10m，缝宽80 ~ 120 10 ~ 15m，缝宽大于120 沉降性黄土，缝宽30 ~ 70
抗震缝	地震作用	设防烈度、结构类型、建筑物高度	沿建筑全高设置抗震缝，基础可以不分开	多层砌体结构，缝宽50 ~ 70 框架、剪力墙结构 建筑高度小于等于15m，缝宽70 建筑高度大于15m 6 度设防，高度每增加5m 7 度设防，高度每增加4m 8 度设防，高度每增加3m 9 度设防，高度每增加2m 抗震缝的宽度增加20

3）现浇建筑变形缝的外墙处理见《变形缝建筑构造》（14J 936）中墙体直接和转接缝图（图 10-62）。

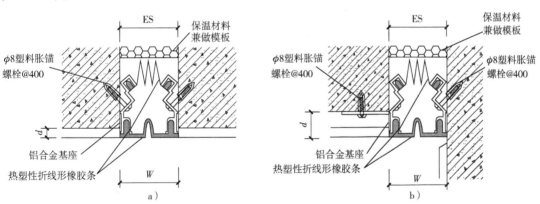

图 10-62　外墙嵌平型变形缝
a）平接墙体　b）转接墙体

4）现浇结构变形缝有水平和竖向两种变形形式。

①《装标》5.9.9 规定，外挂墙板不应跨越主体结构的变形缝。主体结构变形缝两侧的外挂墙板的构造缝应能适应主体结构的变形要求，宜采用柔性连接设计或滑动型连接设计，并采取易于修复的构造措施。

②外挂墙板的变形还有墙板与结构墙体的相对变形。所以接缝构造板需要在外挂墙板竖向分缝处断开。

5）板缝防水。

①金属盖板方案。防水金属盖板安装在外挂墙板外侧，运用板金属防水。具体如图10-63所示。

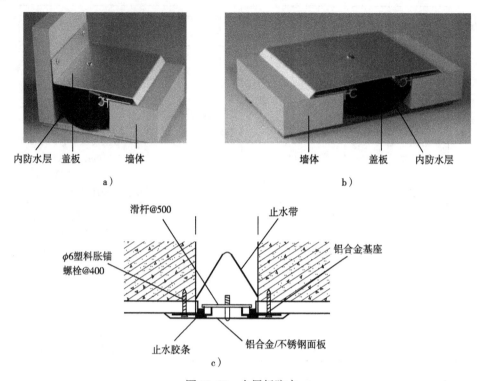

图 10-63　金属板防水

a）转角墙体　b）金属平接墙体　c）平接缝构造图

②橡胶方案。可承受建筑物的沉降、伸缩、地震全方位变形；具有优良的防水性能和抗震性能；外层橡胶可与外墙颜色相配。具体如图10-64所示。

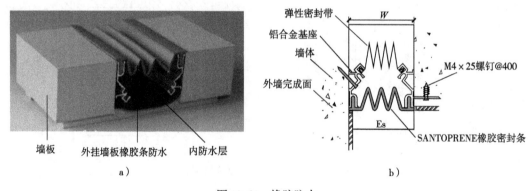

图 10-64　橡胶防水

a）橡胶平接墙体　b）橡胶缝构造图

第 11 章 非主体结构 PC 构件设计

161. 非主体结构 PC 构件包括哪些？设计的基本规定与原则是什么？

（1）非主体结构 PC 构件

PC 建筑的非结构 PC 构件是指主体结构柱、梁、剪力墙板、楼板以外的 PC 构件，包括楼梯板、阳台板、空调板、遮阳板、挑檐板、整体飘窗、女儿墙、外挂墙板等构件，外挂墙板设计见第 10 章。

非结构构件不仅用于 PC 建筑，也常用于现浇混凝土结构建筑，有些构件还可以用于钢结构建筑，如楼梯、外挂墙板等。

（2）基本规定

1）《装规》6.4.1 条，预制构件设计应符合下列规定：

①对持久设计状况，应对预制构件进行承载力、变形、裂缝控制验算。

②对地震设计状况，应对预制构件进行承载力验算。

③对制作、运输和堆放、安装等短暂设计状况下的预制构件验算，应符合现行国家标准《混凝土结构工程施工规范》GB 50666 的有关规定。

2）《装规》6.4.3 条，预制板式楼梯的梯段板底应配置通长的纵向钢筋。板面宜配置通长的纵向钢筋；当楼梯两端均不能滑动时，板面应配置通长的纵向钢筋。

3）《装规》6.5.8 条，预制楼梯与支承构件之间宜采用简支连接。采用简支连接时，应符合下列规定：

①预制楼梯宜一端设置固定铰，另一端设置滑动铰，其转动及滑动变形能力应满足结构层间位移的要求，且预制楼梯端部在支承构件上的最小搁置长度应符合表 11-1 的规定。

②预制楼梯设置滑动铰的端部应采取防止滑落的构造措施。

表 11-1 预制楼梯在支承构件上的最小搁置长度（《装规》表 6.5.8）

抗震设防烈度	6 度	7 度	8 度
最小搁置长度/mm	75	75	100

4）《装规》6.6.10 条，阳台板、空调板宜采用叠合构件或预制构件。预制构件应与主体结构可靠连接；叠合构件的负弯矩钢筋应在相邻叠合板的后浇混凝土中可靠锚固，叠合构件中预制板底钢筋的锚固应符合下列规定：

①当板底为构造配筋时，其钢筋锚固应符合本规程第 6.6.4 条第 1 款的规定。

②当板底为计算要求配筋时，钢筋应满足受拉钢筋的锚固要求。

（3）设计原则

1）非主体结构预制构件拆分。首先选择拆分边界，一般来说阳台板、空调板、遮阳板、挑檐板以墙板外侧为边界；楼梯以梯梁的位置为边界；女儿墙以屋面梁顶为边界；其次拆分楼梯时要预留满足主体结构位移要求的缝隙。

2）选择连接方式。可靠的连接方式是保证装配式建筑整体性和安全性的关键。阳台板有叠合式和全预制两种方式，当采用叠合式的预制构件时，要考虑预制层和叠合层的高度；当采用全预制连接时预制构件需要甩出钢筋，钢筋长度应满足锚固要求。空调板、遮阳板、挑檐板、楼梯和女儿墙一般是全预制构件，楼梯两端与梯梁铰接或一端固定一端滑动；女儿墙与梁的竖向连接采用灌浆套筒连接，水平连接采用后浇混凝土连接。

3）确定计算简图。根据不同的连接方式选择预制构件的计算简图，计算分析使用、运输、安装过程中构件的结构受力要求。

4）构件计算。一般非主体结构预制构件的计算过程，计算机软件都能实现，通常设计师要进行手算复核。

非主体结构预制构件的设计原则见表 11-2。

表 11-2　非主体结构预制构件

构件名称	构件类型	连接方式	计算简图	计算方式
楼梯	全预制	两端铰接		计算软件或手算
		一端固定一端滑动		
阳台板	叠合式	一端固定一端悬臂		
	全预制			
空调板	全预制	一端固定一端悬臂		
挑檐板	全预制	一端固定一端悬臂		
女儿墙	全预制	一端固定一端悬臂		

162. 如何拆分、设计预制双跑楼梯和剪刀楼梯?

预制楼梯是最能体现装配式优势的 PC 构件。在工厂预制楼梯远比现浇方便、精致,安装后马上就可以使用,给工地施工带来了很大的便利,提高了施工安全性。楼梯板安装一般情况下不需要加大工地塔式起重机吨位,所以,现浇混凝土建筑和钢结构建筑也可以方便地使用。

(1) 预制楼梯类型

预制楼梯有不带平台板的直板式楼梯即板式楼梯和带平台板的折板式楼梯。板式楼梯有双跑楼梯和剪刀楼梯,剪刀楼梯一层楼一跑,长度较长;双跑楼梯一层楼两跑,长度要短,如图 11-1 所示。

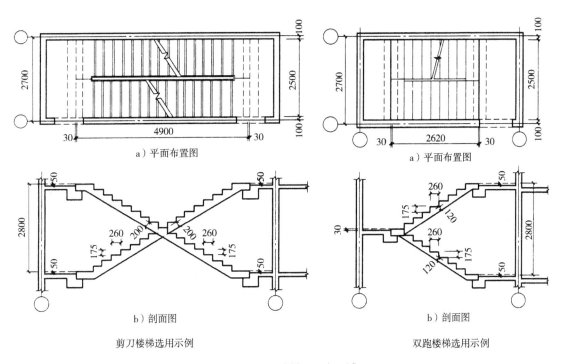

a) 平面布置图　　　　　　　　　a) 平面布置图

b) 剖面图　　　　　　　　　b) 剖面图

剪刀楼梯选用示例　　　　　　双跑楼梯选用示例

图 11-1　剪刀楼梯、双跑楼梯 (国标图集 15G367-1)

(2) 楼梯的拆分原则

剪刀楼梯一般长度长,质量大,对生产制作和吊装的起重设备要求高,所以一般将剪刀楼梯拆分成两跑,在楼梯中部加设一道梯梁,如图 11-2 所示。双跑楼梯的拆分如图 11-1 所示。梯梁高度和配筋通过计算确定,梯段与梯梁连接时需要设缝,缝的宽度满足层间位移的要求,见本章第 163 问。

(3) 楼梯计算

PC 楼梯与支撑构件连接有三种方式:一端固定铰节点一端滑动铰节点的简支方式、一端固定支座一端滑动支座的方式和两端都是固定支座的方式。

现浇混凝土结构,楼梯多采用两端固定支座的方式,计算中楼梯也参与到抗震体系中。

装配式结构建筑,楼梯与主体结构的连接宜采用一端固定铰节点一端滑动铰节点或一端固定一端滑动的连接方式,不参与主体结构的抗震体系。

1）一端固定铰节点一端滑动铰节点。计算简图如图11-3所示。

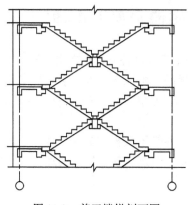

图11-2 剪刀楼梯剖面图

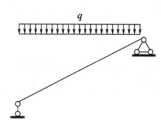

图11-3 计算简图

计算举例：

①基本资料：

a. 几何参数：

楼梯净跨：$L_1 = 2700\text{mm}$　　　楼梯高度：$H = 1500\text{mm}$

梯板厚：$t = 120\text{mm}$　　　　　踏步数：$n = 10$阶

上平台楼梯梁宽度：$b_1 = 200\text{mm}$

下平台楼梯梁宽度：$b_2 = 200\text{mm}$

b. 荷载标准值：

可变荷载：$q = 3.50\text{kN/m}^2$　　　面层荷载：$q_m = 1.00\text{kN/m}^2$

栏杆荷载：$q_f = 0.20\text{kN/m}$

准永久值系数：$\psi_q = 0.50$

c. 材料信息：

混凝土强度等级：C30　　　　$f_c = 14.30\text{N/mm}^2$

$f_t = 1.43\text{N/mm}^2$　　　　　　$R_c = 25.0\text{kN/m}^3$

$f_{tk} = 2.01\text{N/mm}^2$　　　　　$E_c = 3.00 \times 10^4\text{N/mm}^2$

钢筋强度等级：HRB400　　　　$f_y = 360\text{N/mm}^2$

$E_s = 2.00 \times 10^5\text{N/mm}^2$

保护层厚度：$c = 20.0\text{mm}$　　　$R_s = 20\text{kN/m}^3$

受拉区纵向钢筋类别：带肋钢筋

梯段板纵筋合力点至近边距离：$a_s = 25.00\text{mm}$

支座负筋系数：$\alpha = 0.25$

②计算过程：

a. 楼梯几何参数：

踏步高度：$h = 0.1500\text{m}$

踏步宽度：$b = 0.3000\text{m}$

计算跨度：$L_0 = L_1 + (b_1 + b_2)/2 = 2.70\text{mm} + (0.20 + 0.20)\text{mm}/2 = 2.90\text{m}$

梯段板与水平方向夹角余弦值：$\cos\alpha = 0.894$

b. 荷载计算（取$B = 1\text{m}$宽板带）：

梯段板：

面层：$g_{km} = (B + Bh/b)q_m = (1 + 1 \times 0.15/0.30) \times 1.00\text{kN/m} = 1.50\text{kN/m}$

自重：$g_{kt} = R_c B(t/\cos\alpha + h/2) = 25 \times 1 \times (0.12/0.894 + 0.15/2)\text{kN/m} = 5.23\text{kN/m}$

抹灰：$g_{ks} = R_s Bc/\cos\alpha = 20 \times 1 \times 0.02/0.894\text{kN/m} = 0.45\text{kN/m}$

恒荷标准值：$P_k = g_{km} + g_{kt} + g_{ks} + q_f = (1.50 + 5.23 + 0.45 + 0.20)\text{kN/m} = 7.38\text{kN/m}$

恒荷控制：

$P_n(G) = 1.35P_k + \gamma_Q 0.7Bq = 1.35 \times 7.38\text{kN/m} + 1.40 \times 0.7 \times 1 \times 3.50\text{kN/m} = 13.39\text{kN/m}$

活荷控制：$P_n(L) = \gamma_G P_k + \gamma_Q Bq = 1.20 \times 7.38\text{kN/m} + 1.40 \times 1 \times 3.50\text{kN/m} = 13.75\text{kN/m}$

荷载设计值：$P_n = \max\{P_n(G), P_n(L)\} = 13.75\text{kN/m}$

c. 正截面受弯承载力计算：

左端支座反力：$R_l = 19.94\text{kN}$

右端支座反力：$R_r = 19.94\text{kN}$

最大弯矩截面距左支座的距离：$L_{max} = 1.45\text{m}$

最大弯矩截面距左边弯折处的距离：$x = 1.45\text{m}$

$$M_{max} = R_l L_{max} - P_n x^2/2$$
$$= 19.94 \times 1.45\text{kN} \cdot \text{m} - 13.75 \times 1.45^2/2\text{kN} \cdot \text{m}$$
$$= 14.46\text{kN} \cdot \text{m}$$

相对受压区高度：$\zeta = 0.119108$　　　　配筋率：$\rho = 0.004731$

底筋计算面积：$A_s = 449.47\text{mm}^2$

支座负筋计算面积：$A_s' = \alpha A_s = 0.25 \times 449.47\text{m}^2 = 112.37\text{mm}^2$

2）一端固定一端滑动。计算简图如图 11-4 所示。

计算举例：

①基本资料（同简支楼梯）。

②计算过程：

a ~ b 步骤同上。

c. 正截面受弯承载力计算：

考虑支座嵌固折减后的最大弯矩：

$$M_{max}' = \alpha_1 M_{max} = 0.80 \times 14.46\text{kN} \cdot \text{m} = 11.57\text{kN} \cdot \text{m}$$

相对受压区高度：$\zeta = 0.094033$　　配筋率：$\rho = 0.003735$

底筋计算面积：$A_s = 354.84\text{mm}^2$

支座负筋计算面积：$A_s' = A_s = 354.84\text{mm}^2$

通过以上两种情况计算后，支座处和板底配筋有明显的变化。

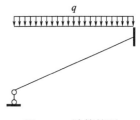

图 11-4　计算简图

163. 如何设计楼梯与混凝土支撑构件的连接节点？ 与钢结构梁的连接节点？

（1）楼梯安装节点设计

1）固定铰节点构造如图 11-5 所示。

2）滑动铰结点构造如图 11-6 所示。

3）固定端节点构造如图 11-7、图 11-8 所示。

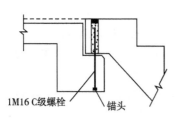

1M16 C级螺栓　锚头

图 11-5　固定铰节点构造图（国标图集 15G367-1）

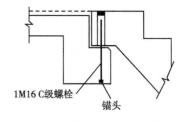

1M16 C级螺栓　锚头

图 11-6　滑动铰节点构造图（国标图集 15G367-1）

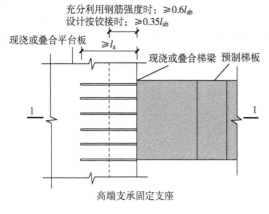

现浇或叠合平台板

充分利用钢筋强度时：$\geq 0.6l_{ab}$
设计按铰接时：$\geq 0.35l_{ab}$

$\geq l_a$

现浇或叠合梯梁　预制梯板

1　　1

高端支承固定支座

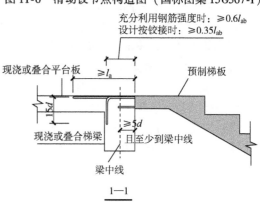

充分利用钢筋强度时：$\geq 0.6l_{ab}$
设计按铰接时：$\geq 0.35l_{ab}$

现浇或叠合平台板

$\geq l_a$

预制梯板

$15d$

现浇或叠合梯梁

$\geq 5d$
且至少到梁中线

梁中线

1—1

图 11-7　固定端节点构造图（国标图集 15G310-1）

　　预制楼梯伸出钢筋的部位的混凝土表面与现浇混凝土结合处应做成粗糙面，粗糙面构造见《装规》6.5.5 条：

　　粗糙面的面积不宜小于结合面的 80%，预制板的粗糙面凹凸深度不应小于 4mm，预制梁端、预制柱端、预制墙端的粗糙面凹凸深度不应小于 6mm。

　　4）滑动支座节点构造如图 11-9 所示。

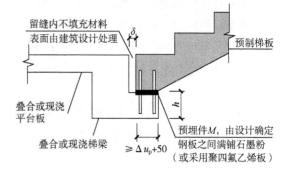

图 11-8　固定端节点伸出钢筋

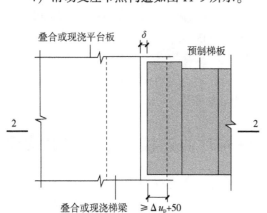

叠合或现浇平台板

δ

预制梯板

2　　2

叠合或现浇梯梁　$\geq \Delta u_p + 50$

低端支承滑动支座

留缝内不填充材料
表面由建筑设计处理

δ

预制梯板

叠合或现浇
平台板

h

叠合或现浇梯梁

$\geq \Delta u_p + 50$

预埋件M，由设计确定
钢板之间满铺石墨粉
（或采用聚四氟乙烯板）

图 11-9　滑动支座节点构造图（国标图集 15G310-1）

　　5）剪刀楼梯拆分为两跑，中间部位滑动支座节点构造如图 11-10 所示。

（2）其他构造设计

1）防止滑落的构造如图 11-11 所示。

2）移动缝的构造。为避免楼梯在地震作用下与结构梁或墙体互相作用形成约束，在楼梯的滑动段，应留出移动空间，满足层间位移的要求（图 11-9 中 2—2 剖面）。

3）与侧墙构造。预制楼梯一般不与侧墙相连。

4）清水混凝土表面。PC 楼梯一般做成清水混凝土表面，上下面都必须光洁，宜采用立模生产。由于没有表面抹灰层，楼梯防滑槽等建筑构造在楼梯预制时应一并做出（图 11-12）。

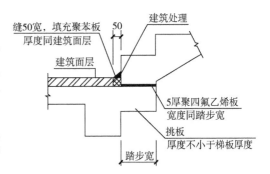

图 11-10　剪刀楼梯中间滑动支座节点构造
（国标图集 16G101-2）

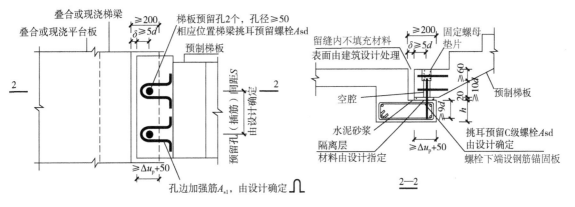

图 11-11　防止滑落的构造图（国标图集 15G310-1）

（3）预制楼梯与钢结构连接

预制楼梯与钢结构连接一般采取一端固定一端滑动的连接方式，如图 11-13 所示。

图 11-12　楼梯防滑槽构造

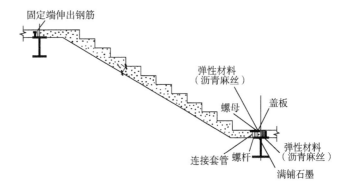

图 11-13　与钢结构连接的预制楼梯

164. 如何拆分、设计预制阳台板、挑檐板、雨篷板、空调板、遮阳板？有什么要求？

（1）阳台板设计

1）阳台板类型。阳台板为悬挑板式构件，有叠合式（图 11-14）和全预制式两种类型，全预制式又分为全预制板式（图 11-15）和全预制梁式（图 11-16）阳台板。

图 11-14　叠合式阳台板

图 11-15　全预制板式阳台板

2）阳台板计算。阳台板计算简图如图 11-17 所示。

3）预制阳台板连接节点。

①叠合式阳台板连接节点如图 11-18 所示。

②全预制板式阳台板连接节点如图 11-19 所示。

③全预制梁式阳台板连接节点如图 11-20 所示。

4）阳台板构造设计。阳台板构造设计其他要求：

①预制阳台板与后浇混凝土结合处应做粗糙面。

图 11-16　全预制梁式阳台板

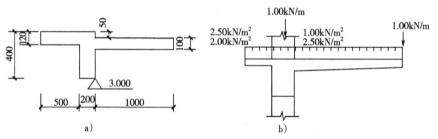

图 11-17　阳台板计算简图

a）几何简图　b）荷载简图

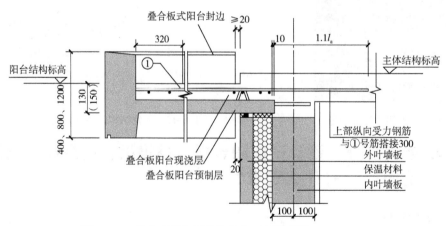

图 11-18　叠合式阳台板连接节点（国标图集 15G368-1）

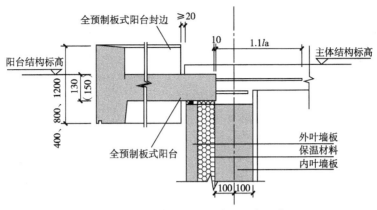

图 11-19　全预制板式阳台板连接节点（国标图集 15G368-1）

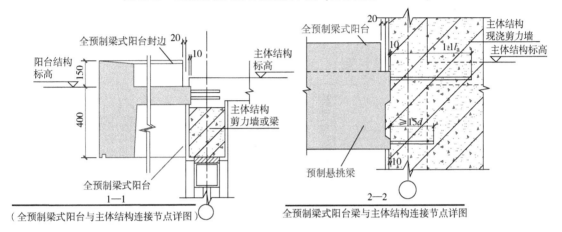

（全预制梁式阳台与主体结构连接节点详图）　　全预制梁式阳台梁与主体结构连接节点详图

图 11-20　全预制梁式阳台板连接节点（国标图集 15G368-1）

②阳台设计时应预留安装阳台栏杆的孔洞和预埋件等。

③预制阳台板安装时需设置支撑，见第 14 章。

（2）空调板、遮阳板、挑檐板设计

空调板、遮阳板、挑檐板等与阳台板同属于悬挑式板式构件，计算简图与节点构造与阳台板一样。

空调板、遮阳板、挑檐板的结构布置原则是同一高度必须有现浇混凝土层。板示意图如图 11-21 所示，连接节点构造如图 11-22 所示。支撑平面布置如图 11-23 所示。

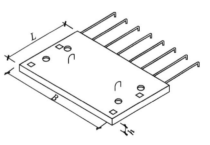

图 11-21　空调板、遮阳板、挑檐板结构示意图（国标图集 15G368-1）

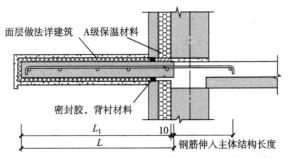

图 11-22　空调板、遮阳板、挑檐板连接节点构造（国标图集 15G368-1）

165. 如何设计预制女儿墙及其安装节点？

本问介绍的 PC 女儿墙结构设计系剪力墙结构女儿墙；外挂墙板女儿墙结构设计见第 10 章。

(1) 女儿墙类型

女儿墙有两种类型（图 11-24）：

1）压顶与墙身一体化类型的倒 L 型。

2）墙身与压顶分离型。

(2) 女儿墙墙身设计

1）女儿墙墙身计算简图。女儿墙墙身为固定在楼板现浇带上的悬臂板，计算简图如图 11-25 所示。

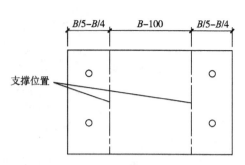

图 11-23 空调板、遮阳板、挑檐板支撑布置平面图（国标图集 15G368-1）

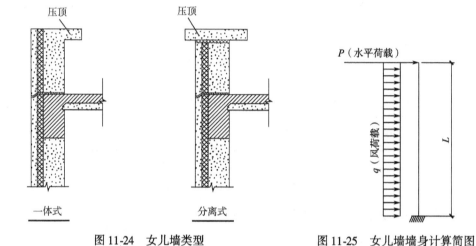

图 11-24 女儿墙类型　　　　图 11-25 女儿墙墙身计算简图

2）连接节点设计。女儿墙墙身连接与剪力墙一样：与屋盖现浇带的连接用套筒连接或浆锚搭接，竖缝连接为后浇混凝土连接。连接节点图如图 11-26 所示。

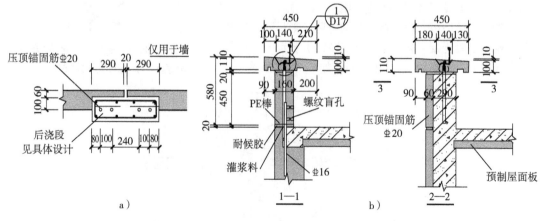

图 11-26 女儿墙墙身连接节点图（国标图集 15G368-1）
a）女儿墙平面（预制部分）　b）剖面（现浇部分）

（3）女儿墙压顶设计

1）结构构造。女儿墙压顶按照构造配筋，如图 11-27 所示。

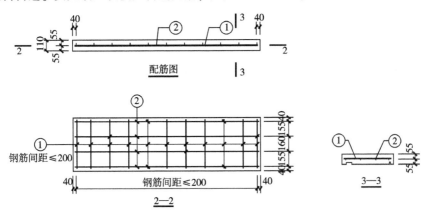

图 11-27　女儿墙压顶结构构造图（国标图集 15G368-1）

2）连接构造。女儿墙压顶与墙身的连接用螺栓连接，如图 11-28 所示。

166. 如何设计整体飘窗及其安装节点？

（1）整体式飘窗类型

飘窗为凸出墙面的窗户的俗称，在一些地区受消费者喜欢。尽管装配式建筑不宜做凸出墙面的构件，但整体式飘窗是无法回避的（图 11-29）。

整体式飘窗有两种类型，一种是组装式，墙体与闭合性窗户板分别预制，然后组装在一起；一种是整体式，整个飘窗一体预制完成。前者制作简单，但整体性不好；后者制作麻烦，但整体性好，如图 11-30 所示。

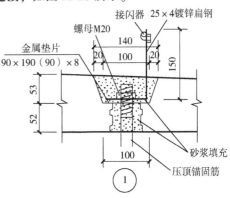

图 11-28　女儿墙压顶连接节点
（国标图集 15G368-1）

图 11-29　预制飘窗

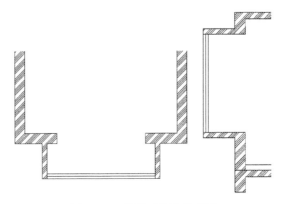

图 11-30　整体式飘窗示意图

（2）整体式飘窗结构计算要点

1）整体式飘窗墙体部分与剪力墙基本一样，只是荷载中增加了悬挑出墙体的偏心荷载，包括重力荷载和活荷载。

2）整体式飘窗悬挑窗台板部分与阳台板、空调板等悬挑板的计算简图一样。

3）整体式飘窗安装吊点的设置须考虑偏心因素。

4）组装式飘窗须设计可靠的连接节点。

 167. 如何设计混凝土基材料隔墙板及其安装节点？

（1）常用类型

装配式建筑内隔墙板常用有两种类型：承压轻质加气混凝土（ALC）板（图11-31）和陶粒混凝土轻质空心条板（图11-32），参见图集《蒸压轻质加气混凝土（ALC）板构造图集》（苏 J01—2002）和图集《内隔墙构造（轻质空心条板)》（新 12J11-1）。

（2）规格尺寸

1）承压轻质加气混凝土板（ALC 板）的规格尺寸。ALC 板通长规格为 600mm 的模数，尽量减少工地现场切割量。规格尺寸见表 11-3。

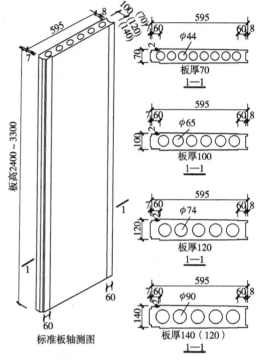

标准板轴测图

图 11-31 承压轻质加气混凝土（ALC）板

图 11-32 陶粒混凝土轻质空心条板

表 11-3 板材选用表（图集苏 J01—2002） （单位：mm）

厚度 / 长度 / 部位	75	87.5	100	125	150	175	200
	最大长度						
隔墙板 AGB	3000	3500	4000	5000	6000	6700	6700

2）陶粒混凝土轻质空心条板的规格尺寸见表 11-4。

表 11-4　板的规格型号及板型名称（图集新 12J11-1）

板型名称	厚度 T/mm	宽度 B/mm	长度 L/mm
TB70	70	595	2400~3000
TB100	100	595	2400~3000
TB120	120	595	2400~3300
TB140	140	595	2400~3300

（3）性能指标

1）承压轻质加气混凝土（ALC）板的性能指标见表 11-5。

表 11-5　ALC 板性能检测指标（图集苏 J01—2002）

性能指标		单位	ALC 板（代表值）	检测标准	标准值	备注
干体积密度		kg/m³	492	GB/T 15762—1995 Q3201XJX01—2001	500±50	
立方体抗压强度		MPa	≥4.0	GB/T 15762—1995 Q3201XJX01—2001	≥2.5	
干燥收缩率		mm/m	≤0.3	GB/T 15762—1995 Q3201XJX01—2001	≤0.8	
导热系数（含水率5%）		W/(m·K)	0.11	GB/T 15762—1995 Q3201XJX01—2001	0.15	
抗冻性	质量损失	%	≤1.5	GB/T 15762—1995 Q3201XJX01—2001	≤5.0	
	冻后强度	MPa	≥3.8	GB/T 15762—1995 Q3201XJX01—2001	≥2.0	
抗冲击性		次	≥5.0	GB/T 15762—1995 Q3201XJX01—2001	3	30kg 砂袋摆锤式冲击背面无裂纹
钢筋与 ALC 粘结强度		MPa	平均值　3.5 最小值　2.8	GB/T 15762—1995 Q3201XJX01—2001	平均值≥0.8 最小值≥0.5	
耐火极限		h	100mm 厚墙　3.23 150mm 厚墙 >4	GB/T 9978—1999		不燃材料
吸水率		%	36	GB/T 15762—1995 Q3201XJX01—2001		
水软化系数		%	0.88	GB/T 15762—1995 Q3201XJX01—2001		
平均隔声量		dB	100mm 厚墙　40.8 150mm 厚墙　43.8	GB/T 15762—1995 Q3201XJX01—2001		不做任何粉刷
尺寸误差		mm	长 ±2，宽 $^{+0}_{-2}$，厚 ±1	GB/T 15762—1995 Q3201XJX01—2001	长 ±7，宽 $^{+2}_{-6}$，厚 ±4	
表面平整度		mm	1	GB/T 15762—1995 Q3201XJX01—2001	5	

2）陶粒混凝土轻质空心条板的主要技术性能指标见表 11-6。

表 11-6　轻质空心条板主要技术性能指标（图集新 12J11-1）

检测项目	单　位	性　能　指　标			
		板厚 70mm	板厚 100mm	板厚 120mm	板厚 140mm
抗压强度	MPa	≥3.5			
抗弯破坏荷载	板自重倍数	≥1.5			
抗冲击性	次	承受 30kg 沙袋落击 5 次，不出现贯通裂纹			
软化系数		≥0.8			
吊挂力	N	1000N 单点吊挂力作用 24h，无裂纹			
含水率	%	≤10			
干燥收缩率	mm／m	≤0.6			
耐火极限	h		1.6		
面密度	kg／m²	≤80	≤100	≤110	≤120
空气隔声量	dB	≥33	≥35	≥40	≥43

（4）安装节点

1）承压轻质加气混凝土（ALC）板竖向连接节点构造如图 11-33 所示；水平连接节点构造如图 11-34 所示。

日本的 ALC 板连接节点构造如图 11-35 所示。

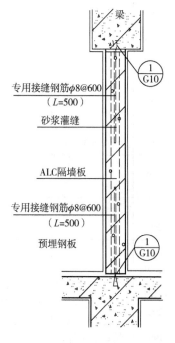

专用接缝钢筋φ8@600
（L=500）

砂浆灌缝

ALC隔墙板

专用接缝钢筋φ8@600
（L=500）

预埋钢板

图 11-33　ALC 板竖向连接节点（图集苏 J01—2002）

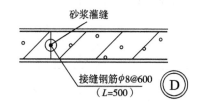

砂浆灌缝

接缝钢筋φ8@600
（L=500）

图 11-34　ALC 板水平连接节点
（图集苏 J01—2002）

图 11-35　日本的 ALC 板连接节点

2）陶粒混凝土轻质空心条板平面组合如图 11-36 所示，竖向连接节点构造如图 11-37 所示，水平连接节点构造如图 11-38 所示。

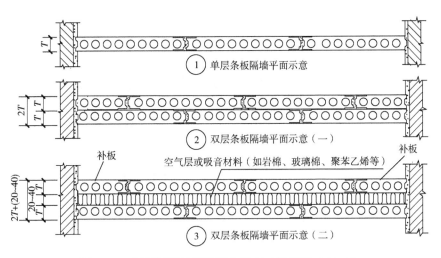

图 11-36　轻质隔墙板平面组合示意（图集新 12J11-1）

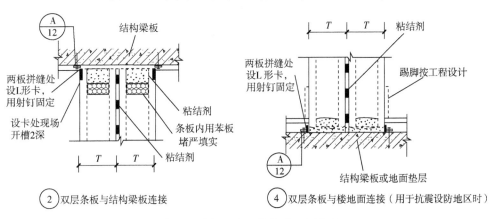

图 11-37　轻质隔墙板竖向连接构造（图集新 12J11-1）

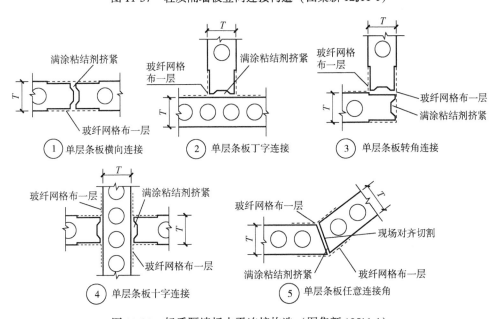

图 11-38　轻质隔墙板水平连接构造（图集新 12J11-1）

第12章 低层装配式建筑结构设计

 168. 低层装配式建筑应用范围对结构设计有什么要求？

（1）低层装配式建筑应用范围

低层装配式建筑主要应用于以下三个方面：

1）新农村建设。

2）特色小镇建设。

3）海外经济适用房（有企业在海外获得大批量订单）。

（2）设计要求

1）新农村住宅。新农村住宅总体上需求量较大，但地域分散，无法形成集约式规模，宜以半径100km范围内的需求作为考量，设计要求为：

①安全可靠，地震地区有抗震设防，利用装配式的优势，把广大农村住宅纳入到结构安全体系中。

②较传统农村住宅要适当提高舒适度，如采暖、厨卫等。

③建筑功能符合当地生活习惯和偏好。

④部品部件要标准化、规格化。

⑤尽可能采用当地材料。

⑥节约能源，利用自然能源，如被动式太阳房等。

⑦构件轻，便于运输、装卸；可用小型起重设备或轮式起重机安装。

⑧尽可能采用干法连接，施工便利。

⑨成本低，这一点非常重要。

2）特色小镇。特色小镇总体上的需求量不会很大，但不像农村住宅那样分散，属于集中式需求。特色小镇装配式建筑的设计要求为：

①装配式建筑要能够体现文化元素，突出地域性。

②建筑艺术的表达要强烈一些。

③既要符合装配式标准化、规格化的要求，又不能千篇一律。

④集约式需求，再加上运输条件好一些，构件可以大一些，以提高施工效率。

⑤尽可能采用当地材料。

⑥节约能源。

⑦干法连接为好，湿连接也可以。

⑧成本相对低一些。

3）海外市场需求。海外生产市场需求的设计要求：

①充分了解当地规范、生活习惯和偏好。

②安装要尽可能简单、便利。

③如果国内生产，需考虑构件货柜尺寸和限重的制约。

④如果当地生产，要利用当地主材。

⑤成本相对要低一些。

综上所述，不同的市场需求对装配式建筑设计要求不同，见表12-1。

表 12-1　低层装配式建筑使用范围对结构设计有什么要求

用房类别	建筑个性化	构件标准化	构件小	构件轻	生产性能	运输、安装高效	保温节能	成本低
特色小镇	☆				☆		☆	
新农村住宅		☆	☆	☆		☆		☆
国外市场		☆			☆	☆		☆

注：☆代表用房主要的需求特性。

169. 低层装配式建筑须符合哪些规范？

（1）国家标准与行业标准

装配式混凝土建筑国家标准《装标》与行业标准《装规》关于多层和低层剪力墙结构的有关规定见本书第 8 章的介绍。

（2）地方标准与企业标准

《装标》和《装规》关于多层和低层建筑的规定，在实现农村装配式建筑低成本、便利生产和快速安装的目标方面还有难度，对诸如螺栓焊接等干法连接的装配式建筑没有覆盖，如此，一些企业致力于这方面的研发，有了初步成果，有的地方政府还制定了地方标准，一些行业协会和企业也编制了协会标准和企业标准，可以作为探索用于广大农村的低层装配式建筑的参考。具体见表12-2。

表 12-2　低层建筑体系及适应标准

序　号	结构体系	企业标准	协会标准	附　注
1	螺栓连接结构体系	《北京建工华创科技发展股份有限公司企业标准》		
2	整体预应力装配板柱结构体系		《整体预应力装配板柱结构技术规程》（CECS 52—2010）	
3	华构住工焊接连接结构体系			《装规》支持焊接
4	轻质复合板结构体系		《轻质复合板应用技术规程》（CECS 258—2009）	
5	抽孔板结构体系			北京地标《装配式剪力墙结构设计规程》（DB 11/1003—2013）

170. 低层装配式建筑主要设计内容是什么？

（1）低层装配式建筑的地域性要素

低层装配式建筑设计内容受地域限制。不同的气候环境、民族习惯的区域有不同的建筑风格、生活设施，如图 12-1 和图 12-2 所示。优秀的建筑设计师，要注意结合风土民情，才能够设计出优秀的作品。

彝族民居

藏族民居

徽派民居

川东民居

日本积水装配式住宅

图 12-1　不同地域民居图

沼气池

吊炕

木床

图 12-2　不同生活设施

（2）设计内容

1）设计出当地的风格建筑，包括建筑体型、颜色、屋盖坡度等。

2）设计出符合当地居住习惯和风土民俗的建筑，包括户型、使用功能等。

3）设计出保温满足当地保温节能要求的建筑，包括保温、通风等要求。

4）设计出尽可能应用当地建筑材料的建筑，包括水泥、砂石、木材等。

5）设计出适合当地经济条件的房屋，包括建筑材料的选用、装修材料的选用等。

6）设计出满足环保要求的建筑。

7）设计房屋构件要满足当地道路运输、满足现场安装的吊装条件。

8）按着供给区域不超过 200km 运输半径设计建筑构件的质量及尺寸。

另外，装配式混凝土建筑设计应满足抗震、防火、节能、隔声、环保、安全等性能及质量的要求。

 # 171. 低层装配式建筑适合什么结构体系?

（1）结构体系

低层装配式建筑适合的结构体系见表 12-3。

表 12-3　低层混凝土装配式建筑结构体系分析

序号	结构体系	装配方式	简述	分析			备注
				优势	劣势	适用条件	
1	框架结构	全装配式	采用焊接或螺栓等全干法连接的装配式框架结构	无湿作业、安装效率高	抗震性能差	适合非抗震设防或低抗震设防地区	美国技术
		装配整体式	全部或者部分框架梁、柱采用预制构件建成的装配整体式混凝土结构	结构清晰、有规范可循、抗震性好，构件质量相对轻、布置灵活、制作安装方便	湿作业多、安装效率低、时间长	高抗震设防区（7、8 度），建筑相对集中区	国标技术
		部分干式连接式	介于全装配和装配整体式框架结构之间	能够灵活满足地域性需要，适当地调整干、湿连接比例，适用范围大	抗震性能不及装配整体式；施工效率不及全装配式	适应更灵活	
2	墙板、柱结构	装配整体式	房屋横向，由扁平的墙状柱（墙柱）与梁构成的框架结构；作为连层的独立承重墙的结构	避免框架结构的室内出壳问题；解决剪力墙结构的空间限制问题	对建筑平面规则性要求高	适用于平面相对规则的建筑	框架结构的演变
3	剪力墙结构	装配整体式	全部或部分剪力墙采用预制墙板构建成的装配整体式混凝土结构	结构清晰、有规范可循、抗震性好	制作、施工麻烦，构件大，成本高，空间布置不灵活	8 度地震区	规范给出的

（续）

序号	结构体系	装配方式	简述	分析			备注
				优势	劣势	适用条件	
4	螺栓连接、预应力组合楼板结构	部分干式连接	墙板螺栓连接、楼板模块预应力连接构建成的板式结构	组式立模生产，便于运输、安装	安装构件数量多、板缝多	适用于景区和农村分散性住宅	华创技术
5	混凝土板-柱-轻钢结构	全干连接式	钢框架结构+混凝土吊柱板围护结构	干法连接、成本低	施工效率低	适用于景区和农村分散性住宅	建材院技术
6	框架+阻尼支撑结构	干连接式	框架结构侧向刚度加强措施：①加阻尼支撑；②加强梁柱节点连接（节点加腋或增加连接螺栓数量）	侧向刚度大、抗震性好	安装难度增加	适用于8度抗震设防地区	日本、加拿大技术，为低层建筑提供一个发展方向
7	板式结构	干连接式	采用焊接或螺栓等全干法连接的装配式墙板结构	无湿作业、安装效率高	抗震性能差	适合非抗震设防或低抗震设防地区	贝聿铭设计的普林斯顿研究生宿舍

（2）工程实例

部分结构建筑实景图如图12-3～图12-9所示。

图12-3　全装配式框架结构

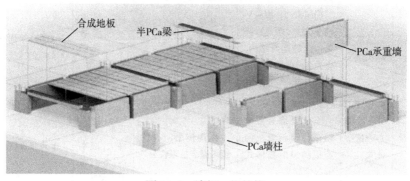

图12-4　墙板、柱结构

图 12-5　装配整体式剪力墙结构

图 12-6　螺栓连接、预应力组合楼板结构

图 12-7　混凝土板-柱-轻钢结构

图 12-8　框架＋阻尼支撑结构

图 12-9　全干法螺栓连接板式结构

 172. 低层装配式建筑结构设计采用什么计算模型和计算方法？

（1）计算模型

根据结构体系不同，计算模型不同，比如绳套连接、套环连接、螺栓连接等可以采用弹性阶段各墙体分离；塑性阶段，相邻墙板连接的计算模型。暗柱现浇剪力墙结构体系、焊接连接结构体系弹性阶段和塑性阶段相邻墙板采用都是连接的计算模型。

（2）计算方法

低层装配式建筑结构一般平面规整，结构简单。多采用底部剪力法计算。

低层建筑部分结构体系的计算模型与可以采用软件见表12-4。

表 12-4　低层混凝土装配式建筑结构体系计算方法

序　号	结构体系	装配方式	计算模型与方法	适用计算软件	备　注
1	框架结构	全装配	底部剪力法	PKPM、营建科	
		装配整体式	底部剪力法	PKPM、营建科	
		部分干式连接	底部剪力法	PKPM、营建科	
2	墙板、柱结构	装配整体式	底部剪力法	PKPM、营建科	
3	剪力墙结构	装配整体式	底部剪力法	PKPM、营建科	
4	预应力组合板结构	部分干式连接	底部剪力法	PKPM、营建科	
5	混凝土板-柱-轻钢结构	干连接	底部剪力法	sap	
6	混凝土框架 + 钢结构加强	干连接	底部剪力法	PKPM、营建科、sap	
7	板式结构	干连接	底部剪力法	sap	

173. 低层装配式建筑适合什么连接方式？如何设计计算？构件所受地震力如何计算？

（1）连接方式分类

低层装配式建筑有多种体系，对应着多种连接方式，主流的连接方式目前有以下几种：

1）螺栓连接。

2）焊接连接。

3）套筒灌浆连接。

4）浆锚搭接连接。

5）绳套连接。

6）水平钢筋锚环灌浆连接。

7）预应力连接。

8）后浇混凝土连接。

（2）适用范围

低层装配式连接方式适用表见表12-5。

表 12-5　低层装配式建筑连接方式分析

序　号	名　称	抗震性能	附　注
1	螺栓连接	非抗震或低抗震地区节点连接	墙板结构可以用于8度抗震设防区，属于干法连接，构件一般不出钢筋，安装效率高
2	焊接连接	非抗震或低抗震地区节点连接	美国、欧洲采用得较多，国内少。属于干法连接。构件一般不出钢筋，施工速度快，效率高

（续）

序号	名　称	抗震性能	附　注
3	套筒灌浆连接	可以用于 7、8 度抗震设防区。国内装配式建筑主要的连接方式	成本高，性能稳定，是国内主要连接方式
4	浆锚搭接连接	宜用于三层以下建筑	成本低，性能比套筒略有不如，国内也大量应用
5	绳套灌浆连接	成本低、抗震性不如装配整体式	构件不出钢筋，构件制作方便，安装快捷，整体性略有不如
6	水平钢筋锚环灌浆连接	抗震性能中等，可用于 8 度设防区	属于类似于绳套连接的一种连接方式。应用不多
7	后张预应力连接	适用于构件单元之间的连接，形成整体受力构件	例如：建工华创的预应力单元组合式楼板连接
8	后浇混凝土连接	抗震性能良好，等同现浇，包括梁、板、柱和墙体连接	国内目前主流的装配式建筑的连接方式

（3）计算方法

水平连接节点、竖向连接节点验算见表 12-6。

表 12-6　低层常用结构连接计算

序号	名　称	计算公式	水平连接计算	水平连接简图	竖向连接计算
1	螺栓连接	墙板结构竖向缝计算公式：$N_v^b = \gamma n_v \dfrac{\pi d^2}{4} f_v^b$ $V_{iF} \leq N_v^b$	N_v^b——螺栓抗剪承载力 n_v——螺栓数量 γ——螺栓群效应系数 f_v^b——螺栓抗剪强度 V_{iF}——竖向缝所受到剪力设计值		水平缝计算： 1. 框架结构按《装规》7.2.3 条计算 2. 剪力墙结构按《装规》8.3.7 条计算
2	焊接连接	墙板结构竖向缝计算公式：$N_f^w = 0.7 h_f l_w f_f^w$ $V_{iF} \leq N_f^w$	N_f^w——焊缝抗剪承载力 h_f——焊脚尺寸 l_w——脚焊缝的计算长度 f_f^w——角焊缝强度设计值		水平缝计算： 框架结构按《装规》附录 A.0.3、A.0.4 焊接钢筋。按《装规》8.3.7 条计算
3	套筒灌浆连接	套筒灌浆连接用于墙板结构水平连接国内正在研发中，抗剪承载力主要有钢筋销栓作用抗剪和结合面键槽抗剪	—		套筒用于构件竖向连接缝计算： 框架结构按《装规》7.2.3 条计算 剪力墙结构按《装规》8.3.7 条计算
4	浆锚搭接连接	—	—	—	浆锚搭接用于构件竖向连接接缝计算： 框架结构按《装规》7.2.3 条计算 剪力墙结构按《装规》8.3.7 条计算

（续）

序号	名 称	计算公式	水平连接计算	水平连接简图	竖向连接计算
5	绳套灌浆连接	按构造设计	—	—	—
6	水平钢筋锚环灌浆连接	按构造设计	属于类似于绳套连接的一种连接方式。应用不多	—	—
7	后张预应力连接	预应力钢筋的销栓作用和单元板结合面的剪摩擦为主，参照《装规》7.2.3条	建工华创的预应力单元组合式楼板连接	—	—
8	后浇混凝土连接	抗震性能良好，等同现浇，包括梁、板、柱和墙体连接	国内目前主流的装配式建筑的连接方式	—	根据后浇混凝土内采用的连接方式计算

（4）地震作用计算

1）《装规》规定。多层装配式剪力墙结构可采用弹性方法计算进行结构分析，并宜按结构实际情况建立分析模型。在条文说明中，有如下说明：

①各抗震墙肢按照墙肢刚度分担地震力。

②采用后浇混凝土连接的预制墙肢可作为整体构件考虑。

③采用分离式拼缝（预埋件焊接连接、预埋螺栓连接等，无后浇混凝土）连接的墙肢应作为独立的墙肢进行计算和截面设计，计算模型中应包括墙肢的连接节点。

④在计算模型中，墙肢底部的水平缝可按整体接缝考虑，并取墙肢底部的剪力进行水平缝的受剪承载力计算。

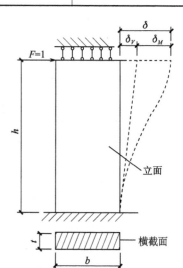

图 12-10　结构构件在水平力作用下变形

2）构件刚度计算。结构构件在水平力作用下变形（图 12-10）由剪切变形和弯曲变形组成。

$$\delta = \delta_M + \delta_V = \frac{h}{GA}\left[0.4\left(\frac{h}{b}\right)^2 + 1\right] \tag{12-1}$$

式中　δ——构件在水平力作用下变形；

δ_M——构件在水平力作用下弯曲变形；

δ_V——构件在水平力作用下剪切变形；

h——构件截面高度；

b——构件截面宽度；

G——构件剪切弹性模量；

A——构件的截面面积。

构件的抗侧移刚度 K_i 为刚度的倒数：

$$K_i = \frac{GA_i}{\left[0.4\left(\frac{h_i}{b_i}\right)^2 + 1\right]h_i} \tag{12-2}$$

式中　K_i——构件刚度；

　　　h_i——构件截面高度；

　　　b_i——构件截面宽度；

　　　G——构件剪切弹性模量；

　　　A_i——构件的截面面积。

从式（12-2）中可以看出：

当 $h/b < 1$ 时，弯曲变形所占的比例很小，可以只考虑剪切变形。

当 $h/b > 4$ 时，弯曲变形所占的比例很大，可以只考虑弯曲变形。

当 $1 \leqslant h/b \leqslant 4$ 时，弯曲变形所占的比例很大，可以只考虑弯曲变形。

低多层剪力墙结构体系一般 $h/b < 1$，只考虑剪切变形的影响。剪切（板墙结构）刚度计算公式：

$$K_i = \frac{GA_i}{h_i} \tag{12-3}$$

低多层框架结构体系一般 $h/b > 4$ 时，只考虑弯曲变形的影响。弯曲（柱梁结构）刚度计算公式：

$$K_i = \frac{2.5GA_i b_i^2}{h_i^3} \tag{12-4}$$

3）水平力计算（地震力）。底部剪力法计算结构剪力时，各楼层可仅仅取一个自由度，结构水平地震作用标准值，应按下列公式计算确定。

$$F_{ek} = \alpha_1 G_{eq} \tag{12-5}$$

$$F_i = \frac{G_i H_i}{\sum_{j=1}^{n} G_j H_j} F_{ek}(1 - \delta_n) \tag{12-6}$$

$$\Delta F_n = \delta_n F_{ek} \tag{12-7}$$

式中　F_{ek}——结构水平地震作用标准值；

　　　α_1——相对于结构自身周期的水平地震影响系数，按《抗规》5.1.4 条和 5.1.5 条规定选用；

　　　F_i——节点 i 的水平地震作用标准值；

　　G_i、G_j——集中于质点 i、j 重力荷载代表值，按《抗规》5.1.3 条采用；

　　H_i、H_j——质点 i、j 计算高度；

　　　δ_n——顶部附加系数，按《抗规》采用。

4）每个构件分担的水平力计算：

$$V_{iF} = F_i \frac{K_i}{\sum_1^n K_i} \tag{12-8}$$

式中　V_{iF}——第 i 个构件所受的水平地震力。

构件所受到的水平力 V_{iF} 也可以通过 PKPM、营建科等软件计算出。

174. 低层装配式结构楼盖、屋盖和坡屋顶如何设计、拆分？

（1）楼盖设计

1）低层装配式建筑常用楼盖类型 PC 建筑楼盖包括叠合楼盖、全预制楼盖；全预制楼盖包括预制实心楼盖、应力空心板楼盖和预应力组合板。楼盖选型主要根据跨度和楼盖特点进行选择。具体见表 12-7。

表 12-7　常用低层装配式结构楼盖选用

序号	名称	图	跨　度	特　点	附　注
1	叠合楼盖		$3m \leqslant L \leqslant 6m$	宜与叠合梁配合使用，结构整体性好，但是后浇混凝土量大，湿作业多	《桁架钢筋混凝土叠合板（60mm 厚底板）》（15G366—1）
2	全预制实心楼盖		$3m \leqslant L \leqslant 4m$	施工速度快，没有湿作业，但是质量重，适用跨度小	
3	SP 板楼盖		板厚 $100mm \leqslant h \leqslant 120mm$ 板跨 $3m \leqslant L \leqslant 6m$ 板厚 $120mm \leqslant h$ 板跨 $6m \leqslant L$	楼板轻，跨度大，但有板接缝和错位问题	可以直接跨过两跨
4	预应力组合楼盖		同 SP 板	可以根据房间大小任意调整板尺寸，预制率高。但是保护预应力钢筋需要灌注孔道	适用范围大

2）楼盖强度计算。全预制楼板、叠合楼板可以采用盈建科软件进行计算。预应力空心板（SP 板）可以根据荷载按图集选用。预应力组合楼盖需按厂家参数选用。

3）楼盖拆分设计。对于叠合楼盖与全预制楼盖拆分，除考虑一般叠合楼板拆分规则外，更要注重较少拆分构件数量，尽可能拆分大尺寸构件。提高制作安装效率。

①有运输要求时，要考虑到运输宽度要求，板的宽度不宜大于 2.4m。

图 12-11　叠合楼盖与叠合梁节点构造图

②没有运输要求时，宜每个房间一块板或几个房间一块板。

对于 SP 板楼盖与预应力组合楼盖按照房间大跨度方向布置即可。尽可能发挥预应力的大跨度优势。

4）构造设计。

①叠合楼盖构造如图 12-11 所示，具体见《桁架钢筋混凝土叠合板（60mm 厚底板）》（15G366—1）。

②全预制楼盖参考节点构造图。

A. 图 12-12 为全预制楼板节点的参考图，图中采用环筋锚固。

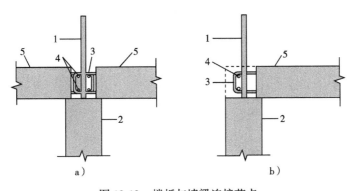

图 12-12　楼板与墙梁连接节点

1—墙连接插筋　2—预制墙板或梁　3—U 形出筋　4—板连接插筋　5—预制楼板

B. 图 12-13、图 12-14 为全预制楼板接缝参考图。

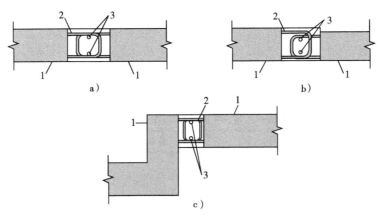

图 12-13　全预制楼板环筋锚固连接示意图

1—预制楼板　2—U 形出筋　3—连接插筋

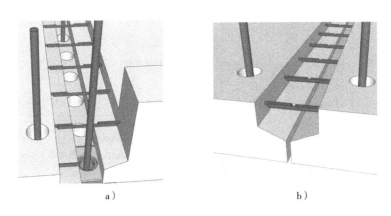

图 12-14　全预制楼板焊接钢筋连接示意图

a) 楼板拼接（下端有墙）　b) 楼板拼接（下端无墙）

C. SP 板节点《SP 预应力空心板》（05SG408）。

D. 预应力组合楼盖设计（北京建工华创预应力组合）。

E. 预制预应力组合楼盖尺寸见表 12-8。

表 12-8　预制预应力组合楼盖尺寸选用

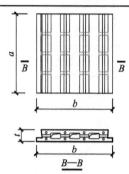

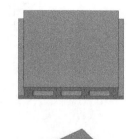

规　　格	600/mm	1200/mm
a	600/670/780/1200	600/670/780/1200
b	598	1198
t	180	180

（2）屋盖设计

装配式建筑屋盖分为平屋盖、坡屋盖和曲线屋盖。低层建筑一般为满足造型需要，以坡屋面居多，多采用轻钢屋架、木屋架盖瓦的屋盖方式。具体见表 12-9。

表 12-9　常用低层装配式结构楼盖选用

种类	名　　称	图	经济跨度	重要节点	附　　注
平屋盖	全预板屋盖		$3m \leq L \leq 6m$	可以直接跨过两跨	
	叠合板屋盖		$3m \leq L \leq 4m$		
	SP 板屋盖		板厚 $100 \leq h \leq 120mm$ 板跨 $3m \leq L \leq 6m$ 板厚 $120mm \leq h$ 板跨 $6m \leq L$	板面做 $\geq 50mm$ 的现浇层	
	预应力组合板屋盖		同 SP 板		

（续）

种类	名　称	图	经济跨度	重要节点	附　注
坡屋盖	装饰混凝土坡屋盖		3m≤L≤4m	装饰混凝土与钢架整体预制坡屋面	
	轻钢坡屋盖		3m≤L≤6m	轻钢屋架，上面铺金属瓦、烧制瓦等	
	木结构坡屋面		3m≤L≤6m	木屋架，上面铺金属瓦、烧制瓦等	
	曲线屋盖		板跨6m≤L	采用曲线板组合成屋面	国外产曲线屋盖工程实例

此外，图 12-15 中是混凝土平屋面上做造型用的坡屋面。

图 12-15　低层装配式楼盖设计

175. 低层装配式建筑墙体如何拆分、设计？如何设计轻体墙板？

（1）低层装配式建筑拆分、设计

1）墙体拆分。低层装配式建筑构件拆分虽然原则与高层建筑基本相同，但是也有自身特点。低层建筑构件拆分根据采用的结构体系不同而不同，具体见表 12-10。

表 12-10　低层装配式建筑拆分方案对比

序号	结构体系	装配方式	拆分设计	工程案例	备注
1	框架结构	全装配式	预制柱采用牛腿多层柱，梁采用预制梁。拆分梁柱交接处拆分。板采用全预制板。梁与板交界处拆分		美国技术
		装配整体式	采用单层预制柱、采用叠合梁（或全预制梁）梁柱节点域拆分，主梁、次梁拆分，楼板与梁交界处拆分		国标技术
		部分干式连接式	介于全装配式和装配整体式框架结构之间，柱与梁连接节点在牛腿上部有少量现浇		
2	墙板、柱结构	装配整体式	房屋横向，由扁平的墙状柱（墙柱）与梁构成的框架结构；作为连层的独立承重墙的结构		框架结构的演变
3	框架剪力墙结构	全装配式	预制柱采用多层牛腿柱，梁采用预制梁和梁与柱组合的墙片，拆分点梁柱在牛腿处，柱与墙的拆分在柱墙连接处，板与墙、梁的拆分在与板的交接处		
4	剪力墙结构	装配整体式	全部或部分剪力墙采用预制墙板构建成的装配整体式混凝土结构	图 12-4　墙板、柱结构	规范给出的

（续）

序号	结构体系	装配方式	拆分设计	工程案例	备　注
5	BPC 路螺栓连接结构体系	部分干式连接	墙板、楼板都按固定模数拆分		华创技术
6	板式结构	全干式连接	墙板竖向在层高处拆分，横向在开间处拆分；采用螺栓或焊接连接		

2）部分节点构造：

墙体与梁连接构造，如图 12-16 所示。

（2）轻体墙板设计

1）轻体墙板分类。

①轻集料混凝土墙板（图 12-17），通过添加陶粒、灰渣等轻骨料实现轻体化的墙板，建工华创研发煤矸石陶粒轻体板。

②抽孔墙板（图 12-18），抽孔墙板是通过在墙板内设置圆孔或方孔来降低墙体质量的板。抽孔板有单向抽孔板和双向抽孔板，清华大学研发双向抽孔板，珠峰科技研发单向抽孔板。

③夹心板（图 12-19），夹心板是通过在混凝土墙板之间添加有机或者无机（苯板、发泡混凝土）的轻体材料来减轻墙体的质量的墙板。北京绿环中创研发夹心保温轻体板。

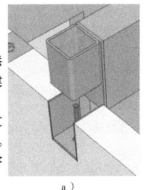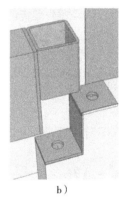

a）　　　　　　　　　　　b）

图 12-16　墙体与梁的连接
a）钢梁与墙体平面外连接节点
b）钢梁与墙体平面内连接节点

图 12-17　轻集料板

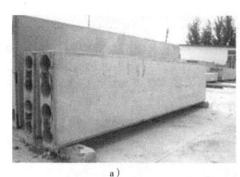
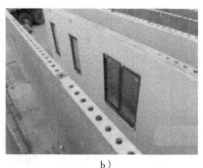

a)　　　　　　　　　　　　　　　b)

图 12-18　抽孔板

2) 轻质墙板设计要求。

①轻质复合板的接缝设计应满足结构、热工、防水及建筑装饰等要求，墙板缝隙采用耐候胶密封。

②当采用轻质复合外墙板时，除门窗洞口周边允许有贯通的轻质混凝土肋外，宜采用轻质、高效及低吸水率的保温材料。

图 12-19　夹心墙板

③轻质外墙板的接缝（包括勒脚、檐口等处的竖缝及水平缝）必须做保温处理，应保证其内表面温度高于室内空气露点温度。

④轻质外墙板的接缝（包括女儿墙、阳台、勒脚等处的竖缝、水平缝及十字缝）及窗口处必须做防水处理。根据不同部位接缝的特点及当地的气候条件，选用防水构造和防水材料。

⑤轻质非承重板，可通过框架结构（混凝土或钢结构）上的预埋件与非承重板有效连接，同时对于接缝做有效的防水、保温和防止开裂处理。

⑥承重轻体板要满足承载力、稳定和最小配筋率要求。

176. 低层装配式建筑宜采用什么基础？PC 构件如何与基础连接？

(1) 低层建筑常用基础形式

低层装配式建筑常用基础形式有条形基础、独立基础、筏板基础，如图 12-20 ~ 图 12-22 所示。

图 12-20　条形基础

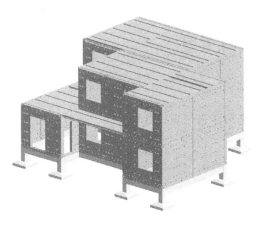 

图 12-21 独立基础   图 12-22 筏板基础

（2）与上部结构的连接方式

低层建筑基础与上部的连接形式主要有钢筋搭接连接、套筒连接、浆锚搭接连接、焊接连接、杯口插接连接、套筒灌浆连接和螺栓连接。具体如图 12-23 所示。

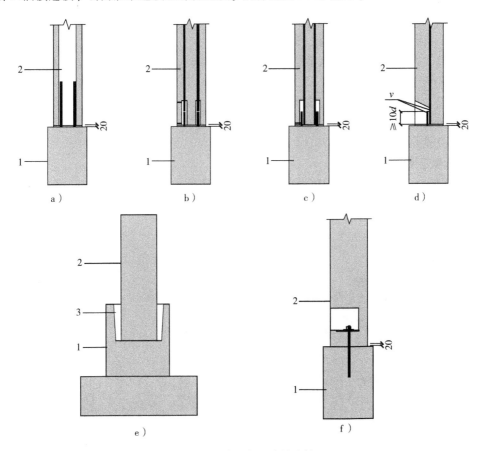

图 12-23 墙板与基础的连接

a）搭接连接 b）套筒连接 c）浆锚搭接连接 d）焊接连接 e）杯口插接 f）螺栓连接

1—基础 2—墙体 3—砂浆

177. 低层装配式建筑有哪些建成的类型？

（1）螺栓连接结构房屋

1）体系简介。北京建工华创采用24种标准化墙体构件通过螺栓紧固连接，形成结构受力体系。基础采用条形基础，屋盖采用轻钢结构屋盖（图12-24）。

2）体系特点。

①整体预制率95%，纯干式连接方式。

②墙体采用夹心保温板，墙体材料采用轻集料混凝土，承重结构构件密度小于$950kg/m^3$。

③组式立模生产。

④构件可以拆除后重组，实现全生命周期建筑形式。

（2）抽孔墙暗柱现浇连接结构房屋

1）体系简介。体系采用预制抽孔板，暗柱现浇形成的结构受力体系。可以抽圆孔，也可以抽方孔。方孔插入焊接钢筋笼，浇筑混凝土后形成暗柱，同时完成结构的水平墙体连接和竖向墙体连接。楼板采用叠合楼板（图12-25）。

图 12-24 螺栓连接结构房屋

2）体系特点。

①墙体轻，连接无需套筒，安装效率高。

②现浇暗柱连接性能好，可以用于中高层建筑。

③组式立模生产。

（3）绳套连接大板结构体系

1）体系简介。绳套连接结构体系由预制轻骨料混凝土抽孔墙板、楼板、梁等为主受力构件，通过绳套连接形成整体结构受力体系。楼板采用全预制楼板。基础采用条形基础，屋盖采用轻钢屋盖（图12-26）。

图 12-25 墙体连接图

图 12-26 绳套连接大板结构房屋

2）体系特点。

①墙板不出钢筋、生产安装方便。

②墙体采用抽孔的轻集料混凝土墙体，质量轻。

（4）装配式剪力墙结构体系

1）体系简介。体系是由预制混凝土墙板、楼板、梁等为主受力构件，后浇暗柱连接形成整体结构受力体系。基础采用条形基础，屋盖采用轻钢屋盖（图 12-27）。

2）体系特点。

①结构连接可靠，结构性能好。

②墙体板块大、能提高生产安装效率。

（5）装配复合墙结构体系

1）体系简介：

预制的生态复合墙板与混凝土竖向边缘构件、暗梁及楼板直筋现浇而成（图 12-28）。

图 12-27　绳套连接轻体大板结构体系房屋

图 12-28　装配复合墙结构体系房屋

2）体系特点：

①墙体采用轻体复合肋板。

②连接采用直筋搭接现浇。

③柔性抗震，抗震性能好。

（6）暗钢框架夹心保温墙板结构房屋

1）体系简介。由暗含在夹心墙板中间的构件和钢材焊接后形成整体受力钢框架的房屋。这种结构体系由绿环中创开发，建成房屋如图 12-29 所示。

2）体系特点。

①构件轻，安装速度快。

②构件自带保温。

（7）混凝土板-柱-轻钢房屋

1）体系简介。钢框架结构上挂混凝土吊柱形成竖向龙骨，再在吊柱上挂预制混凝土条板，属于全干式连接（图 12-30）。

图 12-29　暗钢框架夹心保温墙板结构房屋

图 12-30　混凝土板-柱-轻钢房屋

2）体系特点。
①钢结构框架受力。
②干式连接，没有湿作业。

第 13 章　预埋件设计

❓ 178. PC 构件有多少种类型预埋件？如何避免预埋件设计漏项？

PC 建筑预埋件包括使用阶段用的预埋件和制作、施工阶段用的预埋件。

使用阶段用的预埋件包括构件安装预埋件（如外挂墙板和楼梯板安装预埋件）、装饰装修和机电安装需要的预埋件等，使用阶段用的预埋件有耐久性要求，应与建筑物同寿命。

制作、施工阶段用的预埋件包括脱模、翻转、吊装、支撑等预埋件，没有耐久性要求。表13-1 给出了 PC 建筑预埋件一览。

表 13-1　PC 建筑预埋件一览

阶段	预埋件用途	可能需埋置的构件	可选用预埋件类型								备注
			预埋钢板	内埋式金属螺母	内埋式塑料螺母	钢筋吊环	埋入式钢丝绳吊环	吊钉	木砖	专用	
使用阶段（与建筑物同寿命）	构件连接固定	外挂墙板、楼梯板	◎	◎							
	门窗安装	外墙板、内墙板		◎					◎	◎	
	金属阳台护栏	外墙板、柱、梁		◎	◎						
	窗帘杆或窗帘盒	外墙板、梁		◎	◎						
	外墙水落管固定	外墙板、柱		◎	◎						
	装修用预埋件	楼板、梁、柱、墙板		◎	◎						
	较重的设备固定	楼板、梁、柱、墙板	◎	◎							
	较轻的设备、灯具固定				◎						
	通风管线固定	楼板、梁、柱、墙板		◎	◎						
	管线固定	楼板、梁、柱、墙板		◎	◎						
	电源、电信线固定	楼板、梁、柱、墙板			◎						

（续）

阶段	预埋件用途	可能需埋置的构件	可选用预埋件类型								备注
			预埋钢板	内埋式金属螺母	内埋式塑料螺母	钢筋吊环	埋入式钢丝绳吊环	吊钉	木砖	专用	
制作、运输、施工（过程用，没有耐久性要求）	脱模	预应力楼板、梁、柱、墙板		◎		◎	◎				
	翻转	墙板		◎							
	吊运	预应力楼板、梁、柱、墙板		◎		◎		◎			
	安装微调	柱		◎	◎					◎	
	临时侧支撑	柱、墙板		◎							
	后浇筑混凝土模板固定	墙板、柱、梁		◎							无装饰的构件
	异形薄弱构架加固埋件	墙板、柱、梁		◎							
	脚手架或塔式起重机固定	墙板、柱、梁	◎	◎							无装饰的构件
	施工安全护栏固定	墙板、柱、梁		◎							无装饰的构件

注：避免预埋件遗漏需要各个专业协同工作，通过 BIM 建模的方式将设计、制作、运输、安装以及以后使用的场景进行模拟。做到全流程的 BIM 设计及管理。从而有效地避免预埋件的遗漏。

 179. 如何计算预埋件的作用与作用组合？

(1) 预埋件作用

预制构件在制作、堆放、运输、安装环节都需要对应功能的预埋件。不同的预埋件承受的荷载也不同，相同预埋件在不同工况下也有不同的荷载。

1) 脱模荷载。

①《装规》关于脱模荷载的规定：预制构件进行脱模验算时，等效静力荷载标准值应取构件自重标准值乘以动力系数与脱模吸附力之和，且不宜小于构件自重标准值的 1.5 倍。动力系数与脱模吸附力应符合下列规定：

A. 动力系数不宜小于 1.2。

B. 脱模吸附力应根据构件和模具的实际状况取用，且不宜小于 $1.5kN/m^2$。

②脱模时构件和吊具所承受的荷载包括模具对混凝土构件的吸附力和构件在动力作用下的自重。

A. 构件自重。对于夹心保温构件或装饰一体化构件，脱模时构件自重应包括保温层、外叶板、装饰面材等全部重力。

B. 脱模吸附力。脱模吸附力与构件形状、模具材质、光洁程度和脱模剂种类及涂刷质量有关，实际吸附力的大小可以通过脱模起重设备的计量装置测得。PC 工厂应当有吸附力经验数据，脱模设计时设计人员应当予以了解。

2）翻转、运输、吊运、安装荷载。《装规》规定：预制构件在翻转、运输、吊运、安装等短暂设计状况下的施工验算，应将构件自重标准值乘以动力系数后作为等效静力荷载标准值。构件在运输、吊运时，动力系数宜取 1.5；构件翻转及安装过程中就位、临时固定时，动力系数可取 1.2。

（2）预埋件作用的组合

预埋件作用的组合见表 13-2。

表 13-2　埋件作用组合

种　类	示　意　图	自　重	风　荷　载	地　震　作　用		模板吸力
				水平 （垂直板面）	竖向作用	
支撑埋件	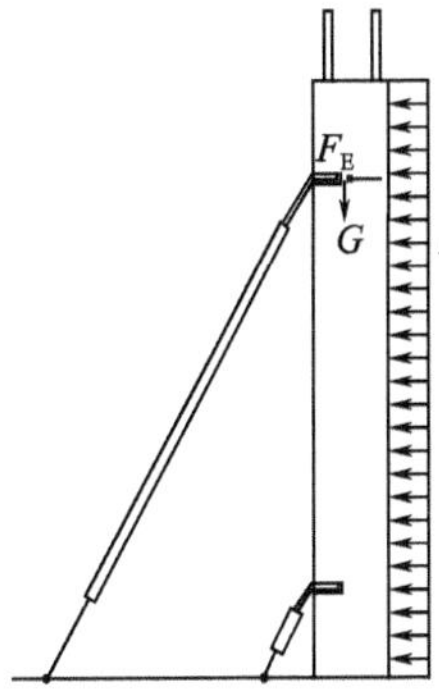	√	√	√		
吊装	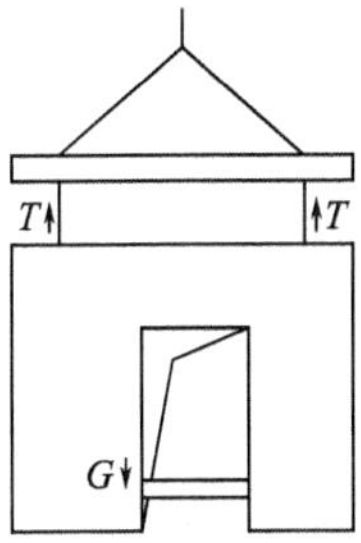	√ 加动力系数				
脱模	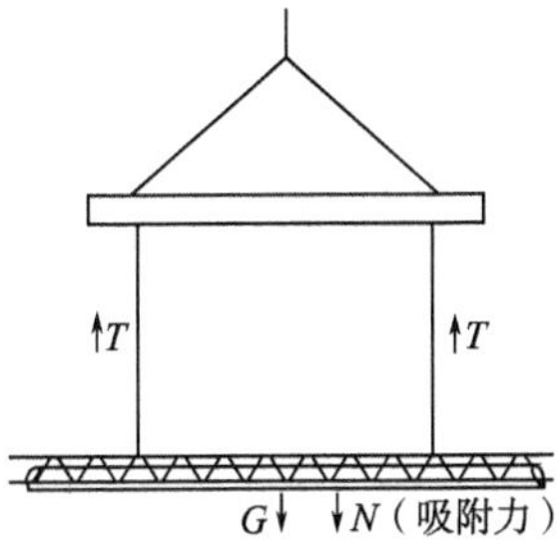	√ 加动力系数				√
翻转	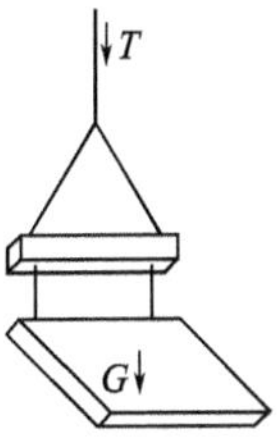	√ 加动力系数				

（3）荷载组合

荷载组合根据《建筑结构荷载规范》（GB 50009—2012）要求进行组合。

 180. 如何设计、选用预埋件及其连接件？

（1）预埋件设计

这里所说的预埋件是指预埋钢板和附带螺栓的预埋钢板。预埋钢板又叫作锚板，焊接在锚板上的锚固钢筋叫作锚筋（图 13-1）。

图 13-1　预埋件

1）设计依据。预埋件设计应符合《装规》、现行国家标准《混规》、《钢结构设计规范》（GB 50017—2003）等有关规定。

2）关于预埋件兼用。《装规》要求：用于固定连接件的预埋件与预埋吊件、临时支撑用预埋件不宜兼用；当兼用时，应同时满足各种设计工况要求。

3）锚板。受力预埋件的锚板宜采用 Q235、Q345 级钢，锚板厚度应根据受力情况计算确定，且不宜小于锚筋直径的 60%。

4）锚筋。受力预埋件的锚筋应采用 HRB400 或 HPB300 钢筋，不应采用冷加工钢筋。

5）锚板与锚筋的焊接。直锚筋与锚板应采用 T 形焊接。当锚筋直径不大于 20mm 时宜采用压力埋弧焊；当锚筋直径大于 20mm 时宜采用穿孔塞焊。

当采用手工焊时，焊缝高度不宜小于 6mm，且对 300MPa 级钢筋不宜小于 $0.5d$，对其他钢筋不宜小于 $0.6d$，d 为锚筋直径。

6）直锚筋预埋件锚筋总面积。由锚板和对称配置的直锚筋所组成的受力预埋件（图 13-2，为《混规》图 9.7.2），其锚筋截面面积 A_s 应符合下列规定：

①当有剪力、法向拉力和弯矩共同作用时，应按下列两个公式计算，并取其中的较大值：

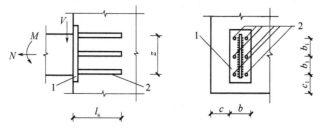

图 13-2　由锚板和直筋组成的预埋件（《混规》图 9.7.2）

1—锚板　2—直锚筋

$$A_s \geqslant \frac{V}{\alpha_r \alpha_v f_y} + \frac{N}{0.8 \alpha_b f_y} + \frac{M}{1.3 \alpha_r \alpha_b f_y z} \quad (13\text{-}1) [《混规》式(9.7.2\text{-}1)]$$

$$A_s \geqslant \frac{N}{0.8 \alpha_b f_y} + \frac{M}{0.4 \alpha_r \alpha_b f_y z} \quad (13\text{-}2) [《混规》式(9.7.2\text{-}2)]$$

②当有剪力、法向压力和弯矩共同作用时，应按下列两个公式计算，并取其中的较大值：

$$A_s \geqslant \frac{V - 0.3N}{\alpha_r \alpha_v f_y} + \frac{M - 0.4Nz}{1.3 \alpha_r \alpha_b f_y z} \quad (13\text{-}3) [《混规》式(9.7.2\text{-}3)]$$

$$A_s \geqslant \frac{M - 0.4Nz}{0.4 \alpha_r \alpha_b f_y z} \quad (13\text{-}4) [《混规》式(9.7.2\text{-}4)]$$

当 M 小于 $0.4Nz$ 时，取 $0.4Nz$。

上述公式中的系数 α_v、α_b 应按下列公式计算：

$$\alpha_v = (4.0 - 0.08d) \sqrt{\frac{f_c}{f_y}} \quad (13\text{-}5) [《混规》式(9.7.2\text{-}5)]$$

$$\alpha_b = 0.6 + 0.25 \frac{t}{d} \quad (13\text{-}6) [《混规》式(9.7.2\text{-}6)]$$

当 α_v 大于 0.7 时，取 0.7；当采取防止锚板弯曲变形的措施时，可取 α_b 等于 1.0。

式中 f_y——锚筋的抗拉强度设计值，按《混规》第 4.2 节采用，但不应大于 300N/mm^2；

$\quad\quad V$——剪力设计值；

$\quad\quad N$——法向拉力或法向压力设计值，法向压力设计值不应大于 $0.5f_c A$，此处，A 为锚板面积；

$\quad\quad M$——弯矩设计值；

$\quad\quad \alpha_r$——锚筋层数的影响系数；当锚筋按等间距布置时，两层取 1.0；三层取 0.9；四层取 0.85；

$\quad\quad \alpha_v$——锚筋的受剪承载力系数；

$\quad\quad d$——锚筋直径；

$\quad\quad \alpha_b$——锚板的弯曲变形折减系数；

$\quad\quad t$——锚板厚度；

$\quad\quad z$——沿剪力作用方向最外层锚筋中心线之间的距离。

7）弯折锚筋与直锚筋预埋件总面积。由锚板和对称配置的弯折锚筋及直锚筋共同承受剪力的预埋件（图 13-3，《混规》图 9.7.3），其弯折锚筋的截面面积 A_{sb} 应符合下列规定：

$$A_{sb} \geqslant 1.4 \frac{V}{f_y} - 1.25 \alpha_v A_s \quad (13\text{-}7) [《混规》式(9.7.3)]$$

式中系数 α_v 按上面第 6）条取用。当直锚筋按构造要求设置时，A_s 应取为 0。

注：弯折锚筋与钢板之间的夹角不宜小于 15°，也不宜大于 45°。

8）锚筋布置。预埋件锚筋中心至锚板边缘的距离不应小于 $2d$ 和 20mm。

①预埋件的位置应使锚筋位于构件的外层主筋的内侧。

②预埋件的受力直锚筋直径不宜小于 8mm，且不宜大于 25mm。

③直锚筋数量不宜少于 4 根，且不宜多余 4 排。

④受剪预埋件的直锚筋可采用 2 根。

⑤对受拉受弯预埋件（图 13-2），其锚筋的间距 b、b_1 和锚筋至构件边缘的距离 c、c_1，均不应小于 $3d$ 和 45mm。

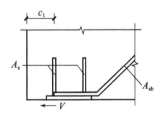

图 13-3 由锚板和弯折锚筋及直锚筋组成的预埋件（《混规》图 9.7.3）

⑥对受剪预埋件（图 13-2），其锚筋的间距 b、b_1，不应大于 300mm，b_1 不应小于 $6d$ 和 70mm，锚筋至构件边缘的距离 c_1 不应小于 $6d$ 和 70mm；b、c 均不应小于 $3d$ 和 45mm。

9）锚筋锚固长度。

①受拉直锚筋和弯折锚筋的锚固长度不应小于《混规》第 8.3.1 条规定的受拉钢筋锚固长度。

②当锚筋采用 HPB300 级钢筋时末端还应有弯钩。

③当无法满足锚固长度要求时，应采用其他有效的锚固措施。

④受剪和受压直锚筋的锚固长度不应小于 $15d$，d 为锚筋的直径。

10）带螺栓的预埋件。附带螺栓的预埋件有两种组合方式。第一种是在锚板表面焊接螺栓；第二种是螺栓从钢板内侧穿出，在内侧与钢板焊接，如图 13-4 所示。第二种方法在日本应用较多。

（2）内埋式螺母设计

内埋式螺母如图 13-5 所示。

图 13-4　附带螺栓的预埋钢板　　　图 13-5　内埋式螺母及吊具

现行国家标准《混规》中要求：预制构件宜采用内埋式螺母和内埋式吊杆等。

内埋式螺母对 PC 构件而言确实有优势，制作时模具不用穿孔，运输、堆放、安装过程不会挂碰等。

内埋式螺母由专业厂家制作，其在混凝土中的锚固可靠性由试验确定：内埋式螺母所对应的螺栓在荷载作用下破坏时，螺母不会被拔出或周围混凝土不会被破坏。

内埋式螺母设计主要是选择可靠的产品，并要求 PC 厂家在使用前进行试验。预制构件中内埋式螺母附近没有钢筋时，构件脱模后有可能在螺母处出现裂缝，这是由混凝土收缩或温度变化较快在螺母附近形成的应力集中造成的，为预防这种情况，内埋式螺母附近可增加构造钢筋或钢丝网，如图 13-6 所示。

（3）内埋式螺栓设计

内埋式螺栓是预埋在混凝土内的螺栓，或直接埋设满足锚固长度要求的长镀锌螺杆；或在螺栓端部焊接锚固钢筋。当采用焊接方式时，应选用与螺栓和钢筋适配的焊条。

PC 建筑用到的螺栓包括楼梯和外挂墙板安装用的螺栓，宜选用高强度螺栓或不锈钢螺栓。高强度螺栓应符合现行行业标准《钢结构高强度螺栓连接技术规程》（JGJ 82—2011）的要求。

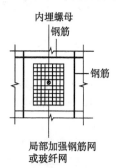

图 13-6　内埋式螺母增加钢筋网

内埋式螺栓的锚固长度，受剪和受压螺栓的锚固长度不应小于 15d，d 为锚筋的直径。

（4）受拉直锚筋和弯折锚筋的锚固长度

预埋件、预埋螺栓的受拉直锚筋和弯折锚筋按照受拉钢筋的锚固长度计算。

1）基本锚固长度：

$$l_{ab} = \alpha \frac{f_y}{f_c}d \qquad (13-8)[《混规》式(8.3.1-1)]$$

式中 l_{ab}——受拉钢筋的基本锚固长度；

f_y——钢筋抗拉强度设计值；

f_c——混凝土轴心抗拉强度设计值，当混凝土强度等级高于 C60 时，按 C60 取值；

d——钢筋直径；

α——锚固钢筋外形系数，光圆钢筋取 0.16，带肋钢筋取 0.14。

注：光圆钢筋末端应做 180°弯钩，弯后平直段长度不应小于 3d，但作受压钢筋时可不做弯钩。

2）受拉钢筋锚固长度。锚固长度按下式计算且不应小于 200mm。

$$l_a = \xi_a l_{ab} \qquad (13-9)[《混规》式(8.3.1-3)]$$

式中 l_a——受拉钢筋的锚固长度；

ξ_a——锚固长度修整系数。详见《混规》8.3.2 条。

181. 如何锚固预埋件？预埋件部位如何进行构造加强？

（1）预埋件锚固

1）锚板锚固，如图 13-7 所示。

图 13-7　锚板锚固

2）钢筋弯折锚固，如图 13-8 所示。

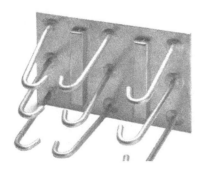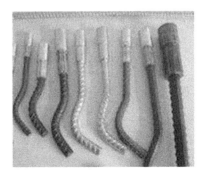

图 13-8　钢筋弯折锚固

3）机械焊接锚固，如图13-9所示。

图13-9 机械焊接锚固

4）穿筋锚固，如图13-10所示。

图13-10 穿筋锚固

（2）预埋件部位加强

1）预埋件的破坏形态。

①预埋件受拉破坏。预埋件受拉破坏有预埋件本身受拉破坏和周围混凝土受拉锥形破坏（图13-11）。

②预埋件受剪破坏。预埋件受剪破坏有预埋件本身受剪破坏和周围混凝土受剪破坏（图13-12）。

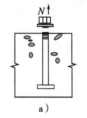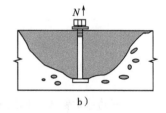

图13-11 预埋件受拉破坏
a）螺杆受拉破坏 b）混凝土锥形破坏

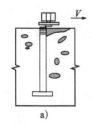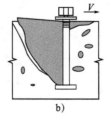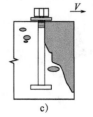

图13-12 预埋件受剪破坏
a）螺杆受剪破坏 b）混凝土剪翘破坏 c）混凝土劈裂破坏

③温度破坏。预埋件周围混凝土由于温度剧烈变化产生的裂缝，如图 13-13 所示。

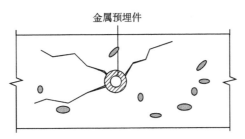

图 13-13　温度破坏

2）加强方案。加强钢筋的作用就是防止混凝土的锥形或劈裂等破坏，因此加强钢筋或金属网片要穿过混凝土的可能发生破坏的轨迹。加强钢筋可以横向布置通过轨迹（图 13-14a）；坚强钢筋可以竖向通过破坏轨迹（图 13-14b）。对于温度裂缝可以在开裂区域满铺金属网片（图 13-14c）。这些方式都能加强预埋件区域混凝土，从而加强预埋件。

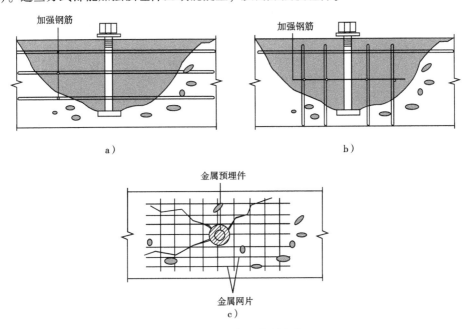

图 13-14　混凝土补强方案

a）横向钢筋加强　b）纵向钢筋加强　c）金属网片加强

 182. 如何避免预埋件造成空间拥挤影响混凝土浇筑？

(1) 预埋件共用

例如脱模预埋件与支撑预埋件可以共用。

(2) 预埋件分散布置

(3) 管线分离

为了减少构件中的预埋件，把机电需要预埋的管线从墙体、梁柱等构件中剥离出来。水平方向在架空地板和吊顶内；竖直方向在固定的管井中或墙壁上铺设，具体如图 13-15 所示。

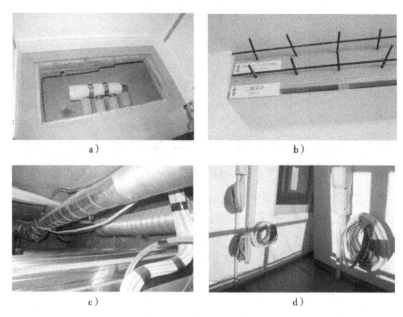

图 13-15　管线分离示意图

a）架空地板　b）吊顶　c）管井　d）墙壁

（4）吊带应用

采用吊带脱模、翻转、吊装等，如图 13-16 所示。

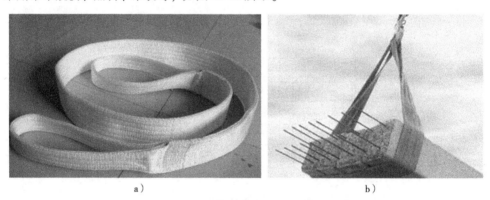

图 13-16　吊带应用

a）管井　b）墙壁

第 14 章　PC 构件制作图设计

 183. 如何进行 PC 构件制作图设计？包括哪些内容？

(1) 如何进行 PC 构件制作图设计

PC 构件制作图应与建筑、水暖、电气等专业，建筑部品，装饰装修，构件厂等配合，做好构件拆分深化设计，提供能够实现的预制构件大样图；做好大样图上的预留线盒、孔洞、预埋件和连接节点设计；尤其是做好节点的防水、防火、隔声设计和系统集成设计，解决好连接节点之间和部品之间的"错漏碰缺"。

1）依据规范，按照建筑和结构设计要求和制作、运输、施工的条件，结合制作、施工的便利性和成本因素，进行结构拆分设计。

2）设计拆分后的连接方式、连接节点、出筋长度、钢筋的锚固和搭接方案等；确定连接件材质和质量要求。

3）进行拆分后的构件设计，包括形状、尺寸、允许误差等。

4）对构件进行编号。构件有任何不同，编号都要有区别，每一类构件有唯一的编号。

5）设计预制混凝土构件制作和施工安装阶段需要的脱模、翻转、吊运、安装、定位等吊点和临时支撑体系等，确定吊点和支撑位置，进行强度、裂缝和变形验算，设计预埋件及其锚固方式。

6）设计预制构件存放、运输的支承点位置，提出存放要求。

(2) PC 构件制作图设计包含的内容

1）各专业设计汇集。PC 构件设计须汇集建筑、结构、装饰、水电暖、设备等各个专业和制作、堆放、运输、安装各个环节对预制构件的全部要求，在构件制作图上无遗漏地表示出来。

2）制作、堆放、运输、安装环节的结构与构造设计。与现浇混凝土结构不同，装配式结构预制构件需要对构件制作环节的脱模、翻转、堆放、运输环节的装卸、支承，安装环节的吊装、定位、临时支承等，进行荷载分析和承载力与变形的验算。还需要设计吊点、支承点位置，进行吊点结构与构造设计。这部分工作需要对原有结构设计计算过程了解，必须由结构设计师设计或在结构设计师的指导下进行。

现行行业标准《装规》要求：对制作、运输和堆放、安装等短暂设计状况下的预制构件验算，应符合现行国家标准《混凝土结构工程施工规范》GB 50666 的有关规定。制作施工环节结构与构造设计内容包括：

①脱模吊点位置设计、结构计算与设计。

②翻转吊点位置设计、结构计算与设计。

③吊运验算及吊点设计。

④堆放支承点位置设计及验算。

⑤易开裂敞口构件运输拉杆设计。

⑥运输支承点位置设计。

⑦安装定位装置设计。

⑧安装临时支撑设计，临时支撑和现浇模板同时拆除。

⑨预埋件设计。

3）设计调整。在构件制作图设计过程中，可能会发现一些问题，需要对原设计进行调整，例如：

①预埋件、埋设物设计位置与钢筋"打架"，距离过近，影响混凝土浇筑和振捣时，需要对设计进行调整。或移动预埋件位置；或调整钢筋间距。

②造型设计有无法脱模或不易脱模的地方。

③构件拆分导致无法安装或安装困难的设计。

④后浇区空间过小导致施工不便。

⑤当钢筋保护层厚度大于50mm时，需要采取加钢筋网片等防裂措施。

⑥当预埋螺母或螺栓附近没有钢筋时，须在预埋件附近增加钢丝网或玻纤网防止裂缝。

⑦对于跨度较大的楼板或梁，确定制作时是否需要做成反拱。

装配式建筑预制构件安装临时支撑体系见表14-1。

 ## 184. PC构件设计有哪些规定？

1）《装规》第6.2.2条，预制构件在翻转、运输、吊运、安装等短暂设计状况下的施工验算，应将构件自重标准值乘以动力系数后作为等效静力荷载标准值。构件运输、吊运时，动力系数宜取1.5；构件翻转及安装过程中就位、临时固定时，动力系数可取1.2。

2）《装规》第6.2.3条，预制构件进行脱模验算时，等效静力荷载标准值应取构件自重标准值乘以动力系数后与脱模吸附力之和，且不宜小于构件自重标准值的1.5倍。动力系数与脱模吸附力应符合下列规定：

①动力系数不宜小于1.2。

②脱模吸附力应根据构件和模具的实际状况取用，且不宜小于$1.5kN/m^2$。

3）《装规》第6.4条规定：

①预制构件的设计应符合下列规定：

A. 对持久设计状况，应对预制构件进行承载力、变形、裂缝控制验算。

B. 对地震设计状况，应对预制构件进行承载力验算。

C. 对制作、运输和堆放、安装等短暂设计状况下的预制构件验算，应符合现行国家标准《混凝土结构工程施工规范》GB 50666的有关规定。

②当预制构件中钢筋的混凝土保护层大于50mm时，宜对钢筋的混凝土保护层采取有效的构造措施。

③预制板式楼梯的梯段板底应配置通长的纵向钢筋。板面宜配置通长的纵向钢筋；当楼梯两端均不能滑动时，板面应配置通长的纵向钢筋。

④用于固定连接件的预埋件与预埋吊件、临时支撑用预埋件不宜兼用；当兼用时，应同时满足各种设计工况要求。预制构件中预埋件的验算应符合现行国家标准《混规》《钢结构设计规范》GB 50017和《混凝土结构工程施工规范》GB 50666等有关规定。

⑤预制构件中外露预埋件凹入构件表面的深度不宜小于10mm。

4）《装标》第5.4.1条，预制构件设计应符合下列规定：

①预制构件的设计应满足标准化的要求，宜采用建筑信息化模型（BIM）技术进行一体化设计，确保预制构件的钢筋与预留洞口、预埋件等相协调，简化预制构件连接节点施工。

②预制构件的形状、尺寸、重量等应满足制作、运输、安装各环节的要求。

表 14-1　装配式建筑预制构件安装临时支撑体系一览

构件类别	构件名称	支撑方式	示　意　图	计　算　荷　载	支撑点位置	支撑预埋件					
						构　件		现　浇			
						位　置	构造	位置	构造		
竖向构件	柱子	斜支撑、双向	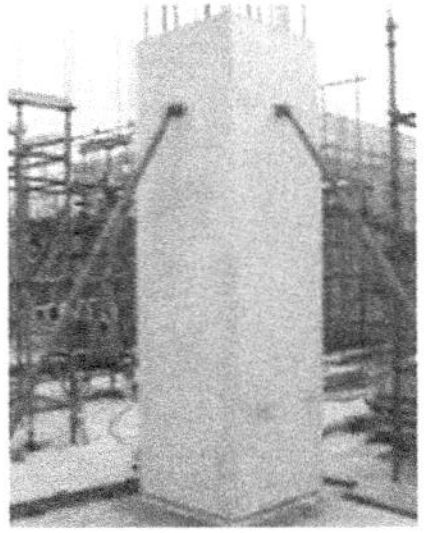	风荷载	上部支承点位置：大于 1/2，小于 2/3 构件高度	柱两个支承面（侧面）	预埋式螺母	现浇混凝土楼面	不用		
	剪力墙板	斜支撑、单向	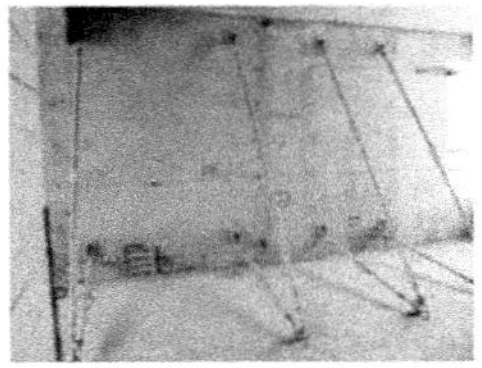	风荷载	上部支承点位置：大于 1/2，小于 2/3 构件高度　下部支承点位置：1/4 构件高度附近	墙板内侧面	预埋式螺母	现浇混凝土楼面		
水平构件	楼板	竖向支撑	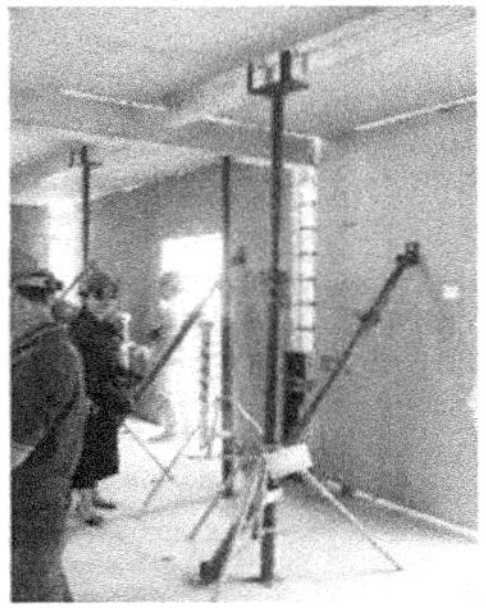	自重荷载 + 施工荷载	两端距离支座 500mm 处各设一道支撑 + 跨内支撑（轴跨 L < 4.8m 时一道，轴跨 4.8m ≤ L < 6m 时两道）	不用	不用	不用		

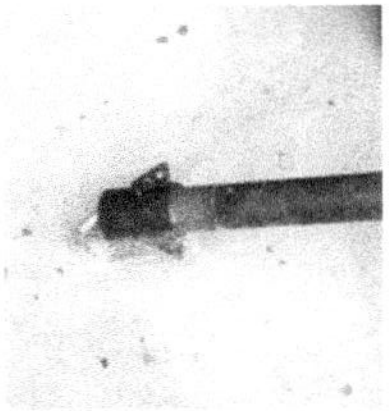

（续）

构件类别	构件名称	支撑方式	示意图	计算荷载	支撑点位置	支撑预埋件			
						构件		现浇	
						位置	构造	位置	构造
水平构件	梁	竖向支撑或斜支撑		自重荷载+风荷载+施工荷载	两端各 1/4 构件长度处；构件长度大于 8m 时，跨内根据情况增设一道或两道支撑	梁侧支撑面		不用	不用
	悬挑式构件	竖向支撑		自重荷载+施工荷载	距离悬挑端及支座处 300~500mm 各设置一道；垂直悬挑方向支撑间距宜为 1~1.5m，板式悬挑构件下支撑数量不得少于 4 个。特殊情况应另行计算复核后进行支撑设置	不用	不用	不用	不用
异形构件	—	根据构件形状、重心进行设计	—	风荷载、自重荷载	根据实际情况计算	不用	不用	不用	不用

③预制构件的配筋设计应便于工厂化生产和现场连接。

5)《装标》第5.4.3条，预制构件的拼接应符合下列规定：

①预制构件拼接部位的混凝土强度等级不应低于预制构件的混凝土强度等级。

②预制构件的拼接位置宜设置在受力较小部位。

③预制构件的拼接应考虑温度作用和混凝土收缩徐变的不利影响，宜适当增加构造配筋。

185. 如何进行 PC 楼板吊点、支承点、预埋件设计及其构造设计？

(1) PC 楼板吊点设计

PC 楼板不用翻转，脱模吊点、安装吊点与吊运吊点为共用吊点。

1）PC 楼板脱模吊点设计。脱模设计包括脱模强度确定、脱模吊点设计、在脱模荷载作用下构件承载力验算。

①脱模强度。《装规》11.3.6条规定：脱模起吊时，预制构件的混凝土立方体抗压强度应满足设计要求，且不应小于15N/mm²。这个规定是基本要求。PC 构件的脱模强度与构件重量和吊点布置有关。需根据计算确定。如两点起吊的大跨度高梁，脱模时混凝土抗压强度需要更高一些。脱模强度一方面是要求工厂脱模时混凝土必须达到的强度；一方面是验算脱模时构件承载力的混凝土强度值。

特别需要提醒的是，夹心保温构件外叶板在脱模或翻转时所承受的荷载作用可能比使用期间更不利，拉结件锚固设计应当按脱模强度计算。

②脱模荷载。脱模时构件和吊具所承受的荷载包括模具对混凝土构件的吸附力和构件在动力作用下的自重。

A.《装规》关于脱模荷载的规定见本章第184问。

B. 构件自重。对于夹心保温构件或装饰一体化构件，脱模时构件自重应包括保温层、外叶板、装饰面材等全部重力。

C. 脱模吸附力。脱模吸附力与构件形状、模具材质、光洁程度和脱模剂种类及涂刷质量有关，实际吸附力的大小可以通过脱模起重设备的计量装置测得。PC 工厂应当有吸附力经验数据，脱模设计时设计人员应当予以了解。

2）PC 楼板吊点布置。

①吊点位置设计原则。吊点位置的设计须考虑4个主要因素：

A. 受力合理。

B. 重心平衡。

C. 与钢筋和其他预埋件互不干扰。

D. 制作与安装便利。

②有桁架筋的叠合楼板和有架立筋的预

图 14-1　带桁架筋叠合板以桁架筋的架立筋为吊点

应力叠合楼板构件脱模时的吊点与构件吊运与安装时的吊点为同一吊点，但不是专门设置的吊点，而是借用桁架筋、架立筋多点布置，如图 14-1 所示。

③无桁架筋的叠合板和预应力叠合板构件的脱模、安装、吊运吊点为专门埋置的吊点，采用钢筋吊环或者预埋螺母。

3）PC楼板吊点计算。楼板吊点的数量和间距根据板的厚度、长度和宽度通过计算确定。在进行吊点结构验算时，不同工作状态混凝土强度等级的取值不一样：

①脱模和翻转吊点验算：取脱模时混凝土达到的强度，或按C15混凝土计算。

②吊运和安装吊点验算：取设计混凝土强度等级的70%计算。

4个吊点（图14-2）的楼板可按简支板计算；6个以上吊点的楼板计算可按无梁板，用等代梁经验系数法转换为连续梁计算。

图14-2　楼板吊装

4）PC楼板吊点构造。参照国家标准图集《桁架钢筋混凝土叠合板（60mm厚底板）》（15G366-1），跨度在3.9m以下、宽2.4m以下的板，设置4个吊点（图14-2）；跨度为4.2～6.0m、宽2.4m以下的板，设置6个吊点。日本的叠合板，设置10个吊点。

边缘吊点距板的端部不宜过大。长度小于3.9m的板，悬臂段不大于600mm；长度为4.2～6m的板，悬臂段不大于900mm。

有桁架筋的叠合楼板和有架立筋的预应力叠合楼板，用桁架筋作为吊点。国家标准图集在吊点两侧横担2根长280mm的HRB335钢筋；垂直于桁架筋。

日本叠合板吊点一般采用多点吊装，吊点处不另外设置加强筋。

（2）PC楼板支承点设计

PC楼板支承点包括堆放、运输支承点和安装支承点。

PC构件脱模后，要经过质量检查、表面修补、装饰处理、场地堆放、运输等环节，设计须给出支承要求，包括：支承点数量、位置、构件是否可以多层堆放、可以堆放几层等。

结构设计师对堆放支承必须重视。曾经有工厂就因堆放不当而导致大型构件断裂（图14-3）。设计师给出构件支承点位置需进行结构受力分析，最简单的办法是吊点对应的位置做支承点。

1）构件检查支架。PC楼板脱模后一般要放置在支架上进行模具面的质量检查和修补（图14-4）。支架一般是两点

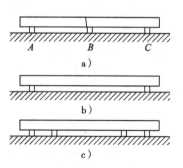

图14-3　因增加支承点而导致大型梁断裂示意图

a）B点出现裂缝，B点垫片高了所致

b）两点方式　c）4点方式

支撑，对于大跨度构件两点支承是否可以，设计师应做出判断，如果不可以，应当在设计说明中明确给出几点支承和支承间距的要求。

2）构件堆放、运输和吊运。

①PC 楼板的堆放和运输可用点式支承，也可用垫方木支承；有桁架筋的楼板，垫方应当与桁架筋垂直。如图 14-5、图 14-6、图 14-7 所示。

图 14-4　PC 构件检查支架

图 14-5　板式构件多层点式支承堆放

图 14-6　叠合板多层垫方木支承堆放

图 14-7　预应力叠合板运输

PC 楼板可以多层水平堆放、运输，原则是：

A. 支承点位置经过验算。

B. 上下支承点对应一致。

C. 一般不超过 6 层。

预制构件在运输过程中应做好安全和成品防护，设置柔性垫片避免预制构件边角部位或链索接触处的混凝土损伤。

②PC 楼板的吊运。吊运工作状态是指构件在车间、堆场和运输过程中由起重机吊起移动的状态。一般而言，并不需要单独设置吊运吊点，可以与脱模吊点或安装吊点共用，但构件吊运状态的荷载（动力系数）与脱模和安装工作状态不一样，所以需要进行分析。

3) 安装支承点的设计。PC楼板安装时需要设置临时支撑。设计须给出支撑的要求，包括支撑方式、位置、间距、支撑荷载要求等，还应当给出明确要求，叠合层后浇筑混凝土强度达至多少时，楼板支撑才可以撤除，也有规定其上两层安装完后可以拆除。

PC楼板支撑一般使用金属支撑系统，有柱梁支撑和柱支撑两种方式（图14-8）。专业厂家会根据支撑楼板的荷载情况和设计要求给出支撑部件的配置。

a) b)

图14-8 楼板支撑实例图

a) 柱梁支撑 b) 柱支撑

（3）PC楼板预埋件

PC楼板中预埋件是根据各专业提供条件在楼板中预埋（图14-9），预埋件主要包括以下5种：

1) 电气PVC线盒。

2) 消防镀锌线盒。

3) 水暖预留孔洞。

4) 现场施工吊线孔。

5) 混凝土泵管预留洞。

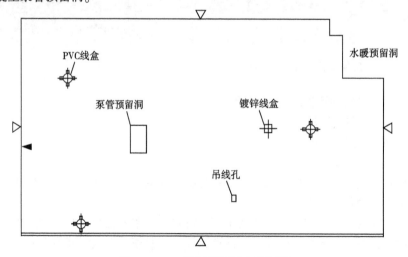

图14-9 PC楼板模板图中预埋件

186. 如何进行 PC 梁吊点、支承点、预埋件设计及其构造设计?

(1) PC 梁吊点设计

PC 梁不用翻转,脱模吊点、安装吊点与吊运吊点为共用吊点。

1) PC 梁吊点布置。吊点的布置原则见本章 185 问。

PC 梁的吊点需要专门埋设,可以埋设螺母,较重的构件埋设钢筋吊环、钢丝绳吊环(图 14-10)。

2) PC 梁吊点计算。PC 梁吊点数量和间距根据梁断面尺寸和长度,通过计算确定。与柱子脱模时的情况一样,梁的吊点也宜适当多设置。

①边缘吊点距梁端距离应根据梁的高度和负弯矩筋配置情况经过验算确定,且不宜大于梁长的1/4。吊点布置如图 14-11 所示。

②梁只有两个(或两组)吊点时,按照带悬臂

图 14-10　叠合梁钢丝绳吊环

的简支梁计算;多个吊点时,按带悬臂的多跨连系梁计算。位置与计算简图与柱脱模吊点相同,如图 14-12 所示。

图 14-11　PC 梁的吊点布置

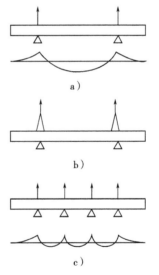

图 14-12　柱脱模和吊运吊点及位置计算简图
a) 2 吊点　b) 两组吊点　c) 4 吊点

③梁的平面形状或断面形状为非规则形状(图 14-13),吊点位置应通过重心平衡计算确定。

3) 吊点构造。PC 梁、PC 柱、PC 墙板吊点构造如下:

①预埋螺母、螺栓和吊钉的专业厂家有根据试验数据得到的计算原则和构造要求,结构设计师选用时除了应符合这些要求外,还应当要求工厂使用前进行试验验证。

②吊点距离混凝土边缘的距离不应小于50mm,且应符合厂家的要求。

③采用钢筋吊环时,应符合《混规》关于预埋件锚固的有关规定。

④较重构件的吊点宜增加构造钢筋,也可布置双吊点。

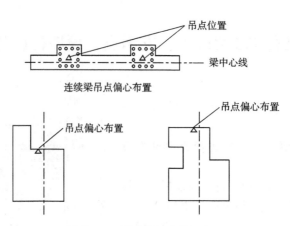

图 14-13　异形梁吊点偏心布置

⑤脱模吊点、吊运吊点和安装吊点的受力主要是受拉，但翻转吊点既受拉又受剪，对混凝土还有劈裂作用。翻转吊点宜增加构造钢筋（图 14-14）。

（2）PC 梁支承点设计

PC 梁支承点包括堆放、运输支承点和安装支承点。

1）构件检查支架。PC 梁脱模后一般要放置在支架上进行模具面的质量检查和修补（图 14-15）。

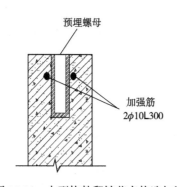

图 14-14　大型构件翻转节点构造加固

图 14-15　PC 梁检查支架

2）构件堆放、运输和吊运。PC 梁可用垫方木支承，如图 14-16 所示。PC 梁堆放应合理设置垫块支点位置，确保预制构件存放稳定，支点宜与起吊点位置一致，与清水混凝土面接触的垫块应采取防污染措施，水平运输时 PC 梁的支承点的位置应与堆放时一样，PC 梁构件叠放不宜超过 3 层。

3）安装支承点的设计。PC 梁安装时需要设置临时支撑。叠合梁板一般在两端支撑，距离边缘 500mm，且支撑间距不宜大于 2m（图 14-17）。安装时混凝土强度应达到设计强度的 100%。施工均布荷载不大于 $1.5kN/m^2$；

图 14-16　PC 梁垫方木支承堆放

不均匀情况，在单板范围内，折算不大于 $1.0kN/m^2$。

图 14-17　PC 梁安装支撑

（3）PC 梁预埋件

PC 梁中预埋件是根据各专业提供条件在梁中预埋，预埋件主要包括以下 2 种：

1）电气 PVC 穿线管。

2）预留模板锚栓螺母或穿孔。

 187. 如何进行 PC 柱吊点、支承点、预埋件设计及其构造设计？

（1）PC 柱吊点设计

PC 柱的吊点包括脱模吊点、吊运吊点、翻转吊点、安装吊点。PC 柱的脱模吊点和吊运吊点可以共用；PC 柱的翻转吊点和安装吊点可以共用。

1）PC 柱吊点布置。吊点的布置原则见本章 185 问。

①PC 柱的脱模吊点。PC 柱需要专门设置的脱模吊点，常用的脱模吊点有内埋式螺母（图 14-18）、预埋钢筋吊环（图 14-19）、预埋钢丝绳索、预埋尼龙绳索等。

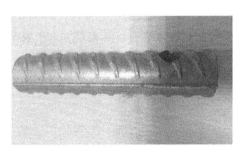

图 14-18　内埋式螺母　　　　　　图 14-19　预埋钢筋吊环

②PC 柱的翻转吊点。柱子大都是"平躺着"制作的，堆放、运输状态也是平躺着的，吊装

时则需要翻转90°立起来，须验算翻转工作状态的承载力，PC柱一般为预埋螺母。

③PC柱的吊运吊点。PC柱的吊运吊点与脱模吊点共用。

④PC柱的安装吊点。安装吊点是预制构件安装时用的吊点，构件的空间状态与使用时一致。PC柱的安装吊点与翻转吊点共用。

2）PC柱吊点计算。

①安装吊点和翻转吊点。PC柱安装吊点和翻转吊点共用，设在柱子顶部。断面大的柱子一般设置4个（图14-20）吊点，也可设置3个吊点。断面小的柱子可设置2个或者1个吊点。沈阳南科大厦边长1300mm的柱子设置了3个吊点；边长700mm的柱子设置了2个吊点。

柱子安装过程计算简图为受拉构件；柱子从平放到立起来的翻转过程中，计算简图相当于两端支撑的简支梁（图14-21）。

图14-20　PC柱子安装吊点

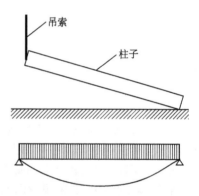

图14-21　柱子安装、翻转计算简图

②脱模吊点和吊运吊点。除了要求四面光洁的清水混凝土柱子是立模制作外，绝大多数柱子都是在模台上"躺着"制作，堆放、运输也是平放，柱子脱模和吊运共用吊点，设置在柱子侧面，采用内埋式螺母，便于封堵，痕迹小。

柱子脱模吊点的数量和间距根据柱子断面尺寸和长度通过计算确定。由于脱模时混凝土强度较低，吊点可以适当多设置，不仅对防止混凝土裂缝有利，也会减弱吊点处的应力集中。

两个或两组吊点时（图14-12a、b），柱子脱模和吊运按带悬臂的简支梁计算；多个吊点时（图14-12c），可按带悬臂的多跨连系梁计算。

3）吊点构造见本章186问。

（2）PC柱支承点设计

PC柱支承点包括堆放、运输支承点和安装支承点。

1）构件堆放、运输和吊运。PC柱采用水平堆放，用垫方木支承，水平运输时PC柱的支承点的位置应与堆放时一样，如图14-22所示。

2）安装支承点的设计。PC 柱施工
环节需要的设置包括：竖向构件连接支
点及标高调整、竖向临时斜支承、施工
辅助设施固定等。

①竖向构件调整标高支点。PC 柱、
PC 墙板竖向构件的水平连接缝一般为
20mm 高，所以，在上部构件安装就位
时，应当将构件支垫起来。如果下部构
件或现浇混凝土表面不平，支垫点还有
调整标高的功能。

标高支点有两种办法，预埋螺母法
和钢垫片法。

预埋螺母法是最常用的标高支点做
法：在下部构件顶部或现浇混凝土表面

图 14-22　PC 柱运输

预埋螺母（对应螺栓直径 20mm），旋入螺栓作为上部构件调整标高的支点，标高微调靠旋转螺
栓实现。上部构件对应螺栓的位置预埋 50mm × 50mm × 6mm 厚的镀锌钢片，以削弱局部应力集
中的影响（图 14-23、图 14-24）。

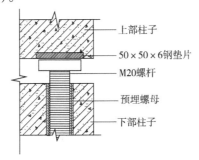

图 14-23　螺栓调整标高支点构造图

图 14-24　螺栓调整标高支点实例
注：左图是下柱顶部，有 4 个预埋螺母孔，右图是上柱底部，有 4 个预埋钢片。
　　左图对角线两个预埋螺母是吊点，左右两图伸出的两根镀锌钢带是防雷引下线。

标高支点也可用钢垫片（图14-25），省去了在PC柱或现浇混凝土中埋设螺母的麻烦。

但钢垫片存在2个问题，一是对接缝处断面抗剪力稍稍有点削弱；二是微调标高要准备不同厚度的钢垫片，不如螺栓微调标高方便。

标高支点一般布置4个，位置如图14-26所示。

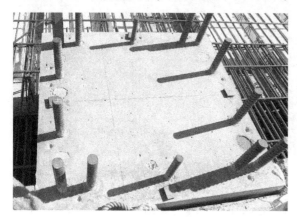

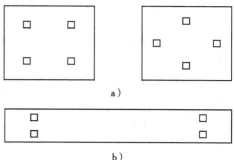

a)

b)

图14-25　螺栓调整标高支点钢垫块法

图14-26　调整标高支点数量与位置示意
a) 柱子　b) 剪力墙

②竖向构件临时斜支撑。柱子和墙板等竖向构件安装就位后，为防止倾倒需设置斜支撑。斜支撑的一端固定在被支撑的PC构件上，另一端固定在地面预埋件上（图14-27）。

图14-27　竖向构件斜支撑

结构设计须对竖向构件临时斜支撑进行计算、布置和构造设计。

竖向构件施工期间水平荷载主要是风荷载。风荷载宜按施工期间最大风荷载取值，据此进行倾覆稳定验算。由于PC构件安装一般不会在大风中或大风前进行，也可根据当地气象情况具体分析如何取值。

断面较大的柱子稳定力矩大于倾覆力矩，可不设立斜支撑。安装柱子后马上进行梁的安装或组装后浇区模板，也不需要斜支撑。需要设立斜支撑的柱子有一个方向和两个方向两种情况。剪力墙板需要设置斜支撑，一般布置在靠近板边的部位，如图14-28所示。

设立斜支撑的构件，支撑杆的角度与支撑面空间有关。斜支撑一般是单杆支撑，也有用双

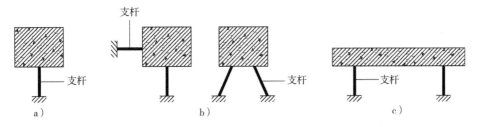

图 14-28　竖向构件斜支撑方向

a）柱子单方向支撑　b）柱子双方向支撑　c）墙板支撑

杆支撑的，如图 14-29 所示。

斜支撑杆件在 PC 构件上的固定方式一般是用螺栓将杆件连接件与内埋式螺母连接。

③施工辅助设施固定。工地有一些设施需要临时在 PC 构件上固定，如后浇区模板、提升架、塔式起重机支架、安全护栏等，为此需要在 PC 构件上埋设预埋螺母。

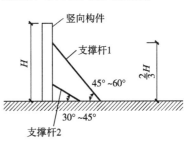

图 14-29　竖向构件斜支撑角度

本书一位编者曾经在一个装配式建筑工地发现，由于 PC 剪力墙墙板没有预留后浇区模板安装预埋件，现场工人用冲击钻在 PC 墙板上打眼植入膨胀螺栓，结果把构件内的钢筋都打断了。

工地设施预埋螺母的荷载要求、直径、位置等应当由施工企业技术人员提出，再由结构设计师验算并进行构造设计。

（3）PC 柱预埋件

PC 柱中除了预埋以上吊点外还需要以下 4 种预埋件：

1）电气 PVC 穿线管。

2）预留模板锚栓螺母或穿孔。

3）斜支撑螺母。

4）灌浆套筒。

188. 如何进行 PC 墙板吊点、支承点、预埋件设计及其构造设计？

（1）PC 墙吊点设计

PC 墙的吊点包括脱模吊点、吊运吊点、翻转吊点、安装吊点。

1）PC 墙吊点布置。吊点的布置原则见本章 185 问。

①PC 墙的脱模吊点。在固定模台和没有自动翻转台的流水线上生产的 PC 墙板，需要专门设置的脱模吊点，常用的脱模吊点有内埋式螺母（图 14-18）、预埋钢筋吊环（图 14-19）、预埋钢丝绳索、预埋尼龙绳索等。

②PC 墙的翻转吊点。"平躺着"制作的墙板脱模后或需要翻转 90°立起来，或需要翻转 180°将表面朝上。流水线上有自动翻转台时，不需要设置翻转吊点；在固定模台或流水线没有翻转平台时，需设置翻转吊点，并验算翻转工作状态的承载力。

无自动翻转台时，构件翻转作业方式有两种：捆绑软带式和预埋吊点式（图 14-30）。捆绑软带式在设计中须确定软带捆绑位置，据此进行承载力验算。预埋吊点式需要设计吊点位置与构造，进行承载力验算。

图 14-30　捆绑软带式翻转

板式构件的翻转吊点一般为预埋螺母，设置在构件边侧（图 14-31）。只翻转 90°立起来的构件，可以与安装吊点兼用；需要翻转 180°的构件，需要在两个边侧设置吊点（图 14-32）。

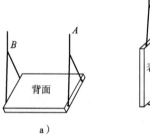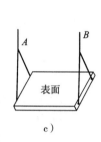

图 14-31　设置在板边的预埋螺母　　　　　　图 14-32　180°翻转示意图
a）构件背面朝上，两个侧边有翻转吊点，A 吊钩吊起，B 吊钩随从
b）构件立起，A 吊钩承载
c）B 吊钩承载，A 吊钩随从，构件表面朝上

③PC 墙的吊运吊点。PC 墙板的吊运吊点或与脱模吊点共用，或与翻转吊点共用，或与安装吊点共用。在进行脱模、翻转和安装吊点的荷载分析时，应判断这些吊点是否兼做吊运吊点。

④PC 墙的安装吊点。PC 墙板的安装吊点为专门设置。墙板有预埋螺母（图 14-33）、预埋吊钉（图 14-34）和钢丝绳吊环等。

图 14-33　H 形墙板预埋螺母吊点　　　　　　图 14-34　预埋吊钉示意图

我们把以上对各类吊点的讨论汇总到表 14-2 中。

表 14-2　PC 构件吊点一览表

构件类型	构件细分	工作状态				吊点方式
		脱模	翻转	吊运	安装	
柱	模台制作的柱子	△	○	△	○	内埋螺母
	立模制作的柱子	○	无翻转	○	○	内埋螺母
	柱梁一体化构件	△	○	○	○	内埋螺母
梁	梁	○	无翻转	○	○	内埋螺母、钢索吊环、钢筋吊环
	叠合梁	○	无翻转	○	○	内埋螺母、钢索吊环、钢筋吊环
楼板	有桁架筋叠合楼板	○	无翻转	○	○	桁架筋
	无桁架筋叠合楼板	○	无翻转	○	○	预埋钢筋吊环、内埋螺母
	有架立筋预应力叠合楼板	○	无翻转	○	○	架立筋
	无架立筋预应力叠合楼板	○	无翻转	○	○	钢筋吊环、内埋螺母
	预应力空心板	○	无翻转	○	○	内埋螺母
墙板	有翻转台翻转的墙板	○	○	○	○	内埋螺母、吊钉
	无翻转台翻转的墙板	△	◇	○	○	内埋螺母、吊钉
楼梯板	模台生产	△	◇	△	○	内埋螺母、钢筋吊环
	立模生产	△	◇	○	○	内埋螺母、钢筋吊环
阳台板、空调板等	叠合阳台板、空调板	○	无翻转	○	○	内埋螺母、软带捆绑（小型构件）
	全预制阳台板、空调板	△	◇	○	○	内埋螺母、软带捆绑（小型构件）
飘窗	整体式飘窗	○	◇	○	○	内埋螺母

注：○为安装吊点；△为脱模吊点；◇为翻转吊点；其他栏中标注表明共用。

2）PC 墙吊点计算。

①有翻转台翻转的墙板。有翻转台翻转的墙板，脱模、翻转、吊运、安装吊点共用，可在墙板上边设立吊点，也可以在墙板侧边设立吊点。一般设置 2 个，也可以设置两组，以减小吊点部位的应力集中（图 14-35）。

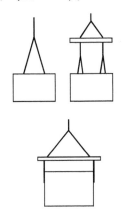

图 14-35　墙板吊点布置

②无翻转台翻转的墙板（非立模）。无翻转平台的墙板，脱模、翻转和安装吊点都需要设

置。脱模吊点在板的背面，设置4个（图14-36）；安装吊点与吊运吊点共用，与有翻转台的墙板的安装吊点一样；翻转吊点则需要在墙板底边设置，对应安装吊点的位置。

③避免墙板偏心。异形墙板、门窗位置偏心的墙板和夹心保温墙板等，需要根据重心计算布置安装吊点（图14-37）。

④计算简图。墙板在竖直吊运和安装环节因截面很大，不需要验算。

需要翻转和水平吊运的墙板按4点简支板计算。

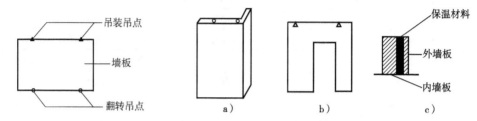

图14-36　墙板脱模吊点位置

图14-37　不规则墙板吊点布置
a）L形板　b）门窗偏心板　c）夹心保温板

3）吊点构造见本章186问。

4）吊点方式比较。吊点有预埋螺栓、吊钉、钢筋吊环、预埋钢丝绳索和尼龙绳索等。

内埋式螺母是最常用的脱模吊点，埋置方便，使用方便，没有外探，作为临时吊点，不需要切割。

吊钉最大的特点是施工非常便捷，埋置方便，不需要切割，混凝土局部需要内凹。

预埋钢筋吊环受力明确，吊钩作业方便，但需要切割。

预埋钢丝绳索在混凝土内锚固可以灵活，在配筋较密的梁中使用比较方便。

小型构件脱模可以预埋尼龙绳，切割方便。

（2）PC墙板支承点设计

PC墙板支承点包括堆放、运输支承点和安装支承点。

1）构件检查支架。装饰一体化墙板较多采用翻转后装饰面朝上的修补方式。支承垫可用混凝土立方体加软垫（图14-38）。设计师应给出支承点位置。对于转角构件，应要求工厂制作专用支架（图14-39）。

图14-38　装饰一体化PC墙板装饰面朝上支撑

图 14-39 折板用专用支架支撑

2）PC 墙板堆放、运输和吊运。墙板可采用水平堆放的方式，可用点式支承，也可用垫方木支承，如图 14-40 ~ 图 14-43 所示。

图 14-40 支承垫块　　　　　　　图 14-41 槽形构件两层点支承堆放

图 14-42 L 形板堆放 1　　　　　　图 14-43 L 形板堆放 2

墙板可采用竖向堆放方式，少占施工场地（图 14-44）。也可在靠放架上斜立放置（图 14-45）。竖直堆放和斜靠堆放，垂直于板平面的荷载为零或很小，但也以水平堆放的支承点作为隔垫点为宜。

图 14-44　构件竖直堆放

图 14-45　构件靠放架堆放和运输

竖直放置运输用于墙板，或直接使用堆放时的靠放架；或用运输墙板的专用车辆（图14-46）。

3）安装支撑点的设计见本章 187 问。

PC 墙板在安装时需要在墙板一侧设置斜撑，调节垂直度，如图 14-47 所示。

图 14-46　PC 墙板专用运输车

图 14-47　PC 墙板安装

（3）PC 墙预埋件

PC 墙中除了预埋以上吊点外还需要以下 4 种预埋件：

1）电气 PVC 穿线管、手孔。

2）预留模板锚栓螺母或穿孔。

3）斜支撑螺母。

4）灌浆套筒。

189. 如何进行 PC 楼梯板吊点、支承点、预埋件设计及其构造设计？

（1）PC 楼梯吊点设计

PC 楼梯的吊点包括脱模吊点、安装吊点、吊运吊点。安装吊点和吊运吊点为共用吊点。

1）PC 楼梯吊点布置。吊点的布置原则见本章 185 问。

①PC 楼梯的脱模吊点。立模生产和平模生产以及没有自动翻转台的流水线上生产的 PC 楼梯，需要专门设置的脱模吊点，脱模吊点和翻转吊点共用。常用的脱模吊点有内埋式螺母（图14-18）。

②PC 楼梯的翻转吊点。楼梯在修补、堆放过程中一般楼梯面朝上，需要180°翻转，翻转吊点设在楼梯板侧边，可兼做吊运吊点。立模生产的 PC 楼梯

图 14-48　设置在楼梯侧面的脱模翻转吊点

需要在一侧设置翻转吊点；平模生产的 PC 楼梯需要在两侧设置翻转吊点，如图 14-48 所示。

③PC 楼梯的吊运、安装吊点。PC 楼梯的吊运吊点和安装吊点共用，如图 14-49、图 14-50 所示。

图 14-49　设置在楼梯表面的安装吊点

图 14-50　楼梯吊装

2）PC 楼梯吊点计算。吊点的布置原则见本章 185 问。

①非板式楼梯的重心。带梁楼梯和带平台板的折板楼梯在吊点布置时需要进行重心计算，根据重心布置吊点。

②楼梯板吊点布置计算简图。楼梯水平吊装计算简图为 4 点支撑板。

3）吊点构造见本章 186 问。

（2）PC 楼梯支承点设计

PC 楼梯支承点包括堆放、运输支承点。

PC 楼梯可采用水平堆放和运输的方式，可用垫方木支承，如图 14-51 所示；PC 楼梯吊运安装，如图 14-50 所示。

（3）PC 楼梯预埋件

PC 楼梯中预埋件主要有以下 2 种：

图 14-51　楼梯堆放

1）预埋螺母。

2）预留安装孔（图 14-52）。

预留安装孔

图 14-52　PC 楼梯安装孔

190. 如何进行夹心保温板吊点、支承点、预埋件设计及其构造设计？

夹心保温墙板的吊点要求避免墙板偏心，异形墙板、门窗位置偏心的墙板和夹心保温板等，需要根据重心计算布置安装吊点（图 14-37）。

其他设计要求就见本章 188 问，拉结件设计见第 13 章。

191. 如何进行阳台板、挑檐板、雨篷板、空调板、遮阳板等吊点、支承点、预埋件设计及其构造设计？

1）叠合阳台板、空调板、雨篷板、挑檐板、遮阳板等构件不用翻转，安装吊点、脱模吊点与吊运吊点为共用吊点。吊点数量和间距根据板的厚度、长度和宽度通过计算确定。

2）全预制的阳台板、空调板、雨篷板、挑檐板、遮阳板等构件一般是平模制作，安装吊点设置在表面。不规则尺寸的 PC 构件需要进行重心计算，根据重心布置吊点。

3）小型板式构件可以用软带捆绑翻转、吊运和安装，设计图须给出软带捆绑的位置和说明。曾经有过 PC 墙板工程因工地捆绑吊运位置不当而导致墙板断裂的例子，如图 14-53 所示。

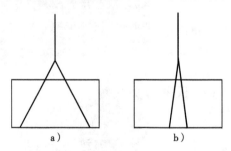

a)　　　　　　　　　b)

图 14-53　软带捆绑位置靠里导致墙板断裂示意

a）正确　b）错误

4）叠合阳台板、空调板、雨篷板、挑檐板、遮阳板等构件可采用水平堆放，可采用点式支承，也可用垫方木支承，大多数构件可以多层堆放，多层堆放的原则是：

①支承点位置经过验算。

②上下支承点对应一致。

③一般不超过 6 层。

5）叠合阳台板、空调板、雨篷板、挑檐板、遮阳板安装时需要设置临时支撑，如图 14-8b 所示。

6）阳台板、空调板、雨篷板等 PC 构件需要预留孔洞和吊点、栏杆等预埋件。

 192. 如何进行敞口构件临时拉杆设计？

一些开口构件、转角构件为避免运输过程中被拉裂，须采取临时拉结杆。对此设计应给出要求。

图 14-54 是一个 V 形墙板临时拉结杆的例子，用两根角钢将构件两翼拉结，以避免构件内转角部位在运输过程中拉裂。安装就位前再将拉结角钢卸除。

图 14-54　V 形 PC 墙板临时拉结

需要设置临时拉结杆的构件包括断面面积较小且翼缘长度较长的 L 形折板、开洞较大的墙板、V 形构件、半圆形构件、槽形构件等（图 14-55）。临时拉结杆可以用角钢、槽钢，也可以用钢筋。

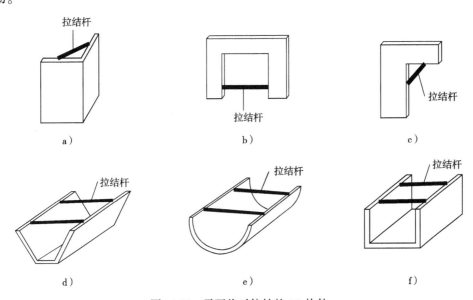

图 14-55　需要临时拉结的 PC 构件
a）L 型折板　b）开口大的墙板　c）平面 L 形板　d）V 形板　e）半圆柱　f）槽形板

193. 构件制作图包括哪些细目？为什么必须实行"一图通"原则？

(1) 构件制作图设计细目

给 PC 构件制作工厂的图不应当仅仅是构件图本身，应当是包括拆分和后浇区连接节点设计的一整套图，以方便制作工厂与施工安装企业互相了解情况，对照检查，避免出错。

本问列出的设计图细目，主要是与 PC 有关的设计。混凝土现浇建筑的常规设计细目这里不详细列出。

1）总说明。除了常规结构图总说明内容外，尚应包括如下与 PC 有关的内容：

①构件编号。构件有任何不同，都要通过编号区分。例如构件只有预埋件位置不同，其他所有地方都一样，也要在编号中区分，可以用横杠加序号的方法。

②材料要求。

A. 混凝土强度等级。

a. 当同样构件混凝土强度等级不一样时，如底层柱子和上部柱子混凝土强度等级不一样，除在说明中说明外，还应在构件图中注明。

b. 当构件不同部位混凝土强度等级不一样时，如柱梁一体构件柱与梁的混凝土强度等级不一样，除在总说明中说明外，还应在构件图中注明。

c. 夹心保温构件内外叶墙板混凝土强度等级不一样时，应当在构件图中说明。

d. 须给出构件安装时必须达到的强度等级，如叠合楼板须达到设计强度的 100%；楼梯应达到设计强度的 75%；其他构件应达到设计强度的百分比要求。

B. 当采用套筒灌浆连接方式时：

a. 须确定套筒类型、规格、材质，提出力学物理性能要求。

b. 提出选用与套筒适配的灌浆料的要求。

C. 当采用浆锚搭接连接方式时：

a. 提出波纹管或约束钢筋材质要求。

b. 提出选用与浆锚搭接适配的灌浆料的要求。

D. 当后浇区钢筋采用机械套筒连接时，选择机械套筒类型，提出技术要求。

E. 提出表面构件特别是清水混凝土构件钢筋间隔件的材质要求，不能用金属间隔件。

F. 对于钢筋伸入支座锚固长度不够的构件，确定机械锚固类型，提出材质要求。

G. 提出预埋螺母、预埋螺栓、预埋吊点等预埋件的材质和规格要求。

H. 提出预留孔洞金属衬管的材质要求。

I. 确定拉结件类型，提出材质要求。

J. 给出夹心保温构件保温材料的要求。

K. 如果设计有粘在预制构件上的橡胶条，提出材质要求。

L. 对反打石材、瓷砖提出材质要求；对反打石材的隔离剂、不锈钢挂钩提出材质和物理力学性能要求。

M. 电气埋设管线等材料。

N. 防雷引下线材料要求等。

③其他要求。

A. 构件拆模需要达到的强度。

B. 构件安装需要达到的强度。

C. 构件质量检查、堆放和运输支承点位置与方式。

D. 构件安装后临时支承的位置、方式与时间。

2）拆分图。拆分图包括平面拆分布置图和立面拆分布置图，应标注每个构件的编号，与现浇混凝土区（包括后浇混凝土连接节点）应标识不同颜色。

①平面拆分图。

A. 平面拆分图给出一个楼层 PC 构件的拆分布置，标识 PC 柱、梁和墙体。

B. 凡是布置不一样或构件拆分不一样的楼层都应当给出该楼层平面布置图。

C. 柱梁结构体系，柱子图与梁图宜分开为好，清晰。

D. 平面面积较大的建筑，除整体平面图外，还可以分成几个区域给出区域拆分图，给读图者以方便。这一点日本拆分图给人以深刻印象，绝不会一张图挤得密密麻麻的，字小的得用放大镜看。

②楼板拆分图。

A. 楼板拆分图给出一个楼层楼板的拆分布置，标识楼板。

B. 凡是布置不一样或楼板拆分不一样的楼层都应当给出该楼层楼板布置图。

C. 平面面积较大的建筑，除整体楼板拆分图外，还可以分成几个区域给出区域楼板拆分图。

③立面拆分图。

A. 给出每道轴线立面拆分图，标识该立面 PC 构件。

B. 楼层较多的高层建筑，除整体立面拆分图外，还可以分成几个高度区域给出区域立面拆分图。

3）连接节点图。后浇混凝土连接节点位置在拆分图中已经标识，这里的连接节点图包括：

①后浇区连接节点平面、配筋。

②后浇区连接节点剖面图。

③套筒连接或浆锚搭接详图。

4）构件制作图。

①构件图应附有该构件所在位置标示图（图 14-56）。

②构件图应附有构件各面命名图，以方便正确看图（图 14-57）。

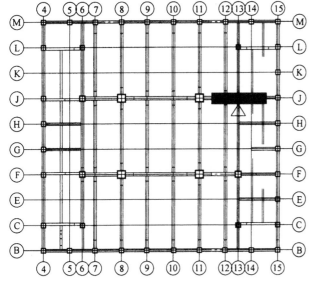

图 14-56　构件位置标示图

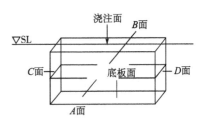

图 14-57　构件各面视图方向标示图

③构件模具图。

A. 构件外形、尺寸、允许误差。

B. 构件混凝土量与构件质量。

C. 使用、制作、施工所有阶段需要的预埋螺母、螺栓、吊点等预埋件位置、详图；给出预埋件编号和预埋件表。

D. 预留孔眼位置、构造详图与衬管要求。

E. 粗糙面部位与要求。

F. 键槽部位与详图。

G. 墙板轻质材料填充构造等。

④配筋图。除常规配筋图、钢筋表外，配筋图还须给出：

A. 套筒或浆锚孔位置、详图、箍筋加密详图。

B. 包括钢筋、套筒、浆锚螺旋约束钢筋、波纹管浆锚孔箍筋的保护层要求。

C. 出筋位置、长度允许误差。

D. 预埋件、预留孔及其加固钢筋。

E. 钢筋加密区的高度。

F. 套筒部位箍筋加工详图，依据套筒半径给出箍筋内侧半径。

G. 后浇区机械套筒与伸出钢筋详图。

H. 构件中需要锚固的钢筋的锚固详图。

⑤夹心保温构件拉结件。

A. 拉结件布置。

B. 拉结件埋设详图。

⑥非结构专业的内容。与 PC 构件有关的建筑、水电暖设备等专业的要求必须一并在 PC 构件中给出，包括（不限于）：

A. 门窗安装构造。

B. 夹心保温构件的保温层构造与细部要求。

C. 防水构造。

D. 防火构造要求。

E. 防雷引下线埋设构造。

F. 装饰一体化构造要求，如石材、瓷砖反打构造图。

G. 外装幕墙构造。

H. 机电设备预埋管线、箱槽、预埋件等。

5）产品信息标识。为了方便构件识别和质量可追溯，避免出错，PC 构件应标识基本信息，日本许多 PC 构件工厂采用埋设信息芯片用扫描仪读信息的方法，国内上海城建 PC 工厂也采用埋设芯片的办法。产品信息应包括以下内容：构件名称、编号、型号、安装位置、设计强度、生产日期、质检员等。

（2）"一图通"原则

所谓"一图通"，就是对每种构件提供该构件完整齐全的图样，不要让工厂技术人员从不同图样去寻找汇集构件信息，不仅不方便，最主要的是容易出错。

例如，一个构件在结构体系中的位置从平面拆分图中可以查到，但按照"一图通"原则，就应当不怕麻烦再把该构件在平面中的位置画出示意图"放"在构件图中。

"一图通"原则对设计者而言不过是鼠标单击一下"复制"，图样数量会增加。对制作工厂而言，带来了极大的方便，也会避免遗漏和错误。PC 构件一旦有遗漏和错误，到现场安装时才发现，就无法补救了，会造成很大的损失。

　　之所以强调"一图通"，还因为 PC 工厂不是施工企业，许多工厂技术人员对混凝土在行，对制作工艺精通，但不熟悉施工图，容易遗漏。

　　把所有设计要求都反映到构件制作图上，并尽可能实行一图通，是保证不出错误的关键原则。汇集过程也是复核设计的过程，会发现"不说话"和"撞车"现象。

　　每种构件的设计，任何细微差别都应当表示出来。一类构件一个编号。

194. 日本 PC 构件制作图什么样?

　　日本 PC 建筑的结构体系是：框架结构、框-剪结构和筒体结构。没有剪力墙结构。

　　框剪结构 PC 建筑在我国应用较少，日本鹿岛建设在沈阳指导建造了国内第一座框剪结构 PC 建筑，高 99.55m，地上 23 层。南科大厦 7 ~ 23 结构层进行了 PC 拆分设计、施工。将结构拆分为预制柱、预制梁、预制叠合板，如图 14-58 ~ 图 14-65 所示。

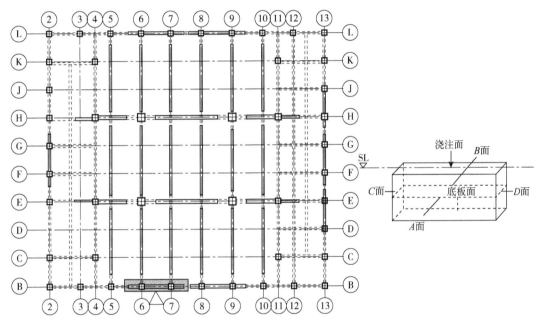

图 14-58　南科大厦平面拆分示意图

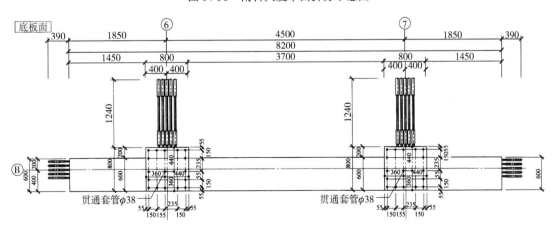

图 14-59　PC 莲藕梁 KL05-06 底视图

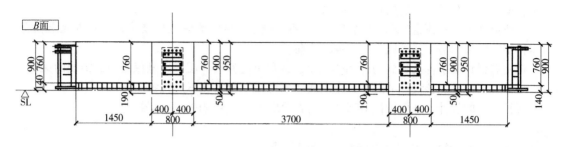

图 14-60　PC 莲藕梁 KL05-06 B 面视图

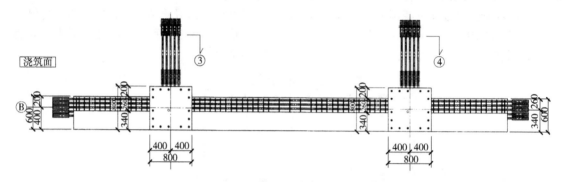

图 14-61　PC 莲藕梁 KL05-06 浇筑面视图

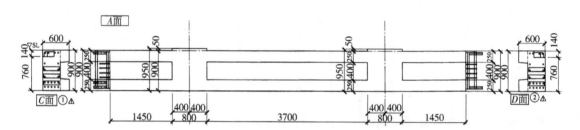

图 14-62　PC 莲藕梁 KL05-06 A 面视图

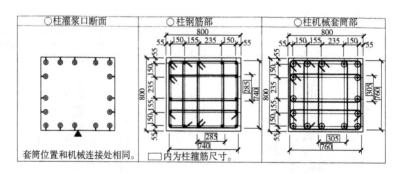

图 14-63　PC14～21KZ5-08B 柱详图

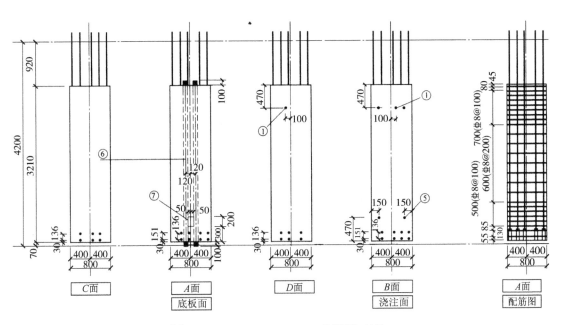

图 14-63　PC14 ~ 21KZ5-08B 柱详图（续）

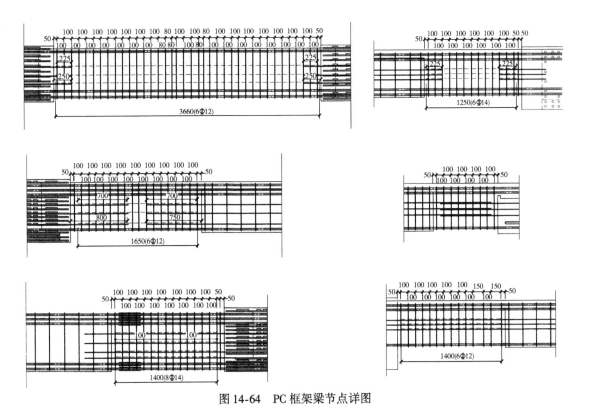

图 14-64　PC 框架梁节点详图

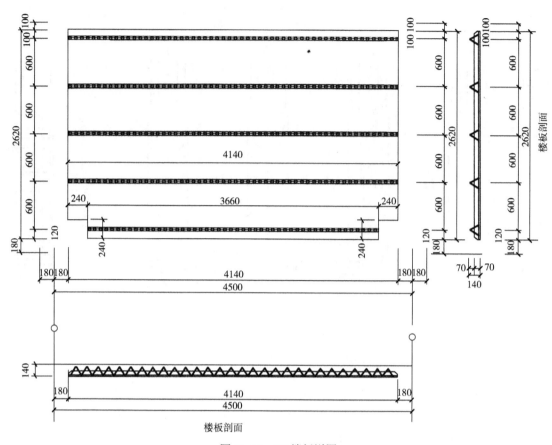

图 14-65 PC 楼板详图

楼板剖面

第15章 设计质量管理

 195. PC 结构设计目前存在什么问题？易出现什么质量问题？

PC 结构设计是涵盖全专业（建筑、结构、水、暖、电）全过程（方案设计、初步设计、施工图设计、深化图设计、生产制作、施工安装）的设计，是集成一体化的设计。如果把 PC 当作一个专业来理解的话，PC 是个整合设计、制作、施工安装的专业。《装标》3.0.1 规定：装配式混凝土建筑应采用系统集成的方法统筹设计、生产运输、施工安装，实现全过程的协调。目前 PC 结构设计最为突出的问题就是一体化集成、全过程覆盖衔接闭环的问题。装配式建筑市场急剧发展，带来了供需不平衡、设计周期不合理、协同不到位、综合性人才缺乏等各种现实问题。

（1）专业间协同不到位

传统设计专业"界面"细分清楚，专业间"界面"的存在给 PC 系统化集成设计带来一些障碍，有的会认为这不是本专业的工作内容，使得需要协同协调的内容无法有效地落实，而项目负责人在特定的专业性上又存在或多或少的不足，带来协同不到位的问题；另外，专业间二维协同本身存在先天不足，设计各专业间以及设计、制作、施工各环节间的二维提资和反馈，难以把信息有效传递，做到无缝衔接，主要依赖于提资方的表达清晰性、完整性，受资方经验判断能力和理解程度，信息传递容易遗漏和误解。要靠有丰富经验的项目负责人把整个环节闭环串起来，而目前具备这样综合素质的人才相对缺乏，供需不平衡。因此提高一个维度设计，采用三维同步协同，应该是行之有效的途径。

（2）设计周期不合理

目前装配式建筑项目的设计周期往往被压缩得和传统项目差不多，装配式建筑设计集成化、精细化的要求与设计周期不匹配，导致设计考虑不充分、协调不到位，带来后期的修改、变更，甚至凿改的情况。这种压缩设计时间的现象，在通过开发贷款拿地的房地产开发项目上尤其突出，由于贷款利息高昂带来开发项目财务成本上的压力，开发企业都希望尽快地把面粉做成面包，以最快的速度回笼资金，归还贷款，用时间换取利润空间。在我国传统项目上的设计周期与国外一些发达国家相比，我们的设计也是"快周期"的，"快周期"很难实现"高"效率，这种相对粗放的设计建造方式势必要回到正常的轨道上来，尤其是装配式建筑项目，边设计、边施工、边修改的做法是行不通的，粗放式的设计建造带来的修正错误的代价同样巨大，粗放型的开发建设模式一定会回到精细化上来。2016 年 12 月 21 日住建部印发了《全国建筑设计周期定额（2016 版）》，强调了合理的设计周期是满足设计质量与设计深度的必要条件。

（3）前置工作考虑不充分

目前很多建设单位都是第一次面临装配式建筑项目的开发建设，在一定程度上需要熟悉装配式项目配合协作流程的设计单位来做前期的指引推动。在装配式项目上，需要提前介入协同作业的单位，如果还按照传统项目来进行管控，相关单位招采滞后，就会导致前期设计和后期生产制作、安装环节无法闭环。比如：精装修交付的住宅项目，装修点位一体化预留预埋工作未前置考虑，按传统思路在主体设计单位完成施工图设计后，根据项目销售定位再来考虑精装修设计，这是完全跟不上项目的进度要求的，也满足不了 PC 设计一体化集成、精细化的要求，导致的结果就是工期延误或者后面二次、三次整改造成大量的浪费，违背工业化的初衷。有关工作前置的内容和建议参照第 198 问的叙述。

（4）设计对生产制作工艺的不熟悉

目前传统设计院的设计师对 PC 工厂生产工艺和流程还不熟悉，容易产生设计与生产脱节，在设计和工厂沟通及调研不充分的情况下，会带来所设计的 PC 构件生产困难或成本上升的情况。目前 PC 设计资源相对来说跟不上发展的需要，还需要通过大量的培训，调整相关从业人员结构才能逐步跟上市场的需求。

（5）设计对道路运输条件不熟悉

对 PC 运输车基本参数和道路运输限高要求等不了解，拆分设计时未充分考虑运输的限制条件，导致 PC 构件超高无法运输或运输效率下降。比如：虽然 PC 构件混凝土外包尺寸未超高，但未注意预埋插筋等出筋长度，导致 PC 构件竖运超高的情况，工程中曾见到过将插筋强行折弯后运输，到现场再调直的做法，这样会导致钢筋性能受损，不满足规范要求，带来拼缝连接上的安全隐患。

（6）设计对施工安装条件不熟悉

传统现浇设计做法，设计师大多数对施工单位的脚手架方案、模板支设方案、塔式起重机扶墙撑等施工方案不关心，也不了解、不熟悉，而施工单位也缺乏对设计单位提资的经验。按传统思路设计出的装配式 PC 构件无法有效地满足现场安装需要。比如：现在装配整体式剪力墙结构体系，大量的 PC 构件与现浇构件衔接穿插使用，在 PC 构件上预埋的模板支设埋件，时常发生模板支设连接困难、与其他埋件互相干涉的情况。没有将施工环节一体化集成的设计要求协调落实，带来大量的后期施工困难的情况，调整起来费时费力，造成大量的浪费。

（7）设计对相关配套材料的不熟悉

PC 设计高度集成一体化的要求，对项目负责人（或设计师）的综合素质要求很高，不懂材料，不跨界多了解相关的配套产品，就做不好 PC 设计。比如：在夹心保温外墙的设计上，如果设计师对保温连接件不了解，对夹心保温墙受力原理不熟悉，会导致设计构造错误，连接件布置不合理，因为设计原因出现相关的质量问题。《中华人民共和国建筑法》第五十七条规定：建筑设计单位对设计文件选用的建筑材料、建筑构配件和设备不得指定生产厂、供应商。设计不能 "指定" 产品，这条法规给了设计师偷懒的理由，在设计时没有很好考虑设计的产品的适用性和合理性，在装配式项目中不去了解市面上的相关配套产品，就很难做好 PC 设计，比如：灌浆套筒预埋钢筋进入套筒的长度，规范有 $8d$ 基本要求，但是不同厂家所提供的产品会有所差异，若甲方或设计不提前把所需要的产品确定下来，后面就会出现不匹配的情况。

（8）设计乙方单位协调能力有限

装配式建筑发展处于急速发展期，我们要用 10 年的时间赶上其他一些发达国家半个多世纪的路。目前很多开发建设单位对装配式建筑项目开发管控流程还不太熟悉，还要依赖有较多设计和咨询顾问经验的单位来协助甲方协调各单位，但设计单位作为乙方单位，协调其他平行的乙方单位是有一定困难的。在项目开发建设模式上采用 EPC 模式或许是个解决途径和出路。EPC 总承包模式下，开发建设单位定位有所调整，仅需专注于确定项目标准和范围、项目总体把控和协调外部资源即可，EPC 模式对开发建设单位来说具有成本可控、节约工期、责任明确、管理简化和降低风险等优势。

（9）人工二维协同设计易出差错

目前设计单位还是采用 CAD 的二维设计为主，PC 设计考虑的内容多，集成度高，靠阶段性互相提资和反馈进行设计作业，导致提资信息不能全面有效传递，滞后性和人工复核的覆盖不完整，导致设计产生差错。PC 专业单独采用 BIM 作业有很大的局限，相当于将其他专业的二维设计内容翻成三维信息模型，再用二维出图、出成果，在目前来看，这种单环节采用 BIM 的模式，BIM 的优势得不到很好的发挥。如果从方案设计开始就进行三维协同设计，完成信息的各专业无缝传递，同步协调，避免人工提资和人工复核导致的缺失，能真正将 BIM 三维信息模型的作用发挥出来。

（10）三维设计二维表达的局限性

目前各设计专业的施工图以及 PC 专业的深化设计图成果交付方式仍然以二维平面图成果交付为主，即使采用三维信息模型设计，还是回到二维标准来出图。建筑专业三维模型信息目前也难以有效转化成结构力学分析的三维信息模型，另外，如何将结构计算分析后的三维信息模型再有效地同步协同到其他专业的三维信息模型中去，把通道打通，还有大量的工作要做。结构的三维分析模型转化为二维平法（截面、钢筋等信息都采用规则化的抽象的数字来表达）方式来表达，这个过程丢失了大量的直观、有效的信息。结构平法是在二维设计时代，我国在结构设计施工图表达方法上的独创，当时确实解放了结构师，提高了设计效率。但展望不远的将来，设计会全面进入三维时代，类似于结构平法等这种不直观、抽象的表达方式一定会被淘汰。将来的设计信息模型中，结构的每一个构造是什么要求，钢筋怎么弯折，都会以三维的信息完整准确地表达出来，所见即所得。设计院要完成从二维到三维的提升，突破一个维度，才能提升自己的市场竞争力。

（11）地方政策性指标与现行规范技术要求的脱节

从近几年装配式建筑的工程实践来看，一些地方存在推进速度偏快，对高预制率、高装配率的盲目追求的现象，这可能会为建设工程带来一些不良影响。对于实验性、示范性项目，在经过充分的研究和专家论证，各方面考虑周全的情况下，做到高预制率或超高预制率，甚至突破现行规范标准来实施，是没有问题的。但是对于全面推广应用的指标要求，还是要循序渐进，不可一蹴而就。在某些方面，地方政策性指标要求与现行规范技术要求存在着脱节现象，比如框架-剪力墙（筒体）结构体系，《装规》《装标》对这种体系的剪力墙是规定必须现浇的，我们测算过一个 80m 高的框剪体系的项目，叠合楼板采用 60mm（PC 层）＋ 80mm（现浇叠合层），叠合板现浇层和核心筒区域现浇板混凝土占比约 22%，剪力墙的混凝土体积占比约 30%，按《装规》规定，底层框架柱、小震下出现拉力的框架柱、屋面板等这些构件不宜预制，在实际项目中对截面过小且数量少的梁、柱等一些效率低的构件也不会优先采用，这些构件混凝土体积占比约 18% 左右，因此全楼混凝土体积占比约 70% 部分是不能预制或不适合预制的，这就意味着预制率 30% 左右是比较适合这个项目的，如果要提高到更高的要求，就要预制一些不太适合预制的 PC 构件。

（12）综合性人才缺乏

PC 设计涵盖全专业全过程，是个整合设计、制作、施工安装的专业，与项目相关的协作单位都与 PC 设计有关，在目前还没有非常成熟、全面完整的作业指导手册来指导设计。并且长期以来，现浇混凝土结构在我国占据主要地位，结构工程师大多只熟悉现浇混凝土结构的设计方法，对预制混凝土结构的设计方法、特点和构造则比较陌生；而施工现场的工程管理技术人员往往也缺乏预制混凝土结构的施工经验。我国在 20 世纪 80 年代到 90 年代预制混凝土技术产生了一个断代，使得掌握这项技术的机构和人才也产生了断代，且随着抗震要求的不断提高，预制混凝土结构的设计难度也更大了。因此，具备全面综合素质的专业人员的缺乏也是目前客观存在的现实问题。为满足全国装配式建筑发展要求，当前需着力培育具有装配式建筑设计经验的技术人才，包括建筑、结构各专业的专门人才，尤其是能掌握主体与装修一体化设计的综合性人才。

(13) 规范理论体系有待进一步完备

装配式建筑结构体系按材料分有装配式混凝土结构体系、装配式钢结构体系、装配式木结构体系。对于预制装配式混凝土结构体系，在现行规范体系上是以"等同现浇"设计理念为主的，即装配式整体式混凝土结构体系；而全装配混凝土结构体系在规范上还不完备，工程实践上也少，有的话也是以单层建筑为主，有待科研及设计单位进一步研究和实践。对于全装配式混凝土结构体系，有其特定的适用范围和应用优势，可以真正做到现场没有湿作业，实

图 15-1　螺栓连接预制框架柱（室外）

现结构的完全装配化、工业化施工，真正地节约工期，节省造价。美国亚利桑那州凤凰城图书馆（见第 6 章图 6-64），就是绿色、节能的全装配式结构的典范，1992 年建成时，引起了极大反响，其竖向构件由预制柱采用螺栓连接装配而成（见图 15-1，第 6 章图 6-65），预制框架梁搁置在预制柱扩大的柱头上装配连接而成（见图 15-2），楼盖采用预制双 T 板结构来满足公共建筑大空间的需要（见第 5 章图 5-6），屋盖采用张弦梁体系（见图 15-3）。像这样的全装配式结构，在我国还有待进一步完备规范体系，给予其应有的发展空间，发挥其全装配的优势。

图 15-2　柱头扩大的装配梁柱节点

图 15-3　张弦梁屋盖体系

（14）隔震、减震优势未能在装配式混凝土结构里发挥

在抗震设防要求高的地区，隔震、减震技术可以大大减少结构的地震响应，使得结构构件内力大为减小，从而减少配筋量、减少钢筋连接接头，更加有利于装配式建筑的实施。在国内隔震、减震技术与装配式结构结合使用，目前基本上还处于空白阶段，加大装配式建筑结构的隔震、减震技术研究和应用力度，具有非常现实的积极意义。将隔震、减震技术和装配式建筑结合使用，在国外已有比较成熟的应用经验，如世界最高的装配式混凝土建筑——日本北浜大厦（图 15-4）就采用了相应的技术，北浜大厦平面布置图如图 15-5 所示，减震耗能装置如图 15-6 所示，减震耗能装置概念图如图 15-7 所示，隔震装置示意图如图 15-8 所示。

图 15-4　北浜大厦——最高预制装配建筑

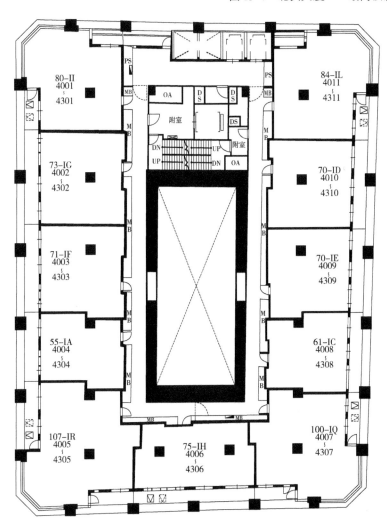

图 15-5　北浜大厦平面布置图

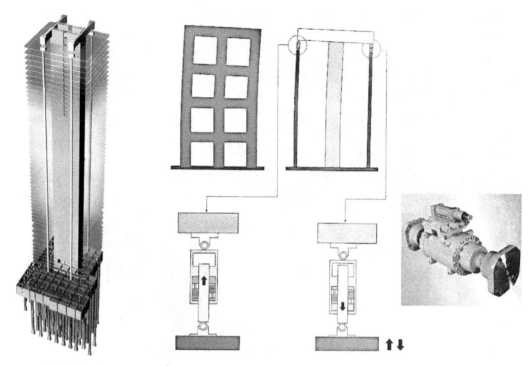

图 15-6　北浜大厦减震耗能装置　　　　图 15-7　北浜大厦减震耗能装置概念图

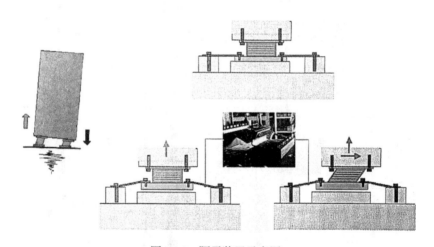

图 15-8　隔震装置示意图

（15）我国地域辽阔，地区差异性大

装配式建筑是高度集成化的有机系统，有其地区适应性。我国的装配式建筑尚处于发展的初级阶段，虽然有着后发优势，但是我们面临着发展适合我国不同地区的装配式建筑的课题，尤其是在不同气候区域装配式外围护系统的课题等。因此充分重视地区差异性，发展和完善适合本地区的装配式建筑体系和系统，有着非常现实和积极的意义。

PC 设计容易出现的质量问题、危害、原因和预防处理措施见表 15-1。

表 15-1　PC 设计常见质量问题一览表

序号	问题	危害	原因	检查	预防与处理措施
1	套筒保护层不够	影响结构耐久性	先按现浇设计再按照装配式拆分时没有考虑保护层问题	设计人 设计负责人	(1) 装配式设计从项目设计开始就同步进行 (2) 设计单位对装配式结构建筑的设计负全责，不能交由拆分设计单位或工厂承担设计责任
2	各专业预埋件、埋设物等没有设计到构件制作图中	现场后锚固或凿混凝土，影响结构安全	各专业设计协同不好	设计人 设计负责人	(1) 建立以建筑设计师牵头的设计协同体系 (2) PC 制作图有关专业会审 (3) 应用 BIM 系统
3	PC 构件局部地方钢筋、预埋件、预埋物太密，导致混凝土无法浇筑	局部混凝土质量受到影响；预埋件锚固不牢，影响结构安全	设计协同不好	设计人 设计负责人	(1) 建立以建筑设计师牵头的设计协同体系 (2) PC 制作图有关专业会审 (3) 应用 BIM 系统
4	拆分不合理	或结构不合理；或规格太多影响成本；或不便于安装	拆分设计人员没有经验，与工厂、安装企业沟通不够	设计人 设计负责人	(1) 有经验的拆分人员在结构设计师的指导下拆分 (2) 拆分设计时与工厂和安装企业沟通
5	没有给出构件堆放、安装后支撑的要求	因支撑不合理导致构件裂缝或损坏	设计师认为此项工作是工厂的责任，未予考虑	设计人 设计负责人	构件堆放和安装后临时支撑作为构件制作图设计的不可遗漏的部分
6	外挂墙板没有设计活动节点	主体结构发生较大层间位移时，墙板被拉裂	对外挂墙板的连接原理与原则不清楚	设计人 设计负责人	墙板连接设计时必须考虑对主体结构变形的适应性
7	PC 墙板斜支撑埋件与模板用加固预埋点冲突	导致模板支设和加固困难，导致混凝土漏浆，浇筑质量出问题	对施工安装要求不熟悉	设计人 设计负责人	1) 在设计阶段，设计与施工安装单位要充分沟通协同 2) 加强对设计人员培训 3) 采用标准化设计统一措施进行管控
8	PC 墙板竖运时，高度超高	导致无法运输，或者运输效率降低，或者出现违规将构件出筋弯折	对运输条件及要求不熟悉	设计人 设计负责人	1) 在设计阶段，设计与制作及运输单位要充分沟通协同 2) 加强对设计人员培训 3) 采用标准化设计统一措施进行管控
9	外墙金属窗框、栏杆、百叶等防雷接地遗漏	导致建筑防侧击雷不满足要求，埋下安全隐患	不了解装配式项目的异同，专业间协同配合不到位	设计人 设计负责人	1) 建立各专业间协同机制，明确协同内容，进行有效确认和落实 2) 加强对设计人员培训 3) 采用标准化设计统一措施进行管控
10	吊点、吊具与出筋位置或混凝土翻口冲突（见图 15-9）	导致吊装时安装吊具困难，需要弯折钢筋或敲除局部混凝土，埋下安全隐患	对吊具、吊装要求不熟悉	设计人 设计负责人	1) 在设计阶段，设计与施工安装单位要充分沟通协同，并明确要求 2) 加强对设计人员培训 3) 采用标准化设计统一措施进行管控

(续)

序号	问 题	危 害	原 因	检 查	预防与处理措施
11	开口型或局部薄弱构件未设置临时加固措施	导致脱模、运输、吊装过程中应力集中,构件断裂	薄弱构件未经全工况内力分析,未采取有效临时加固措施	设计人设计负责人	1)在构件设计阶段,应按构件全生命周期进行各工况的包络设计及采取临时加固和辅助措施 2)采用标准化设计统一措施进行管控
12	预埋的临时支撑埋件位置设置不合理,现场支撑设置困难	导致PC墙板无法临时支撑、固定、调节就位	未考虑现场的支撑设置条件,对安装作业要求不熟悉	设计人设计负责人	1)充分考虑现场支撑设置的可实施性,加强设计与施工单位沟通协调,对安装用埋件进行及时确认 2)采用标准化设计统一措施进行管控
13	脚手架拉结件或挑架预留洞未留设或留洞偏位	导致脚手架安装出现问题,在PC外墙板上凿洞处理,给PC外墙板下安全隐患	未考虑脚手架等在PC外墙板上的预埋预留内容,或者考虑不充分	设计人设计负责人	1)充分考虑现场的脚手架方案对PC外墙板的预埋预留需求,对施工单位相关预留预埋要求进行及时反馈和确认 2)采用标准化设计统一措施进行管控
14	现浇层与PC层过渡层的竖向PC构件预埋插筋偏位或遗漏	导致竖向PC构件连接不能满足主体结构设计要求,结构留下安全隐患	未对竖向PC构件连接筋数量、位置全面复核确认,设计校审不认真	设计人设计负责人	1)对主体结构设计要求要充分地消化理解,要对重点连接部位进行复核确认 2)采用标准化设计统一措施进行管控
15	夹心保温外墙构造设计错误,构造与受力原理不符合	导致内外叶墙板在温差、风、地震等外力作用下变形不能协调。导致外叶墙板开裂,甚至脱落,埋下永久安全隐患	国内对夹心墙板的研究时间不长,在受力机理、设计原则、应用方法、产品标准方面还缺乏相应的依据,在工程应用上还存在一些误区	设计人设计负责人	1)对夹心保温外墙的受力原理与构造设计进行研究,使得构造设计与受力要求相符 2)熟悉和了解市场上有成熟应用经验的拉结件的受力特点、适应范围、设计构造要求等 3)加强设计人员的学习和交流培训
16	夹心保温外墙拉结件选择错误(材料选择错误、适用范围错误),且没有提出试验验证要求	导致拉结件耐久性及受力满足不了建筑的耐久性要求,锚固失效,在使用过程中脱落	对拉结件的材料不熟悉,所选材料不能满足混凝土碱性工作环境。我国尚缺乏拉结件的建工行业产品标准,在拉结件使用上还有误区	设计人设计负责人	1)熟悉、了解拉结件的材料性能,所选用材料要与混凝土碱性环境匹配 2)熟悉、了解市场上有成熟应用经验的拉结件的受力特点、适应范围、设计构造要求等,选用可靠、相对成熟的拉结件 3)加强设计人员的学习和交流培训
17	未标明构件的安装方向	给现场安装带来困难或导致安装错误	未有效落实PC构件相关设计要点,标识遗漏	设计人设计负责人	1)对相关的设计要点、规范要求等进行有效落实 2)采用标准化设计统一措施进行管控

（续）

序号	问　题	危　害	原　因	检　查	预防与处理措施
18	现场 PC 墙板竖直堆放架未进行抗倾覆验算，未考虑堆放架防连续倒塌措施要求	可能导致 PC 堆场在强风雨恶劣天气下出现倾覆或连续倾覆	未对不同堆放条件下除构件本身以外的受力情况进行全面分析验算，未提出 PC 构件堆放的设计要求	设计负责人施工单位技术负责人	1）对 PC 构件的堆放、运输等不同条件下，可能会带来的安全隐患进行全面分析，提出防范要求和措施 2）采用标准化设计统一措施进行管控
19	水平 PC 构件，如：叠合楼板、楼梯、阳台、空调板等设计未给出支撑要求，未给出拆除支撑的条件要求	有可能会导致水平构件在施工阶段不满足承载的情况，尤其是悬挑阳台，空调板等有可能出现倾覆	未把设计意图有效传递给施工安装单位，未对施工单位进行有效的技术交底	设计负责人施工单位技术负责人	1）水平构件是否免支撑设计，需要把设计意图落实在设计文件中，在设计交底环节进行充分的技术交底 2）采用标准化设计统一措施进行管控
20	外侧叠合梁等局部现浇叠合层未留设后浇区模板固定用预埋件	现浇区模板安装困难或无法安装，采用后植方式，给原结构构件带来损伤，费时费力	对现场安装条件不熟悉，未全面复核模板安装用预埋件，施工单位未对设计图进行确认	设计人设计负责人	1）有效落实相关的设计要点 2）和施工安装单位进行书面沟通确认 3）采用标准化设计统一措施进行管控
21	预制部品构件吨位遗漏标注或标注吨位有误	不利于现场塔式起重机布置，误导现场塔式起重机布置和吊能安排，超过塔式起重机吊能时，甚至带来塔式起重机倾覆风险	设计对吊装风险控制要点不清楚、风险控制意识不强，对吊装设备不熟悉	设计人设计负责人	1）有效落实相关的设计要点，强化风险控制要点落实要求 2）和施工安装单位对相关风险控制要点进行二次复核确认 3）采用标准化设计统一措施进行管控
22	预制叠合梁端接缝的受剪承载力不满足《装标》第 5.4.2 条的规定，主体结构施工图和预制构件深化图均未采取有效的措施	受剪承载力不满足规范要求，给结构留下永久的安全隐患	对装配式结构与现浇结构差异不熟悉，深化设计按主体结构施工图深化时容易忽视，而主体结构施工图内也没有相应的处理措施。处于两不管地带	设计人设计负责人	1）需要在现浇叠合区附加抗剪水平筋或其他措施来满足接缝受剪承载要求 2）对规范的相关规定进行培训学习、积累经验，对设计要点进行严格把控并落实 3）采用标准化设计统一措施进行管控 4）建议在现浇叠合层内采用附加抗剪纵筋的方式进行处理（图 15-10），需要在结构施工图中给出节点做法

图 15-9　PC 墙板顶部凹槽内埋式螺母吊点与吊具干涉

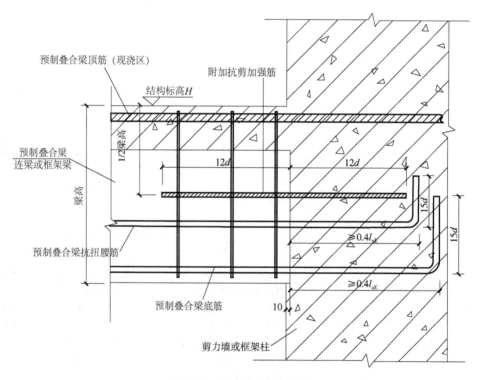

图 15-10　叠合层附加抗剪筋

196. PC 结构设计、拆分设计和构件设计由谁承担责任？

(1) 设计的几种模式

在谈设计责任之前，先谈谈 PC 设计的几种模式和对应的工作内容，各单位对自己承担的工作内容负责是最基本的要求。

1）分离模式：主体设计（方案到施工图）＋PC 深化设计的模式。

这种模式要求主体设计单位有比较丰富的装配式建筑的设计经验，把方案到施工图阶段的装配设计内容全部闭合，PC 深化设计单位只做构件图的深化工作。对于只有 PC 深化图设计能力的单位来说，他们往往缺乏传统综合设计院的项目管理、设计和专业间协作配合的经验，尚不具备从方案到施工图这些设计阶段的咨询顾问能力，很难把装配建筑的要求有机、合理地契合进去。这样的模式后续的深化设计完全建立在主体设计院的前期设计基础上，如果没有充分做好前期的装配方案，对于低预制率项目，还可以勉强"硬"做，但对于中高预制率项目，硬做的话，会带来 PC 一体化集成设计的极大困难，很难落地实施。

2）顾问模式：主体设计（方案到施工图）＋PC 专项全程咨询顾问与设计模式。

顾问模式建立在 PC 专项设计单位具备完全的咨询顾问能力的基础上，是对分离模式的界面壁垒的打破。PC 专项的咨询顾问与设计要求的综合素质更高，不仅要熟悉设计各专业，而且对项目从设计、生产、安装各环节要了如指掌，对项目的成本、招采、管理各方面都要有相当的经验和知识储备，才能做好专项的咨询顾问和设计工作。

3）一体化模式：全专业全过程（含 PC）均由一家设计单位来完成的模式，一体化模式比较有利于全专业全过程的无缝衔接、闭环设计。目前有一些综合型大型设计院已经具备了这种一体化的设计服务能力。而这种一体化的服务模式也是笔者所倡导的，在这种模式下，对于建设单位来说，设计管控界面也会减少，有利于设计项目的组织与管理，也有利于商务招标采购等各方面工作的开展。

（2）设计界面

1）主体结构设计：主体结构设计由主体设计单位完成，考虑结构方案时必须充分考虑装配式结构的特点以及装配式结构设计的规程和标准的相关规定，满足《建筑工程设计文件编制深度规定》，为 PC 结构设计打好先天基础。

2）拆分设计：装配式混凝土结构拆分设计要融合到建筑结构方案设计、初步设计、施工图设计各环节中去，不能孤立地分离成先后的阶段性设计，是一个动态连续渐进的过程。在建筑方案设计阶段，就要把装配式建筑的特点充分地融合考虑，立面的规律性变化，平面的凹凸或进退关系，都要和装配式建筑特点有机地结合起来。结构方案也要前置考虑，把装配式结构方案的要点充分地融进结构方案里。

3）构件设计：交付工厂生产的构件图的设计，是个高度集成化、系统化的设计工作，结构构件本身只是个载体，在构件上的精装点位线盒、线管预埋、脱模吊装吊点埋件、斜支撑所需预埋件、模板固定用埋件、外墙脚手架所需的预留预埋、一体化窗框预埋、夹心保温拉结件布置等这些都要一体化集成到构件图上。

（3）资质要求

目前对于 PC 专项的咨询顾问和深化图设计是否需要资质，在政策法规上没有相关的规定。构件深化图的设计目前有的是由没有设计资质的深化设计单位承担的，有的甚至由构件厂进行"免费"的深化图的设计。《装规》3.0.6 条文说明有关资质的表述"预制构件的深化设计可以由设计院完成，也可以委托有相应设计资质的单位单独完成深化设计详图"。现在对深化图的设计需求越来越多，从建设主管单位来说，应该有个比较明确的规定和要求，或是设置专项管理规定来规范市场行为。

对于预制构件深化设计图是否属于结构施工图的组成部分，在不同地方存在着不同理解，给很多人带来困惑，主要就是深化图是否需要送审图机构审图通过。按《建筑工程设计文件编制深度规定》及上海市工程建设规范《装配式建筑工程设计文件编制深度标准》对于预制构件加工图的深化设计规定，深化图可由施工图设计单位设计完成，也可由其他单位设计完成，并经施工图设计单位审核通过后实施。按这个要求的理解，预制构件深化图是不需要另外经过第三方施工图审查机构审查的，由施工图设计单位审核通过即可实施；现场安装相关的施工验算计算书也不属于必须交付的设计文件，但应做归档保存。

上海市工程建设规范《装配式建筑工程设计文件编制深度标准》中明确规定：当建设单位另行委托相关单位承担项目专项设计（包括二次设计）时，主体建筑设计单位应提出专项设计的技术要求并对主体结构和整体安全负责。专项设计单位应依据本标准相关章节的要求以及主体建筑设计单位提出的技术要求进行专项设计并对设计内容负责。

所以 PC 结构的设计责任应当由主体建筑设计单位承担，但在实际操作中，如果深化图是由其他单位设计的，会存在着主体设计单位不愿意配合的情况，主要原因在于深化图不是他们完成的，如果出现问题，相关责任由他们来承担，而主体设计单位没有相应的利益，只担责没有利益的事情是行不通的；另一方面深化图内容太过繁杂，又不熟悉，对很多非本专业的内容，存在着不是我本专业的内容，为何要我承担责任的想法，这也是情有可原的，所以一体化设计的模式可以有效地规避上述责权利不明的问题。如果采用分离模式，可以通过商务的合理谈判来明确责权利的问题。作为建设单位，也应该主要考虑由主体设计单位一体化模式来发包业务，即使要把专项分包，也应由主体设计单位去分包给专业深化公司来做，或者甲方指定分包单位，由主体设计单位来确立分包的责权利。

（4）PC 专项一体化设计与工厂"免费"设计优劣对比

对于 PC 工厂"免费"进行拆分设计和构件设计，这种做法会带来很多不可控因素，得不偿失，是不明智的选择，优劣对比简要分析见表 15-2，供参考。

表 15-2 PC 设计模式优劣对比

对 比 项	PC 专项一体化设计	工厂"免费"设计	备 注
一体化优势	1. 在前期方案阶段即介入 PC 方案配合，将装配建筑所要考虑的要素融入方案设计中，和建筑方案、立面效果等有机结合。避免建筑方案与装配要求不匹配带来修改和各专业的返工 2. 设计各阶段对预制装配的设计成果都有相应的深度要求，施工图阶段还要提交非常具体和系统的图样、计算书进行施工图审查，设计院 PC 专业对审图的要求、评审流程熟悉，经验丰富，能够顺利完成各项评审和施工图审查工作	1. 作为部品构件生产供应商，在设计前期介入困难，专业度不够；在施工图审图后再进行所谓的"深化"设计，困难重重，因为前期没有充分的沟通协调，已经造成各专业积重难返，此时介入来"硬做"，就会带来对前期的修改返工，耽误设计工期 2. 构件厂一般没有设计资质，对专项评审和审图环节流程也不熟，专业度和经验不足，容易在送审阶段出现沟通障碍，影响评审和出图时间节点要求，出图工期得不到保障	PC 深化设计只是其中一环，工业化设计是个系统设计，没有对前期工作进行良好协调和铺垫，会导致后期的实施困难
专业技术协调配合	1. 对于建筑、结构、机电、精装修各专业的设计意图理解深刻，能够第一时间提出优化措施和反馈 2. 在施工过程中出现修改变更时，各专业之间协调更有效率	1. 工厂对设计各专业的理解有限，沟通不顺畅，相对来说只对生产工艺熟悉，而和设计院的其他专业之间协调配合专业度不够，较难提出设计优化措施 2. 出现修改变更时，与设计院的各专业协调难度较大，修改反馈不及时，现场施工进度得不到保障	工厂来做"深化"设计，专业度不够

（续）

对 比 项	PC 专项一体化设计	工厂"免费"设计	备　注
成本控制意识	1. 设计院作为设计的第一责任人，在成本控制、进度控制、质量保证等各方面都有严格管理机制 2. 作为设计方提供 PC 招标图，满足甲方对 PC 构件厂的招标要求，通过市场化商务谈判，获得合理 PC 构件厂的报价，这也是正常合理的程序 3. 在构件生产和施工过程中，能够协助甲方针对现场签证量进行有效控制	1. 从构件厂自身效益出发，对于 PC 设计前期造价成本控制主观意识不强或专业度不够。如：预制率指标控制、优化配筋率等，构件厂对前期的成本控制专业度尚不足 2. 由 PC 构件厂完成深化阶段的图样，即设计和生产都由厂家完成，这种捆绑方式，对甲方招标商务谈判不利，不能获得合理的市场价格 3. 设计和生产都由构件厂来做，责任难以界定	工厂既设计又生产，责任主体不清晰
设计范围和流程	1. PC 专项设计要完成方案设计、初步设计、施工图设计、深化设计，还要整合工厂生产、施工安装各方面设计条件，完成全部阶段的工作，每个阶段均有相应的成果提交甲方、相关评审单位、施工图审查单位等进行第三方评审，设计范围全覆盖，流程清晰，管控明确 2. PC 专项设计要完成项目的咨询顾问工作，如：在项目前期进行调研，研究制定项目最优化的工业化实施路线；完成政策扶持的资金补贴专项申请报告；完成不计容建筑面积专项申请报告等	构件厂家一般无设计资质，单独出图流程不符合相关手续流程要求，只做"深化设计"一个环节的工作，对工作开展不利	工厂设计流程不畅
设计责任	设计作为五方责任主体之一，承担 PC 结构设计安全的责任，并确保后期现场的技术核定、签证等工作，设计方责任不缺位，能确保项目开发建设各环节设计方责任到位，责任界定明确清晰	作为五方责任主体之一，设计方责任缺位	工厂设计，设计方责任缺位

（5）上海对设计单位的责任和义务的具体规定

1）设计单位应当严格按照国家和本市有关法律法规、现行工程建设强制性标准进行设计，对设计质量负责。

2）施工图设计文件应当满足现行《建筑工程设计文件编制深度规定》和《上海市装配式混凝土建筑工程设计文件编制深度规定》等要求。装配式混凝土建筑工程结构专业设计图包括结构施工图和预制构件制作详图。

结构施工图除应满足计算和构造要求外，其设计内容和深度还应满足预制构件制作详图编制和安装施工的要求。

预制构件制作详图深化设计，应包括预制构件制作、运输、存储、吊装和安装定位、连接施工等阶段的复核计算和预设连接件、预埋件、临时固定支撑等的设计要求。

3）设计单位应当对工程本体可能存在的重大风险控制进行专项设计，对涉及工程质量和安全的重点部位和环节进行标注，在图样结构设计说明中明确预制构件种类、制作和安装施工说明，包括预制构件种类、常用代码及构件编号说明，对材料、质量检验、运输、堆放、存储和安装施工要求等。

4）设计单位应当参加建设单位组织的设计交底，向有关单位说明设计意图，解释设计文件。交底内容包括：预制构件质量及验收要求，预制构件钢筋接头连接方式，预制构件制作、运输、安装阶段强度和裂缝验算要求，质量控制措施等。

5）设计单位应当按照合同约定和设计文件中明确的节点、事项和内容，提供现场指导服务，解决施工过程中出现的与设计有关的问题。当预制构件在制作、运输、安装过程中，其工况与原设计不符时，设计单位应当根据实际工况进行复核验算。

197. PC 结构设计质量管理的要点是什么？

装配式建筑项目的开发建设管理与传统现浇项目相比，有着显著的不同，在设计环节的管理自然也与传统项目不同。装配式建筑项目设计几个显著的特征是：工作的前置性要求、工作的精细化要求、工作的系统化集成化要求。与 PC 相关的设计内容都要一次性集成成型，不能等预制构件生产制作好了再来修改，PC 设计容错性差，基本上不给你犯错误、修改的机会。下面从设计质量管理，保证设计质量方面，提出如下一些管理要点，供读者参考：

(1) 结构安全问题是设计质量管理的重中之重

由于 PC 结构设计与建筑、机电、生产、安装等高度一体化，专业交叉多，系统性强，那么带来一体化过程中的涉及结构安全问题，应当慎之又慎，加强管控，形成风险清单式的管理。如：夹心保温连接件的安全问题，关键连接节点的安全问题等。

(2) 满足规范、规程、标准、图集的要求

这是最基本要求，满足规范要求，也是对质量的最大保证。从全国范围来讲，目前装配式建筑结构的设计水平还有待提高，要充分理解和掌握规范、规程的相关要求。一方面要从项目实践中多总结和学习、借鉴成功经验，尤其是管理经验；另一方面参加专门的技术培训也是非常有必要的，对规范规定做到知其然知其所以然，在设计上就能做到有的放矢，准确应用。

(3) 满足《设计文件编制深度》的要求

2015 年版《建筑工程设计文件编制深度规定》作为国家性的建筑工程设计文件编制工作的管理指导文件，对装配式建筑设计文件的方案设计、初步设计、施工图设计、PC 专项设计文件编制深度做了全面的补充，是确保各阶段设计文件的质量和完整性的全面规定。

在地方标准上，上海市住房和城乡建设管理委员会批准实施的上海市工程建设规范《装配式建筑工程设计文件编制深度标准》，对深化设计内容系统性地提出了更为详尽的规定，也可以作为全国其他省市参考资料使用。

(4) 编制统一技术管理措施

根据不同的项目类型，针对每种项目类型的特点，制定统一的技术措施，对于设计工作的开展和管理，都有非常积极的推动和促进作用，不会因为人员变动而带来设计项目质量的波动，甚至在一定程度上可以抹平设计人员水平的差异，使得设计成果质量趋于稳定。

(5) 建立标准化的设计管控流程

装配式建筑项目的设计工作，协同配合机制，有着其自身规律性，把握其规律性，制定标准化设计管控流程，对于项目设计质量提升，加强设计管理工作，都会有非常大的裨益。在第198 问中，提供笔者在项目中制定的一个配合协作进度流程表，可以作为装配式建筑设计项目管理的参考，在实际项目设计过程中，我们可以根据项目具体情况，动态地进行调整和总结分析。当我们从二维设计时代过渡到三维设计时代时，一些标准化、流程化的内容甚至可以融入软件来控制，形成后台的专家系统，保障设计质量。

（6）建立本单位的设计质量管理体系

在传统设计项目上，每个设计院都已经形成了自己的一套质量管理标准和体系，比如校审制度、培训制度、设计责任分级制度，在装配式项目上都可以延用。针对装配式建筑项目的特点，可以进一步扩展补充，建立新的协同配合机制、质量管理体系。

（7）尽早采用 BIM 设计

从二维提升到三维，是不可阻挡的趋势，信息模型的交付标准，国家和地方都已经陆续出台。按照《装标》3.0.6 条要求：装配式混凝土建筑宜采用建筑信息模型（BIM）技术，实现全专业、全过程的信息化管理。采用 BIM 技术对提高工程建设一体化管理水平具有重要作用，提升一个维度也是设计界划时代的事情，可以极大地避免人工复核带来的局限，从根本上提升设计质量，提升工作效率。

198. PC 结构设计如何与其他专业协同？与制作、施工环节互动？

PC 设计是高度集成化一体化的设计，设计各专业、项目各环节都要有高度的协同和互动。具体涉及建筑、结构、水、暖、电、精装设计等各专业的协同作业，与铝合金门窗、幕墙、PC 工厂、施工安装等各单位在设计、生产、安装各环节都需要紧密的互动，形成六个阶段（方案设计、初步设计、施工图设计、深化图设计、生产阶段、安装阶段）完整闭环的设计。集成结构系统、外维护系统、设备与管线系统、内装系统，实现建筑功能完整、性能优良。

按项目推进的时间轴，以装配整体式剪力墙住宅项目为例，对项目设计各阶段的工作内容，PC 设计协作互动如何控制等，提供表 15-3，供读者参考。

为简化表述，表格中协同作业各方以字母代替如下：

A 为方案设计单位，B 为施工图设计单位，C 为 PC 顾问单位，D 为精装设计单位，E 为铝合金门窗单位，F 为 PC 构件厂；G 为施工总包单位；H 为集成应用材料供应单位（如：夹心保温连接件等）；J 为建设单位（甲方）

表 15-3　PC 一体化设计协作互动进程

工作阶段	协作互动工作内容及工作进程		备　注
	互动协作内容	甲方管控要点	
概念方案阶段	从整个小区的总体规划布局、单体平面布置、户型设计、立面风格、楼型组合控制等，在宏观上将装配式建筑的一些基本标准化设计要求、平面布置特性、立面特征、运输路线安排等结合起来考虑。为项目落地实施打好先天基础	确定方案设计单位，开始概念方案设计时，建设单位就要尽早考虑把 PC 顾问单位及施工图单位确定下来，让 PC 顾问工作及时跟上，避免方案越走越远，出现积重难返现象	对于有些建设单位已经做过产品系列化、标准化研发的，有标准化、规范化作业手册可供参照的，对项目推动是非常有利的，可以减轻建设单位及相关协作单位的工作量，降低项目协作成本
方案阶段	A 将阶段性成果：如户型设计，平面组合，立面、典型剖面、总平面规划布局，楼型组合等提出给 B 及 C	B、C 必须在方案阶段启动前期配合和咨询顾问工作	以互提资、阶段性会议、书面反馈、书面确认等方式开展相关协作互动工作
	A、B 将确定实施版建筑方案、结构方案（试算模型及结构布置图）提资给 C	B、C 启动方案深化设计工作，B 提资给 C；A、B 开展方案文本工作	

（续）

工作阶段	协作互动工作内容及工作进程		备　注
	互动协作内容	甲方管控要点	
方案阶段	C 提出优化反馈意见给 B 和 A	C 开展 PC 方案专篇内容	以互提资、阶段性会议、书面反馈、书面确认等方式开展相关协作互动工作
	C 提交 PC 方案专篇内容给 A、J；B 提交各专业方案内容给 A、J		
	A 汇总各专业内容，提交方案设计文本，供 J 方案报建报批用		
	J 取得方案批复文件，组织安排 A、B、C 进行方案深化和修改工作	J、A、B、C 共同明确落地实施方案	
	B 开展总体设计工作	A 全面配合方案深化	
总体设计阶段	B 将实施版的建筑平、立、剖，结构确定的计算模型，结构方案布置提资给 C	C 启动总体设计阶段配合工作	
	C 提出优化反馈意见给 B		
	E 和 C、D、E、J 一同初步沟通窗框一体化方案、门窗栏杆方案、精装方案等	E 初步选定，并进入沟通配合 D 初步选定，并进入沟通配合	
	C 提交 PC 总体设计专篇内容给 B、J		
	B 汇总各专业内容，提交总体设计文本，供 J 报批总体设计用		
	J 拿到总体设计文本		
	J 取得总体设计批复文件，组织安排 B、C 进行总体设计深化和修改工作		
施工图阶段设计	A 将调整好的三维信息模型、效果图等提资给 B、C	B、C 开展施工图阶段设计工作	与 PC 相关的重点关注内容： 1）结构：与 PC 构件相关配筋信息、构件的外形控制尺寸信息、构件材料信息等 2）建筑：施工图深度的平面、立面、剖面、PC 外墙处的墙身详图，面层做法等 3）设备专业：水暖电的在 PC 外墙、楼板、阳台、PC 剪力墙等上面的预留预埋点位
	B 将阶段性建筑、结构成果提资给 C	C 开展 PC 招标图工作（满足 J 提前对 F 的招标工作）	
	D 反馈精装要求给 B	D 提前进入配合，对水暖电等精一体化集成设计内容进行配合确认，确保 C 深化设计阶段中期能取得确定版的预埋预留点位提资图	
	B、D 将施工图阶段落实好的一体化装修集成内容提资给 C		
	E、B 将铝合金门窗、栏杆等与 PC 相关的要求反馈给 C		
	B 将明确的阶段性施工图内容提资给 PC（建筑：平立剖，PC 处墙身大样；结构：PC 相关位置结构施工图；设备专业：PC 相关位置预埋预留点位）	E、H 提前进入配合，将相关的技术要求资料要点进行沟通反馈	
	H 将集成应用材料（如夹心保温连接件）的技术及构造要求提资给 C		

（续）

工作阶段	协作互动工作内容及工作进程		备　注
	互动协作内容	甲方管控要点	
施工图阶段设计	C 反馈意见给 B、E、D、H	G 初步选定，并进入沟通配合	与 PC 相关的重点关注内容： 1）结构：与 PC 构件相关配筋信息、构件的外形控制尺寸信息、构件材料信息等 2）建筑：施工图深度的平面、立面、剖面、PC 外墙处的墙身详图，面层做法等 3）设备专业：水暖电的在 PC 外墙、楼板、阳台、PC 剪力墙等上面的预留预埋点位
	C 提交 PC 相关需要送审成果内容给 B、J		
	B 汇总各专业内容，提交施工图送审文件，供 J 报施工图审查		
	J 拿到完整施工图设计文件并送审		
	B、C 配合施工图审查单位审查，对审查意见进行澄清和修改	完成施工图审查，并取得施工图审查合同证	
	C 提交 PC 招标图给 J，供 J 进行 PC 厂家招标	招标图满足清单招标深度（若要按总价招标方式进行，则需要在全套深化图完成后进行）	
PC 深化图设计阶段	B 将审图意见修改完后终版图提给 C	在 J 的协调下，B、D、E、F、G、H 各单位对 C 在深化设计过程中的反馈给予及时确认	最终提交深化图成果深度满足工厂进行模具设计，开模生产，满足后续现场安装需要的所有需求
	E、B、J 最终确认铝合金门窗、栏杆预埋预留点位，将确认资料提资给 C		
	D、B、J 最终确认装修预埋预留点位，将确认终版资料提资给 C		
	F 将特殊生产工艺要求（若有）反馈给 C		
	G 将脚手架方案预留预埋要求，模板预埋件点位，人货梯预留位置，塔式起重机布置方案，塔式起重机扶墙撑位置等提资给 C		
	C 汇总 B、D、E、F、G、J 各方资料并及时给出反馈，完成 PC 深化图设计		
	C 提交完整的 PC 深化设计图	深化设计图满足总价招标深度（如工程进度允许，可在这个阶段进行总价招标工作）	
生产阶段	C 对 F 做好技术交底和图样会审工作，对 F 模具设计工作中的疑问进行澄清和修正，协助配合解决 F 在生产过程中出现的各种细节问题，以保证工程质量与进度。结合实际情况，协助 J 对 PC 生产过程中的质量与进度进行管控。对一些其他专业、材料供应单位新出现的变更或修改，及时做出深化图的变更修改工作。对运输和堆放方案提出设计建议和要求	协助配合 J、F、G、E、H 等单位进行各阶段的验收及首件验收等工作	

（续）

工作阶段	协作互动工作内容及工作进程		备　注
	互动协作内容	甲方管控要点	
安装阶段	C 对 G 做好技术交底和图样会审工作，对 G 在制定施工安装方案工作中的疑问进行澄清和修正，协助配合解决 G 在施工安装过程中出现的各种细节问题。结合实际情况，协助 J 对 PC 安装过程中出现的问题提供技术支持。对一些其他专业、材料供应单位新出现的变更或修改，及时做出深化图的变更和修改工作（尽量避免，不可避免时，要及时做出响应，将修改成果第一时间反馈给 F、G）。对吊装方案、堆场堆放方案、塔式起重机布置方案、脚手架方案给出设计的建议和要求	协助配合 J、F、G、E、H 等单位进行构件进厂的验收工作	

装配式结构设计，协同配合设计流程如图 15-11 所示，供读者参考。

199. 图样审核重点是什么？

PC 结构设计是个系统化的设计，不仅包含结构专业施工图和深化图设计，而且包含建筑、机电一体化的设计内容，还包含生产、运输、施工安装等一体化集成的要求。PC 结构设计图审核的重点，应该落在涉及结构安全的问题上，结构安全问题是图样审核的重中之重。

（1）PC 结构本专业的审核重点

PC 结构设计首要的问题是结构安全的问题，从装配式建筑目前发展情况来看，容易出现的关系到结构安全的重要问题主要有：

1）夹心保温外墙保温拉结件：拉结件的安全问题在结构安全上应当引起高度的重视，外叶钢筋混凝土墙板一般情况下质量都不小，若因为设计选用不当，拉结件锚固失效，带来的事故将是灾难性的。国内对夹心墙板的研究时间不长，在受力机理、设计原则、应用方法、产品标准方面还缺乏相应的依据，在国内工程应用上还存在一些误区，而政府部门政策导向上又强化夹心保温一体化的应用，在应用经验尚不成熟的情况下，在全国范围内大量地使用，若出现问题，带来的社会负面影响将是巨大的，对行业发展十分不利，试想一下：一个小区只要一块墙板掉下来，整个小区还有人敢住吗？每块外墙板都是定时炸弹，你不知道它什么时候会掉下来。因此在夹心保温的设计应用上要以非常慎重的态度来对待。《装规》4.2.7 条也提出了拉结件的相关性能应经过试验验证的要求。夹心保温墙板的设计构造应和受力机理相吻合，即非组合墙板（图 15-12）的设计构造应符合外叶墙不参与内叶墙受力分配的特点，组合墙板（图 15-13）的强连接构造使得内外叶墙板是共同受力的；同样的，拉结件有的适合组合墙，有的适合非组合墙，拉结件的选择和受力原理也要相匹配。在拉结件材料选择上，也有存在错误使用的情况，比如：采用未经防锈处理的钢筋作为保温拉结件，在保温层中会因为温差变化、水汽凝结带来钢筋氧化锈蚀，其耐久性是有问题的，根本达不到和结构同寿命，而且无法维修替换；再比如：采用不耐碱的普通塑料筋（玻璃纤维树脂材料）作为保温拉结件，这种材料拉结件没有很好的耐碱性，而钢筋混凝土的环境是碱性环境，这种塑料筋拉结件的耐久性根本就得不到保障，出问题是迟早的。因此夹心保温墙板的设计构造和拉结件的选择，应当引起高度的重视。

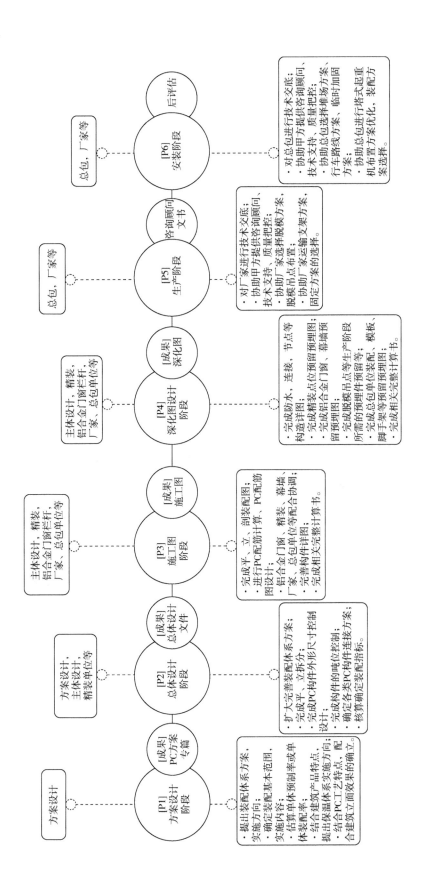

图15-11 设计协作配合流程图

注：流程图中的厂家是指构件制作厂家。

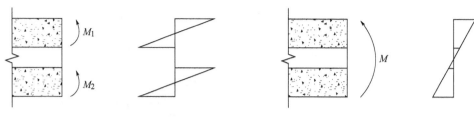

图 15-12　非组合墙受力机理　　　　　　图 15-13　组合墙受力机理

2）一些关键连接节点、关键部位是否设计到位：重点连接部位有没有做好碰撞检查，是否会给后续的安装环节留下安全隐患和犯错的动机。比如：全预制阳台上翻预制悬挑梁的负筋（图 15-14），在固定端只有 500mm 长的剪力墙现浇构造边缘区，长度满足不了挑梁负筋的直锚要求，内侧 PCJQR 墙底处要考虑留设现浇反槛来避免挑梁负筋与 PCJQR 墙底干涉；另外挑梁负筋较多而且非常重要，要考虑好与剪力墙现浇边缘构件纵筋的避让，这些因素都要在设计时考虑清楚，避免这些关键部位互相干涉导致施工困难，工人偷偷割钢筋的情况出现。类似这些装配式的关键节点设计都要作为非常重要的工作来抓，对一些认识还不是很准确、把握性不大的关键连接节点，甚至要进一步请同行专家进行专项论证，确认安全可靠后方可用于工程。在设计质量管控上，可以对不同的装配式结构体系的关键设计要点列出清单，做出风险评估，按风险大小和可控性，做出优化路径选择。

3）忽视填充墙 PC 构件对主体结构刚度影响：装配设计构造不合理带来的对主体结构刚度影响没有得到足够的重视，笔者在某个项目考察参观中曾见到设计单位将山墙中间段填充墙与两端剪力墙边缘构件作为一个构件拆分的情况（见示意图 15-15），再通过现浇连接区与两个预制剪力构件连接，将整个山墙连接成了一个刚度巨大的"剪力墙"，这样的拆分和构造设计是有误的，在地震到来时，发生破坏在某种程度上是必然的。在目前没有充分的量化分析工具支持时，设计时应当从设计构造上来削弱填充墙 PC 构件对主体结构刚度的影响，采用相对合理的构造做法（图 15-16），并且从结构刚度折减系数上再加以考虑，对填充墙 PC 构件刚度影响采取合理的应对措施。

4）计算分析没有覆盖全生命周期工况：一个部品构件从 PC 工厂制作脱模、翻转、存放、运输，直到装配安装形成完整结构体系，受力工况是多样的，应对全工况进行包络分析。对于关键的节点和关键环节，设计还应当有相应的技术性要求和说明，不给后续环节处理不当留下机会，如临时固定、临时支撑的设置要求等。

5）超过规范规定的设计：因为建设项目类型差异性和多样性，不可避免地存在超出现行规范规定的情况，如：超过规范规定结构类型、连接类型、预制装配范围等。对于超规范的设计要做好充分的判断和专家论证，采用可靠措施后实施，不留下结构安全隐患。另外对项目采用装配时可能存在的重大风险也应提出专项设计要求。

（2）专业间综合审核重点：

PC 结构设计综合性强，具有高度系统化集成的特点，容错性差，一体化设计、一次成型要求高。这就要求 PC 设计进行综合性审核，将问题解决在设计环节。专业间综合审核关注重点如下：

1）建筑结构一体化问题：

①外墙保温与结构一体化：外墙保温设计是个难题，目前常规做法就是外保温、内保温、夹心保温这三种，这三种做法都有各自局限性。外保温做法的问题在各地都越来越多地出现，质量隐患已经逐步显露，如：保温材料耐火性能问题，与外墙结构支撑体粘结不牢固，耐久性不足，外墙外保温老化脱落等问题；而采用内保温做法，在后续装修升级时会带来内保温破坏

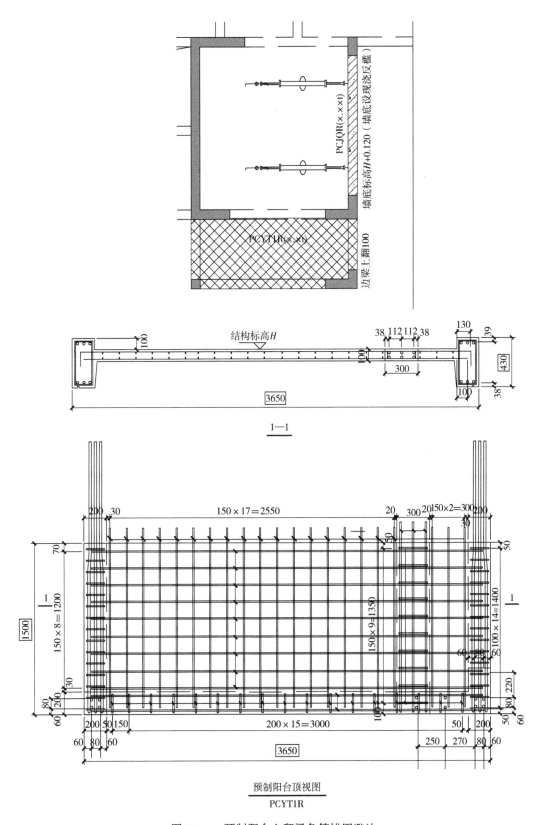

图 15-14　预制阳台上翻梁负筋锚固避让

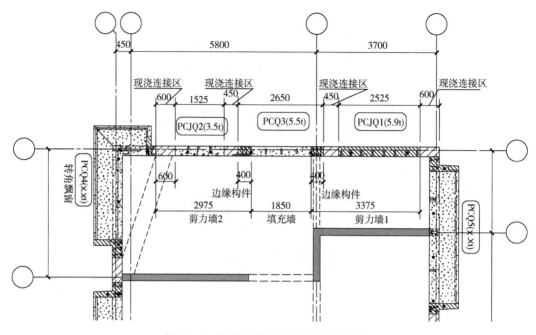

图 15-15　拆分和构造设计忽视刚度影响

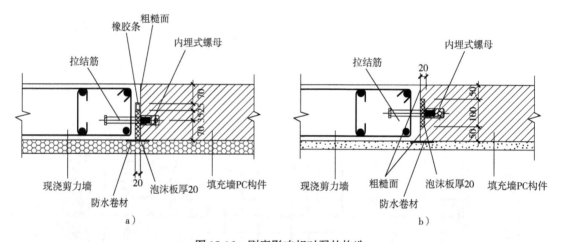

图 15-16　刚度影响相对弱的构造

的问题，不容易保护维修；现在很多地方政府都鼓励实施夹心保温一体化，夹心保温体系构造设计与结构受力机理要相匹配，否则也很容易带来安全隐患；另外夹心保温的保温材料要达到与主体结构一样的使用年限目前还不可能，而保温层耐久年限到了，保温失效如何替换维修，目前还没有解决方案。随着材料科学发展，将一些保温隔热材料像混凝土添加剂一样通过一定的配比掺入结构的混凝土，或许是真正外墙保温一体化的解决方案，这种"保温添加剂"要求对混凝土的强度和耐久性不会带来负影响，或者负影响在可控范围之内。PC 外墙保温做法需要注意 PC 表面与保温层材料可靠粘结的问题，工程上有的采用在模台面涂刷缓凝剂，待 PC 外墙脱模起吊后，用高压水枪冲刷表面，使得粗骨料露出，来增强与保温粘贴层的粘结强度；也有的将 PC 外墙构件反转生产，将保温材料粘贴面放在浇筑面，在初凝前对表面进行粗糙面处理。

　　②外墙 PC 接缝防水及密封材料选用问题：外墙 PC 接缝处是外墙防水的薄弱环节，尤其是墙底水平接缝的防水构造尤其重要，节点构造设计上应有多道防水，第一道就是空腔外的耐候

密封胶的材料防水；第二道是接缝底部灌浆料的灌浆层，灌浆结合层既是结构受力连接层，也是外墙防水非常关键的部位，灌浆层的密实度就显得非常的重要。如果在夹心保温墙板中容易形成积水的情况下，还应有排水构造设计。除此之外还应考虑接缝密封胶宽度与结构层间变形的协调问题，以及接缝密封胶合理选用（详见第 4 章第 46 问）。室外（空调板、露台、阳台、设备平台）及室内（卫生间）等有可能形成滞水的地方，是容易产生渗漏的重点部位，这些部位 PC 外墙可以采用一次性现浇反槛的做法（见图 15-17），降低渗漏风险。

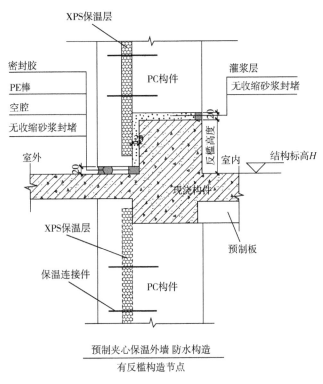

图 15-17　有现浇反槛节点构造做法

③幕墙系统与 PC 一体化问题：在低密度的住宅产品中或高层住宅的底部楼层，外立面上经常会有石材幕墙的使用需求，应将石材幕墙系统与 PC 外墙一体化考虑设计。尤其是在夹心保温外墙中石材幕墙的使用，难度更大，在受力上，石材幕墙的竖向荷载，我们不希望传递给外叶墙板，再通过夹心保温拉结件传递给整个支承体（内叶墙板）。石材幕墙的埋件的设计，要考虑使石材幕墙荷载直接传递给受力的内叶墙板，确保拉结件不承担额外荷载，不影响内外叶墙板的设计构造。

④PC 外墙与建筑立面效果问题：PC 结构外墙的接缝会直接呈现在建筑外立面上，是个不容忽视的立面效果构成元素。在方案设计、初步设计阶段就应该结合建筑方案和结构方案一体化考虑。对于外墙采用面砖一体化反打技术的 PC 外墙，还应进行石材面砖的分割排砖设计、对缝设计等。如果是夹心保温外墙面砖反打，还应对夹心保温连接的影响进行审核分析，对整个技术方案进行评估论证。

⑤建筑标准化与 PC 一体化问题：在建筑方案设计、初步设计等阶段，对建筑标准化、模数化设计提出 PC 反馈意见。如：建筑平面凹凸对 PC 外墙的影响，建筑立面线条造型对 PC 外墙的影响；以及楼型组合关系、组合类型控制等都应提出 PC 一体化、标准化设计的建议和反馈，使项目有效地落地实施。

2）机电设备与 PC 结构一体化问题：

机电设备与 PC 结构一体化设计，要充分考虑水、暖、电各专业在 PC 构件上的预留预埋点位是否遗漏，是否埋错位置，是否与结构预埋连接件、钢筋冲突等问题，避免冲突碰撞带来后期的凿改，影响结构的安全。尤其要对预留洞口是否会削弱结构构件要进行重点审核确认，如：对空调留洞穿梁、厨房排烟留洞等是否满足结构要求，是否采取了加强措施等进行审核。

（3）工厂生产、施工安装与 PC 结构一体化问题：

工厂生产、施工安装所需的预留预埋条件是否满足后续生产、施工安装的要求，需要前期一体化考虑到位，避免后面凿墙开洞对结构构件安全带来影响。如：脚手架在 PC 结构上的预埋预留是否遗漏、是否偏位；塔式起重机扶墙支撑、人货梯拉结件与 PC 结构的支承关系是否经过确认，是否复核验算稳定和承载力；脱模吊点、吊装吊点设置是否合理，最不利情况是否包络，吊点是否经过计算复核等，都是 PC 结构一体化设计与生产安装需要集成考虑、重点审核的内容。

 200. 如何避免 PC 结构设计易出现问题？出现问题如何处理？

我国的装配式建筑要实现跨越式发展，从试点示范到全面应用，还需要一定时间实践和经验总结，汇聚广大的工程界从业者的智慧和经验，才能把装配式建筑做好，真正地发挥预制装配建筑质量好、效率高、节约人工的优势。从现阶段装配式建筑实践情况看，PC 设计出现问题的原因是多方面的，可以从以下几个角度进行分析和寻求问题的解决方法。

（1）设计单位角度

前面几问从不同角度和层面对于提高设计质量，避免容易出现的设计问题做了一些梳理，发现问题和分析问题，是设计质量管理的第一步要完成的工作。设计质量管理的核心是技术质量管理、协调协同管理，形成行之有效的设计质量管理体系和机制，是确保 PC 结构质量的源头。

1）建立适合装配式建筑的设计管理机制。在传统设计项目上，已经形成了非常系统的设计协调机制，很多大型设计院都有自己特色的管理流程、质量保证体系，甚至开发各种软件系统平台、专家系统来辅助和强化设计质量管理。在装配式建筑设计项目管理上，目前对大多数设计单位来说，还缺乏相关的系统性的管理经验，随着时间的推移，人才的培育和流动，经验的积累，一定会逐步走向正轨，逐步建立起适合装配式设计的管理流程和机制。

在装配式设计上应尽早地形成 BIM 正向设计流程和协同机制，这是解决 PC 结构设计问题、确保设计质量的有效途径。BIM 是一种工具，需要各专业有设计经验、设计能力的设计师来驾驭才能真正实现它的价值。当下一些"翻模 BIM""后 BIM 设计"不能真正解决设计问题，效率不高，价值不大。

2）强化装配式设计意识。装配式建筑的发展是大势所趋，是改变目前粗放式设计建造的现状，实现工业化、自动化和智能化的必经途径。对广大的设计单位和设计从业者来说既是机遇也是挑战，以积极的心态迎接这场变革，这是时代的需要，也是时代的必须。装配式建筑的高度集成特性，决定了在 PC 构件上的所有集成项均与 PC 设计有关，必须要强化沟通协调意识，改变以前传统现浇由施工安装单位在现场来整合集成，出现遗漏或者错误再来砸墙凿洞的粗放工法。

3）建立 PC 结构特有的问题解决机制。遵循装配式结构的特点和规律，建立 PC 结构的问题解决机制。PC 结构内有很多暗埋的连接件，不允许随意砸墙凿洞、植入后锚固件。在目前阶段，经常会有发现施工安装现场出现困难后，施工安装工人自行将钢筋剪断的现象，对于这种不规范作业的情况，甲方、设计、施工、监理等各方都应该加强管理，政府主管部门也可尝试从政策法规上强制规定规范作业要求；另一方面要大力培育产业工人，强化专业培训，提高从业人员的专业性。现场遇到问题，要形成第一时间反馈报告制度，解决方案和采取的措施应报设计单位核定，或由设计单位出具解决方案，不能由施工工人擅自处理。

（2）建设单位角度

建设单位在项目开发中起着决定性作用，项目的产品定位、实施路线、选择什么专业团队等都需要由建设单位最终决策，所有的乙方都围着建设单位出谋献策，贡献各自的专业技能和智慧，所以，建设单位的协同组织和决策起着非常关键的作用。

1）制定装配式建筑项目标准化作业手册。建设单位可以组织相关的参建单位对自己的产品线进行深度研发，从开发管理流程、设计管理流程、施工管理流程等各方面进行标准化作业手册的制定，这也是避免设计环节出现问题的强有力措施。

2）制定合理的设计周期。装配式建筑设计一体化、精细化的要求，需要有足够的人力和时间投入来完成，与传统粗放的现浇作业方式的设计周期是不好等同的。目前现实情况与媒体上宣传的省工期、省人工、省造价的理想还是有差距的，建筑单位不能被误导，给予装配式建筑设计合理的设计时间，将前置的一体化、精细化的设计工作充分做好，前期设计考虑越周详、越充分，才能真正地避免后续环节的差错，真正提高后续环节的工作效率，降低修正错误的代价。

3）给予与装配式建筑设计对等的设计费。充分考虑装配式建筑设计工作量的不同，给予相应对等的设计费，选择有经验的设计单位，强化设计先行的保障意识，从设计源头上尽可能避免问题的产生。

4）采购 BIM 服务。目前一些设计单位为了获取整体设计业务，有的采取免费赠送 BIM 设计的方式，往往没有真正地实施 BIM，都是后面进行翻模，送一个使用价值不大的 BIM 模型。甲方应从质量控制角度出发，选择有能力的设计单位实施正向的 BIM 设计，让设计院有经费投入整合更多资源把 BIM 真正做起来，发挥其积极作用。

（3）政府建设主管部门角度

在目前阶段，我国的装配式建筑是由政府引导、政策驱动的，不是建设开发企业和市场的自发行为，装配式建筑的造价比传统现浇做法来得高，建设单位往往"被动"地实施装配式建筑。因此在政策引导方面应该循序渐进，积极促进装配式建筑健康发展。

1）政策目标、装配指标要循序渐进。推动装配式建筑发展的地方政策配套，目标和指标应当循序渐进，不可一蹴而就，要充分考虑配套的供方资源的匹配性和技术条件的成熟可行性，不可盲目追求高预制率、高装配率，科学客观地发展装配式建筑。如前面 195 问所述，在特定的技术条件下，有可能会出现技术条件与政策指标要求不匹配的情况，硬做的话，在一定程度上会出现不合理的情况。所有项目类型不应一刀切全部采用装配式建筑实施，对于不适合采用装配式方式来实施的项目，应给予"豁免"的渠道。

2）强化质量和风险管理措施。强化风险管理措施，制定针对性政策，如：对于套管灌浆质量难以检测问题，据了解有的地方就采取强制规定要进行抽检的办法，如发现问题继续扩大检查比例，直到问题得到纠正，这在一定程度上能起到震慑作用，规范作业行为。

3）加强示范引导，加强组织培训。对于成熟的技术体系、好的管理方法、成功的经验，从政府层面给予宣传、支持和鼓励，对整个行业做好示范引导工作。加强组织相关从业人员培训学习，做好多方位、多层次的系统性的培训工作，整体提升整个行业的技术水平，促进装配式建筑产业健康发展。